U0809072

积极心理学、消极心理学

人格心理学的特质论、行为论

先天遗传和外部环境对人格心理形成的影响

PSYCHOLOGY OF PERSONALITY

人格心理学

郑　雪◇主编

普通高等教育“十一五”国家级规划教材

十一五

暨南大學出版社
JINAN UNIVERSITY PRESS

中国·广州

图书在版编目（CIP）数据

人格心理学/郑雪主编．—2版．—广州：暨南大学出版社，2017.1（2019.8重印）
ISBN 978－7－5668－1943－7

Ⅰ.①人…　Ⅱ.①郑…　Ⅲ.①人格心理学—高等学校—教材　Ⅳ.①B848

中国版本图书馆CIP数据核字（2016）第221632号

人格心理学（第二版）
RENGE XINLIXUE（DIERBAN）
主　编：郑　雪

出 版 人：徐义雄
责任编辑：苏彩桃　黄　斯
责任校对：周海燕
责任印制：汤慧君　周一丹

出版发行：暨南大学出版社（510630）
电　　话：总编室（8620）85221601
营销部（8620）85225284　85228291　85228292（邮购）
传　　真：（8620）85221583（办公室）　85223774（营销部）
网　　址：http：//www.jnupress.com
排　　版：广州市天河星辰文化发展部照排中心
印　　刷：佛山市浩文彩色印刷有限公司
开　　本：787mm×1092mm　1/16
印　　张：21.25
字　　数：510千
版　　次：2007年9月第1版　2017年1月第2版
印　　次：2019年8月第18次
印　　数：102501—108500册
定　　价：58.00元

（暨大版图书如有印装质量问题，请与出版社总编室联系调换）

再版自序

自1984年从事高等教育工作以来，本人长期做人格心理学的教学与研究工作，出版过多本人格心理学的教材与著作。1988年出版了《经典人格论》（广东人民出版社）和《现代人格心理学历史导引》（河北人民出版社）。2000年后又出版了3本人格心理学本科教材，即暨南大学出版社2001年版、广东高等教育出版社2004年版和暨南大学出版社2007年版的《人格心理学》。这些教材受到广大读者的欢迎，已经被国内几十所大学选作心理学本科专业课程的教材，并入选普通高等教育“十一五”国家级规划教材选题。自2007年以来，人格心理学的教学与研究已有了新的发展。为了反映这种新发展，提高教材质量，有必要对人格心理学教材进行修订，并重新出版。为此，本人在暨南大学出版社苏彩桃老师多次催促下对2007年版《人格心理学》进行了修改。在修改过程中，我们力求突出人格心理学的科学性与理论的系统性，反映本学科的发展与新成果，且要求理论联系实际，具有一定的应用操作性。因此，修改再版的《人格心理学》既可以作为大学心理学与教育学专业本科学生、研究生学习的教材或教学参考书，又可以为广大青年学生与人事管理干部理解人性、认识自己与他人，以及培养健全人格提供参考。

再版的《人格心理学》与2007年版相比较，在教材的框架结构、主要内容与写作风格上是基本一致的。在书的框架结构上，可以分为两个部分，第一部分为绪论，把人格心理学作为对象来研讨，属于科学的范畴。第二部分是人格心理学的主要部分，以人格心理学的理论范式或人格心理学主要学派的人格理论作为主要内容。尽管新版教材的内容和形式与前版基本一致，但在以下几个方面还是有所变动与修改：

第一，除了第一章的绪论外，其他各章内容结构做了统一。每一章的前面几节一般介绍该学派几个主要代表人物的人格理论，最后一节介绍该学派主要研究方法与应用研究成果，特别是相关的心理测验与心理治疗等。

第二，对2007年版教材的某些内容做了精简。本书去掉了第七章交互作用论，将其某些内容充实到其他相关章节中。例如将社会与人格的交互作用论放在新精神分析里面。尽管交互作用论是人格心理学研究的一个重要方向，但由于研究方法与理论尚未取得突破性进展，将其专章介绍，内容似乎有点单薄，还不如将其充实到其他章节里面。

第三，完全重写积极心理学这一章，重点介绍德西和瑞安的自我决定理论，以及彼德森和赛里格曼的积极人格理论。这是因为积极心理学是人格心理学中最新的且发展迅速的一个学派，有许多新的成果涌现，有必要在新的发展形势下重新审视该学派，筛选出更能体现积极心理学范式的内容。

第四，更换和增加了某些反映人格心理学研究新进展的参考文献。

全书共分为九章，第一章人格与人格心理学，阐述人格心理学的研究对象、体系与任务、历史与发展，以及理论和方法；第二章古典精神分析，介绍弗洛伊德的精神分析的人格结构论与人格发展阶段论，以及有关的研究方法与应用成果；第三章新精神分析，主要阐述新精神分析的个体心理学、自我心理学和社会文化论，以及有关的研究与应用；第四章特质论，介绍奥尔波特、卡特尔的人格理论，并介绍特质论的新发展即大五人格因素论，以及特质论的研究与应用；第五章生物学论，主要介绍荣格集体潜意识论、艾森克的人格理论，以及行为遗传学和进化心理学等人格理论，以及有关的研究与应用；第六章行为主义学习论，介绍斯金纳的操作性条件反射论，多拉德和米勒的刺激—反应论、班杜拉的社会学习论，以及有关的研究与应用；第七章人本主义心理学，阐述主要的人本主义心理学家马斯洛、罗杰斯和罗洛·梅等人的人格理论，以及有关的研究与应用；第八章认知心理学，阐述认知方式与心理分化论、个人建构理论，以及个体认知因素等人格理论和认知治疗方法；第九章积极心理学，主要介绍自我决定理论、积极人格理论，以及积极教育与积极治疗等。

本书的编写参考了国内外同行的大量相关资料，其再版得到了暨南大学出版社的大力支持，在此一并致谢。由于水平与经验所限，教材中难免有错误或不足之处，敬请读者与同行批评指正。

郑　雪

2016 年初夏于广州番禺山语轩

目 录

第一章　人格与人格心理学

- 人格与人格心理学
- 人格心理学的体系与任务
- 人格心理学的历史与发展
- 人格的前科学理论与科学理论的关系
- 人格理论的评价标准
- 人格心理学的方法论原则
- 人格研究的途径与方法

俗语说："人心不同，各如其面。"这是说人们不仅在生理上有差异，而且在心理上也有差异。所以，在现实生活中，我们看到，有的人聪明敏捷，有的人愚笨迟钝；有的人勇敢坚强，有的人胆小懦弱；有的人谦虚谨慎，有的人骄傲自大。对于这些心理上的差异，有一门叫做人格心理学的学科在进行专门的研究。什么是人格心理学？这是本章的中心问题。对于这一问题，我们将从人格心理学的研究对象、体系与任务、历史与发展、基本理论与研究方法等多个方面来解读。

第一节　人格心理学的研究对象

从人格心理学的研究对象来讲，我们可以说人格心理学是研究人格的一门心理学分支学科。但是，什么是人格？这是一个非常复杂的问题，因为人格不仅是人们日常生活中经常使用的一个词语，而且是哲学、伦理学、法学与心理学等多学科使用的一个概念。在日常生活中，我们常常用它来表示一个人的尊严与声誉。在哲学中，哲学家用它来表示人性，使之与动物的兽性相区别。在伦理学中，人格指一个人的道德品性。而在法学中，人格是指法律所规定的自然人享有权利、承担义务的资格。在心理学中，人格是指人与人之间在心理与行为上的个体差异。可见，要理解人格这个复杂的概念，有必要做一番全面深入的探讨。

一、人格的词源分析

人格（personality）这一词源于拉丁文“persona”，其意指面具、脸谱。据说在公元前一百多年前，古罗马的一名戏剧演员为了遮掩他那不幸的斜眼，开始使用面具，然后就出现了这个词。由于面具与戏剧、演员和角色等关系密切，面具这个词的含义很快被扩充，被人们用来指其他一些东西。例如，在古罗马著名学者西塞罗的著作中，人格这一词就有许多不同的含义：

（1）一个人表现在别人眼中的印象或外表的自我。

（2）某人在生活中扮演的角色或真实的自我。

（3）与自己工作相适应的个人品质的总和。

（4）表示一个人的尊严和优越。①

第一个含义包含了面具这个词原来的意义，但有所扩充。它不仅指戏剧中演员所戴的面具，而且指生活中人们所戴的“面具”，即向社会他人所展示的自我形象，而不一定是自己的真实自我。现代著名分析心理学家荣格的人格理论体系中的一个重要概念即人格面具，就是用了这个含义。第二个含义表明了一个人在生活中所扮演的角色，指出了他的真实身份，而不是假面具。第三个含义指出了一个人内部的心理品质，这与现代心理学中对人格的通常定义很相近，对现代心理学中人格概念的演变起了重要的作用。第四个含义表明一个人的重要性、声望和优越的社会地位。这个含义很快被吸收到罗马的阶级社会制度中，进而引申出“要人”与平民百姓相区别，“自由的公民”与奴隶相区别，等等。

自从人格这个词出现以来，在两千多年的历史中，许多哲学家、宗教学家、法学家、社会学家与伦理学家等非心理学领域中的学者，都通过自己的理解、改变与扩充来促进人格概念内涵的演化与发展。为了加深对人格概念的理解，我们有必要弄清它的渊源和发展。

二、其他学科对人格概念的理解

在中世纪的西方社会中，基督教会居于统治地位。一些教会神职人员探讨了人格的内涵，他们用人格这一词来表示上帝三位一体的神性，相信神存在于圣父、圣子和圣灵三位之中，而每一位都享有相同的本质。教会神父们的这一扩充促进了人格这个词的统一性，强调了人格内部多样性的统一，把人格概念与真实的本质联系起来，从而削弱了该概念原来的含义，即外表的、不真实的假面具。

哲学家波伊悉阿斯在承认人格的真实性之外，还加上了有理性这一属性。他指出，

① 陈仲庚，张雨新．人格心理学［M］．沈阳：辽宁人民出版社，1986：30.

人格是真实的有理性的个人的本性。这个定义开创了哲学家探讨人格概念的先河，后来不少哲学家都对人格作出自己的定义。例如，克里斯欣·沃尔夫强调自我意识和记忆是人格的重要标准；而莱布尼兹把人格定义为“赋有理解的实体”①；洛克则更加强调自我意识的属性，他说：“人格是一个会思考的聪明的存在物，有推理和反省并能考虑自我本身。”② 这些哲学家对人格的定义大都把人的理性和自我意识作为人存在的核心和人格的根本属性。

与哲学家有所不同的是，一些伦理学家把人的崇高价值当做人格的核心。陆宰把人格看成是“完善的理想”，歌德把人格当做“最高的价值”，开创人格主义的康德则把人格定义为：“人格把我们本性的崇高性清楚地显示在我们的眼前”“人格是每一个人的那种品质，这种品质使他有价值，不管别人怎样使用它”。③ 在康德之后，人格主义者主张：①人格有崇高的价值；②人格应从形而上学上与各种物区别开来；③主观经验是人格最后的心理评价标准。

法学家则从另一个方面发展了人格的内涵。在古代《查士丁尼法典》（即《罗马民法法典》）中规定，奴隶不是人，他们只是会说话的工具，因而他们不具有人格。按照这部法典，只有那些自由的罗马公民才是人，才具有人格，可以享有法律上规定的权利和保护。因此，所谓人格，即是指“享有法律地位的任何人”。在此之后，当代的法学家不仅保留人格这一法律学的含义，而且进一步引申为“一个活的人类生物，包括他的一切”；甚至不仅包括一个自然人的权利和义务，以及他的一切，还包括一群人或法人的权利与义务。④

社会学家总是从社会的角度而不仅仅是个人的角度去研究人格，他们认为人格是“人类团体的最终的颗粒”；“文化的主观方面”、社会传统、风俗文化在个人生活中的主观化就是人格。社会学家伯吉斯给人格下了一个比较全面的定义：“人格是决定人在社会中角色和地位的一切特性的综合，所以人格可定义为社会的有效性。”⑤

以上各个领域中的学者对人格概念的探讨，丰富和发展了人格的内涵，展示了人格现象本身的复杂性，从而启发心理学家深入思考，从心理学的角度提出自己的见解。

三、人格的心理学定义

从西塞罗时代开始，就有人从心理学的角度谈到人格。但是，对人格概念进行广泛深入的心理学探讨的还是始自近现代的西方学者，他们提出了许多不同的关于人格的心理学定义，归纳起来可以分成五种。

第一，罗列式的定义。从古罗马时期就开始有这种定义，到了17世纪，更成为人

① 陈仲庚，张雨新．人格心理学［M］．沈阳：辽宁人民出版社，1986：33－35.
② 陈仲庚，张雨新．人格心理学［M］．沈阳：辽宁人民出版社，1986：33－35.
③ 陈仲庚，张雨新．人格心理学［M］．沈阳：辽宁人民出版社，1986：33－35.
④ 陈仲庚，张雨新．人格心理学［M］．沈阳：辽宁人民出版社，1986：33－42.
⑤ 陈仲庚，张雨新．人格心理学［M］．沈阳：辽宁人民出版社，1986：33－42.

格的习惯用法。这种定义通常采用诸如“人格是……的总和”的形式，有时采用“集合”“组合”或“聚合”等词汇，其形式是一样的，都是列举出属于人格的东西。最著名的是普林斯所下的定义，他说：“人格是一切生物个体的先天倾向、冲动、趋向、欲求和本能，以及由经验而获得的倾向和趋向的总和。”①

这种定义有助于确定人格的外延，但是，还存在很大的问题。由于它只是把属于人格的东西罗列出来，因而分不清主与次、本质与非本质。同时，有可能产生过分扩大概念外延的错误，把根本不属于人格的东西当成人格的外延。梅林格对人格的定义就是这样，他说：“人格被用来描述几乎所有东西，从灵魂的属性到爽身粉的属性。照我们的用法，人格是指整个的人，他的身高和体重，爱和憎，血压和反射；他的微笑和希望，瘸腿和扁桃体肿大。人格是指一个人现在的一切和他对自己将来的一切希望。”②

第二，整合的或完形的定义。这种定义强调个人属性的组织性和整体性。例如，华伦和卡尔启尔把人格定义为：“一个人在任何发展阶段的全部组织。”麦考迪则把人格定义为：“多种模式（兴趣）的整合，这种整合使有机体的行为具有一种特殊的个人倾向。”后一个定义不仅强调了人格的组织性，而且突出了人格的独特性与区别性。与此类似的还有盖舍尔所下的定义：“渗透一切的超模式，这个超模式表现有机体的完整性和行为特征的个体性。”③

第三，层次性的定义。这种定义是把人格的属性或特征按一定的层次结构排列起来，使人格特征层次分明，并具有内在的相互联系和统一性。属于这类的经典定义是由美国著名心理学家詹姆斯提出来的，他把自我（实际上是指人格）分成四个层次：①物质的自我，包括一个人的身体、财产所有，以及家庭和亲友。②社会的自我，即在交往中人们对他的承认。③精神的自我，即自我的统一功能，它把不同层次的自我统一起来，尽可能排除人格各部分之间的不协调因素。④纯粹的自我，即对自我进行反省的自我，它具有自我认识的功能。实际上第三层次与第四层次的自我没有多大区别，詹姆斯本人也是这样认为的。在此之后，麦独孤、海德与布朗德等不少心理学家对人格也采用了层次式的定义。

第四，适应性的定义。这种定义来自深受达尔文生物进化论思想影响的生物学家与心理学家，他们倾向于把人格看成是生物进化过程中对环境适应的一种现象。例如，肯朴夫就把人格定义为：“人对环境进行独特的适应过程中所具有的那些习惯系统的综合。”④

第五，区别性的定义。这种定义特别强调个人人格的独特性，人与人之间在人格上的差异性或区别性。苏恩曾下过这样的定义：“人格是习惯、倾向和情操的有组织的系统，起作用的整体或同一体，而那些习惯、倾向和情操是区别一群人中任何一个成员不同于其他成员的特征。”与此类似，惠勒把人格定义为：“区别一个人和另一个人的那

① 陈仲庚，张雨新．人格心理学［M］．沈阳：辽宁人民出版社，1986：33－42.
② 陈仲庚，张雨新．人格心理学［M］．沈阳：辽宁人民出版社，1986：33－45.
③ 陈仲庚，张雨新．人格心理学［M］．沈阳：辽宁人民出版社，1986：33－45.
④ 陈仲庚，张雨新．人格心理学［M］．沈阳：辽宁人民出版社，1986：33－45.

些有组织的反应的特殊模式或平衡。”①

以上各种类型的定义都指出或强调了人格的某些方面或某些特征，但都不全面、不完善。美国著名心理学家、人格心理学的创始人奥尔波特归纳总结了前人对人格概念的探讨，提出了自己对人格的较为全面的定义。他认为，人格简单地说就是“一个人真正是什么”，更具体地说：“人格是个体内在心理物理系统中的动力组织，它决定人类对环境适应的独特性。”② 奥尔波特的定义包括了上面所说的层次性、整合性、适应性和区别性等定义的基本论点。因此，这一定义代表现代人格心理学中的人格习惯用法的综合。在奥尔波特之后，人格心理学虽然有了很大的进展，但人格概念的混乱状况始终没有改变，难以形成统一的、公认的人格定义。这预示着人格心理学要成为成熟的学科还需要走很长的一段路。

四、本书的人格定义

为了本书内容的选择与统一性，我们也为人格下了一个定义：“人格是个体在先天生物遗传素质的基础上，通过与后天社会环境的相互作用而形成的相对稳定而独特的心理行为模式。”对于这一定义，我们做如下具体解释：

第一，人格是一个人的心理行为模式。这是说人格是由人的内在的心理特征与外部行为方式构成的，它不仅是一个个单一的心理特征或行为方式，而且是一个个心理特征和行为方式相互联系而形成的有着一定组织和层次结构的模式。简单地说，就是个体心理与行为的多侧面、多层次与多因素的统一体。

第二，这种心理行为模式是独特的。这是指每个人的人格都是独特的，这种独特性不仅仅表现在某些个别的心理或行为特征上，更主要的是表现在整个模式上，从而使得人与人之间相互区别开来。当然，我们并不否认人与人之间在某些心理或行为特征上有共同性。因此，从某种程度上讲，人格是人的个性与共性的统一体。

第三，这种心理行为模式是相对稳定的。这是指一个人的人格及其特征在时间上具有前后一贯性，空间上具有一定的普遍性。例如，某个人性情比较急躁，他昨天是这样，今天是这样，明天很可能也是这样。同样，这个人在学习上比较急躁，工作中也是这样，甚至在日常生活和人际交往中也会表现出急躁。这就是所谓人格在时间上的前后一贯性和空间上的普遍性。当然，我们并不排除这个人有时在某种场合偶尔也会表现得比较沉稳。这时我们会说：“他的举止不像他本人。”人格的相对稳定性也并不意味着它一成不变，我们相信，在一个人的一生中，人格都具有可塑性和可变性。

第四，人格不是生下来就有的，而是在先天的生物遗传素质的基础上，通过与后天环境相互作用而形成的。人格具有生物性，同时也具有社会性，是生物性与社会性的统一。因为生物遗传素质是人格形成与发展的重要基础，但它不是人格的唯一决定因素。

① 陈仲庚，张雨新．人格心理学［M］．沈阳：辽宁人民出版社，1986：33－45.
② 陈仲庚，张雨新．人格心理学［M］．沈阳：辽宁人民出版社，1986：33－45.

离开了后天的社会环境教育，遗传素质不可能自发地演化为人格。同样，后天社会环境与教育对一个人的人格形成也起着十分重要的作用，但离开了遗传素质的基础，它的作用就无法表现出来。当然，一个人从受精卵开始，遗传素质与环境作用就不可分割地联系在一起，它们共同对人格的形成与发展发挥作用；并且，它们的作用不是简单的相加，而是复杂的相互作用。一方面，环境教育使遗传素质的作用得以发挥和表现；另一方面，一个人的遗传素质也制约着环境教育的作用。它们相互制约、相互作用，共同影响着人格的形成与发展。

第二节　人格心理学的体系与任务

一、人格心理学的定义

基于对人格心理学研究对象的理解，我们可以把人格心理学简单定义为研究人格的一门心理学分支学科。然而，这个定义太简单了，不能很好地反映人格心理学的主要内容。为此，我们对人格心理学做一个复杂而较为全面的定义：人格心理学是一门探讨人格的构成、动力及其运作、起因、发展与后果的心理科学。对于这一定义我们做如下说明。

首先，人格心理学要探讨、解释说明人格是什么，其主要的构成或结构是什么。从前面关于人格的定义里，我们知道人格是人的心理行为模式，这种模式显示了人稳定而独特的心理行为差异性。对于这些心理差异，我们可以简单地分为三个层次：一是人与动物的心理行为差异，即所有人类个体将自己与其他动物区别开来的基本特征。这种差异在某种程度上可以说是人性，它与动物性或兽性相区别。二是人类群体之间的心理行为差异，比如民族性、国民性就属此类差异。三是个体之间的心理行为差异。例如，张三与李四相比，性格更为外向，更喜欢与人交往；王五与马六相比较，心理更容易紧张焦虑。这些差异不仅是性质上的差异，更多时候是量上或程度上的差异。

其次，人格心理学要探讨人格的动力及其运作机制。人格这种心理行为模式不是静态的“解剖结构”，而是时时处于活动中的动态过程，并通过具体的心理行为显示出来。例如，一个人具有社交性的人格特征，这种人格特征是在其日常生活之中通过经常发生的社会交往行为表现出来的，而这些经常发生的社交行为活动必须靠某种心理能量来驱动，并通过某些方式或心理机制来实现。

再次，人格心理学要探讨说明人格的起因以及形成发展的过程。在理论研究中，有的学者强调进化遗传等生物学因素在人格形成发展中的作用，而另一些学者则强调环境教育在人格形成发展中的作用，还有学者认为个人自我能够通过自己的行为选择、目标设计与自身努力对自己的人格发展产生很大的作用。而对于人格形成发展的问题，有学者认为个体人格形成于婴幼儿时期，之后没有质的改变，只有量的积累与丰富；有的学者则认为人格是一个终身发展的过程，而不仅仅限于生命的早期。这些问题目前仍有很大的争议，还有待于今后不断探讨与研究。

最后，人格心理学要解释说明人格对人类个体的学习、工作与生活所起到的作用，即人格所带来的种种后果。例如，个人的人格对其学习过程与学习效率的影响；个人的人格对其健康与幸福生活的影响等等。

二、人格心理学的学科体系

人格心理学是一门科学，要理解它在科学中的作用与地位，有必要把它放在科学体系中来审视。所谓人格心理学的学科体系，简单地说就是人格心理学作为一门学科的内部与外部关系。

人格心理学的外部关系是指人格心理学与其相邻的学科的关系。基于科学研究对象的性质，我们可以把科学分为自然科学与社会科学。人格心理学的研究对象（人格）比较特殊，它既不是单纯的自然现象，也不是单纯的社会现象，而是两者兼而有之，因此，人格心理学是一门中间科学或边缘科学。也正是因为人格心理学研究对象的复杂性，使得它不仅与解剖生理学、遗传学、医学等自然科学有联系，而且与人类学、社会学、伦理学与教育学等社会科学相联系。可以说，在关于人性的所有自然科学、社会科学中，人格心理学处于基础性的地位，因为它与所有关于人性的学科有关，并整合了这些学科关于人性的知识。

就科学的层级体系来看，科学可以分为一级学科、二级学科与三级学科等。就心理科学来说，心理学是一门一级学科。在心理学这门一级学科里，包含了几十个二级分支学科，诸如普通心理学、生理心理学、发展心理学、教育心理学、变态心理学等等，人格心理学就是其中的一门。人格心理学与其他心理学二级分支学科，存在着研究对象上的部分重叠关系。例如，普通心理学研究正常成人的心理现象，包括认知、情感与意志三大心理过程，以及个性倾向性、智能、气质与性格等个性心理差异，这些个性心理差异不仅普通心理学要研究，而且也是人格心理学研究的对象，因此，在个性心理差异这点上，人格心理学与普通心理学是重叠的。又如在发展心理学中，不仅要探讨人的认知发展、情感发展，而且要探讨人格发展。人格发展不仅是发展心理学的内容，也是人格心理学的内容，因此，在人格发展问题上，发展心理学与人格心理学是重叠的。凡此种种，人格心理学几乎与所有心理学二级分支学科都存在着某种程度上的部分重叠关系。正是这种学科间的部分重叠关系，突显了人格心理学在心理学学科体系中的核心地位。

尽管其他学科也要研究人格，但是，它们只是从人格的某个因素、某个侧面与某个角度来探讨，只有人格心理学才是全面、系统与全方位地研究人格，试图从整体上把握人性与人的心理行为。正如赫根汉所说："在把人作为一个整体来研究的心理学中，人格心理学处于独特的地位。绝大多数其他分支的心理学家往往只深入研究人的某一方面。比如，他们只研究儿童发展、老年问题，或知觉、智力、学习、动机、创造性等。

只有人格心理学家才试图描绘出人的完整的图画。”①

人格心理学的内部关系即人格心理学的主要构成及其相互关系。就人格心理学的内容上看，主要包括三个部分：

第一部分是绪论，包括人格心理学研究对象的讨论、人格心理学的体系分析、人格心理学主要任务的阐述、人格心理学的历史与发展的剖析，以及人格心理学的理论问题与方法论的探讨。这个部分实际上是人格心理学的元分析，把人格心理学本身作为一个研究对象来进行探讨，回答什么是人格心理学这一中心问题。

第二部分是人格心理学的主体，阐述人格心理学主要学派的人格理论、研究方法与应用成果。人格心理学的主要学派究竟有哪些？现在仍然有争议，有的学者认为有精神分析、特质论、行为主义学习论、人本主义、认知心理学五大学派；有的学者将精神分析分为古典精神分析与新精神分析，得到六大学派。本书考虑到人格心理学发展的趋势，再加上生物学论、积极心理学，得到人格心理学的八大学派。

第三部分是专题研究，即人格心理学家就某些重要的人格特征，如攻击性、焦虑特质、变态人格、自尊、乐观、利他等等进行专门的深入研究。

在人格心理学体系中，绪论部分是对人格心理学的元分析与概要介绍，起到一个提纲导引的作用。第二部分是人格心理学的全面展开，展示其主要的人格理论体系和研究成果。第三部分是在前面人格理论与研究范式引导下，在某些方面、某些人格特质上的深化与精细化研究。由于本书是一部心理学专业本科教材，主要介绍人格心理学体系中的前两个部分，对于第三部分的研究不做专门介绍，只是在介绍部分学派的研究成果时，适当穿插介绍少量的专题研究成果。

三、人格心理学的任务

这门学科要完成两大任务：一是理论任务，二是实践任务。

在理论方面，人格心理学不仅要探讨本学科的一般性理论问题，诸如人格心理学的研究对象、任务与体系；人格心理学的历史与发展；人格心理学的理论及理论评价；人格心理学的一般方法论与主要研究途径等问题，而且要建立人格理论来回答有关人格的基本理论问题，这包括：人的本性是什么，是善良的还是邪恶的；人格的结构是什么，具体来说就是，一个人的人格构成要素有哪些，这些构成要素是以什么方式组合起来的；基本的人格特征有哪些，如何描述与测量这些人格特征；人格发展的动力是什么；人格是先天的还是后天发展起来的；发展的条件和基础是什么；遗传、环境与自我在人格发展中究竟起什么作用；人格的发展是连续性的还是阶段性的；人格发展要经历哪些普遍性的阶段，这些阶段有什么重要特征。

一个人格心理学家若能系统和连贯地回答以上关于人格的基本理论问题，就可以建

① 赫根汉．现代人格心理学历史导引［M］．文一，郑雪，郑敦淳，等编译．石家庄：河北人民出版社，1988：6.

立起自己的人格理论体系。目前，心理学家们已经建立了众多的人格心理学理论体系，但从其理论渊源和基本观点上，我们可以发现有七个主要的人格心理学理论体系：古典精神分析、新精神分析、特质论、生物学论、行为主义学习论、人本主义和认知论。我们将在本书的后面章节中逐一介绍。

在应用部分，人格心理学家要运用有关的人格理论与研究方法于某个实践领域，解决该领域中的具体实践问题。例如，在学校教育实践方面，对学生的智能、气质与性格等心理特点进行测量评估，以便因材施教；在健康实践方面，对某些人的心理问题、人格障碍进行咨询和矫正；在人事管理方面，采用人格心理学的理论与方法评价人才、选拔人才与使用人才。总之，人格心理学的理论知识，以及人格测量、咨询与治疗的技术可以被广泛应用，为各种社会实践服务。

第三节　人格心理学的历史与发展

德国著名心理学家艾宾浩斯曾对心理学的发展历史说过一句名言：“心理学有一长期的过去，但仅有一短期的历史。”① 这句话同样也适合人格心理学的情况。1937 年，著名美国心理学家奥尔波特出版其名著《人格：心理学的解释》，标志着人格心理学的诞生。从那个时候算起，人格心理学的发展历史距今近八十年了。但是，在人格心理学诞生之前的数千年中，中国与西方都有不少思想家思考过人格的问题，他们提出了不少有关人格的理论观点。因此，我们也可以说人格心理学有一个长期的过去。了解过去有助于理解现在。人格心理学起源于西方，接下来我们将对与发展西方历史上有关人格的重要思想做一个简要的介绍，然后再讨论人格心理学的形成过程。

一、西方人格心理学思想的发展

与中国先秦时期大致同时，古希腊文明成为整个西方现代科学包括心理学的源头。从古希腊开始，历经古罗马时期、中世纪基督教会统治的黑暗时代，以及文艺复兴时期与近代，西方历代哲人都曾论及人格心理问题，提出了许多有关人格心理的闪光的思想与理论观点，从而奠定了西方现代人格心理学形成的思想基础。西方思想家关于人格心理的观点集中蕴含在他们的人性论的思想中，为此，我们着重分析西方思想史上主要的人性论思想，阐述其中所包含的人格心理学思想。

古希腊著名哲学家、智者学派的创始人普罗泰戈拉提出了一条哲学史上非常有名的命题，这就是：“人是万物的尺度，是存在的事物存在的尺度，也是不存在的事物不存在的尺度。”② 这一命题开创了西方最早的人本主义运动，它反对“神意说”，对提高人

---

① 波林．实验心理学史［M］．高觉敷，译．北京：商务印书馆，1981：2.
② 古希腊罗马哲学［M］．北京：商务印书馆，1961：138.

的地位有着积极的进步意义。普罗泰戈拉还通过神话指出人和动物的区别在于人有智慧和创造性。神以土和水创造生物，令普罗米修斯和艾比米修斯给动物分配属性。最后好的属性（钢爪、利牙、快跑、飞行、皮毛等）都分完了，忘了给人分配，普罗米修斯只好偷了神的机械技术和火送给人。于是人有了维持生活的智慧和技术。人用智慧创造文明和社会的一切。因此，作为人的本质是智慧。在普罗泰戈拉之后，苏格拉底、柏拉图与亚里士多德在理论上深入地探讨了人性问题，形成了较为系统的人性论观点。

与古希腊早期的自然哲学家不同，苏格拉底不关心自然的知识，而重视人类本身及社会道德的研究。他教人要“认识自己”，也就是说要人认识“真正的我”。这个“我”是指“我的灵魂”，也就是心灵或理智。只有灵魂或理智才能使人明辨是非，一个把自己的灵魂或理智看做至高无上的人，自然能知道什么是“善”，什么是“恶”，并且能够做一个有道德的人。苏格拉底认为“美德就是知识”，而不道德便是无知的同义语。知识是可教的，但并不是来自客观的自然界，而是人的心灵先天就有的。因此，从本性上讲，人是善的。当然这种本性上的善不是自发表现出来的，只有通过一系列的引导、启发，也就是“教育”，才能将先天有的善变成现实的善。苏格拉底重视知识与理性，开创了西方人性本善的传统。

师从苏格拉底的柏拉图，继承和发展了老师的人性论，并提出了“理想国”的设想。柏拉图认为人的本性即灵魂，灵魂由神创造，先于万物和人的肉体，它是不死的。灵魂由三个部分组成，即理性、意志和欲望，它们分处于身体的不同部位：理性是灵魂中最高贵、最优秀的部分，具有认识真理的智慧功能，居于人的脑部；意志具有产生激情与勇敢、发动行为的作用，位于人的心脏；欲望是灵魂中最低级的部分，追求物质与肉体满足，居于人的腹部。既然灵魂是神创造的，它本身具有善性，灵魂各部分基于自己的本性而活动，各自都是善的表现。但是，如果仅仅是各个部分各自活动，灵魂就不能达到作为整体的善。只有让理性统率各个部分，协调各部分的活动，才能达到整体的善。相反，若是灵魂各部分不服从理性的支配，相互矛盾、冲突，破坏了灵魂的和谐秩序，就会产生不正义、无知、怯懦与放荡。可见，恶来自灵魂内部冲突与理性作用的丧失。

柏拉图以这种人性理论论证其国家学说，他认为国家是放大了的个人，相应于人的灵魂中的三个部分，国家也应有三个等级，它们的地位、作用和相互作用也应该与灵魂中三个部分的情况一致。在国家中，相应于理性部分的是“执政者”即统治者等级，他的职能就是以其智慧来管理国家；相应于意志部分的是“守卫者”即武士等级，他的职能是以其勇敢与武力来保卫国家；相应于欲望部分的是农民、手工业者与商人等，即劳动者等级，他们的职能就是生产劳动产品以满足国家的各种物质需要。柏拉图没有提到奴隶，在他看来，奴隶只是一种会说话的工具，根本不算是人。柏拉图认为，在国家中，只有以上三个等级各司其职而互不干涉，有了智慧、勇敢与节制的品质，这个国家才会和谐一致，成为正义的国家。反之，如果劳动者等级失去了“节制”，不安分守己，不埋头于生产，而是都来过问政事，参与国家大事，这就是“以下犯上”，违背了“正义”的原则，会给国家带来最大的祸害。

虽然柏拉图的人性论与国家学说是为贵族奴隶主的专制统治服务的，把人的精神说成是神造的、不朽的灵魂，把人的本性归结为人的灵魂、归结为理性，过分夸大理性的作用，贬低人精神中非理性因素的作用等，这些都是错误的、不科学的，但是，在其理论中也包含着某些合理的、有启发意义的思想观点。例如，柏拉图首次提出了心理功能与结构的三分法观点，强调理性对激情与欲望的控制和调节，主张根据人的心理特点进行社会分工等。

古希腊伟大思想家亚里士多德批判地继承了其老师柏拉图的人性论观点。在他看来，一个人由灵魂与肉体构成，灵魂是“形式”，而肉体是“质料”，形式决定质料，“灵魂乃是有生命躯体的原因与本原”①。人的本质是人的灵魂。在灵魂的构成上，与柏拉图有所不同，亚里士多德认为人的灵魂中有理性与非理性两个部分。理性即智慧、理智，非理性包括情感、欲望。亚里士多德强调理性的作用，认为理性应当控制与领导非理性，只有这样人才具有德性。

亚里士多德反对柏拉图的灵魂不朽、灵魂转世的观点，认为灵魂不能离开肉体而存在。他形象地把灵魂比喻为“蜡版”，认为灵魂进行思维活动时，思维的对象即外部事物在心灵上留下了痕迹，好比文字刻于蜡版上那样。这种观点包含了反映论的思想。以此可以推论，既然人的灵魂像一块蜡版，灵魂是人的本性，那么人本性上应该是无所谓善与恶，即是中性的，由于后天在灵魂的“蜡版”上所印刻的不同，才有了善与恶的分别。

亚里士多德主张“中庸之道”。在他看来，美德的核心与实质就是追求与选择介于“过度”与“不及”之间的一种适度或中庸状态。例如，对于“恐惧”这一情感，选择中庸适度是“勇敢”，恐惧过度则“怯懦”，不及则“鲁莽”；对于“财物使用”，选择中庸适度就是“慷慨”，过度是“挥霍”，不及是“吝啬”，以及自尊在傲慢与自卑之间，谦恭在无耻与怕羞之间等。过度与不及都是与道德本性格格不入的，唯有适度才能保证道德的本性与善。一切罪恶则是由于不顺从理性，在情感和行动方面，走上了与中庸适度正好相反的两个极端而产生的。如何才能把握中庸与适度呢？亚里士多德认为中庸适度不能通过机械的算术运算来获得，因为中庸适度没有一个绝对的标准，而是因人、因事、因环境的差异而有所不同。要掌握中庸之道就需要依靠个人的智慧与见识，这种智慧被亚里士多德称为“实践智慧”。他认为，实践智慧不是天生的，而是在不断的实践活动中训练出来的。一个人只要在实践中不断摸索，就可以找出中庸之道的分寸来，并由习惯而成自然。

亚里士多德对柏拉图灵魂不朽说的批判，主张灵魂的“蜡版”说，以及实践智慧的观点，对西方人性与人格心理问题的探索都有积极的意义。

在亚里士多德之后，古希腊哲学走向衰落。在人性问题上，值得一提的是伊壁鸠鲁的快乐主义。他从唯物主义的原子论宇宙观出发，批判柏拉图的灵魂不死说，认为灵魂也是由物质性的原子构成。由于构成灵魂的原子会做自动偏离运动，因而每个人都是自由的。他进一步主张人应该自由地去寻求和享受人间的快乐和幸福生活，趋乐避苦是人的本性，它本身就是至善，就是生活所追求的目标。伊壁鸠鲁主张快乐论，但不提倡享乐主义，他所讲的快乐并非专门追求物质和感官的享受，而首先是心灵上、精神上的愉

① 苗力田．古希腊哲学［M］．北京：中国人民大学出版社，1989：487.

快。当然，精神上的快乐还是要以一定的物质享受为基础，所以，他并不主张禁欲主义。他主张把物质欲望减少到最低限度，过朴素的物质生活，而注重丰富的精神生活。这样做既能使人增进身体健康，又使人不至于贪得无厌，从而达到身心宁静、怡然自得的人生理想境界。

在欧洲中世纪时期，由于基督教神学具有至高无上、唯我独尊的地位，关于人性的观点总是与基督教神学联系在一起。在基督教早期，罗马帝国教父学的代表人物奥古斯丁就提出了“原罪说”。由于人类始祖亚当与夏娃在伊甸园里受了蛇的引诱，偷吃了智慧树上的禁果，犯了罪，被上帝赶出了天堂。由此，人类一开始就犯了罪，这种罪是“原罪”。它不仅仅是人类的第一次罪行，更严重的是造成了人的本性的堕落，使得人类子孙后代天生就有罪。人的感情生活与欲望都是邪恶的，追求快乐与幸福是罪孽。因此，人应当鄙视自己，否定自己，取消一切欲望与要求。由于这种原罪，任何人都不能靠自己救自己，只有通过教会祈祷上帝的“恩赐”，才能得救。

这种理论把人的欲望等同于人性，根据《圣经》中荒诞不经的故事，又根据人的欲望可能把人引向罪恶，认为人性等同于罪恶。这种人性本恶的理论实际上是宣扬禁欲主义，让人心甘情愿地接受封建教会的专制统治。

在欧洲封建社会末期，随着手工业、商业的发展，新兴的市民资产阶级针对基督教神学以神为中心，否定人的价值与尊严，宣扬禁欲主义，提出了以人为中心，提倡人性，反对神性；提倡人道，反对神道；主张个性解放，反对宗教枷锁，由此形成了文艺复兴时期的人文主义思潮。在人性问题上，人文主义认为人的本性就是人的“自然”性。什么是人的自然性呢？他们认为，人的自然性就是要求人格的独立与尊严、意志自由和对个人幸福的追求。人是活生生的肉体之躯，自然会有各种欲望和情感，而追求幸福的欲望完全是正当的、合理的，因此，人没有必要禁止自己的欲望。人文主义思想家蒙田认为，人追求幸福是听从自然的指引，服从自然的召唤。他说一个真正享受自己生存之乐的人几乎就是一个神圣完美的人。由此，人文主义否定基督教的原罪说，主张人的自然本性不是邪恶的，而是善良的。

人文主义对宗教神学产生了巨大的冲击，但并没有完全消除人性本恶的“原罪说”。在宗教改革时期，路德和加尔文虽然主张人有权利直接面对上帝而不以教会为中介，打击了教会的权威，但是，他们却坚持人的本性邪恶和人的软弱无能，认为人得救的最大障碍是人的骄傲，只有通过忏悔自己的罪恶，对上帝无条件地服从与信仰，才能战胜这种骄傲，获得上帝的宽恕。可见，人性的“原罪说”在新教里又死灰复燃。

17 世纪英国资产阶级革命时期，著名思想家霍布斯在他的著作《人性论》和《利维坦》中，以无神论和唯物论的机械运动观点来解释人性和心理现象，并论证国家的起源，为新兴资产阶级的政治斗争服务。他认为，人的本性就是趋乐避苦、自私自利和自我保存，人与人生而平等，都为自我保存而相互竞争和攻击，导致了普遍的战争状态，即所谓的自然状态。为了避免这种状态，人们遵循理性提出的为谋求和平生活必须遵循的原则，即自然律。自然律有九条，归根结底为一条，即“己所不欲，勿施于人”。[①] 为了使人们都遵守自然法而过和平的生活，人们必须订立契约，把自己的自然权利交给统治者，从而创造文明和国家。霍布斯虽然认为人人有权利追求自己的幸福，批判了宗教神学的“原罪说”，保卫了人的自然权利，但他把这种自然权利看成是自我保存，它势必导致人与人之间的相互侵犯，从而得出人性本恶的结论。

在18世纪法国启蒙运动时期，思想家卢梭提出了天赋人权的人性学说和主权在民的社会契约论，为法国资产阶级革命做好思想上的准备。卢梭认为，未被私有制和文明污染过的自然人，是听从自己本性与良心的指导和支配的，这种处于自然状态的人才合乎人的本性。自然的人不仅有自我保存的要求和自爱的本性，而且对同类具有同情心和怜悯心。这是人性的两个方面。人要自我保存就必须自主地选择如何自我保存，因而人是自由的，自由是自然赋予人的天然权利。由于人性有对同类的同情心与怜悯心，人生来是平等的，平等是人的天赋人权。同时，同情心与怜悯心使人与人友好相处，人类天生善良，人类在自然状态下是安宁幸福的。卢梭反对霍布斯把人类的自然状态描绘为“人对人是狼”的恐怖状态，认为霍布斯实际上是把文明社会的状况搬到了自然状态，是私有制破坏了人的本性，从而导致了人类的不平等与战争状态。卢梭主张人性本善，否定了人的本性是自私与邪恶的观点，认为自私自利是私有制的产物，是人性的堕落。这种看法有一定的合理之处和积极意义。

18世纪法国唯物主义哲学家爱尔维修、霍尔巴赫在人性问题上，提出了与卢梭相近而又有区别的观点。他们认为一方面人是具有感性的肉体的人，因而趋乐避苦、自爱自保是人的本性之一；另一方面人又是社会的人，每个人在追求自己的幸福时不能离开他人，他人是自己存在和幸福的最重要的条件，因此，爱他人是人本性中不可缺少的东西。人既自爱，又爱人，所以人的本性不是邪恶的。人生下来的时候，无所谓善，也无所谓恶，人成为什么样的人，只是所处的环境影响的结果。爱尔维修与霍尔巴赫都毫不留情地批判了封建专制制度，认为邪恶的封建专制制度使人变坏，要通过革命来消灭这种专制制度，用民主制度取而代之。

从以上西方思想发展中关于人性问题的讨论，我们可以归纳出几种有代表性的观点：第一种以普罗泰戈拉、苏格拉底与柏拉图为代表，认为人的本性就是理性；第二种观点以亚里士多德“灵魂蜡版说”、爱尔维修和霍尔巴赫的观点为代表，倾向于人的本性为中性，可以为善为恶；第三种以伊壁鸠鲁的快乐主义、人文主义的人性自然论与卢梭的观点为代表，不管是对个人幸福与快乐的追求，还是自我保存和对同类的同情心与怜悯心，它们本身是善的；第四种观点以基督教神学的“原罪说”与霍布斯的观点为代表，虽然这两种人性论的社会基础与论述都非常不同，但它们同样主张人的本性是恶的。

从西方思想家的人性理论中，我们还可以看到某些人格心理学的观点。

关于人格结构方面，柏拉图在其灵魂说中倾向于理性、意志与情欲三因素合成的观点，而亚里士多德的灵魂说倾向于理性认知与情感意志二因素论。亚里士多德还从进化的角度探讨灵魂的构成，他认为灵魂有高低等级之分，这与生物的身体相对应。最低级

---

① 霍布斯．利维坦［M］．黎思复，黎廷弼，译．北京：商务印书馆，1985：120.

的生物是植物，它们相应具有最低级的灵魂，即营养的灵魂，只具有吸收营养以及生殖的功能。其次是动物，动物不仅具有营养的灵魂，还具有感觉的灵魂。感觉的灵魂能使动物感觉到快乐和痛苦，产生欲望。位于动物之上的是人类，人类除了营养、感觉的灵魂外，还具有理性的灵魂。理性是人所特有的功能，它使人与其他动物相区别。亚里士多德这种灵魂进化观与整体观对于我们理解人格心理有一定的启发意义。

西方思想家的人性论中也包含着关于人格发展与改造的观点。柏拉图的人性论把人的本性等同于人的灵魂，认为人的灵魂是由神所创造的。灵魂在出生之前生活在完美的理念世界中，了解并掌握了丰富的理念知识，因此它天生就具有各种理念知识。但是，由于人出生时，人高贵的灵魂与低贱的肉体相结合，导致灵魂被玷污，人暂时遗忘了各种理念。为了重新获得那些知识，就必须学习。学习不是向外部世界探索，而是反省内心深处，将原有的理念知识、美德等逐渐“回忆”起来，他人的教育不过是一种诱发而已。由此看来，柏拉图把内心活动与回忆看成是人格完善的主要途径。与柏拉图不同，亚里士多德认为人格完善主要靠后天的实践活动，通过不断的实践活动，才能训练出所谓的“实践智慧”，从而掌握“中庸之道”。在近代，英国唯物主义哲学家霍布斯认为人性本恶，要改造人，使之人格完善，只有通过人的理性，遵循自然律，建立专制国家，制定严厉的法律，排除人与人之间的纠纷，制止侵害社会其他成员利益的犯罪行为。卢梭认为人性本善，自私不是人的天性，而是私有制的产物。因此，只有废除私有制，建立主权在民的国家，才能防止罪恶产生，充分发挥人善良的本性。

在理想人格方面，苏格拉底强调人的理性，认为美德就是知识，善出于知，恶出于无知。一个人有理性，才会具有知识；有了知识，这个人才能完善自我。柏拉图的人性论则认为理想的人格应该包含四种美德，即智慧、勇敢、节制与正义。每个人的灵魂都有理性、意志与欲望三个部分，对应智慧、勇敢与节制三种美德。当一个人的灵魂的三个部分各司其职、和谐结合时，则产生第四种美德，即“正义”。一个人格完善的人应该具有这四种美德。在亚里士多德那里，人既是理性动物，也是政治动物。作为理性动物的人的美德就是知德，作为政治动物的人的美德就是行德。知德与行德的完美结合就是人格高尚的人。一切美德都处于过分与不足两者之间，即中庸状态。因此，美德的核心是适中或中庸，这也是一个人格完善者的根本特征。

西方哲人的人性论中也包含着人格分类的观点。在柏拉图那里，实际上是根据人灵魂中理性、意志和欲望三个部分关系的不同，把人分为不同的人格类型：理性占优势的统治者类型，意志占优势的武士类型，以及欲望占优势的平民类型三种。柏拉图还认为这三种人格类型的人是神用不同的金属创造出来的，统治者是神用金子造出来的，武士是用银子造出来的，而平民是由铜与铁造出来的。这三种人分属于不同的等级，而等级划分是天生的、不可更改的。柏拉图这种人格分类的方法虽然不科学，也反动，但它是古希腊一个较系统的人格分类，对后人有一定的启发意义。

在人格分类问题上，古希腊最著名的理论是著名医学家希波克拉底的体液说，这种学说源于古希腊自然哲学家恩培多克勒的“四根说”。恩培多克勒认为宇宙万物都是由火、水、土、气四根（元素）组成的。这四种元素按不同的比例混合，就形成各种不同性质的东西。这四种元素之外，还存在“爱”与“憎”两种力量，使这些元素不断结合，又不断分离，这就产生了万物的运动变化。在恩培多克勒的“四根说”的影响下，希波克拉底提出“四液说”，认为人体内有来自不同器官的四种体液。血液出自心脏，黄胆汁生于肝脏，黏液生于脑部，而黑胆汁生于胃部。机体的健康状况取决于这四种体液的混合比例。罗马盖伦医生把这种混合比例称为气质，这便是现代气质概念的来源。盖伦将人的气质分成13种，后人又将其简化为4种：多血质、胆汁质、黏液质和抑郁质。这四种气质都是某种体液占优势的结果，并具有特定的心理特征与行为表现。体液说还认为各种体液是由冷、热、湿、干四种性质相匹配而产生的。血液是热与湿的配合，因而多血质的人温而润，好似春天一样；黏液是冷与湿的配合，黏液质的人冷酷无情，好似冬天一样；黄胆汁是热与干的配合，胆汁质的人热而躁，好似夏天一样；黑胆汁是冷与干的配合，抑郁质的人冷而躁，好似秋天一样。虽然这种把体液看成是气质形成原因的气质理论缺乏科学根据，但是它对四种气质类型的描述生动、形象，比较符合日常生活中某些典型的气质类型，所以这四种气质类型的名称一直沿用至今。

气质分类的体液说主要是从医学角度探索的结果，西方思想史上从心理学角度探索气质分类问题的最为著名的理论是德国哲学家康德提出来的。康德认为，从心理学上看，气质首先可以划分为感情气质和行动气质，每一种气质又可与生命力的兴奋和松弛相连接而进一步分为四种单纯的气质：

（1）多血质，这种类型的人是开朗的。他们对刺激的感受迅速而强烈，但并不深入持久。他们无忧无虑，有良好的希望，对每一件事开始都比较重视，但可能很快就会忘记。他们真诚许诺，但并不信守诺言。

（2）抑郁质，这种类型的人具有沉静的特点。他们对刺激的感受不太显著，但很深入。他们对与自己有关的事物也都非常重视，并把注意力放在事物的困难方面。他们深思熟虑，不轻易许诺。

（3）胆汁质，这种类型的人是热血的。他们的情绪反应具有爆发性；行动迅猛，但不持久；易发怒，但不记仇；爱面子，喜欢排场；喜欢担任领导职务，而不愿意做具体工作。

（4）黏液质，这种类型的人是冷血的。他们不易冲动，具有正常理性；情绪反应迟缓，但持久。行事比较保守与刻板。

康德认为，不可能存在各种气质的复合情况，因为每一种气质都是单纯的。如果一种气质渗入另一种气质中去，要么相互冲突，要么相互抵消。

在人格的观察评估问题上，西方思想史上提出过许多不同的方法。早在古希腊时期，亚里士多德就写出了《形相学》这篇专论文章。在这篇文章中，他通过人与动物的类比，提出身体特征像某种动物的人具有类似此动物气质的观点。如果一个人像猴子，那他就比较机灵、好动；如果一个人像猪，则比较好吃懒做。17世纪瑞士学者拉瓦特著《形相学拾零》三大册，该书评述了各种形相特性与性格特征的关系。身体特征与人格特征究竟有无关系？现在看来，前人的论述大多无科学根据。17世纪意大利学者鲍多写了一本最早的论笔迹的著作（1622），后来法国学者米乔恩著《笔迹学体系》，更加细致地研究了人的书写笔迹与其人格特征的关系。当今研究表明，人的动作是了解一个人性格的重要线索。

18世纪末19世纪初，德国解剖学家弗朗茨·加尔对人的心理能力与头颅形状的关系进行过观察研究，提出了颅相学。这种理论认为，脑的各个区域是各种心理能力的特殊器官，这些特殊器官发育程度的不同，就决定了这些心理能力的强弱程度。脑不同区域的发育会导致相应头颅区域凹凸的变化。如果头颅某区域凸起，说明该区域脑的发育状况比较好，则表明相应的心理能力比较强。这样，我们只要摸一摸头颅各个区域的凹凸情况，就知道这个人的各种心理能力与特征。例如，一个人的前额突出，则表明他比较聪明，因为脑的前额是理智的功能区域。如果一个人后脑勺凸起，则表明这个人爱欲强烈，因为脑的这个区域是主管爱情的。颅相学在西方风靡了一个世纪，但由于缺乏科学根据，受到大多数科学家的反对。但是，它这种以脑为心理活动的器官以及脑功能分区的思想，启发了后人做深入的研究，大大推进了人类对脑与心理活动关系的认识。

综上所述，西方思想史中包含了比较丰富的人格心理学思想和观点，这些思想涉及人性本质、人格结构、人格形成与发展、人格类型、理想人格、人格评估等诸多方面。我们发现西方古代与近代人格心理学思想有几个特点。首先，这些思想一般都蕴含在哲学理论，特别是人性论之中，尚未完全分化出来。例如，柏拉图的人性论中就包含了人格结构、人格分类与理想人格等方面的人格心理学观点，但未形成独立的、系统的人格心理学理论。其次，西方古代与近代人格心理学思想一般都有其社会阶级的根源，是为了适应某个阶级政治斗争的需要而提出来的。亚里士多德强调“中庸”这一理想人格，反映了古希腊奴隶主中等阶层的政治要求；霍布斯关于人性本恶的思想反映了英国大资产阶级反对“君权神授”的封建专制主义的斗争需要；卢梭的性善论是法国资产阶级革命的思想先导。再次，随着西方思想从古代到近代的演变与发展，逐渐形成了一个趋势，这就是人格心理思想与哲学、政治和伦理学的结合逐渐过渡到与生物、医学等自然科学结合。这种发展趋势到了十八九世纪则更为明显，从而为人格心理学思想从哲学中分化出来，建立独立的、实证性的人格心理学奠定了基础。

二、人格心理学的建立

西方古代与近代思想史上有关人格心理学的思想和观点，对于现代心理学家创立科学的人格心理学有重要的启发意义，但是，直接导致人格心理学的产生还有重要的理论与方法上的来源。我们认为这些来源最主要的有两个：一是心理测量运动，二是欧洲近代临床精神病学的发展。

1. 心理测量运动

人格心理学并不是直接起源于正统的心理学，因为以冯特为代表的正统心理学只重视研究一般的、普遍性的心理规律而不考虑个别差异问题。西方科学史上最早发现心理个别差异问题的不是心理学家，而是天文学家。1796年，格林尼治天文台的天文学家马斯基林发现其助手金内布鲁克观察星体通过天文望远镜内十字线交叉点的时间总是比自己的观察记录慢0.8秒，他认为助手粗心而将其辞退。20年后另一位天文学家贝塞尔注意到这件事，并加以系统研究，认为所有天文工作者报告星体通过的速度都有差异，这种误差来源于个别差异。贝塞尔还根据人们观察时间上的个别差异计算出"人差方程式"，以便在天文计算中消去天文工作者之间的差异，使天文观察记录更加准确。人差方程式的发现不仅对天文学有重大的意义，而且为早期实验心理学提供了直接的研究课题，如反应实验与复合实验，更重要的是引起科学界对个别差异的重视。

心理学上最早探讨个别差异及其测量问题的是英国著名心理学家高尔顿。他受其表兄达尔文进化论的影响，对个别差异与心理遗传的问题进行了开创性的研究，并于1883年出版了其名著《人类才能及其发展的研究》，这本书标志着个体差异心理学及其心理测量运动的开始。高尔顿强调不同个体之间在能力上存在着重要的差异，这种差异主要来自遗传，人能力上的差异是可以测量的。他发明了许多仪器来测量人的心理品质，通过听觉和视觉，乃至身高、体重、拉力和握力等的测量，以确定人的智力的高低。他在《遗传的天才》一书中讲述了他对977名历史名人能力的研究，强调了遗传的作用。他还提出了优生学，开创了用统计方法研究人的心理品质的先河。他断言，人的心理特征也像身体特征一样，是常态分布的，发现了平均数和标准差、相关等。这些研究为心理测量学与统计学的发展奠定了基础。

卡特尔是冯特的学生，与其老师不同，他非常重视人的个别差异的研究。他指出："心理学除非建立在实验和测量的基础上，否则它就不能达到自然科学那样的明确与精密。"① 1890年，他在一篇文章中创造了"心理测验"这个术语。他对感知、反应和记忆等进行了大量的测验与研究，提出了常模、测量标准化的概念，出版了其名著《心理测验和测量》。卡特尔的工作对心理测量运动的发展起了很大的推动作用。

1904年，法国心理学家比纳应法国公共教育部部长的邀请，组织了一个专门的委员会，研究智力落后儿童的教育问题。1905年，比纳与西蒙认为要解决智力落后儿童的教育问题，必须首先诊断儿童的智力，把智力落后儿童与正常儿童区别开来。为此，他们编制了第一个可用于智力测验的量表。1908年与1911年，比纳与西蒙对该量表进行了两次修订，确立了智力测量的年龄量表，并将量表的年龄范围扩至成人，引起了世界各国的注意。第一次世界大战期间美国进行了大规模的挑选新兵的智力测验。二十世纪二三十年代，心理测量从个别测验发展到团体测验，从智力测验发展到各种个性测验，从而形成了一个广泛的心理测验运动。心理测量学的发展促使人格心理学的研究从理论性的、定性的探索走向实验性的、定量的研究。

2. 欧洲近代临床精神病学的发展

欧洲近代临床精神病学是现代人格心理学产生的另一个主要根源。在西方古代、中世纪，甚至文艺复兴时期，精神病患者都未作为病人来治疗，而是把他们视为魔鬼附身，或中了邪，采用非常残酷的方法来对待他们。直到欧洲资产阶级革命后，一些提倡人权与人道主义的进步人士开始反对关于精神病患者的迷信看法和非人道的做法，主张以理性与慈善的态度对待精神病患者。19世纪欧美科技的进步、社会的发展，使得宗教迷信的影响减弱，精神病患者身上的脚链手铐被打开了，从而为精神病的科学研究、诊断与治疗铺平了道路。

① 张述祖，等. 西方心理学家文选［M］. 北京：人民教育出版社，1983：71.

法国资产阶级革命比较彻底，扫除了封建迷信，科学与人道主义思想盛行，精神病学首先在法国发展起来。法国著名学者皮奈尔首先肯定精神异常是一种疾病，有其自然的病因，主张对精神病患者给予治疗。在皮奈尔之后，相继出现了布雷德、沙可、伯恩海姆和让内等一大批杰出的精神病学家，大大推进了精神病学的发展。

19 世纪精神病学虽然有了很大的发展，但是精神病的病因问题还没有得到很好的解决，围绕这个问题产生了很大的争议，形成了精神病病因学上的两大学派。一派是以德国精神病学家格里辛格尔与法国学者沙可为代表的躯体派，主张以脑的器质性病变来解释精神异常；另一派是以伯恩海姆等人为代表的精神派，主张从精神与心理方面去寻找精神病的原因。在 19 世纪，总的来说是躯体派占优势，但同时，精神派也在迅速发展中。

奥地利医生魏斯麦是精神病心理病因观的前驱，他曾经用一种称为“通磁术”（亦称“魏斯麦术”）的方法来治疗患者，包括各种精神病患者。这种方法实际上是通过暗示与催眠让患者进入昏睡状态来进行治疗的。这种方法有一定的疗效，但魏斯麦无法用科学的道理解释这种催眠法的原理与治病机理，而以为是一种“动物磁力”在起作用，因而在当时遭到科学界与大多数医生的反对。1843 年，英国医生布雷德经研究确认催眠现象的存在，他提出以精神催眠说代替动物磁力说，认为催眠并不是一种磁力作用，而是一种心理暗示作用，从而在科学上确立了“催眠术”的概念。布雷德的催眠术后经法国乡村医生李厄保的传承，在伯恩海姆那里发扬光大，创立了南锡学派。与此同时，巴黎精神病学家沙可创立了与此相对立的巴黎学派。这两个学派都相信催眠术，并用以治疗精神疾病。但是，这两个学派对催眠的性质与作用有不同的看法，南锡学派主张催眠是暗示的结果，与神经障碍无关，因而他们侧重探讨催眠的心理方面。相反，巴黎学派则主张催眠状态是一种变态，是由神经症引起，因而侧重研究催眠的神经生理变化。

欧洲临床精神病学对精神疾病进行了大量的科学研究，探讨了精神疾病的分类、病因，以及催眠和暗示等心理疗法的运用等，在理论上和方法上为人格心理学，特别是弗洛伊德的人格理论与方法提供了基础和条件。弗洛伊德是欧洲第一个系统提出人格心理学理论与临床研究方法和治疗方法的，是精神分析的创始人。他在发展他的理论体系之前先到巴黎跟随沙可学习，后又到南锡跟伯恩海姆学习，催眠术的两大学派对他都有影响，特别是沙可的学生让内对他启发很大。沙可的精神病因观是一种心理病因观，而让内则倾向于精神或心理病因观。在法国，弗洛伊德的收获很大，他不仅学到了精神疾病心理治疗方法，而且全面了解了当时欧洲最先进的精神病学理论，特别是关于精神病的病因学理论。在病因学理论上，弗洛伊德倾向于心理病因观，他沿着心理病因观的道路继续前进，深入探讨，从而创立了精神分析的理论体系，开辟了人格心理学的临床研究传统。

3. 其他来源

除了以上两个主要的根源外，现代人格心理学的形成还受到行为主义心理学、完形心理学与文化人类学的影响。行为主义心理学将学习的课题引入人格心理学，促进了有关人格理论的发展。行为主义者强调研究的客观性、操作性以及实验研究的方法，这有助于人格心理学方法的科学化。完形心理学反对心理的元素主义，强调整体与结构，把人格看成是一种动力的整体结构，提出了心理的场理论与拓扑学方法，对主观心理现象采用现象学的描述方法等，对人格心理学的发展起了积极的作用。西方文化人类学，特别是美国文化人类学与跨文化心理学的发展，将社会文化的概念与田野研究方法引入人格心理学，扩大了人格心理学的视野。

二十世纪二三十年代，各种人格心理学的理论与方法都在逐渐成形、成系统。在这个基础上，美国心理学家奥尔波特进行了大量的归纳总结、研究与教育工作。他于1924年在哈佛大学开设了美国最早的人格心理学课程——“人格：它的心理与社会的领域”。1937年，他的名著《人格：心理学的解释》正式出版，此书集前人人格心理学研究之大成，建立了人格心理学的基本框架，被认为是人格心理学成为独立学科的标志。从此，人格心理学作为一个独立的心理学分支迅速发展，不断充实，不仅在普通心理学中与心理过程心理学二分天下，而且在整个心理科学体系中占有举足轻重的地位。被誉为人格心理学之父的奥尔波特曾宣称：“我们现在已经进入了人格的时代。”我们相信人格心理学在21世纪新的时代里必将大有发展，为心理科学的发展和人类社会的文明作出更大的贡献。

三、科学人格心理学的发展

人格心理学形成之后，至今已近八十年的历史。这段历史，大致可以分为两个阶段。

第一阶段：20世纪30年代至60年代。这一阶段是人格心理学中主要人格理论体系的建立时期。在六大主要人格理论体系中，除了古典精神分析之外，其他五大人格理论体系都产生于这个阶段。古典精神分析产生于人格心理学的形成时期，1900年弗洛伊德发表《梦的解析》，标志着古典精神分析的形成。自此之后，精神分析内部经过阿德勒、荣格等人的多次分裂，最终在二十世纪三四十年代的美国，产生了以霍妮、沙利文和埃里克森等人为代表的新精神分析学派。与此同时，斯金纳、多拉德和米勒等人在巴甫洛夫和华生行为主义思想与研究的影响下，开创了人格心理学中的行为主义学习论。在此之后，罗特和班杜拉等人进一步提出了社会学习论的人格理论体系。在20世纪30年代，奥尔波特提出了特质论思想。在40年代，卡特尔等人进一步发展了人格测量与因素分析技术，从而完善了人格的特质论体系。在二十世纪五六十年代，马斯洛、罗杰斯等人创立了人本主义的人格理论体系。与此同时，凯利初步创立了认知主义的人格理论体系。至此，人格心理学中的六大人格理论体系均已形成。

第二阶段：20世纪70年代至今。这一阶段的主要特点是各种人格理论体系相互对立和界限分明的局面逐渐消失，出现了综合化的趋势。目前，人格心理学家中自认为自己属于某一学派，如精神分析或人本主义的情况非常少见，多数人格心理学家倾向于采用各家各派之所长，综合性地运用各种人格理论体系中的思想精华，对自己感兴趣的问题或研究领域进行探讨。综合化不仅表现在理论上，而且表现在方法上，许多重要研究都综合性地运用各种主要的人格研究方法。例如，在研究儿童攻击性问题时，采用临床观察和个案法、测验与相关研究法，以及实验方法。

随着社会经济与科学技术的进步，以及心理科学本身的发展，在人格心理学内部出现了一些新的趋势。

第一，人格心理学研究出现了明显的专题化趋势。例如，在二十世纪五六十年代西方生活质量研究与积极心理学运动的推动下，到 70 年代，由于女权运动的兴起和离婚率的上升，出现了许多有关人格性别差异的专题研究。在 70 年代之后有关主观幸福感与人格关系专题研究大量涌现。在 80 年代，健康心理学的建立推动了人格与健康关系的专题研究。在 90 年代，大五人格因素的研究成为人格心理学中一个热门课题。

第二，在研究专题化趋势的影响下，在人格理论上出现了小型化的趋势。所谓人格的小型理论是指那些专门解释某一特殊人格研究领域，诸如攻击性、幸福感、抑郁倾向和孤独倾向等问题的具体理论。过去的经典人格理论，如精神分析、行为主义学习论与人本主义等都是大型的人格理论体系，这些大型理论一般囊括了人格心理学中的主要理论问题，而现在多数人格心理学家并不热衷于建构这样的大型理论，而是在自己感兴趣的具体人格心理研究领域中建构小型理论。

第三，人格的认知研究大行其道。20 世纪 60 年代之后，认知心理学成为心理学中一个主流。在其影响下，不少人格心理学家从认知的角度，采用认知实验的方法研究人格心理问题。例如，有关自我图式、抑郁图式和乐观主义者的认知实验研究，关于认知归因的研究和人格的内隐认知研究等。认知心理学成为人格心理学体系中一个十分活跃的理论与研究范式。

第四，重视文化因素对人格的影响，以及大量跨文化研究的产生。在二十世纪六七十年代心理学生态运动的影响下，不少人格心理学家重视生态文化因素对人格及其发展的影响，采用跨国、跨民族和跨文化的研究方法探讨不同文化群体之间人格的异同以及与生态文化因素的关系。

第五，人格的生物基础研究的发展。在 20 世纪 90 年代，随着遗传学和脑科学理论、方法与技术的发展，例如，关于基因研究的方法、脑电图与脑成像技术（CT）等，推动了人格的生物基础的研究，不少人格心理学家从生物遗传与生物进化的角度探讨人格问题。

第六，积极心理学的兴起。20 世纪 70 至 80 年代，由于人本主义心理学在方法论上存在的缺陷，如缺乏科学的严谨性、缺乏实证研究的支持等，人本主义心理学逐渐淡出主流心理学。但是，随着人类世界的和平发展，人们对于提高生活质量，追求健康与幸福的要求日益提高，以赛里格曼为代表的一批心理学家倡导了积极心理学新研究。积极心理学继承和发扬了人本主义心理学的理论取向，采用主流心理学的实证研究范式，在短短的十几年中取得了很大的发展，成为人格心理学学科中一个新的范式。

根据心理学家 Allik J. 对 21 世纪头十年西方九大人格心理学杂志的分析，发现这些学术刊物总计刊登了 8 510 篇研究论文，至 2011 年 9 月这些文章被引用了 149 108 次。① 可见，人格心理学近年来发展快速，呈现一派繁荣景象，不仅从理论上显示其在心理学科中的核心地位，而且在研究上成为心理学科中的一支核心力量。

第四节　人格心理学理论

一、人格的前科学理论

由于人格理论问题的复杂性，古往今来，人们争论不休，始终没有形成大家公认的、统一的人格心理学理论体系。我们试图从人格的前科学理论出发，进一步探讨人格的科学理论及其特征与评价标准等问题。

人格理论虽然复杂，但并不神秘，也不是科学家们的专利。因为，在日常生活中，人们都会接触与经历人格心理现象。基于对人格现象的体验或实践，人们会对这些人格现象进行各种解释或猜想，这就形成了各种前科学的人格理论。例如，我们发现在同一村里长大的两个伙伴，一个勤劳诚实，而另一个懒惰并常说假话。对于这一现象，村里有人说这是爹妈生的，所谓“龙生龙，凤生凤，老鼠的儿子会打洞”。而另一些人则说是管教的结果，前者的父母管教得好，而后者则得到父母过多的娇宠，缺乏管教。这就是村里人常说的“不打不成器”。这个例子中所提到的两个民间谚语，实际上是有关人格形成问题上的两种日常的或前科学的人格理论，前者强调先天遗传，后者强调后天环境教育。

人们关于人格问题的不同理解或多或少是来自于自己的日常经验，是对日常经验的某种抽象。我们可以把这种抽象称为日常理论，或前科学理论。前科学理论和科学理论的共同基础是抽象或从有限的经验中做出概括。我们生活的世界或情境是不断变化和推陈出新的，要适应它，只靠习惯或反射系统是不够的。因此，我们通过对自己主观的生活经验进行一定的抽象，以某种方式建立一个有关世界或情境的心理模式来应付不断变化的世界。这种心理模式就是关于现实世界的前科学理论，亦称为非正式的理论。例如，我们有关于天气、力、个性、智力等的前科学概念或非正式的理论。这些概念和理论的主要作用是预言我们周围世界可能发生的事件，预言我们行为的后果，以及对已经发生的事件作出解释，即寻找事件发生的原因。这些前科学概念或非正式的理论可能真正反映了客观世界的某种事物，但也许它所反映的东西在客观世界中并不存在，例如，地球是“平的”，疾病是由于“鬼神在作怪”，某人的不幸是因他“前世造的孽”等。尽管如此，许多前科学理论或非正式理论仍然被人们广泛应用、尝试和无数次地检验，

① ALLIK J. Personality psychology in the first decade of the new millennium: a bibliometric protrait [J]. European journal of psychology, 2013, 27 (1): 5-12.

有时用起来还比较方便可靠。例如，过去的航海家在地球是“平的”理论模式指引下进行航行，草药医生根据一些前科学的病理知识治病等。

由于人格是每个人都具有的心理与行为现象，我们普通人都有关于人格的经验与体会，在此基础之上，通过一定的抽象，就可能产生各种前科学的人格理论。前科学的人格理论大致包括三种情况：其一是历史上的哲学家与思想家们通过思辨所获得的关于人格的理论与观念；其二是某些江湖术士、看相者对人格心理现象的有关思考与总结；其三是普通老百姓对人格心理现象的抽象与猜想，比较集中地体现在有关人格的各种谚语中。

二、人格的科学理论

人格的科学理论是一套正规的符号系统，用来组织人格研究材料，解释和说明人格、人性、人格结构、人格发展动力和条件以及阶段性等理论问题，以反映人格心理现象的本质与规律，并引出可验证的理论假设，启发人格研究的新观点和新方法。它是关于人性的一套基本看法，又是一种研究的策略。人格的科学理论与一般科学理论有共同之处，都有一套正规的符号系统，都要反映事物的本质与规律，都要求客观性、逻辑性与系统性等。但是，人格的科学理论与一般科学理论之间也存在一定的区别，相比之下，人格理论较缺乏严谨性、内部的一致性或统一性，以及可操作性不强等。

人格理论是人格心理学的核心，一方面它系统地说明或解释了各种人格心理现象，另一方面为我们提供了研究的框架。因此，理解与掌握人格理论十分重要。现代人格理论也是一种科学理论。作为系统化科学知识的科学理论，标志着人的认识从事物的现象深入事物的本质。从形式上看，科学理论具有抽象性。从内容上看，科学理论表达了对事物的本质与规律性的认识。科学理论虽然达到了对客体的本质的认识，但不可能一举获取事物的全部信息，不可能穷尽或终结对事物的认识。它本身亦可视为事物的一种理论模型，是客体原型的一种模拟。它既具有真理性的内容，又带有假设性的成分，它对客体的逼真度是随着这种理论模型的不断修正和完善而逐步增长的。

科学理论是由一定的科学概念、概念间的关系及其论证所组成的知识体系，其核心是经过某些实践检验而被验证了的一系列假说。理论与假说既有区别又有联系。所谓假说，是指在研究实施之前，研究者提出的现象或变量之间可能存在的关系的一种假设性陈述。这种陈述主要有条件式、差异式、函数式三种表达方式。尽管表达的方式不同，但都是以已获得的经验材料和事实为依据，并用已有的科学理论作为指导而提出的。科学假设具有推测性、可检验性、可变性、简约性和科学性等特点。假说是理论建立的基础，通过实践检验，假设可能转化为科学理论，而假设的提出又往往需要以一定的科学理论为依据。科学研究的目的在于将假说发展为科学理论，以达到对事物现象的本质和规律的认识，用以解释、预测和控制现象的变化和发展。

科学理论在整个科学认识活动中表现为一种阶段性的认识成果，对进一步的科研过程又起着指导性的作用，有着重要的方法论功能。科学理论能对人们开展认识活动起到一种研究纲领的作用，提供基本的概念、原理和方法，为达到一定的研究目的而按照一定的思维观念、创造性去筹划研究方案，设计实验，建立模型，提出某种猜想，构造一种假说等，这些认识活动都是在一定的科学理论框架中展开的。

实际上科学研究是检验假设的过程，这个过程主要包括以下几个阶段：通过经验观察发现某种新现象或新问题；为解释现象或问题而提出理论；通过理论推导出可验证的命题或假设（预测）；进一步观察实验以验证假设。在这个检验假设的研究过程中，理论参与的作用是不容忽视的。从研究的起点——研究问题与假设的提出来看，理论是研究问题和提出假设的依据之一。如果仅仅依据初步收集到的材料和事实，而没有已有理论的指导，就难以提出研究假设。即使提出了研究假设，也可能因观测不准确、取样不全面或缺乏对前人的研究和理论的了解等原因，产生研究假设缺乏科学性或研究假设相同使研究重复而造成浪费等问题。可见，理论对于提出研究问题和假设是极其重要的。理论对于研究资料的处理分析也很重要，尤其是在对研究结果进行定性分析时，如果缺乏理论背景，就难以确定定量分析的正确而有效的方法和分析的角度，也就不能从纷繁复杂的数据中概括归纳出合理的结论，以检验假设和已有的理论。

科学理论对于研究是很重要的，反之，研究也可以用来检验和发展或修正理论。因此，研究对于理论也有重要的作用。了解科学中理论与研究的这种相互作用关系，对于开展研究、发展科学的理论体系都具有重大意义。

人格理论具有一般科学理论的功能，包括指导启发的功能、组织整合的功能、解释说明的功能、预测发现的功能等。人格理论对研究的指导启发作用突出表现在作为研究问题和假设提出的依据以及为数据的统计分析提供理论背景两个方面。对此，前文中关于理论与研究关系的讨论已有具体的说明。在人格研究中，事实上并非每一个研究的结论都可以发展为理论。人格理论往往是在一系列研究的基础上总结而来的。每一个研究都描述了某一现象或检验了某一假设，都丰富了人格心理学的知识，但如果不对那些比较零碎的知识加以整合，使之条理化、系统化，就难以使人格心理学的科学体系得到丰富和发展。科学研究的主要目的之一就是解释研究对象的本质及其发展变化的规律。一般来说，科学理论在解释现象时是通过“三段论”的逻辑规则进行的。有时这种解释可能是模型的或类比的，例如，弗洛伊德关于无意识现象与海上冰山的类比，卡特尔关于自我、表面特质与根源特质的结构模型等。

预测人格心理现象的发展变化是人格理论的重要功能。预测是根据理论所反映的心理现象本质与发展规律，按照理论所确立的现象或变量之间的关系，对人格心理现象今后发展变化的趋势与程度做出推断。预测是检验理论科学性、准确性的最佳方法之一。如果预测得到证实，那么所依据的理论也将得到进一步的支持。一般说来，一个理论预测的准确性越高，这一理论的科学性就越强，理论就越好。

三、人格的前科学理论与科学理论的关系

过去的研究表明，人格的前科学理论与科学理论之间有明显的差异，人格的前科学理论偏重于人的外部行为表现，而人格的科学理论强调人内在的心理特征，因而在认识

水平上，前者较浅显，而后者较深入。人格的前科学理论具有较强的个人主观性、模糊性和特殊性，而科学的人格理论具有一定的客观性、确定性和普遍性。在日常生活中，人们运用前科学概念或非正式理论的首要目的在于实用，即解决实际问题，而对这些概念或理论是否客观是否是真理并不十分在意。与此不同的是，科学研究的首要目的是寻求客观的知识或真理，其次才是追求其实用价值。因此，科学家们力求通过严格的实证研究方法和一系列的研究过程来克服自己的主观性，以获得客观的、精确的和普遍性的知识，即科学概念和正式理论。

虽然人格的前科学理论与科学理论有一定的区别，但它们之间还是有一定的共同点，并且有着内在的联系。这种共同联系的基础就是前科学理论与科学理论都是一种抽象，或是对有限经验所做出的概括。科学家也是人，他们同普通人一样，生活在一定社会历史阶段和文化环境中。科学家的头脑中，不仅有科学的概念和理论，也有在日常生活中所获得的经验知识、前科学概念和非正式理论。在科学家头脑中的各种概念和理论，不管是前科学的还是科学的，总会在一定的条件下以一定的方式发生联系。通过仔细观察，我们会发现不少科学概念和理论来源于日常的前科学概念和非正式理论，前者或多或少整合了后者，与后者有某种一致性。有时科学概念和理论完全合乎常识，如“地球中心说”、某些人格理论等。

关于人格的前科学理论与科学理论的关系，我们用一个模式图来表示（见下图）。这个模式图表明人格的前科学理论与科学理论之间既相互区别，又相互联系和相互作用。在一定的社会经济和文化的制约下，人们通过对日常生活经验的某种抽象形成前科学的人格理论。而这种前科学的理论往往是人格的科学理论的最初模型，专家们有意或无意地从前科学理论中吸取某些思想观念，并通过科学研究来“提炼”和验证这些观念，最终获得较为客观、精确和具有普遍性的关于人格的科学理论。人格的科学概念和理论反过来指导和制约人的社会实践，影响社会实践和文化，并进一步制约人类日常生活中的主观经验，以及人格的前科学理论的形成。另外，普通人对人格的认识也不是一成不变的，通过教育和社会传播的作用，他们的认识也会由浅入深，从日常概念的水平上升到科学理论的水平。

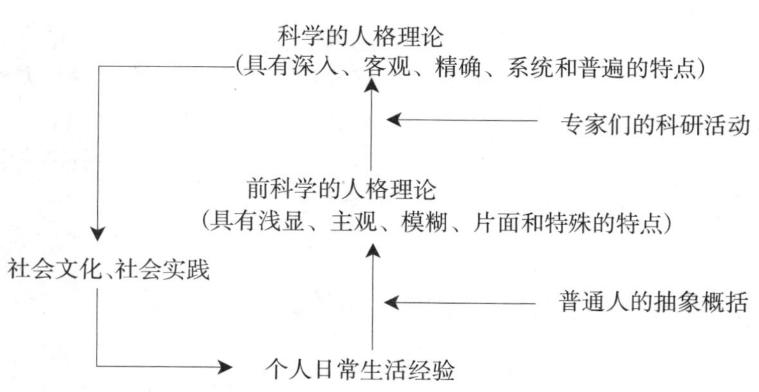

人格的前科学理论与科学理论之间的关系示意图

综上所述，人格的日常理论与科学理论有一定的区别，前者较浅显、主观、模糊、片面和特殊，而后者较深入、客观、精确、系统和普遍。人格的日常概念与科学理论虽然有区别，但又相互联系，前者往往是后者的模型，而后者是在前者基础上的深入和发展。人格的理论起源于一定的社会文化环境和社会实践，最初通过个人经验的抽象产生前科学的人格理论，然后在人格的前科学理论的启发下，经过科学研究活动上升为科学的人格理论。形成后的人格理论又反过来对社会文化、教育和实践等产生一定的影响。如此循环往复，人类对人格的认识就不断深化发展，这就是整个人格理论的演化史。

四、范式与人格理论流派

在探索未知的进程中，对同一研究客体，研究者或由于所依据的经验事实不同，或由于理论背景、知识结构和思想传统的不同，或由于研究的具体思路、方法的不同，或由于其他心理、社会因素影响的不同，都会构建出不同的理论模型，从而形成不同的研究纲领。人类的科学认识活动就是在不同的理论模型的竞争中、不同的研究纲领的争辩中前进的。这就是科学发展的过程。

对于科学发展的关键环节，不同的科学哲学家有不同的理解。早期的实证主义哲学家认为，科学发展的关键是通过寻找实证材料证实科学假设。后来波普尔的证伪主义认为，判别一个假设的科学标准不是证实，而是证伪，因为任何假设都不可能被证实，只有那些有可能被证伪的假设才是科学命题。科学哲学发展到20世纪60年代，出现了历史主义。历史主义的代表、著名科学哲学家库恩在《科学革命的结构》中提出了范式（又译“范型”）的概念。所谓范式是指一定时期在某一或多个学科中的多数科学家所共同接受的一套理论和方法。库恩认为，科学的发展是新的范式否定和取代旧范式的过程。例如，在物理学中，牛顿的经典物理学被爱因斯坦的相对论所取代。

目前，心理学没有一个比较公认的、能解释各种心理现象的理论体系，而只能在某些领域中形成一些理论或规律。尤其是在第二次世界大战以后，心理学中的理论建立以“小型理论”的建立为主，尽管各学派、思潮的斗争趋于缓和并有融合的趋势，但仍然不能提出一个公认的理论体系。人格心理学家赫根汉认为，人格心理学中并没有像一般科学中那样严格意义上的范式，因为在同一个时期，人格心理学中并没有一个统一的范式，往往同时有多种范式或理论流派相互竞争。在人格心理学中有以下几种范式：以弗洛伊德为代表的古典精神分析学派；以霍妮、埃里克森、弗洛姆等人为代表的社会—文化学派（亦称“新精神分析派”）；以奥尔波特、卡特尔等人为代表的特质论学派；以华生、斯金纳与班杜拉等人为代表的行为主义学习论学派；以马斯洛、罗杰斯等人为代表的人本主义学派；以凯利为代表的认知主义学派。人格心理学家弗里德曼和楚斯塔克认为，人格心理学中主要的范式有八种，除了与前文六种相同外，还加上以艾森克为代表的生物学范式，以及以卡丁纳、沙利文为代表的交互作用论范式。① 有的人还将苏联维果斯基、列昂节夫为代表的活动理论也看成一种范式。② 这样一来，就有九种范式。在本书中，我们主要讨论人格心理学的八种理论范式。

这些不同的理论范式，在解释说明各种人格问题时，往往采用不同的概念、假设和理论。例如，在解释人的攻击性时，古典精神分析论认为攻击是无意识中的死亡本能向外发泄的结果，而新精神分析者则认为是因受挫折而攻击；特质论认为某些人具有较强的攻击性特征，因而容易攻击他人，其攻击性有遗传的基础；行为学习论则认为攻击性是学习（直接的或间接的）的结果；人本主义认为人基本上是善的，而暴力攻击是由于基本需要没有得到满足，难以将其美好的东西自我实现；认知论认为攻击性源于人们信息加工的方式的问题，如某人被别人瞪了一眼，而将其解释为挑衅，则会产生攻击反应。究竟哪种理论解释与客观事实更符合，目前还没有一个定论。也许各种理论都有一定的道理，都有正确的地方，也都有一定的片面性和局限性。这种情况与印度寓言中盲人摸象的情况相类似。尽管如此，各种理论都有其作用与意义。每一种人格理论都像一束投向人格这一“黑屋”的光线，照亮了黑屋的一部分，使我们看到了人格的某个部分。如果人格理论愈来愈多，最终将照亮整个人格的“黑屋”。

五、评价人格理论的标准

与一般科学理论一样，人格理论也是一种相对真理。因此，有必要对各种人格理论进行评价与检验，以便发现它们的长处与不足，选定现有理论中最好的理论并进一步发展人格理论。在人格理论的评价中，我们可以采用一般科学理论的评价标准，主要有以下几条。

（1）精确性。精确性是评价科学理论的最重要的标准。一个理论的优劣主要由其反映现象的本质和规律及变量间关系的精确程度来判定。如果一个理论精确度不高，无论其表述多么完美，都不能成为好的理论。但是，目前大多数人格理论的精确性都有待提高，这主要是由其研究对象的特殊性决定的，随着研究方法的发展和研究的深入，这种情况将会有所改变。

（2）可检验性。科学理论的科学性指标之一是其可检验性，包括可验证性、可证伪性和可反驳性。对于一个理论，如果去寻找其证据，获得证实或验证是容易的，它就具有较高的可检验性。如果理论的解释力很强且无法推翻它，这一理论就难以进行检验，也就没有什么用处。进行预测是检验理论的最佳方案之一。理论只有在不断地被检验的过程中才能发展和完善起来。

（3）概括能力。判别科学理论的又一标准是其概括能力。一般来说，理论的概括能力越强，所能解释的现象越多，且具有可检验性，那么理论就具有越高的功效。

---

① FRIEDMAN H S & SCHUSTACK M W. Personality: classic theories and modern research［M］. Boston: Allyn & Bacon, 1999: 7－8.

② 郑敦淳，杨效斯，郑雪，等. 经典人格论［M］. 广州：广东人民出版社，1988：230.

（4）简洁性。在科学中，一个理论所包含的假设、所运用的概念越少，对现象的解释越简明，其简洁性程度越高。如果一个理论能以较少的概念解释较多的结果，且以可检验性为前提，那么这一理论就更易被确认。这一评判标准就是科学史上著名的“威廉·奥卡姆剃刀”。

（5）逻辑一致性。科学理论要求其知识体系前后连贯，各个概念、假设与定律之间相互吻合、印证，具有较高的逻辑一致性。否则，就难称其为科学理论。

（6）有用性。如果一个人格理论具有较广阔的应用前景，如咨询治疗、评估选拔，以及在人事管理等实践领域中有实际应用价值，这就是一个好的人格理论。

在评价人格理论时，我们不仅要考虑上述一般性的标准，而且要考虑人格理论本身的特点，采取有针对性的评价方法。人格理论更多的属于社会科学的范畴，在理论的精确性、可验证性与简洁性等方面都不如自然科学理论。我们不能因此而全盘否定人格理论。在评价人格理论时，我们要坚持唯物辩证法与历史唯物主义的观点。

坚持唯物辩证法，就是把科学理论看做是相对真理，其中存在绝对真理的成分，有长处，有优点，也存在缺陷与不足。在评价理论时，我们不仅要看到该理论的优点与长处，而且要看到它的不足与缺陷。只有这样，我们才能发挥其优点与长处，克服其缺陷与不足，推进人格理论向绝对真理逼近。坚持历史唯物主义的观点，就是要看到理论产生的历史背景与社会根源，看到理论的思想渊源与后继影响，把该理论放到当时的历史和社会背景中去考察与评价。只有这样，我们才能看到历史上各种人格理论的积极与进步意义。否则，完全用现代人的眼光去看过去的理论，很可能将过去的理论说得一无是处，陷入历史虚无主义的泥坑。

六、人格理论的基本问题与基本设想

在人格心理学中，有一些问题是任何人格理论家都不能回避的问题，对这些问题的回答往往表达了他们的核心思想，反映其人格理论的基本框架。这些问题就是人格理论的基本问题，而对这些问题的回答就成为人格理论的基本设想。对于人格理论的基本问题与基本设想，吉尔和齐格勒（1981）进行过较为深入的探讨，提出了九个基本问题。对这些基本问题的回答产生了九个基本设想。[①] 这九个基本问题及其基本设想如下：①自由意志—决定论；②理性—非理性；③整体说—原素说；④素质论—环境论；⑤主观性—客观性；⑥前动性—反应性；⑦稳态—异态；⑧可知性—不可知性；⑨可改变—不可改变。

以上九对基本设想分别构成两极连续体。任何重要的人格理论都可在每一连续体上找到一定的位置。吉尔等人重视对人格理论的元心理学分析，强调这些理论在双极连续体上的位置是相对的，而不是绝对的。以维度、量的观点分析人格理论有利于探讨各种人格研究在基本设想方面的不同程度与涉及的不同范围。以这些基本设想为基础，每种

① HJELLE L A. & Ziegler D J. Personality theories：2nd ed. ［M］. New York：McGraw-Hill，1981.

人格问题的研究都可用它们来区别。换句话说，从这些基本设想可以看到人们对另外一些人是如何认识、如何对待的，如何使他们形成观点和学说的。我们要知道这些基本设想并非在形成学说时预先确定的，而是在学说形成以后他人对之所做的分析。这里我们将对这些基本问题与基本设想加以解释。①

（1）自由意志—决定论（freedom-determinism）。自由意志—决定论维度表现为一个人在指向和控制自己的日常生活中有多少内部的自由，他的行动在多大程度上是由意识以外的因素决定的。有的人格理论把一个人看做类似于一种自动装置；有的则认为人不是机器，也不可能受无意识动机的束缚。人是自身的寻找者、生活意义的创建者与主观经验的感受者。人对自己的行为是有意识的、自主的，他能在某种程度上超脱环境对他的各种影响，这种人格理论居于自由意志设想的一端。反之，决定论者认为一个人的心理生活、情绪活动和全部行为中的任何事件都不是孤立和偶然产生的，而是由已知的、未知的各种原因或力量所引起的，如无意识动机、外部刺激、早期经验、生理过程、文化影响等。

（2）理性—非理性（rationality-irrationality）。一个人可能在多大程度上通过他的理智（如果存在的话）改变自己的行为？有关这一问题的看法可在理性—非理性维度的位置上表现出来。在维度的理性这端，主张人主要是有理性的个体，能够用理智指导自己的行为。另一端主张人实际上是受非理性力量支配的。虽然极端的人格理论并不多见，但基本设想上的维度正好能够区别它们。凯利强调认知和智力过程对人的行为有最大影响；而弗洛伊德精神分析理论则强调无意识的心理活动的重要性，正是我们恶性膨胀的本我阻碍我们成为精神生活的主人。我们真的是自己命运的主人吗？真的是行为航船上的舵手吗？还是被一些连我们自己都不能认识的非理性力量所控制的对象？这一讨论的核心在于这些力量的内容及它们对人类行为的操作过程。

（3）整体说—原素说（holism-elementalism）。整体说的设想是强调行为要从整体来研究，原素说的设想则认为要从特殊的、相对独立的成分来逐个探讨。对人格的特点是必须分开看待还是不能分析的？整体说认为人只能是完整的实体，对机体越加分析，则越成为抽象的和不真实的人。原素说认为人格的科学研究必须从其组织的部分着手，必须掌握特殊的确切材料，必须以完全可验证的元素主义理论为指导，才能有效揭示人格的本质与规律。

（4）素质论—环境论（constitutionalism-environmentalism）。人的基本特性有多少是由躯体或素质决定的，有多少是由环境影响造成的？虽然这是一个古老的问题，但今天依然存在。有关这一问题的基本设想影响着人格的概念与结构。古希腊的气质体液说、20 世纪的多种体型论和弗洛伊德的本我概念都认为，人格是依赖或固定于人体素质而遗传下来的。环境理论也有较长历史，而行为主义强调学习是人格形成的基础，环境塑造人的行为等观点都是较晚提出的。强调学习的重要性是由于学习是一种心理过程，环境通过它来塑造人的行为。当然，目前心理学界多数人主张素质与环境相互作用的理论，认为素质因素所起的作用因环境不同而有所异；环境作用的影响也因人如何运用这

① 陈仲庚，张雨新．人格心理学［M］．沈阳：辽宁人民出版社，1986：20－24.

些素质因素而有所不同。

（5）主观性—客观性（subjectivity-objectivity）。这一维度表现人是否存在个人的、主观世界的经验，它对行为具有多大影响，或者对行为的影响是否主要来自外部因素的作用。这种不同的看法是现象学与行为主义心理学的分水岭。罗杰斯认为人的内部世界比外部环境刺激对其行为有更大的影响。外部见到的行为如无内部经验作为参照，仍是不可理解的东西。偏于主观性维度的人格理论认为，经验的科学研究是心理学的首要任务。反之，斯金纳强调对行为进行严格的科学分析，人的行为和特点只不过是与人类发展条件和个体生活条件都有联系的物质系统。因此，偏于客观维度的人格理论主张，人格就是由这些外部客观因素对人的作用而形成的。他们重视人的客观行为事实以及这些行为与外部世界中可测量的因素的相互关系。

（6）前动性—反应性（proactivity-reactivity）。这一维度涉及产生行为的诱发性，即行为由什么引起？活动的真实原因应该到哪里去找？行为是内部活动本身还是对外界刺激的一系列反应？偏于前动的理论认为，一切行为的根源在于人的内部而不在外部，人是主动的，并且是前动的，因为人有自己的目标、期望与理论。心理学家构建这样的人格理论，就要说明人如何产生这些前动和主动行为。偏于反应的理论认为，行为就是对外部世界的刺激而产生的反应。人的内部并不产生活动，活动是对外部因素的反应。行为主义认为可以设想一种完全以刺激反应为基础的心理学，而个体的主观存在则完全没有重要性。反应性理论强调在人格研究中探讨刺激—反应与行为—环境之间的相互关系。

（7）稳态—异态（homeostasis-heterostasis）。稳态—异态维度主要涉及行为的动力（动机）。一个人的行为动力是什么？是消除紧张而达到内部平衡状态，还是不断成长而自我实现？道拉尔和米勒认为，人格的特点由学习而来，学习涉及强化与内驱力的相互关系。强化可以减小内驱力原先的强度，从而消除张力，达到内部平衡，尔后新的内驱力又使机体失去平衡，再由解除张力来恢复平衡。这种人格理论认为，若没有稳态作为动机的基础，人格的发展就没有可能。异态的理论与此相反，罗杰斯、马斯洛等人强调行为的其他动力，认为人是不断地成长向上的，他的生活不仅为了减低内驱力，更重要的是寻求新的刺激，追求变化，通过不断地打破平衡来求得发展，达到自我求知、自我求成。关于人格问题的研究，持稳态观点的心理学家则探讨本能、内驱力的性质和不同类别，张力的动态状况，减低张力过程中的各种心理（人格）机制等。持异态观点的心理学家则探讨自我实现的性质和发展过程、自我实现中动机的整合过程、面向未来的努力、自我实现的各种方式等。

（8）可知性—不可知性（knowability-unknowability）。这一维度表现人的行为和本性是否可根据科学方法而被认识，还是有某些超越科学而不为人认识的东西？华生认为，通过系统观察和实验，行为的原理和规律都可以被揭示。行为学派长期以来从事理论和实验工作，探究人格的规律，他们以严格的科学思考方法测试和验证这些规律。与此相反，维度的另一方面表现人本性不可知的论点，如罗杰斯认为，每个人都在不断改变的主观世界中生活，主观经验是他的中心和本质。人的经验是个人的、私有的，人的本性只有通过个体自身的主观经验才能被认识，因此，自我经验的研究就是人格研究的中心任务。

(9) 可改变—不可改变（changeability-unchangeability）。几乎所有人格学说都重视人的生活历史或发展前景的重要性。这里要说的是一个人在一生中其人格是否可能发生根本性的变化。变化是人格发展的固有特性吗？是表面的还是实质性的？对于这个问题，不同人格理论家有不同的看法。埃里克森认为，人格在一生中始终变化着，在人生的每一个发展阶段都有其特殊的心理危机。一个人如何应对、处理与渡过危机，影响他在下一阶段人格发展的方向。但是，弗洛伊德则认为，早期经验对人格的发展起着根本性的作用，一个人的基本人格结构在婴幼儿阶段就基本定型了。也许个人的表面行为可能发生改变，但其内在的人格结构是不变的。

在分析评价人格理论时，我们可以采用上述人格理论基本设想的连续体来进行。首先，我们可以确定某个人格理论在这些连续体上的位置，把握其理论的主要立场与基本框架。然后，我们还可以在这些连续体上将其与别的理论进行比较，发现它们之间的相同点与不同点，把握它们之间的相互联系与相互对立，从更高、更广的角度理解该理论。在分析人格理论时，我们要注意到某些基本设想之间存在一定的逻辑联系，如意志自由论与主观性的基本设想有逻辑联系，反应性与客观性的基本设想有逻辑联系。主张意志自由的理论家，一般都强调主观性，而主张反应性的理论家多半会强调客观性。并非每一种人格理论都全面探讨所有的基本人格理论问题，不同的人格理论家各有侧重。因此，有的理论家在某些基本问题上探讨较多，从而在这些问题上有明确的基本理论设想，而对另一些基本问题不够重视，没有形成自己明确的主张。

第五节　人格心理学方法

人格心理学家不仅要提出一种解释人格的概念、理论与假设，而且需要通过一定的研究方法与途径来检验这些理论与假设。否则，它们始终是一种理论或假设，不能成为科学的理论与假设。因为，凡是科学的理论与假设都必须通过检验。在人格心理学研究中需要遵循的方法论原则有哪些，其研究的主要途径与方法是什么，这些途径或方法有何优点与不足。本节将讨论这些问题。

一、一般方法论原则

一门真正的科学或一个富有成效的研究都有其科学的方法论基础。随着科学的发展，科学方法论也在不断地变化和发展，其发展趋势是朝着更完善、更正确和更科学的方向前进的。为了使人格心理学的研究具有更牢靠的方法论基础，我们将从心理学方法的发展趋势中确定其方法论的依据。

（一）理论探讨与实证研究的结合

自心理学从哲学中分化出来，心理学家们就力求向自然科学学习，企图使心理学成为一门像物理学、生物学那样的规范化的自然科学。在自然科学的影响下，许多心理学家几乎完全接受了自然科学中实证主义的科学方法论，因而在心理学中形成了占据主导地位的“实证倾向”。所谓心理学中的实证倾向，是指多数心理学家关于心理学研究的一种信念，即只有客观的观察、实验和能够重复的研究才是科学的，而对理性分析和探索抱怀疑和轻视的态度，并且以这种观念作为评价一门研究是否科学的主要标准。

长期以来，这种实证倾向支配着多数心理学家的研究行为，查普林、罗伊斯等人在分析心理学的历史和现状时指出，心理学家像自然科学家那样，利用客观的观察和实验方法来收集经验事实，并借助定量或统计的方法来分析和解释其研究结果。他们重视经验事实，而忽视理论研究，以逻辑实证主义的方法论来指导他们的研究工作。在心理学的历史发展中，实证倾向有其进步意义和历史功绩，它使心理学逐渐摆脱纯哲学的思辨，走向科学，促使心理学的研究方法更加客观和严密，并取得了大量的、可验证的成果。但是，我们也要看到，心理学研究的实证倾向也有其消极的一面。实证倾向的心理学家由于只相信实证材料，轻视理性思维的作用，使得心理学的报告中充斥着方法的描述、图表的罗列和数据的堆砌，而缺乏深入细致的理论分析，其理论分析常常局限于就事论事。

虽然实证倾向在心理学研究中居于主导地位，但仍然没有完全消除与其对立的另一种倾向，即心理学研究中的思辨倾向。这种倾向来源于科学心理学诞生之前的哲学心理学，它强调理性思辨的作用，而忽视实证的经验事实材料。重视理论分析，有助于建构完善的理论体系。但是，忽视经验材料会使理论分析流于纯粹的思辨和无效的理论空谈。这种倾向虽在心理学中不占主导地位，但它不时在心理学研究中表现出来。我们常常看到一些心理学文章，整篇都是理论分析，缺乏事实材料为依据，理论与实际相脱节。

从前文的讨论可以看出，心理学研究中的实证倾向和思辨倾向都有其片面性，同时也有一定的合理性。在心理学研究中，理论分析和实验研究并不是完全对立的，实际上它们是科学心理学研究不可缺少的两个方面，实验研究的深化有赖于理论的指导和分析，而理论的分析和建构又必须依赖实验材料的支持。因此，在社会心理学研究中，有必要把理论分析和实验研究统一起来，不仅从理论上深入探讨社会心理学研究的课题，构造一个全面的理论体系；同时，根据理论体系或模式来精心设计研究方法和指导具体的实验研究；最后，将理论模式和实验研究材料结合起来，进行全面的分析和讨论，得出有理有据的结论。

（二）定性研究与定量研究的结合

从心理学的定性和定量研究这一角度看，心理学的历史发展可以分为三个阶段：第一个阶段是现代科学心理学出现之前的定性研究阶段，以哲学思辨为主；第二个阶段是以自然科学研究为样板的定量研究阶段，在这一阶段中伴随着以胡塞尔的现象学为基础的定性研究方式的发展；第三个阶段将是定性研究和定量研究两种研究模式并存互补的阶段。

从当代心理学的状况来看，心理学研究方法的发展仍处于第二个阶段，即定量研究为主导的阶段。对于当代多数心理学家来说，数据和统计的定量研究在他们的研究中占有绝对重要的地位。他们认为数据最能说明问题，统计最有说服力，并试图用数学去改造心理学。只要翻开当代心理学的文献，心理学研究的量化特征再明显不过了，因此，苏联心理学家安纳耶夫在论及心理学方法时称，现代心理学的进展，在很大程度上是同心理学中的实验方法和数学方法的发展密切联系着的。现代心理学的数学化将无一例外地推广到心理学的各个分支学科中，从这个意义上讲，在不久的将来，心理学可能成为一门数学科学，如同它现在已经成为一门实验科学一样。的确，对于大多数心理学家来说，研究中是否运用数学方法，已成为他们衡量研究水平高低和科学与否的重要标准。

心理学研究的量化使心理学研究更加精确和严密，但是，我们要看到作为定量研究基础的心理统计学本身就不是绝对完善的，还存在着这样或那样的缺陷。而且，从唯物辩证法的质量统一观来看，质量和数量是客观事物不可缺少的两个基本规定，它们之间有区别和对立，但又相互联系和对立统一，既没有离开质的量，又不存在没有量的质。人的心理现象同其他事物一样，同时具有质和量两个方面。这就规定了心理学研究应同时重视定量分析和定性分析，并将两者结合起来。心理学研究的定量分析揭示变量和因素之间的数量关系，其目的是服务于定性分析，以便对心理现象的本质、意义进行描述和解释。因此，过分追求量化，只在数据上兜圈子，认为“只有采用数学方法的科学才是真正的科学”的观点是片面的和不可取的。

在人格心理学研究中，我们应该坚持质量统一的观点，在理论模式的指导下，确定研究变量的量化指标，这一方面使量的分析服务于质的分析，另一方面使质的研究有量的依据，从而把定性分析和定量分析统一在同一个研究之中，以便取得更好的研究成果。

（三）元素分析与整体综合

现代心理学产生的历史背景和心理学发展的历史，促使心理学家们创造了一种特殊的研究模式或方法，即还原论的元素分析法。心理学家们在研究心理现象时，倾向于把现象整体分解为部分或因素，根据所研究的主要问题挑选出因变量、自变量和控制变量，通过观察或实验得到这些变量的变化情况，从而在部分或因素水平上解释处于整体水平的心理现象。虽然心理学界不断有人（如格式塔心理学家和人本主义心理学家）批评以部分解释整体的元素分析方法，但是这种方法在心理学研究中仍占据统治地位。元素分析的研究方法或思维方式使心理学家能够深入研究某一具体问题，了解心理现象的各个具体部分或因素的情况。但是，单纯的元素分析方法难以从总体上把握心理现象，常常会导致“只见树木，不见森林”的结果。因此，许多心理学家只是从事某一具体问题研究的“专家”，而不是心理学的“全家”。

元素分析的思维方式在一定程度上促使了心理学流派的瓦解，并代之以众多的小型理论。由此，还进一步推动了心理学的分化，形成了众多的心理学分支学科。这种高度分化的现象是心理学繁荣的标志之一，但是，我们同时也要看到心理学的发展不仅需要高度的分化，而且需要高度的整合。就目前心理学研究的状况来看，分化和分支过多，缺乏整体的综合，这对学科的发展是不利的。这种状况对心理学研究的方法论提出了新的要求，即改变单纯的元素分析的研究模式，代之以分析与综合相结合的研究模式。近几十年现代科学的发展，特别是系统论、控制论和信息论等系统科学的产生和广泛应用，使这种要求有可能成为现实。

从系统科学的观点来看，心理现象本身就是一个具有一定结构和功能的系统。人的心理系统一方面是更大的系统（如社会文化系统）中的一个子系统；另一方面它本身也包含了许多子系统，以及不同层次、不同水平和不同序列的亚系统，高层次的系统整合着子系统，但不是子系统的简单相加。因此，在研究心理现象时，我们应该把它放在心理系统与外部系统之间、心理系统中各子系统之间的相互联系和相互作用中去把握，采用既有部分或元素分析，又有整体或系统综合的研究方法。

在人格心理学研究中，我们不能采用单纯的元素分析方法把人格心理现象孤立起来进行研究，而应把它放在心理系统以及更大的社会文化系统中去探讨，把它与个体的其他变量如年龄、性别、学历、智力等联系起来研究，把它与个体之外的社会文化变量如生态环境、生存策略、民族文化、社会组织、社会化和教育等联系起来研究。这样的研究不仅有整体的综合，而且有元素的分析，是两种研究方法的综合。因为，从系统科学的观点来看，单纯的综合研究只能使我们对课题有一个笼统而不精确的整体了解，单纯的分析研究使我们只能了解到有关课题的一些互不关联的方面或局部的现象和特征，只有通过分析和综合相结合的研究方法，才能使我们既能了解到课题的各个部分或因素，又能把握这些方面或因素的相互联系和相互作用，以及由此构成的整体。

随着系统科学方法在心理学中的应用，近年来，在心理学研究中还出现了研究方法的多学科化和综合化的趋势。心理学家们越来越清楚地认识到，心理现象的维度是多方面的，影响因素是各种各样的，只从某一分支学科的角度是不可能全面准确地把握心理活动的规律的，而必须同时运用心理学各分支学科，乃至其他相关学科的理论和方法来展开研究。同时，在研究中必须采用多种多样的研究方法，因为每一种方法都有其优点和局限性，综合采用谈话、观察和实验等多种方法，可以对不同方法所得的结果进行相互比较和验证，提高研究结果的可靠性。另外，在研究设计上，还应该采用多变量设计，因为只注重分析单变量和单变量之间的关系，难以揭示心理活动中多因素、多维度之间及其与多种复杂影响因素之间的相互联系和相互作用。在人格心理学研究中，我们应该采用多变量（人格特征、行为活动、认知方式、教育和社会化、社会组织结构、生态文化变量等）的研究设计、多学科（认知心理学、教育心理学、发展心理学、人类学和社会学等）和多样化的研究方法（谈话、现场观察和调查、心理测验与心理实验等）。

（四）心理学研究中的生态化趋势与现场研究

近几十年以来，心理学研究中出现了生态化的趋势。这种趋势强调在真实、自然的情境中研究人的心理活动，以提高研究的外部效度，提高研究结果在实际生活、工作实践中的可应用性和普遍实用性。

心理学研究的生态化趋势主要起因于心理学家们对实验室研究的局限性的认识。我们知道实验室研究具有许多明显的优点，如对变量的测量精确、控制严格等。但是，随着心理学研究的深入，实验室研究固有的缺陷，如人为性、一次只能考虑少数几个变量、外部效度低等日益暴露出来。由于实验室研究情境是人为创设的，且研究变量受到严格控制，因而实验情境的真实性受到破坏，使被试的心理和行为表现与自然情境中的心理和行为表现相差很大。这样，就削弱了研究的外部效度，使在实验条件下获得的结果是否仍然能在自然条件下获得，是否实用于自然情境成为一个问题。为了克服实验室研究的局限性，许多研究者主张心理学研究走出实验室，到现实生活中去，在真实自然的情境中研究心理活动的规律，以保证研究结果具有较高的外部效度和应用价值，于是出现了心理学研究生态化的思想倾向，而生态学的发展及其对心理学的影响，以及心理学研究方法和技术的提高使这种思想倾向变为现实。

生态学是20世纪末在生物科学中成长起来的一门科学，它研究生物个体和群体及其生态环境，以揭示有机体与环境之间相互联系和相互作用的规律。在研究方法上生态学家一般采用描述性分析方法。但心理学家并不局限于生态学家所强调的自然观察法，而是以生态学的观点来指导心理研究，使心理研究走出实验室，把实验室固有的严格性移植到自然真实的家庭、学校、社会和文化等环境中去，并在其中把握心理现象与种种环境因素的相互关系，从而提高研究的外部效度和生态效度，以及可应用性。这种研究既不同于传统实验法对实验室的依赖，又不同于传统观察法为真实性牺牲严密性，它强调研究情境必须是自然的，但研究本身同时也必须是严格的。为了做到这点，研究者普遍采用现场实验、现场观察和多变量相关研究等方法，而在现场实验中往往采用准实验设计。

在人格心理学研究中，我们应该以生态学的观点为指导，到被试的自然真实的家庭情境和工作场所中进行观察、谈话、调查、心理测验和实验，也即进行现场研究，而实验研究采用的是准实验设计，以提高研究结果的可靠性和可应用性。

（五）伦理性原则

伦理性原则是人格心理学研究尤其需要强调的原则。人格心理学直接以人为研究对象，并且在研究时经常需要隐藏真实的研究目的。因此，人格心理学研究中如何避免给被试带来伤害，就成了不可回避的问题。从伦理道德的角度来说，用欺骗的手段诱导被试参加人格心理学研究，在他们不知情的情况下进行研究，本身就是违背道德的事情。在人格心理学研究中，确实有某些实验会对被试的身心造成一定的伤害或不利影响。

由于人格心理学研究中容易出现伤害被试的情况，大多数人格心理学家都赞同，心理学研究要遵循科学的伦理原则，必须做到以下几点：

第一，被试自愿参加，即在进行研究之前，研究者应征得被试的同意。通常情况下，研究者有义务让被试在参加研究前尽可能多地了解研究的情况。

第二，接近真实生活，即研究情境应尽可能靠近被试日常已经习惯的生活，使其成为自然环境，从而避免研究对被试造成不利影响。

第三，有利的研究设计。首先，这个研究不仅对人类的社会福利有意义，而且已经最大限度地考虑到了被试的利益；其次，研究要尽可能减少欺骗措施的运用；再次，研究要尽可能减少对被试的不利影响。

第四，被试自愿终止。在实验过程中，当被试对研究出现不良反应，意识到研究对自己不利，或对研究不再感兴趣时，被试有随时退出研究的权利。在任何情况下，被试都不应在被迫的条件下参加研究。

第五，充足的补救。如果研究出现了对被试的不利影响，研究者必须本着维护被试个人权利和彻底消除不良影响的原则，及时终止研究，并对受影响者做充分的心理补救，直到他们恢复到研究前的状况。

二、人格心理研究过程

人格心理学与众多心理学分支学科交叉，与许多学科相关，因为人格问题是心理发展研究的焦点，是正常和变态心理研究的焦点，是知、情、意的核心，是学习和适应研究的焦点，是生物性与社会性研究的焦点，是个别差异和共同性的焦点。人格心理研究的发展势必要受制于整个心理学以及相关学科的发展，只有生物科学、计算机科学、统计学、人类学和社会学以及心理学等相关科学发展到一定程度，人格心理学才有深入发展的可能。

由于人格是多变量、多因素和多层次的复杂和整体性的现象，心理学家难以进行严格的实验，对人格这一整体现象进行分解与控制是十分困难的。同时，由于研究需要用人做被试，因而对被试的身心有潜在的危害性，甚至有可能涉及种族、政治问题。因此，欧美心理学界制定了心理学的伦理原则，以排除人格研究的各种潜在危害性。

人格心理学的主要研究过程包括三个阶段：第一阶段为观察与描述，研究者观察与描述有关心理现象和问题，收集有关的事实材料；第二阶段为理论与假设，研究者对观察到的现象与问题提出概括性、解释性的理论，并通过推论作出假设；第三阶段为检验，研究者运用操作性的研究方法来检验假设，以支持或反证该理论。下面我们通过一个具体例子来说明这三个阶段。

第一阶段：我们观察到孤独者常常离群索居（观察与描述）。

第二阶段：我们可以提出解释性的理论，如他们由于缺乏良好的社交技能，以致不能与他人建立和维持良好的社会关系（理论）。我们根据这一理论可以推论出以下假设：

A. 孤独者比非孤独者较少主动参与或引发谈话。

B. 孤独者较少能准确了解别人对他们的看法。

C. 孤独者在社交场合有较多的不适当的言行。

第三阶段：我们可以通过以下可操作的研究方法检验上面的第三个假设。

A. 记录孤独者和非孤独者与陌生人谈话时不适当言行的次数，并做出比较。

B. 询问孤独者与非孤独者的同室，他们做出不适当言行的频率各是多少。

C. 编一个测验，以判断孤独者和非孤独者了解社交规则的情况。

如果以上三个方面的数据都表明孤独者的社交不适当言行高于非孤独者，则我们可以说上述有关孤独者孤独原因的理论得到实证材料的支持。

三、主要研究途径

虽然1937年奥尔波特发表其名著《人格：心理学的解释》，标志着人格心理学这一分支学科的诞生，但作为人格的科学研究早在20世纪初就逐步形成了三种主要的传统或研究途径，这就是临床研究、相关研究与实验研究。

（一）临床研究

临床研究，亦称为个案研究（case studies），这种方法着重从个体化和特殊性方面去研究人格，以独特的个体为研究对象，通过谈话、观察、作品分析等方法广泛地收集材料，以便对个体的人格进行全面和准确的定性描述，进行系统而深入的研究。这种研究方法源于19世纪以沙可为代表的法国临床精神病学对患者的诊断与研究方法，这种方法被弗洛伊德及其追随者加以继承与发展，后为莫里、罗杰斯与凯利等人进一步发扬光大。

我们若要研究暴力电视片与攻击性行为的关系，可以采用临床研究的方法来进行研究。例如，我们可以找某个或某些具有较强攻击性的儿童或青少年作为个案进行研究。通过谈话、观察与调查大量收集个案的有关材料，并进行系统与深入的分析，就有可能确定他或他们的暴力行为是否与暴力性电视节目有关。我们可以设想暴力性电视节目产生了模仿的作用，促进了个案侵犯性动机的形成，并向个案演示了攻击的方法与技巧。

临床研究具有一些突出的优点，这种方法提供了一个机会，使我们可以了解到一个活生生个体的心理与行为活动，获得大量有关的信息资料。由此，可以诱发我们的直觉，洞察其人格的本质特点，提出有关前因后果的种种假设与定性的分析。临床方法由于以特殊的个体（通常为有某种心理或精神问题的患者）为研究对象，强于质的综合判断，弱于量的分析比较，且难以直接引出普遍性的结论，而容易产生以偏概全的结论。强调科学实证原则的学院心理学家常常批评这种方法缺乏科学的严谨性，认为临床研究过程中，研究者的观察缺乏客观性，观察中常常掺杂着自己的主观猜想与推论，其研究中提出的理论与假设难以通过操作性的研究来检验，其研究或观察难以被别人重复等。

有趣的是，通过临床研究来构建人格理论的大师们往往接受过严格的科学方法的训练。例如，弗洛伊德在成为精神分析家之前是一位优秀的生理学研究者，莫里在成为心理学家之前受过生物化学研究的训练，而罗杰斯对心理治疗过程的科学研究作出了重要贡献。可见，不是这些强调临床研究的理论家不懂得科学的实证原则，或者拒绝这些原则，而是他们为了更好地观察活动着的个体，从理论上更好地勾画出个体异常复杂的人格，而放松了科学实证原则的某些限制。

(二) 相关研究

相关研究主要运用测量与统计的方法，在相同条件下，考察一组被试的两个或更多个变量之间的定量关系，由此来确定这些被试之间在某种人格特征上的差异，以及人格特征之间、人格特征与别的因素之间的相关情况。例如，我们可以通过测验与统计分析确定学业成绩与成就动机、自我概念和考试焦虑程度等因素之间的相关程度。相关研究的方法起源于英国学者高尔顿的研究。高尔顿受达尔文进化论的影响，开创性地研究了人类个体的差异及其与遗传的关系。他强调了三个因素，即个体差异、测量与遗传素质，同时重视将测验、评估、问卷运用于大量的被试，提出了相关系数的概念，以确定成组数据之间的定量关系，这些因素至今仍然是人格心理学的相关研究方法的主要特征。高尔顿的研究被皮尔森以及后来的卡特尔、艾森克等人所继承与发展。

对于上述暴力电视片与儿童攻击性行为的关系问题，不仅可以采用临床研究方法，也可以采用相关法来进行研究。当采用相关法来研究这一问题时，我们可以通过观察记录一组儿童中每个儿童一周内平均每天看暴力性电视节目的时间与平均每天攻击性行为的次数，这样我们得到了两组数据。再通过统计的方法，计算出两组数据之间的相关系数。如果相关系数通过检验并有显著性，我们可以确定暴力电视片与儿童攻击性行为存在某种关系。虽然我们确定它们之间存在相关，但不知道究竟谁是原因谁是结果，即我们不知道是观看暴力片导致攻击性行为增加，还是儿童本身具有较强的攻击性才看更多的暴力电视片，因为在统计学上我们不能从相关系数的显著与否直接推论出是否存在因果关系。要验证两个变量之间的因果关系只有通过实验法，而非相关法，这是相关研究法存在的主要局限性。

同时，我们要看到相关研究法也有一些明显的优点。第一，相关研究一般比临床研究和实验研究更容易操作，且更省时间，因为它可以通过同时测试或调查成批被试，在短时间内获得研究变量的大量数据。第二，由于相关研究无须严格控制与操纵变量，这就使得其结果比实验研究更可能符合研究对象的自然形态与实际的情况，减少研究的人为因素，提高其生态效度。第三，相关研究法使我们可以研究一些实际上或伦理法律上无法控制或操纵的变量，如性别、年龄、家庭出生等。例如，在道德上我们不能教育或培训一个杀手来研究环境教育对人格和犯罪行为的影响。第四，在现实中存在着许多不同因素之间相互作用、互为因果的关系，对于这种情况我们没有必要通过实验法来确定它们之间谁是因谁是果。而且，一旦我们确定两个变量之间不存在显著的相关，我们也没有必要做进一步的实验研究来确定它们之间的因果关系。

(三) 实验研究

实验研究方法要求严格控制条件，系统地操纵某个或多个变量（自变量），以期导致另一个或另一些变量（因变量）的某种变化，从而作出因果性的结论。例如，我们可以操纵作业的难度或时间限制，看具有不同人格特点（如内外向性或情绪稳定与不稳定特质）的被试的作业成绩的变化，以了解作业难度与紧张程度对不同人格特点的被试的影响。与强调个体的临床研究不同，实验研究一般要求较多被试。与强调个体差异的相关研究不同，实验研究着重探讨对所有人都适用的一般规律。与临床研究和相关研究都不同，实验研究要求对自变量进行操纵，由此得出因果性的结论。

人格的实验研究传统源于冯特、艾宾浩斯与巴甫洛夫。大约与沙可在法国进行临床研究和高尔顿在英国进行相关研究的同时，冯特在德国建立了世界上第一个实验心理学的实验室。他强调把心理学建成像物理学那样的自然科学，采用自然科学的实验研究方法来进行心理学研究。冯特之后不久，艾宾浩斯进行了他的记忆研究，巴甫洛夫进行了经典条件反射的研究，这两个研究成为心理学实验研究的典范，对后来有关人格的实验研究产生了极大的影响。此后，华生、斯金纳以及当今的认知心理学家都强调运用实验研究方法来探讨人格心理问题。

关于暴力性榜样对儿童攻击性行为影响的问题，班杜拉进行过经典性的实验研究。他让A、B两个组的幼儿园的小朋友分别观看两个榜样的表演（现场的和卡通的情境）。A组幼儿看到一个榜样正在玩工艺玩具，对旁边的一个橡皮玩偶无动于衷。B组幼儿看见一个榜样不断地殴打橡皮人的面部，用球棍打它的头，怒气冲冲地骂它、打它。稍后，让这些孩子遭受一定的挫折，并与玩偶同处一室，再观察这两组幼儿的行为反应有何不同。与A组幼儿相比，B组幼儿对挫折产生了非常多的攻击反应，他们也像榜样一样，对玩偶又打又骂。可见，幼儿通过对榜样的观察，可以习得攻击性行为模式。

实验研究具有某些临床研究和相关研究无可比拟的优点，它不依赖自我报告材料，而是力求客观性，对变量的控制严密，能够操纵变量，做出精确的定量分析和因果性的结论，因而这种研究往往被看成是理想的科学研究。但是，在人格研究中，并不是多数人都喜欢运用这种方法，这种方法也存在许多限制与缺陷。由于实验情境本身的限制，使得研究结果不可避免地带有一定的人为性，因而其结论难以直接推广到人们的日常生活中。在冷冰冰的实验室条件下，究竟能够在多大的程度上研究诸如幻想与恋情等重要的人格心理现象呢？实验研究要求对变量进行严密控制，一次只能对某个或某几个少数变量进行研究，这不仅不能把握众多相互联系、相互作用的人格因素，而且会对许多主观的、复杂而又重要的东西视而不见。为了严谨性与客观性而牺牲主观性与意义性，这就是许多人格心理学家不采用实验研究而采用临床研究或相关研究的主要原因。实验研究以客观性著称，但作为实验对象的人具有高度的主观性、能动性与独特性，因而实际上实验方法难以彻底排除实验对象的主观认识和态度对实验过程的污染。所以，像斯金纳等实验主义心理学家干脆用动物来做实验，以保持实验的纯客观性。但是，动物心理的研究能够说明人的高度复杂的人格心理现象吗？

综上所述，人格研究的三种途径各有其优势与限制，我们不知道究竟哪一种更好。实际上，三种途径殊途同归，都是为了共同的科学目标，即发现事实、建立理论、揭示变量中规律性的关系。正因为如此，一些人格心理学家试图把不同的研究方法结合起来，扬长避短，以取得更佳的研究成果。例如，特质理论家艾森克就力求把相关研究与实验研究结合起来。他在研究内外向特质时，不仅运用了问卷测验来获得大量数据，进行相关与因素分析（典型的相关研究法），而且运用实验室研究方法探讨特质与神经生理指标的联系。莫里也曾试图把精神分析的深度会谈法（典型的临床研究）与情境测验（实验方法）结合起来。可见，把不同的研究方法结合起来不仅可能，而且有效。当然，事实上多数人格心理学家宁愿使用某一种方法，而不愿意把它们结合起来使用。这种现象背后不仅有研究者训练背景、学派偏见等方面的因素在起作用，也可能与各种途径之间在理论基础和方法论上的冲突有关。例如，精神分析的临床研究基于无意识的理论，其方法论主张整体观和对个体的综合分析；而行为主义的实验研究方法基于操作主义、元素主义和还原论，强调因素的分析与操作。

四、人格研究的具体方法

前面我们讨论了人格研究的主要途径或主要研究方法，除此之外，人格研究还有许多具体方法。奥尔波特通过归纳总结，列举了14大类52种人格研究的具体方法（见下表）。这些方法对从记录个人的外部表现到深层次的内心活动，从某些个别特征到对个体人格的总的评价都有所涉及。表中所列出的方法虽然很多，但并不是人格研究方法的全部，并且，随着人格心理学研究的发展，还会出现愈来愈多的，更为先进、更为科学的方法。例如，认知心理学的发展为人格研究提供了认知实验的方法，脑神经科学的发展提供了脑血流图成像技术（CT），心理统计学的发展提供了结构方程的统计方法，跨文化心理学的发展提供了跨文化心理比较的方法，叙事心理学提供了叙事法或生活史研究等等。这里就不一一列举了。

人格研究方法概观①

14大类	52种方法
1. 文化模式研究	1. 社会规范分析　2. 成语、格言、文艺作品分析　3. 语言分析　4. 心理描述（形容词核对、量表分析）
2. 生理记录	5. 遗传分析　6. 生物化学相关物　7. 内分泌研究　8. 体型研究　9. 面型、动作分析
3. 社会记录	10. 个人档案记录　11. 工作分析　12. 时间分配　13. 行为频率　14. 社会测量　15. 拓扑心理学（对人、对阻碍物的反应）
4. 个人记录	16. 日记　17. 自学系统指导　18. 个人信件　19. 主题写作
5. 表情活动	20. 第一印象　21. 外表细致分析（快速摄影分析）　22. 外表模式分析　23. 字相学　24. 风格分析
6. 量表	25. 等级量表　26. 记分量表　27. 心理图示
7. 标准化测验	28. 标准化问卷　29. 心理测量（动作测验、迷津测验、语言测验等）　30. 行为量表（想象、联想、情境测验）
8. 统计分析	31. 差别心理学　32. 因素分析　33. 内部因素分析
9. 生活情境微型	34. 时间样本　35. 职业微型　36. 欺骗性情境
10. 实验室实验	37. 一元记录　38. 多元记录

① 陈仲庚，张雨新．人格心理学［M］．沈阳：辽宁人民出版社，1986：350.

（续上表）

14 大类	52 种方法
11. 预测	39. 外观预报　40. 趋势预报
12. 深层分析	41. 精神科晤谈　42. 自由联想　43. 梦的分析　44. 催眠术　45. 潜意识书写　46. 幻想分析
13. 理想型	47. 理解的图式　48. 文艺性格分类
14. 综合法	49. 辨别法　50. 匹配法　51. 全过程分谈　52. 个案分析

复习与思考

一、概念

人格、人格心理学、人性论、前科学理论、科学理论、范式、临床研究、相关研究、实验研究

二、问题

1. 如何理解人格概念？
2. 人格心理学有何意义？
3. 解析人格心理学体系。
4. 什么是人性？
5. 如何理解人格的前科学理论与科学理论的关系？
6. 如何评价人格理论？
7. 分析比较人格心理学研究的主要途径。

第二章　古典精神分析

- 精神分析的起源与发展
- 无意识、前意识与意识
- 本我、自我与超我
- 焦虑与防御机制
- 性、力比多与动欲区
- 自由联想与梦的解析
- 投射测验与精神分析疗法

弗洛伊德于19世纪末20世纪初创立了科学心理学史上的第一个人格心理学体系，即精神分析。在那个年代，科学心理学以冯特的体系为楷模，着重对意识进行内省与感觉元素的分析。然而，弗洛伊德以无意识为研究中心的精神分析的形成，对科学心理学产生了革命性的影响；而且这种影响远远超出了心理学与精神医学的范围，对西方的哲学、伦理学、法学、人类学、文学艺术，乃至整个西方文化都产生了深远影响，成为西方学术领域与社会文化中的一个重要思潮。在精神分析产生之后，其内部就发生了一系列的分裂，弗洛伊德的一些追随者各自建立了自己的理论体系。他们的体系与弗洛伊德的体系有许多重大分歧，但也保留了精神分析的某些基本观点与原则，如心理动力观、心理决定论、无意识理论、早期经验对人格的决定性影响，以及自我与防御机制等。因此，在心理学史学上，人们往往把弗洛伊德自己创立的体系称为古典精神分析，而把弗洛伊德的追随者后来所创立的理论体系称为新精神分析。本章将主要介绍弗洛伊德古典精神分析的理论体系与研究。

第一节　精神分析的起源

在介绍弗洛伊德关于人格的理论体系之前，有必要考察该体系的理论根源，以便更好地理解该理论。任何理论的产生，都与其创始人的聪明才智、人格特征、所受教育和生活经历，以及他所处的时代与社会背景有关。因此，要理解弗洛伊德精神分析的起源，我们可以从他的生平、思想渊源和社会背景等方面去分析。

一、弗洛伊德的生平

1856年，弗洛伊德生于原奥地利的摩拉维亚的一个小城镇弗赖堡。他的父亲是一位犹太商人。由于受近代机器工业生产的冲击，父亲生意失败而举家迁往奥地利首都维也纳。此后，弗洛伊德几乎一生都住在维也纳。

弗洛伊德从小聪明好学，学业成绩优良。他17岁时就以优异的成绩考入维也纳大学医学院。在大学学习期间，弗洛伊德最初对生物解剖学感兴趣，他解剖了400多条雄性鳗鱼以研究其性器官所处的位置与结构。虽然他在这个方面没有取得重大的研究成果，但这段经历使得他第一次接触了有关性的研究。此后，他对生理学发生了兴趣，并成为当时世界上著名生理学家布吕克的研究助手。布吕克的机械还原论的生物观对弗洛伊德的思想产生了很大的影响。在大学期间，弗洛伊德还选修了布伦塔诺的哲学课程，布伦塔诺的意动心理学思想以及叔本华与尼采等非理性主义哲学思想都对弗洛伊德产生了一定的影响。1881年，弗洛伊德获得医学博士学位。他本想继续在大学里从事生理学研究，但由于家庭经济困难不得不转向临床医学。

图2－1　弗洛伊德

在维也纳总医院进行临床医学实习期间，弗洛伊德接触到神经症与精神病，并且对此深感兴趣。当他完成实习，成为一名注册的临床医生之后，对神经症与精神病患者进行治疗成为他的终生职业。

当时奥地利的精神病学还相当落后，而法国的精神病学处于世界领先，特别是法国的沙可运用催眠术治疗精神病取得了一定的成功。1885年，弗洛伊德获得一笔奥地利教育部的奖学金，使他有幸到巴黎进修6个月，跟随沙可学习催眠术。在法国学习期间，弗洛伊德有两个重要的收获：第一，他从沙可那里知道，某些精神病如癔症主要是一种心理或精神上的障碍，而不是躯体上的疾病。对于心理上的障碍可以用心理治疗的方法来对付。此后，弗洛伊德放弃精神病的生理治疗方法如电休克等疗法，而转向采用催眠术等心理治疗方法。这是弗洛伊德迈向精神分析的重要一步。第二，在精神病病因学上弗洛伊德得到了重要的启示，即无意识的性心理对于某些精神病的形成有着重要的意义。

从法国回来以后，弗洛伊德采用催眠术治疗精神障碍患者。他发现某些癔症患者在内心深处受到某种意念的控制而产生种种症状，通过催眠术可以让患者确信这种意念是错的，他其实没有病，他能够做他现在以为自己不能做的事，这样他的癔症就得到了治疗。后来，弗洛伊德发现催眠术存在一些缺陷，如这种治疗往往治标不治本，疗效难以持久，而且某些患者不配合则难以被催眠。这时，他想到了布雷尔曾用过的一种谈话疗法。布雷尔是弗洛伊德早期的朋友和在精神病的治疗与研究上的合作伙伴，他曾治疗过一个叫安娜·O的患者。安娜·O患有严重的癔症，有许多临床表现，如焦虑、失眠、幻觉、失去母语、看不见东西、腿部麻痹等。在治疗过程中，布雷尔发现，在催眠状态下，安娜只要把某种症状或苦恼讲出来，清醒时她的苦恼就会减轻，那种症状就可能消失。布雷尔把这种方法称为“谈话疗法”，有时又戏称为“扫烟囱”。正是布雷尔偶然发现的谈话疗法把弗洛伊德引向了精神分析。1889年，弗洛伊德开始使用谈话疗法，而后不断将这种方法改进。1892—1895年，在治疗患者伊丽莎白夫人的过程中，弗洛伊德在谈话疗法的基础上发明了“自由联想法”。

自由联想法是让患者自由想象，不给予任何限制，让他或她在自己的回想中自我暴露症结所在，从而达到治疗的目的。自由联想法是精神分析的基本治疗方法，它不仅治愈了难以计数的神经症患者，而且帮助弗洛伊德发现了人类精神深处的奥秘。在治疗神经症的过程中，弗洛伊德依据大量临床资料，不断地思考神经症的病因以及治疗的有效性的机制等理论问题，逐渐形成了他早期的精神分析理论，即早期的无意识论与性欲论。弗洛伊德在采用谈话疗法之后，那些患者在谈话疗法中所吐出的话语使他确信在患者内心深处存在着致病的意念，并且这种意念与患者儿童时期的创伤性经验，特别是性经验有关。这种经验不能为患者所意识到，而是处于患者的“无意识”的精神领域之中。于是，弗洛伊德逐步概括出了他早期的精神分析理论。

弗洛伊德创立的神经症治疗方法与理论观念大大有悖于当时医学界的正统思想和方法，也与当时的社会传统道德观念相冲突。但是，弗洛伊德勇敢地以著书的形式将其表现公之于世，这就是弗洛伊德与布雷尔合著的《关于癔症的研究》（1895）。这本书的出版标志着精神分析运动的正式起点。虽然在今天看来，此书具有不朽的意义，可在当时却备受冷落，也给弗洛伊德带来大量的责难。曾是弗洛伊德亲密好友的布雷尔因弗洛伊德坚持性冲突是癔症的根源而与其分手，维也纳医学协会也将弗洛伊德除名。一系列的打击曾使弗洛伊德一度情绪低落，产生了某些心理困扰。但是，弗洛伊德的坚强个性使他坚持真理、不屈不挠。

1897年，弗洛伊德着手进行自我分析，他把自我分析当做一种了解自己和他的患者的好方法。在自我分析中，他的主要材料来源于自己的梦。他发现梦中常常包含精神疾病原因的线索。这种自我分析持续了两年之久，这不仅解除了他的心理困扰，健全了他的人格，而且最终致使《梦的解析》（1900）一书的出版。此书后来被公认为弗洛伊德最伟大的著作，它绝不是一本普通的论梦之作，而是一本关于精神分析的系统的理论著作。这本书出版时，也同样遭到了冷遇。第一次只印刷了600册，却用了8年才卖完。

1900年以后，弗洛伊德并不因其理论受冷遇和别人的责难而止步。他提出了许多新概念、新思想，并使之系统化，出版了一系列著作，如《日常生活的心理病理学》（1901）、《性学三论》（1905）、《精神分析引论》（1910）等。尽管弗洛伊德在相当一段时间里孤军奋战，几乎与整个医学界和学术界隔绝了，但他的著作以及精神分析治疗方法的有效性，使得一小部分人聚集在他的周围，其中最为著名的有阿德勒、荣格等人。这几个人虽然后来与弗洛伊德分手而自立门户，但他们对于精神分析的发展，对精神分析成为一种国际性的运动，起了重要的作用。1908 年，在奥地利西部的萨尔茨堡召开了第一次国际精神分析大会，会议决定出版关于精神分析的年鉴。同年，弗洛伊德组织的“心理学星期三讨论会”改为“维也纳精神分析学会”。于是，精神分析学派在这一年正式形成。1909 年，美国著名心理学家、克拉克大学校长霍尔邀请弗洛伊德及荣格赴美参加该校 20 周年校庆活动。弗洛伊德以“精神分析五讲”为题作了讲演，并被该校授予名誉博士学位，这意味着弗洛伊德的学说开始得到国际学术界的承认。

正当精神分析运动在国际上迅速扩展的时候，其内部的矛盾却日益加深，并在组织上开始分裂。弗洛伊德不能容忍其追随者对他的学说提出异议，凡是不接受他的基本信条的人，都不得不退出精神分析学会。1911 年，阿德勒率先从精神分析学会退出来，创立了自己的个体心理学。1914 年，被弗洛伊德认定为自己继承人的荣格也从学派中分裂出来，自创门户，建立了自己的分析心理学。

在精神分析学派分裂和第一次世界大战的影响下，弗洛伊德进一步思考理论问题，改进与完善其学说。这样，弗洛伊德的理论进入了第二个发展的高峰期，使精神分析远远超出了精神病理学的范畴，成为一种理解人类本性、人格与社会文化的理论体系。弗洛伊德试图以精神分析的基本原理与方法解决一系列重大的社会问题，如社会法律、道德、宗教、文学与艺术的起源，战争的性质与原因等。弗洛伊德把这些方面的思想称为应用精神分析。人格理论体系的完成与应用精神分析是弗洛伊德后期的主要理论成就。弗洛伊德后期的主要著作有《图腾与禁忌》（1913）、《超越快乐原则》（1920）、《自我与本我》（1923）、《文明及其缺陷》（1930）等。

1923 年，弗洛伊德患了口腔癌，为此他动过 33 次手术。尽管疾病给他带来巨大的痛苦，但他仍然努力工作，继续为病人治病和指导学生。在后期，他的影响达到顶峰，名扬全世界。1933 年，希特勒上台后，官方公开反对精神分析，宣布弗洛伊德的著作为禁书，并加以烧毁。1938 年，纳粹吞并了奥地利，在纳粹分子的迫害下，弗洛伊德被迫逃亡英国。1939 年，弗洛伊德逝世于伦敦。

从弗洛伊德的生平可看出，他的一生是不平凡的一生。他之所以能创立如此不平凡的精神分析体系，与他的聪明才智有关，与他的不平凡的经历有关，更与他的探求真理的勇气、孜孜不倦的精神、遇到挫折时不屈不挠的意志有关。

二、弗洛伊德理论的思想渊源

尽管精神分析理论是弗洛伊德独创的，前无古人，但实际上在弗洛伊德之前，就有许多有先见之明的思想家讨论过无意识、本能、快乐以及精神病成因等问题。他们的观点无疑为精神分析的产生做了思想上的准备。

（一）欧洲近代学术界对无意识动力作用的探讨

无意识概念和心理动力观是精神分析理论的基石，这种概念并不是弗洛伊德的独创。早在古希腊时期，哲学家柏拉图就谈到过无意识的作用。18 世纪初，德国哲学家莱布尼兹创立了单子论，他认为宇宙万物都是由单子构成的。单子是一种具有广延性的精神实体，是活动与能的核心，它力求自身的实现。活动与意识实际上是一回事，观念活动就是单子活动。观念活动的目的在于达到清晰性，由此，观念活动造成了意识等差即心理事件有不同程度的清晰性，一个从完全模糊的无意识到最清晰的意识的等级序列。莱布尼兹把意识程度较低的单子活动称为小觉，而这些小觉汇集起来就成为有意识的观念，这就是统觉。可见，莱布尼兹虽然没有明确提出无意识概念，但其单子论中已经蕴含了无意识和动力的观点。

一个世纪后，德国哲学家赫尔巴特的灵魂动力学把莱布尼兹的无意识与动力观点发展成为意识阈限的概念。赫尔巴特认为人的心理中存在着一个意识阈限，当一个观念处于阈限之下，它就是无意识的，不能被人觉察到。当一个观念被统觉上升到阈限之上，它就是有意识的，就可以被觉察到。赫尔巴特还进一步指出，灵魂中的所有观念都在相互竞争以求在意识中出现，一个观念要上升到意识，必须和意识中的其他观念相适应，否则，就会被排斥在意识阈限之下，成为被抑制的观念。从这里，我们清楚地看到动力观、意识阈、观念间的冲突与抑制等重要思想。著名心理学史学家波林指出，莱布尼兹只是预示了无意识论与动力观，而赫尔巴特才真正开创了无意识与动力学说。

德国哲学家和心理学家费希纳从赫尔巴特那里接过意识阈限的概念，进一步强调无意识的作用。他把心理类比为海中漂浮的冰山，冰山的大部分隐藏在海面以下，只有小部分才露出海面。人们只能对阈限之上的部分有了解，而对阈限之下的大部分精神活动一无所知。意识运动是由下面的“潜流”推动的，费希纳还把这种无意识的动力作用称为心理能量。弗洛伊德受到了费希纳的直接影响，他公开承认自己接受了费希纳的许多重要观点。

此外，德国的非理性主义哲学家叔本华、尼采的思想，以及布伦塔诺的意动心理学都对弗洛伊德产生了很大的影响。弗洛伊德是布伦塔诺的学生，他在大学期间听过布伦塔诺的 6 门哲学课程，这些课程中既有布伦塔诺的理论，也包括了叔本华、尼采的哲学。因此，弗洛伊德接受了布伦塔诺的动力观和叔本华、尼采的某些思想。弗洛伊德曾经说过：“精神分析并不是我首先迈出这一步的。要说我们的前辈，可以指出一些著名的哲学家，尤其要首推伟大的思想家叔本华，他的无意识意志，相当于精神分析中的心理欲望。”①

在 19 世纪 80 年代，无意识及其动力作用的观点在欧洲学术界广泛传播，成为当时的一种时代精神。那时，不仅专家学者们对其感兴趣，而且不少社会中上层普通人士也把它当做流行话题。可见，并不是弗洛伊德发现了人内心深处的新大陆——“无意识”。当然，我们要承认只有弗洛伊德才充分认识到无意识及其动力作用的重要性，并

① 弗洛伊德．精神分析的方法与技术：俄文版［M］．［出版地/出版者不详］，1923：198.

找到了研究它的方法，且对它进行了系统的研究。

（二）古典精神分析的自然科学与医学的背景

心理学从哲学中分化出来比较晚，与早先分化出来的物理学、化学、生物学与医学等学科相比，心理学相当弱小和不成熟。因此，心理学发展的一条重要途径就是向比较成熟的学科学习。纵观近代心理学史，几乎每一个心理学派别都从其他学科引进概念、观点与方法，弗洛伊德的精神分析学派也不例外。

1. 近代物理学对弗洛伊德精神分析的影响

19 世纪物理学取得了重大的进展，其主要成果之一就是能量守恒与转换的学说。这一学说指出一个系统中的能量是守恒的，不管它转化为机械运动的、热的、电的，还是化学的形式，它不会减少，也不会增加。弗洛伊德把人的整个机体看成一个能量系统，系统中除了以生理形式呈现的生物能外，还有推动精神活动的心理能。心理能的实质是本能冲动，并主要归结为性冲动，弗洛伊德将其称为“力比多”。力比多提供了精神活动所需的能量，不管力比多转换为何种形式，它的量是守恒的。可见，弗洛伊德的力比多学说与能量守恒学说有密切关系。因此，波林就说过：“我们很自然要问，弗洛伊德从哪里获得他的观念呢？这些观念已经存在于文化中，就等他来摘取了。说也奇怪，其中一个重要观念就是能量守恒说。”

2. 生物学对弗洛伊德理论的重要影响

达尔文进化论的创立是 19 世纪生物学的最大成就，它对生物学本身的发展乃至其他科学和一般文化都产生了深远的影响。弗洛伊德中学时代就对进化论深感兴趣。他自己承认达尔文的进化论与歌德的《论自然》共同影响了他选择医生这个职业。达尔文进化论使人们日益重视本能、动物行为以及人与动物的关系等问题。本能概念在 19 世纪后期的生物学和心理学中变得非常盛行。在这种思潮的影响下，弗洛伊德吸收了本能概念，像达尔文一样，倾向于以生物学的观点看待人的本性。

在大学期间，弗洛伊德作为布吕克的助手研究生理学多年。布吕克的机械论与还原主义思想对他产生了深刻的影响。布吕克是 19 世纪伟大生理学家缪勒最优秀的学生之一，但他极力反对老师的机体活力论。缪勒认为生命体包含着一种不同于非生命物体中的物理化学力的活力。布吕克等人则认为有机体内除了一般物理化学的力在起作用外别无其他的力。在布吕克的影响下，弗洛伊德相信一切生命现象都可以还原为物理的东西，因而在其著作中常常使用物理学的术语，心理决定论原则更是突出体现了弗洛伊德机械还原论的倾向。

3. 欧洲临床精神病学对精神分析的作用

弗洛伊德的理论体系不是产生于学院心理学的实验室，而是产生于治疗精神病的临床实践中。弗洛伊德在患者身上获得了对人性的领悟，从而形成了他的人格理论体系。因此，弗洛伊德理论的最主要依据是医学中的精神病理学。

精神分析的对象主要是精神病患者。从古代到文艺复兴时代，人们对精神病及其病因缺乏科学的认识，宗教迷信的观念长期控制着人们的思想。人们通常把精神病患者视为被魔鬼附体或中邪，采用残酷的措施来对待他们，如用锁链铐住，或以肉体折磨来驱鬼驱邪，甚至用火烧死他们。直到欧洲资产阶级革命后，随着科学的发展和社会的进步，人道主义盛行起来，一些进步人士开始反对关于精神病的迷信观念和对精神病患者采取的残酷手段，主张以理性和人道的态度对待精神病患者。如此一来，对精神病进行科学研究、诊断与治疗的道路开通了。法国学者皮奈尔首先肯定精神异常是一种疾病，而不是中了什么邪，应该采用医疗措施来处理。此后，欧洲特别是法国相继出现了许多著名的精神病学家，如沙可、布雷德、伯恩海姆、让内等，大大推进了精神病学的发展。

在19世纪末，精神病学有了很大的发展，但精神病的病因问题仍然没有得到很好的解决。在当时，围绕这个问题产生了激烈的学术争论，形成了精神病病因学上的两种思想。一派是以沙可为代表的生理病因观，另一派是以伯恩海姆等人为代表的心理病因观。生理病因观主张用脑神经的生理障碍或病变来解释精神病，而心理病因观则从精神或心理方面去找病因。总的说来，当时是生理观占优势。一种新的思想和新的运动，总是要通过反对某种居于统治地位的旧观念，才能获得发展的动力。弗洛伊德的精神分析就是沿着伯恩海姆心理病因观的方向，在不断反对生理病因观的过程中发展起来的。

综上所述，弗洛伊德思想的来源是多方面的，有哲学思想上的渊源，也有自然科学与医学上的来源。弗洛伊德的天才之处就是他能从不同思想来源与不同的领域中吸取养料，吸收当时人文与自然科学发展的最先进的成果，从而在前人的基础上建立自己的思想理论体系。

弗洛伊德虽然一直努力建立一个科学的而非哲学的理论体系，建立一个不受个人生活及其历史背景影响的理论，但是，他的精神分析的确反映了19世纪末20世纪初欧洲资本主义国家内的阶级关系和社会背景，其理论确有其社会历史的根源。

弗洛伊德生活的时代正是资本主义从自由竞争向垄断过渡的阶段。当时的社会正在剧烈地变化，导致了许多社会矛盾与冲突。在中上层资产阶级内心深处也存在难以调和的矛盾。一方面资产阶级的欲望膨胀，日趋堕落；另一方面陈旧伪善的维多利亚式的道德和性压抑仍禁锢着人们，致使精神病的发病率越来越高。弗洛伊德的理论主要建立在他对自己病人的观察上，这使得他的理论不能不打上那个时代的阶级烙印。弗洛伊德理论对性问题的强调，反映了维多利亚时代资产阶级的社会问题和社会需要，弗洛伊德的性本能概论和悲观主义倾向则反映了当时的反犹主义运动和帝国主义的战争。总之，弗洛伊德的理论是社会历史的产物。

第二节　以无意识本我为核心的人格结构论

作为人格理论中的精神动力学派的奠基人，弗洛伊德特别强调人格结构的动力性质。他认为人格是多种力量相互作用的动力系统，而非静态的、“解剖性”的结构。弗洛伊德的人格结构说有一个发展过程，早期弗洛伊德主张以无意识为核心的“两部人格”结构观或人格的层次模型，在后期，他提出本我、自我和超我的三部人格结构说。

一、无意识、前意识、意识

在早期，弗洛伊德和布雷尔一起治疗精神病患者时，他们曾观察到一种心理现象：患者不能有意识地回想起有关自己病因的一切情绪体验。但是，患者处于催眠状态下，就很可能回想起这些情绪经验。当患者把这些经验告诉医生，患者就会感到舒畅，病也就减轻了。另外，患者对“上周末去什么地方吃晚饭”“前天上午做了什么事”这类体验，虽可能一时回想不起来，但只要经过一番努力，还是可以回想起来。还有一类体验，如患者的姓名、年龄、工作等，这些信息不需做任何努力就可以讲出来。为了解释这种不同体验、回忆难度不同的现象，弗洛伊德提出了意识有不同水平和人格结构有不同层次的假说。

弗洛伊德认为意识（这里指人格）由不同意识水平的三个部分组成，这就是无意识、前意识和意识。意识是人格的表层部分，它由人能随意想到、清楚觉察到的主观经验组成。它的特点是具有逻辑性、时空规定性和现实性。前意识位于意识和无意识之间，由那些虽不能即刻回想起来，但经过努力就可以进入意识领域的主观经验组成。在弗洛伊德看来，意识和前意识两者虽有区别，但没有不可逾越的鸿沟，前意识的东西可以通过回忆进入意识中来，而意识中的东西没有被注意时，也可以转入前意识中。因此，弗洛伊德把它们看成同一个系统，与无意识系统相对应。弗洛伊德说：“人格中有两大系统，一是无意识系统；另一是前意识系统（包括意识）。它们类似于两个房间，无意识系统就像一个大的前庭，而前意识系统就像接着前庭的一个小房间，意识也居住于这一房间内。”

前意识的主要作用就是检查作用，即不允许那些使人产生焦虑的创伤性经验、不良情感，以及为社会道德所不容的原始欲望和本能冲动进入意识领域，而把它们压制在无意识之中，使意识和无意识完全隔离。弗洛伊德指出：“在意识居住的小客室和无意识居住的前庭之间的门槛上却站着一个检察官，他传递个别的精神冲动，检查它们，如果未经他的许可，它们是不能进入会客室的。”“在无意识的前庭内的各种冲动不能被住在另一个房间内的意识看到，因此，它们当时必然是无意识的。当它们成功地向前挤到门槛，却又被检察官遣送回去时，那它们就不适宜于意识，于是我们就把它们看成是被压抑的。”这里，弗洛伊德所说的检察官的工作就是指前意识的作用。

人格结构的深层部分是无意识，弗洛伊德把它定义为不曾在意识中出现的心理活动和曾是意识的但已受压抑的心理活动。这个部分的主要成分是原始的冲动和各种本能、通过种族遗传得到的人类早期经验以及个人遗忘了的童年时期的经验和创伤性经验、不合伦理的各种欲望和感情等。无意识与前意识、意识有很大的差别，其特点如下：

第一，无矛盾性，这是说无意识中的各种本能冲动和欲望拥挤在一起而互不干扰。按弗洛伊德的话来说，它们“置身于矛盾之外”，两种目标不一致的欲望可以同时积极活动，而不会相互对抗。

第二，无时间性，即无意识中的各种欲望不会因时间的流逝而改变，也没有任何时间上的先后次序，时间关系是意识的一种特征而不是无意识的特征。

第三，在无意识中不存在任何否定、怀疑和不相信的成分。

第四，非现实性，即无意识几乎与外部世界没有任何联系，无意识过程按自身的强度和快乐原则进行，它不管现实，只求享乐。

第五，无意识观念的能量远比前意识或意识中观念的能量大，因而它更机动、更活跃，易于变形和替换。

无意识是人格结构中最大、最有力的部分。虽然，在通常情况下，我们并没意识到它的存在，但它对于我们的一切行为都产生影响。它影响我们的思维、感知和行为的方式，影响我们的职业、婚姻对象的选择，影响我们的健康状况、爱好、兴趣和习惯等。在弗洛伊德看来，不存在任何自由意志的行为，有些行为表面上似乎出自我们的意识和自由意志，但实际上都是受无意识力量所驱使的，它们只不过是无意识过程的外部标志。有意识的心理现象往往是虚假的、表面的和象征的，它们的真面目、真实原因和真正动机隐藏在内心深处的无意识之中。

弗洛伊德非常强调无意识在人格结构中的重要地位，认为无意识的重要性远远超过意识和前意识。为了说明无意识的重要地位，他借用了费希纳的冰山类比理论，认为人格就像漂浮在海中的冰山（见图2－2）。冰山分为三层，最上层浮在水面上，我们能看见，它只占冰山的很小部分；紧挨着水面之下的那部分是中间层；冰山的最下层占了冰山的大部分，它支撑着整座冰山，是我们无法看见的。与此类似，人格也有三个层次，意识是人格的表层，只占人格的很小部分，它是由可觉知、能清晰回忆的主观经验构成的。前意识是人格的中间层，它是由那些经过努力回想就能进入意识的主观经验构成的。无意识是人格的深层部分，它是由我们无法有意回忆的主观经验构成的。图中意识与前意识用虚线相隔，表明它们可以相互转换，同属于一个系统；而无意识与前意识用实线隔开，表明两者属于不同的系统，无意识的东西由于受检查作用的压抑不能进入意识领域。

如果说无意识的东西是我们不能觉知和意识到的，那么我们怎么知道它存在呢？无意识是不是一个虚构的概念？为了回答这个问题，弗洛伊德提出了六点理由来说明无意识的真实性。

第一，人在催眠状态下，往往能回想起早已经遗忘的儿童期经验。在催眠师的指示下，被催眠者做了各种事，醒后却全然不知催眠时所做的一切。这种催眠现象在一定程度上支持了无意识的假说。

第二，做梦是无意识存在的一个有力证据。弗洛伊德认为梦是无意识表现自己的主要途径之一。他有一句名言：梦是愿望的满足。梦境是无意识利用睡眠时前意识“检察官”放松警惕的机会，通过伪装和变形的方式混入意识中的结果。通过对梦的解析，就可以知道一个人的无意识欲望和动机。

第三，日常生活中的各种错误如失言、笔误、遗忘与丢失等从表面上看是偶然的，没有任何有意识的动机，但弗洛伊德认为这些所谓的偶然失误却不是偶然的，它们暴露了一个人无意的真实欲望和动机。

第四，灵感、直觉等创造性活动中的心理现象说明在意识之外还存在着一个未知的

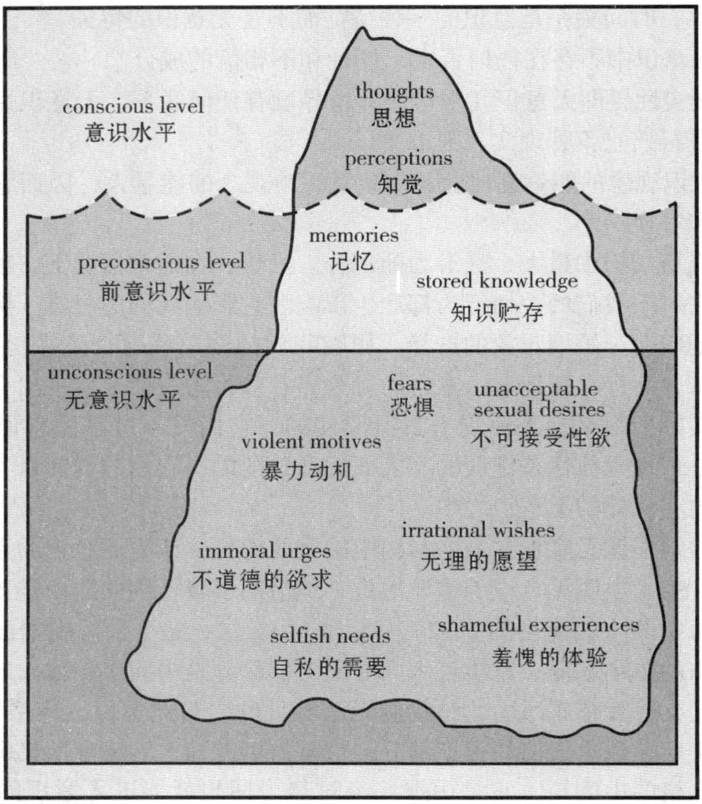

图 2－2　弗洛伊德人格结构观：心理冰山

领域，即无意识领域。

第五，精神分析发现许多身心疾病以无意识的内心冲突为基础。比如，一个新兵在要上战场时突然手瘫痪了，这看起来是一种身体疾病，其实，他的病因不在于生理方面，而在于他内心深处的一种矛盾冲突，即对死亡的恐惧和害怕别人说他是胆小鬼，这两种感情冲突难以摆脱，最终导致手的瘫痪。瘫痪正是“解决”无意识冲突的权宜之计。

第六，依据无意识假设而建立起来的精神分析技术对治疗精神病患者的有效性，间接说明无意识的真实性。

二、本我、自我和超我

弗洛伊德后期对自己的人格结构说做了较大的修改。他取消了检查作用的概念，提出了本我（id）、自我（ego）和超我（superego）的新概念，用本我、自我和超我的三部人格结构取代了较为简单的二部人格说。但在三部人格说中，弗洛伊德保留了无意识的概念，无意识的概念仍是弗洛伊德人格结构理论乃至整个精神分析学说的基石。

在三部人格说中，本我概念与二部人格说中的无意识概念接近，但不完全等同。本我（id）这个词从德文 es 而来，意指它（it）。用拉丁文翻译为 id，用中文则一般翻译为本我，更确切的翻译应该是人的动物性。凡本我的东西必然是无意识的，但无意识的东西未必是本我的，即本我包含在无意识之中。本我是人格中最难接近，但又是最有力的部分。说它难以接近，是因为它潜藏在无意识之中；说它最有力，是因为它是人的所有精神活动所需能量的贮存库。本我完全是由先天的本能、原始的欲望所组成的。它同人的肉体过程相联系，将躯体能量转化为精神能量，并且贮藏它们和向自我、超我提供能量。弗洛伊德把本我中所具有的精神能量称为力比多（libido），有时弗洛伊德用力比多特指性本能所产生的能量。

在早期，弗洛伊德认为人有两种基本的本能：一种是生存本能，另一种是性本能。像吃、喝、排泄等本能属生存本能，它们是个体生存必不可少的。性本能的主要作用是繁殖后代、延续种族。在后期，弗洛伊德提出了生本能和死本能的新概念。死本能是有机体返回自己先前无机状态的趋向。弗洛伊德说：一切生命的目标是死亡。生命过程本身就是一种紧张，只有死亡，才能最终解除这种紧张。因此，人生下来就具有死亡的本能。弗洛伊德把死本能具有的能量称为桑纳托斯（thanatos）。桑纳托斯是一种破坏力，当它指向个人内部，则表现为自责、自杀或受虐狂等行为；当它指向个人外部，就会产生憎恨、攻击、侵犯和施虐狂等行为。与死本能相对立的概念是生本能，它包括生存本能和性本能。生本能所提供的能量称为埃罗斯（eros），埃罗斯代表爱和创造的力量。

弗洛伊德认为，埃罗斯和桑纳托斯等心理能量是幽闭在本我之中的，随着时间的延长，这些心理能量不断聚集、增长，以致机体内部紧张度太高而不能忍受。因此，本我会要求能量不断释放以减轻紧张度。当能量释放时，紧张度下降，人随之体会到快乐感。弗洛伊德认为本我的唯一目标是追求快乐。本我像一个暴躁的婴儿，非常贪婪而不开化，只对自己的需要感兴趣，一点儿也不听从现实和理性的指引。弗洛伊德把本我这种只图快乐的活动准则称为“快乐原则”。

本我满足自己欲望、获得快乐的方式有两种：一种是反射动作，如一个婴儿可以通过打喷嚏来回应鼻中的刺激，或者反射式地移动受限制的肢体来消除自己的紧张和不适感。另一种方式是想象实现。弗洛伊德认为，本我是非理智的，它不能区别现实和对现实事物的想象。当一个婴儿饥饿时，他可能通过在内心产生食物的形象来减轻他的紧张感，获得一定程度的满足，弗洛伊德把利用想象来满足自身欲望的过程称为原始过程。

仅仅通过反射动作和原始过程远远不能满足本我无休止的欲求和冲动，要真正满足本我的欲求，就必须与现实世界打交道。一个饥饿的人通过画饼充饥式的原始过程来满足终是无济于事的，他必须积极地从现实环境中获得食物，才能真正解除因饥饿引起的紧张状态。现实世界不是伊甸园，不是想要什么就能得到什么，现实与本我的需求不可能完全一致，两者的矛盾冲突在所难免。同时，在现实面前本我是无能为力的，因为它不具备理智的功能，它不能区分自己和现实，只求趋乐避苦。这样，本我要满足自己的欲望，求得生存，只靠自己的力量是不行的，一个新的人格结构成分的出现势在必行。本我在与现实的交往过程中，从自身中分化出一个新的机构，专门负责与现实打交道，解决本我与现实的矛盾冲突。这个新生的机构就是人格的第二个组成部分，即自我。

自我是人格中理智的、符合现实的部分。它派生于本我，不能脱离本我而单独存在。自我的力量就是从本我那里得到的，自我是来帮助本我而不是妨碍本我的，它总是根据现实的可能性力图满足本我的要求。因此，自我是本我的执行机构。弗洛伊德把本我与自我的关系比喻为马与骑手的关系。马提供能量，而骑手则调节、引导和改变能量的方向，指引马向目的地前进。自我在本我与现实之间、本我与超我之间起调节、整合作用。与本我不顾一切地追求享乐的办事风格不同，作为理性化身的自我则是按照“现实原则”办事，即自我总是根据现实情况来满足本我的欲求。现实条件许可时，就即时满足本我的要求；现实条件不许可时，就暂时延缓甚至否定本我欲求的满足，以求得与现实的协调，避免与现实发生冲突而带来痛苦的后果。自我活动过程具有逻辑性、符合现实的特点。弗洛伊德把自我根据现实情况来调整本我无节制的欲求的过程称为继发过程。继发过程是相对于原始过程而言的。一个人出生时就具有原始过程，而继发过程是后天形成的，它是在人意识到自己与现实的区别、理智发展到一定程度之后才产生的。

人格结构的第三部分是超我，它是人格中最文明、最有道德的部分。超我有两个方面：一个是自我理想，另一个是良心。在儿童早期生活中，父母总是有意无意地依据自己的道德标准和社会规范去评价、奖励和惩罚儿童。父母对儿童的某些行为做出“好”的评价，给儿童以物质和精神上的奖励；对儿童的另一些行为做出“坏”的评价，并给予惩罚。长此以往，儿童就知道什么行为是好的，什么行为是坏的，父母关于奖惩儿童行为的标准逐渐内化为儿童自己的行为规范。儿童可以在父母不在场的情况下，自己评价自己，当自己的行为符合道德规范时，就感到愉快和满意（内在奖励）；当自己的行为违反了这些规范时，就感到内疚（良心谴责）。到这个时候，父母关于什么行为是“好”的标准就内化为儿童的自我理想，父母关于什么行为是“坏”的惩罚规则就内化为儿童的良心，这样超我就形成了。

超我的形成使问题变得更加复杂。自我在满足本我欲求时，不仅要考虑现实条件的可能性，而且要受到超我的制约。与自我不同，超我是社会道德的化身，按照道德原则行事，它总是与享乐主义的本我直接对立和冲突，力图限制本我的私欲，使它得不到满足。弗洛伊德把自我喻为三个暴君统治下的臣民，它要尽力满足专横的本我的欲求，要应付严酷的现实环境，还要遵从神圣的超我的规范。自我在三个暴君之间周旋、调停，力图使三者的要求都得到满足，以便达到一种相对平衡的状态。可见，自我是人格结构中维护统一的关键因素。如果自我力量不够强大，则难以协调各方力量，使之保持平衡。

根据弗洛伊德这种人格动力结构的理论，人的一切行为都不是由某一单方面的力量决定的，而是人格内部多种力量相互作用的结果。我们可以用几个事例来说明人格内部动力过程如何导致具体的外显行为（图2－3）。

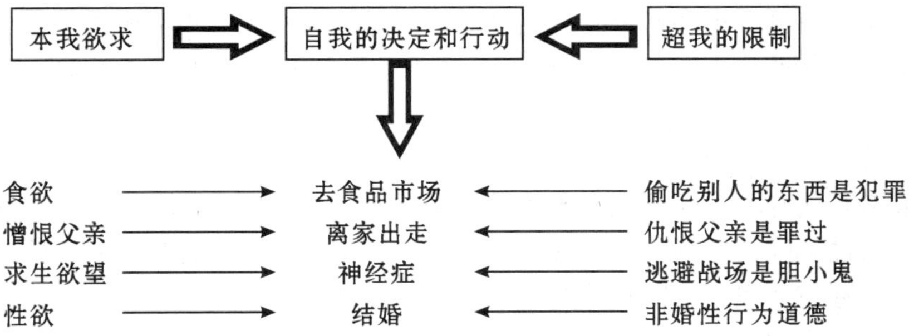

图 2－3　人格结构内部的动力过程导致外显行为示意图

三、冲突、焦虑和防御机制

根据弗洛伊德的人格结构理论，自我是调解者，通过调解使人格内部各种力量之间、人与环境之间达到一种平衡，实现人格的整合与统一。但是，平衡是相对的、暂时的，而不平衡是绝对的、持久的，人格内部冲突不可避免。随着矛盾冲突的加剧，人就会产生心理焦虑。如果冲突过于激烈，而自我无法应付，就会导致人格的分裂和精神障碍。

弗洛伊德认为，人有三种焦虑：第一种是现实焦虑，它是人觉察到周围环境中存在的现实危险所产生的内心的紧张、不安和恐惧。第二种为神经质焦虑，它是由于担心失去对本我控制而产生的潜在危险所引发的，这种焦虑不是对本我自身的恐惧，而是害怕它不分青红皂白的冲动带来受惩罚的结果。第三种焦虑称为道德焦虑，它是由于意识到自己的思想行为不符合道德规范而产生的良心不安、羞耻感和有罪感。道德焦虑是伴随着超我的形成而来的，超我不成熟的人很少体验到道德焦虑。

不管是哪种焦虑，都是人内心的一种紧张状态。而人具有一种解除紧张状态的先天倾向，因此，焦虑本身会起到一种动力的作用。同时，焦虑也起到对人的行为的控制和引导作用。因为它警告我们，如果继续以那种方式行动或思考，我们就会处于危险之中。焦虑对人有积极的一面，但是，若焦虑程度太高，持续时间太长，那么人是无法忍受的，严重的焦虑往往会导致人格的分裂和精神障碍。为了减轻或消除人格内部的冲突，降低或避免焦虑，以保持人格的完整和统一，自我创造了许多保护性的机制，弗洛伊德称之为自我防御机制。

弗洛伊德认为，几乎所有的自我防御机制都有两个共同点：①它们是无意识的，即说人总是不知不觉地、无意识地采用它们。②它们往往否定、歪曲或虚构实际情况，具有与现实相脱离的特性。自我的防御有很多种，这里，我们只讨论几种主要防御机制。

压抑（repression）。压抑是自我最基本的防御机制，因为它先于其他任何防御机制产生，其他的防御机制的运行要以它为基础。压抑是自我防止引起焦虑的思想观念进入意识领域的一种方法。通过它，那些会带来焦虑的观念和欲望被禁闭在本我之中，人意识不到它，焦虑自然会大大减轻。压抑有两种情况：一种是对本我中的先天本能冲动和原始欲望的压制；另一种是对个人后天生活中的痛苦经验和不良欲望的压抑。人们往往回忆不起早年创伤性的生活经验，因为这样的回忆会使人痛苦。通过压抑，自我将它们压抑在本我之中，不能上升到意识水平，从而减少了个人焦虑。

弗洛伊德认为，压抑的机制很重要，压抑使那些引起焦虑的思想和欲望不能在意识中显露，但它并没有消除那些观念欲望对人格的影响。那些观念与欲望仍在无意识中活跃着，不时通过某种扭曲的形式表现出来。比如，某位夫人忘记自己的结婚戒指放在什么地方了，不管怎么找也找不到。这件事表面上看来是偶然的，其实它不过是这位夫人对丈夫的不满情绪和离婚欲望被压抑在无意识中，从而通过一种扭曲的形式在意识和行为中的表露。

否认（denial）。否认是最早形成的自我防御机制之一。据说它伴随着痛苦一起产生，是为了减轻痛苦的一种保护性机制。通过这种机制，人不相信、不承认对自己不利的、带来痛苦的现实情况。一些人在亲人逝世的噩耗传来时，大叫道："不！不！这不是真的！我不相信！"这类情况就是自我否认机制在起作用。否认使人逃离现实，是一种解决问题的消极办法。它只不过是通过对令人痛苦的现实闭上自己的眼睛，假定那种现实情况不存在来回避使人痛苦的现实问题。

投射（projection）。它是一种拿别人做"替罪羊"的方法。利用这种方法的人，不承认自己身上有某种不良品质和思想感情，而把这些不良品质、思想感情投射给别人，看成是别人具有的东西。既然那些不良品质与思想感情不是自己的，而是别人的，那么，自己就不会感到不安和焦虑。现实中我们大多数人或多或少利用过这种防御机制。例如，一个男子可能会对妻子说："你并不真心爱我。"并坚信自己的话是真实的。然而事实上，他早已不爱自己的妻子了，而被别的女子所吸引，他只不过是把自己的不良品质投射到了自己妻子身上。

反向作用（reaction formation）。这是一种人努力表现出自己不良品质和情感的对立面来减轻焦虑的方法。例如，刚刚步入青春期的少男少女们有一段时间相互对抗、怀有敌意，这种意识上的对抗和敌意是一种假面具，掩盖了潜意识中对异性的好感和倾慕。又如，一位母亲无意识中潜藏着对养育子女的厌恶感情，但在她行为上却表现出对子女的过分关心和保护。

合理化（rationalization）。合理化又可称为文饰作用。通过这种机制，人对自己的不良行为或者内心想要却得不到满足的痛苦经历编造出一个似乎合理、自己能接受的解释。一个中学生因没有考上大学而懊丧不已，为了解脱自己，他说："为什么要读大学？寒窗之苦还没受够吗？我再也不想读书了。"鲁迅小说中的阿 Q 在挨揍时，口里念叨着"儿子打老子"，皮肉受苦，可心里舒坦。这些都是人利用合理化的防御机制原谅自己、保护自尊的例子。

替代和升华（displacement & sublimation）。弗洛伊德认为本我中聚集的大量能量总是力图通过各种渠道发泄出来（弗洛伊德称之为精神发泄），而满足本能欲望、发泄能量的直接方式往往为超我的道德规范或现实要求所不容，因而会遭受自我和超我的抵制与压抑（反精神发泄）。这些受抵制的力比多不得不转换对象和改变方向，企图以间接的方式发泄出来，这就是自我的一种防御机制，即"替代"。例如，本我的性需要所激起的力比多要求即时发泄，而超我的反精神发泄作用要禁止性需要的满足，自我的反精神发泄主要表现为拖延战术，延迟性需要的满足，直到找到一种活动既能满足本我性欲，又不违反超我戒律为止。图 2－4 表示性需要能量的发泄、反发泄和替代的一系列过程。通过一系列替代，超我和自我的反发泄作用消失，性需要得到间接的满足，人内心的紧张得到减缓。虽然发生了一系列替代，但性本能的来源、目的和动力都保持不变，只是性本能的对象变化了。

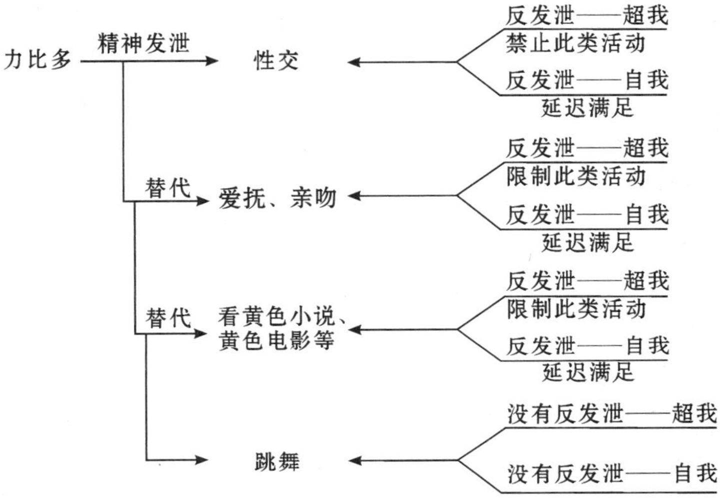

图 2－4　力比多的发泄、反发泄和替代过程

弗洛伊德认为，如果力比多发泄的直接、原始的方式被社会所赞许的、高尚的间接方式所替代，就称为升华。弗洛伊德曾对一些著名文学家、艺术家和科学家进行分析，认为他们的伟大成就与原始欲望的升华有关。例如，歌德青年时期钟情于一个女子，可受到阻碍不能如愿，他痛苦万分，几乎自杀。后来，歌德将这种强烈的爱欲转化为创作冲动，写出了《少年维特之烦恼》，此后，他内心平静了，痛苦消失了。因为通过创作活动，他的力比多得到了发泄，从而解除了内心的紧张和烦恼。弗洛伊德特别强调升华的作用，他在《文明及其不满》一书中指出文明和文化的进步依赖于力比多的升华。没有升华就没有文学、艺术，就没有科学发明和创造。

自我的防御机制还有多种，这里就不一一详述了。弗洛伊德认为，防御机制之间并不互相排斥，因而有时多种防御机制可以同时起作用。每个人通常使用的防御机制有一定的差异，这主要是由个人先前生活经验和环境不同造成的。由于自我防御机制成功地保护了个人免受焦虑的袭击，它们倾向于长时间保持不变。因此，它们对个人人格的稳定性和一致性起了很大的作用。

第三节　以性心理为主线的人格发展阶段论

弗洛伊德不仅重视人格的发展及其阶段，而且强调婴幼儿时期生活经验对人格发展的重要意义，因此，在心理学上，有时也把弗洛伊德的精神分析称为“发展理论”。弗洛伊德认为，婴幼儿时期是人格发展的最重要阶段，一个人从出生之后长到6岁时，其人格的基本模式就大致形成了，以后一直保持到终生，几乎没有什么大的变化。正因为早期经验的重要性，一个成人的人格适应问题，追根溯源常常可以从他的童年生活中找到原因。弗洛伊德的人格发展理论是以他的泛性论为基础的，在他看来，性心理发展和人格发展几乎是一个同义语。弗洛伊德认为，人的性心理发展也即人格发展需要经过五个阶段，每一阶段都有其特点和特殊问题，阶段之间的先后顺序是固定的，这种固定的发展顺序是由成熟过程决定的。

一、性、力比多、动欲区

弗洛伊德的两个著名断言之一就是：性本能冲动对人的心理健康与人格发展，乃至对整个人类科学文化的发展具有极其重要的意义。当时，弗洛伊德的断言的确使人震惊、感到难以理解。弗洛伊德解释说，人有两种主要的生物本能：一种是维持个体生命的生存本能，另一种是延续种族的性本能或生殖本能。在弗洛伊德看来，生存本能与性本能相比，对人的精神活动和心理发展的意义不大。因为，生存本能要求迅速满足，其满足过程相对简单，满足方式也很直接，其变化范围很小，而性本能的满足过程和方式就复杂得多，其变化也很大。性本能不一定通过直接的生殖活动来满足，它可以通过亲吻、抚摸、注视，甚至跳舞、体育活动、科学和艺术创造活动等方式来间接满足。实际上，弗洛伊德几乎把人类所有的高尚精神文化活动都看成是性冲动的替代和升华。因此，与生存本能相比，性本能对心理活动和人格发展的意义要重要得多。

一般人都把性和生殖看成是同义语，弗洛伊德则不然，他主张性有广义和狭义之分。生殖活动是狭义的性，而广义的性不仅包括直接的生殖活动，而且包括许多以间接形式发泄性冲动的活动，如接吻、触摸、跳舞等。唇舌、皮肤都不是生殖器官，但刺激它们也可以产生性的快感。因此，所谓广义的性就是一切寻求快感的潜力，弗洛伊德称之为力比多。弗洛伊德在其著作中，也常用力比多这一词来泛指心理活动的能量，但是，力比多更主要是指性本能的能量。弗洛伊德关于性冲动或力比多是人类一切高尚的精神文化活动的基础的断言就够使人难堪了，他还断言幼小的儿童也有性欲，恋母嫉父或恋父嫉母，这更是激起了众怒。

根据弗洛伊德的性理论，幼小的儿童是由混沌未分化的、组织松散的性欲所支配的本能性生物。婴儿的性与成人的性有很大的不同，其区别表现在三个方面：①对婴儿来说，性的最敏感区域不必是性器官，其他区域如口腔、肛门等也可以成为婴儿获得性快感的主要区域；②婴儿性欲的目标不是性交，而是带来性快感的活动；③婴儿性欲倾向于自恋而不是异性恋，即婴儿主要是依靠刺激自己身体上的各种动欲区（性敏感区）或者通过母亲的抚摸得到性欲的满足。

弗洛伊德认为，随着年龄的增长，幼儿性欲最敏感的区域或处于显著地位的动欲区会发生转移，不同年龄阶段的婴幼儿都有其不同的主要动欲区。根据动欲区在身体上的不同定位，人的性心理发展也即人格发展有五个不同的阶段：口腔期、肛门期、性蕾期、潜伏期和生殖期。

二、性心理发展的五个阶段

（1）口腔期（oral stage）：弗洛伊德把从初生到满周岁这段时间称为口腔期，因为在这个阶段婴儿力比多发泄的主要动欲区是口腔。口腔活动如吮吸、吞咽、咀嚼等，不仅满足了婴儿饥饿时的需要，而且这些活动本身也提高了性快感。我们常常看到饥饿的婴儿吮拇指的现象，这说明吸吮活动本身也提供了某种快感。

口腔期可以分为两个时期，即前口腔期和后口腔期。前口腔期是指婴儿从出生到满八个月，这段时间内，婴儿的性快感主要来自于吮吸和吞咽活动，唇和舌成了主要的动欲区。力比多的第一个目标是在动欲区的自恋刺激，随后增加另一个目标，即希望与对象协调。通过与对象协调的幻想，婴儿把养育他的人看成是食物或食物的提供者。后口腔期即婴儿出生后第八个月到一周岁。随着牙的生长，力比多倾注的动欲区集中在牙、牙龈和咽部。性快感主要来自于吞咽、咀嚼和吞食活动。当遇到挫折时，婴儿常常以咬来报复。这种伤害或毁害对象的欲望被称为“口腔型施虐欲”（oral sadism）。

在口腔期，婴儿通过与食物和食物提供者的协调活动，逐步产生了亲密感，开始把自己与现实环境区别开来。这种现实感的获得，标志着婴儿自我的诞生。儿童的人格不再是单一的、混沌的本我。现实原则逐步取代快乐原则，成为儿童获得满足的主要途径。自我的形成是口腔期最重要的成就。

（2）肛门期（anal stage）：这一阶段从出生后第二年起到三岁末。在肛门期，幼儿的主要动欲区，从口腔转移到肛门。肛门的排泄活动成为力比多发泄的主要途径，而肛门期的经验对人格发展具有十分重要的意义。

同口腔期一样，肛门期也有两个时期，即前肛门期与后肛门期。前期力比多的主要目标是通过肛门排泄粪便来解除内部压力以获得快感体验。除排泄粪便解除紧张所产生的快感外，成人对儿童排泄活动的过分注意也增加了儿童对排泄本身的兴趣。儿童保留粪便，以便在排泄时得到更大的快感。

在后肛门期（又称“保持期”），力比多快感主要来自保持粪便而不是排泄粪便。原因在于保持粪便能产生性刺激，另外，也是由于成人对儿童排泄活动的高度重视。既然这些粪便被人看得如此贵重，那么儿童自然希望保留它们，而不是放弃它们。在这个阶段，父母和儿童之间会产生很大的冲突，父母力图对儿童的便溺行为进行训练，以便养成卫生习惯，而儿童则希望自由地、不受干扰地进行排泄活动。他们想在什么时候排泄，就在什么时候排泄；想在什么地点排泄，就在什么地点排泄。他们往往对父母的卫生训练持敌意和抗拒态度，而父母为了使儿童养成讲清洁、爱卫生的习惯，极力把与排泄有关的行为都说成是下流的，必须加以控制和隐蔽。在这个阶段，随着儿童主动控制自己，应付环境能力的增强，言语和思维的发展，他们的自我得到进一步的巩固和发展。在这一阶段的晚期，儿童在排便习惯问题上进行了一定的妥协，而儿童的动欲区也就从肛门转移到身体别的部位，儿童的人格发展进入了一个新的阶段。

（3）性蕾期（phallic stage）：从三岁到六岁是性蕾期。在这个阶段，儿童的动欲区转移到了生殖器，儿童通过抚摸、显露生殖器获得力比多的满足。

弗洛伊德认为，这一时期内儿童不仅对自己的性器官发生兴趣，有手淫行为，而且他们的行为开始有了性别之分。在这个阶段里，对人格的发展最为重要的事件是在儿童心中产生了有关父母的情绪冲突，即男孩心中的俄狄浦斯情结（Oedipus complex）和女孩心中的伊利克特拉情结（Electra complex）。

弗洛伊德说："在三岁之后，儿童开始表现出一个对象的选择，对某些人深情偏爱。"对于男孩，他所选择的第一个恋爱对象是自己的母亲。男孩想独占母亲，而父亲的存在是一种干扰，于是男孩内心产生了一种对父亲嫉恨、仇视的潜意识倾向。男孩心中这种恋母嫉父的情绪纠葛，被弗洛伊德称为俄狄浦斯情结。俄狄浦斯是古希腊神话中一个国王的名字，这个国王由于命运的安排在无意中"弑父娶母"。弗洛伊德借这位不幸国王的名字来表示男孩的这种情结。

在同父亲争夺母亲爱情的过程中，男孩感到自己的力量有限，无法战胜对手，并且还产生了"阉割恐惧"（fear of castration），即害怕强大的父亲割掉自己的性器官。这种"阉割恐惧"迫使男孩抑制自己的恋母倾向和对父亲的憎恨，由此本我和自我之间会发生激烈的冲突。为了解决这种冲突，男孩开始尽量以父亲为榜样，模仿父亲，并认同父亲。通过认同（identification）来获得对母亲性冲动的间接满足，同时认同本身也促使儿童习得男性行为，形成男子性格。

对于性蕾期的女孩来说，情况就更加复杂。女孩最初与男孩一样，对母亲也有强烈的依恋之情，但是当女孩注意到两性的差异时，这种依恋之情就降低了。女孩认为母亲有目的地夺取了她的那种有用的器官，故对母亲产生了嫉恨。相反，女孩对父亲的感情成倍地增长。但是她对父亲的好感又伴随着嫉妒。如此看来，女孩的处境比男孩更为不妙，因为她面临着双重冲突。为了解决这种冲突，女孩需要认同于母亲，通过对母亲的认同获得女性性格和女性行为。

弗洛伊德特别重视儿童如何解决自己内心的俄狄浦斯或伊利克特拉情结，认为若解决不好这些情结，往往会导致各种性变态和心理失常。比如一些人成为同性恋，就是由于儿童时期对自己的异性父母产生了强烈的认同和模仿所造成的。解决恋母或恋父情结，不仅对于儿童心理健康很重要，而且对儿童人格的发展具有重要的意义。弗洛伊德甚至把它看成是人类"宗教和道德的最后根源"。在解决恋父或恋母情结的过程中，儿童以自己同性别的父亲或母亲为榜样，模仿他们，认同他们，这样不仅使儿童获得男性或女性行为风格，而且还把父母的道德观念、社会态度内化为儿童自己的东西，从而形成儿童第二自我，即超我。

（4）潜伏期（latency stage）：按照弗洛伊德理论，当儿童解决了俄狄浦斯或伊利克特拉情结后，他们的力比多冲动就处于暂时潜伏的状态，性兴趣被其他兴趣，如探索自然环境、知识学习、文艺体育活动以及和同伴交往等所取代。这段时期被弗洛伊德称为潜伏期。性潜伏期一直延续到十二岁左右。在这段时间里，由于儿童生活范围的扩大和在学校吸取了系统知识，儿童人格中的自我和超我部分获得了更大的发展。男女儿童之间的关系较疏远，团体活动时多是男女分组，甚至壁垒分明、互不来往。这种状况一直维持到青春期才又发生变化。

（5）生殖期（genital stage）：在以上性心理发展的时期内，儿童虽然具有性冲动，但它主要是一种“自恋”性质的冲动，性的满足主要来自于自己身体感受的刺激和对自己性器官的抚弄。弗洛伊德把前几个性心理发展阶段统称为“前生殖期”（pre-genital stage）。进入青春期后，由于性器官的成熟，儿童的性冲动再次萌发，他们开始对异性发生兴趣，喜欢参加由两性组成的集体活动。这时儿童的心理发生了根本的转折，从“自恋”转变成了“异性恋”。异性恋倾向一旦形成，就一直持续人的一生，以后再也不会发生根本性的变化。弗洛伊德把性心理发展的最后阶段称为“生殖期”。从这个时期起，人类个体就开始摆脱对父母的依赖，成为社会中一个独立的成员。他们寻找职业，选择婚姻对象，开始异性恋的生活，生育和抚养后代。

三、停滞、倒退和人格特征

基于性心理的演变，个体的人格发展经历了五个阶段。从低级阶段进入较高级阶段，其首要条件是顺利解决前一阶段的主要矛盾和冲突，不至于发生严重的心理障碍。反之，不能解决好前一阶段的矛盾和冲突，发生了严重的心理障碍，就不能完全过渡到较高一级阶段，因为低级阶段的特征在很大程度上保持下来了。心理障碍可以导致任何阶段的发展停顿或延缓，这种现象称为停滞。由于早期阶段发展停滞使某些早期的特征保留在以后的阶段中，当个人面临危机或受挫时，他很有可能退回到较早的阶段，这一过程称为“倒退”。停滞和倒退是相互补充的，停滞的现象越严重，就越容易产生倒退。

人格发展的停滞和倒退与早期某些经验有密切的联系，这些因素包括：①当儿童需要安全时，即他感到焦虑时，只给予某种本能需要的满足。如一个儿童害怕时，母亲仅给他吃奶，其余不管。如果幼儿经常有这类经验，他就很可能形成发展的停滞或倒退。②当某种本能要求受到极端的挫折或剥夺时，将导致个人强烈、连续地要求满足这种本能需要。③本能需要的过分满足，或对个人的过分纵容和宠爱，使他不情愿离开较低阶段而向较高阶段发展。④过分满足和过分挫折的交替。⑤从过分满足突然转变到过分挫折等。

停滞和倒退不仅使个人人格发展受到阻碍，而且会对人格结构特征产生深刻的影响。某些人在成人以后，还保留着早期发展阶段的心理特征，这主要是因为他在早期阶段有过停滞或倒退的经验。进一步说，一个成人的人格特征往往是他早期阶段发展的停滞和倒退的反映。一个在口腔期产生过停滞的人，长大后会具有口腔型特征。在肛门期发生过停滞或倒退的人，成人时往往具有肛门型特征，如此等等。在成人中间，可以发现几种典型的人格特征类型。

（1）口腔型特征（oral character）。口腔期发生过停滞的人，会有口腔型特征。具有口腔型特征的人只对自己感兴趣，而对他人的看法则完全从“他能给（喂）我什么”着眼，总要求别人给他东西（不论物质上的还是精神上的），不论采取乞求还是攻击性的方式索取，总离不开口腔期“吮吸”的本质。他们在生活和工作中追求安全感，扮演被动和依赖的角色，他们是退缩的、依赖的，好嫉妒、猜忌和苛求别人，遇到挫折易怒、易悲观和仇视人等。据弗洛伊德的看法，咬和吮手指、吸烟、酗酒、贪吃和接吻等行为多与口腔期停滞有关。

（2）肛门型特征（anal character）。肛门期停滞所导致的人格特征被称为肛门型特征。肛门期儿童的主要冲突是粪便的累积和排泄，父母对他们的大小便训练和他们对训练的抵抗。如果父母对子女的卫生训练过分严厉或放纵，都可能使儿童人格发展停滞，形成肛门型特征。肛门型人格有两种亚型：一种是肛门便秘型，另一种是肛门排泄型。便秘型的最基本特征有三种：讲究秩序和整洁，过分吝啬或节约以及固执或强迫症。弗洛伊德把过分整洁和讲求秩序看成是对父母卫生要求屈从的延续，把过分节约看成是儿童在肛门期粪便保持和积累习惯的进一步发展。肛门便秘型特征者的时间观念很强，不愿浪费任何时间，他们不断累积钱财，节省和不愿花用钱财。他们不是把金钱看成是使用的东西，而只把它看做贮存的对象。他们对时间和金钱的看法类似于早期儿童对粪便的看法。肛门期某个时候，儿童特别珍视自己的粪便，尽量保持而不愿放弃。固执这种特征是一种消极被动的反抗和攻击，它发源于肛门期儿童对父母大小便训练的反抗。与便秘型特征相反，排泄型特征者有肮脏、放肆和浪费的习惯。

（3）性器型特征（phallic character）。这类特征是性蕾期没有解决好俄狄浦斯情结或伊利克特拉情结所导致的。具有性器型特征的人，行为轻率、果断和自信，这些行为特征主要是对“阉割”焦虑的反抗。性器期儿童对性器官过高的评价，导致了强烈的自负、夸张、好表现和敏感，他们常常显出攻击性和挑衅性。他们的攻击性、支配性和易怒都是“阉割恐惧”的反映。他们的勇敢和冒险行为也是对这种恐惧的过度补偿。性器型特征实质上是极端自私和自恋，它妨碍良好人际关系的建立。性器型特征者力图表现自己的男子汉气概，因而对妇女往往是粗暴和具有敌意的。性器型女子受强烈的阴茎嫉妒所驱使，总想在生活中扮演男性角色，力求超越男子。

（4）生殖型特征（genital character）。弗洛伊德认为极少有人真正达到了人格发展的最高阶段——生殖阶段，因为人们很难顺利、彻底地解决早期发展阶段所存在的各种心理矛盾和冲突，而不至于产生停滞和倒退。一个人只要有过停滞和倒退，他就不可能完全达到最高阶段，具有与该阶段相应的人格特征。与生殖阶段相应的人格特征被称为生殖型特征。生殖型人格是弗洛伊德最推崇的理想人格。具有这种人格的人，不仅在性方面，而且在心理和社会方面都达到了完美的境界。他们能消除本能力量的破坏作用，使之富于建设性。他们有能力建立完满的爱情生活，获得事业上的成功。换句话说，具有生殖型性格的人，有能力控制和引导他们自身的大量力比多能量，使之通过升华的途径释放出来，为人类社会的文明和共同福利作出贡献。

第四节　古典精神分析的研究与应用

一、研究方法

任何科学理论都要建立在研究手段和收集材料的方法的基础上，弗洛伊德的理论也不例外。了解弗洛伊德的研究方法，有助于我们理解他的理论。弗洛伊德的研究方法主要有自由联想法、梦的分析和日常生活中的错误的心理分析等几种。

（一）自由联想法

从前面我们已经知道自由联想法是从催眠术中演化出来的。最初，布雷尔在用催眠术治疗安娜·O的过程中，发明了精神宣泄的“谈话疗法”。简单地说，谈话疗法就是在催眠的条件下引诱患者把自己以往致病的创伤经验或事件尽情吐露出来。当这些致病的创伤经验被完全暴露在意识中，各种症状就会自行消失。后来，弗洛伊德采用这种谈话疗法来治疗患者，逐渐创立了自己的自由联想法。这种方法既是一种治疗方法，又是一种收集资料的研究方法，它构成精神分析的基本方法。

精神分析家在使用这种方法时，让患者在一间安静的房间里，放松地躺在一张躺椅或床上。患者背向分析家，在分析家鼓励下回忆、自由联想，并将所想到的讲出来。在运用这种方法的过程中，关键是要求患者把所想到的一切都讲出来，而不管这些想法是无关要紧的胡思乱想，还是可笑的或使人不好意思的念头。这种方法的目标是把压抑在潜意识中的引起患者变态行为原因的东西揭示出来。这样，分析家一方面使患者清醒地意识到那些东西，以便正视它们，消除它们的不良后果，恢复心理健康；另一方面，使自己获得大量有关无意识、人格结构和机制的研究材料。

自由联想法所依据的基本原理就是弗洛伊德的心理决定论。在弗洛伊德看来，自由浮现在心头的任何东西，不论是一个词、一个数字，还是一个人名、一件事情，都不是无缘无故的，都与前后联想的东西具有一定的因果联系。正因为如此，弗洛伊德试图通过自由联想来发掘埋藏在精神病患者无意识深处的症结或病根。心理学的创始人冯特从实验心理学的角度曾提出联想实验，而弗洛伊德从临床心理学的角度提出了自由联想的方法，这两种方法基于不同的方法论与研究传统，但有其共同的地方。因而，后来荣格将冯特的联想实验加以改进，提出了单词联想测验的方法，从而建筑了从实验心理学通往精神分析的第一座桥梁。

（二）梦的分析

弗洛伊德把梦的分析称为“通向无意识的康庄大道”。梦的分析是弗洛伊德研究的基本工具之一，它为弗洛伊德开启了无数秘密之门。弗洛伊德认为，梦有显像和隐意之别，显像是回想梦里发生事件时所讲出来的内容，而隐意是蕴含于显像之中的真正含义。在弗洛伊德看来，梦的实质就是被压抑的无意识欲望的一种变形的满足方式。

弗洛伊德认为，梦的显像有三个来源：首先是感觉刺激。一个人在睡觉时，其感官仍有可能感受到内外刺激，如听到汽车喇叭声，感受到热或冷等。一个人说他梦见了火灾，很可能是他睡觉时盖的被子太厚，感到很热所致。其次，梦的第二个来源是做梦者在清醒时的所思所想，所谓“日有所思，夜有所梦”。梦的第三个来源，也是最为重要的来源就是本我冲动。当人清醒时，本我冲动受到自我或超我的阻碍，无法直接表现与满足。这种受压抑的冲动或欲望往往会以梦的形式表现出来。由于自我与超我的强大，本我难以通过梦境直接表达冲动，需要对梦的内容进行某种歪曲或伪装，所以梦的显像往往乱七八糟，无法理解。分析家的工作就是要从这些表面上杂乱的显像中揭示伪装了的、变形了的潜意识欲望与冲动，也就是梦的隐意。

无意识中的欲望与冲动一般以两种方式在显梦中表现出来：一种称为符号化，另一种称为梦的制作。通过符号化，受抑制的内容并没有被歪曲或被伪装，而是以某种符号的形式在显梦中直接表达出来。由于符号是一种自我或超我难以辨认的形式，因此，自我或超我一般不给予抑制，而让其直接表达出来。弗洛伊德认为，梦中的符号有许多，一些符号对于做梦的人来说，具有特殊的意义，而另一些符号则对每个人来说都是普遍性的。也就是说，符号具有两种：一种是特殊的符号，另一种是一般的符号。一般的符号包括代表人体、父母、孩子、兄弟姐妹、出生与死亡、生殖器与性活动等各类符号。

人体通常以房子来象征，或者说房子是人体的符号。如果房子的墙壁是光滑的，则代表男人；如果房子有壁架、阳台等，则代表女人。父母以各种权威人物，如国王、警察来代表，而老鼠、松鼠等小动物则代表孩子。有些符号代表男女生殖器，如阴茎可以用棒子、杆或柱，以及枪、炮、针等许多表象来象征，而洞、坑、门、窗等往往代表女性生殖器。性快感通常用糖或果脯来象征，弹奏乐器象征手淫，跳舞、骑马或缓步行走等有节律的活动象征性交。受到武力威胁，成为暴力事件的受害者，或被汽车、火车撞倒，也象征性交。以上列举的是一些具有普遍意义的象征符号，分析家在分析梦的内容时，不仅仅要明了这些一般符号，而且要了解做梦者个人独特的生活背景与经验，从而确定梦中的物体或事件对于做梦者的独特含义。

梦的制作就是将梦的隐意即潜意识中的欲望与冲动伪装和歪曲成自我或超我难以觉察的显梦的过程。梦的制作有多种机制，它们并不遵循逻辑的原则。其中之一是压缩，即把多个不同的观念或表象压缩、结合成一个单一的观念或表象。例如，一个关于办公大楼的观点、一个坐在手提箱上的男人的表象、一双绣花鞋的表象等，这些单一的观点或表象就像一份极为简短而不带情感的电报，却记载着非常复杂而有趣的事件。梦的制作的第二种机制称为替换，它包括两种情况：一是把梦中重要的或关键性的因素如本能欲望或使人内疚的思想用不重要的因素来替换，或用一种引喻来代替。第二种情况是把梦中思想的重点或中心转移到别的地方。梦的制作的第三种机制是把思想观念转化为视觉形象，虽然并非所有思想都必须转换为视觉形象，但视觉形象却是梦的结构的基础。其实人的清晰明确的抽象思想观念往往是从较为含糊的视觉表象中发展起来的。梦的制作机制就是一个反过程，通过这一过程，个人明确的思想观念变得模糊起来，使得自我或超我不能确定它们的真实含义，从而避免了抵制。梦的制作的第四种机制是反向作用，即将那些无意识的观念或冲动以其相反的形式在显梦中表现出来。例如，害怕母亲离开自己的男孩梦见母亲回到了自己身边。以上梦的制作机制，其实质都是做梦者在潜意识中把自己的真实思想与欲望伪装、歪曲成自我或超我不易觉察的形式，即显梦。

梦的分析实际上就是梦的制作的反过程，即将显梦翻译为梦的隐意，或做梦者的无意识观念与欲望。

（三）日常生活中的错误的心理分析

弗洛伊德指出，受压抑的观念和欲望不仅表现在精神病患者的症状和变态行为上，而且也表现在正常人的日常生活的各种错误之中。在日常生活中，人们往往有失误、遗忘等情况。这些情况似乎是偶然的，但是在弗洛伊德看来，绝没有偶然性可言，任何事件都是被决定了的，或者说都是有原因的。失误、口误、遗忘等生活中表面上的偶然事件，实际上隐藏着人的真实动机，即受压抑的无意识欲望和观念。

弗洛伊德把日常生活中的错误分为六类：①口误；②笔误；③遗忘；④遗失、误置与误取；⑤误读与误听；⑥多种错误的混合。这里我们仅举几个例子简单分析一下。一个人忘掉了约会的时间，很可能他潜意识中开始厌倦对方，而不想赴约。正是这种潜意识的动机抑制了他的记忆，导致了遗忘。依照精神分析的观点，遗忘是由于压抑，人们想压抑某种欲望或想法，因为这样的欲望与想法使他感到焦虑不安。如果遗忘是一种成功的压抑，那么口误、笔误以及失误可看成不太成功的压抑活动，因为一时的疏忽，人们不假思索地说出自己无意识中的真实想法或欲望。例如，某会议主席在会议开始时宣布会议结束，这暴露了他不想开会的真实动机。

通过对日常生活中人们的各种错误、遗忘的分析，弗洛伊德开辟了通向无意识的又一途径。

（四）幽默

人们对于幽默和笑话一向是津津乐道，即便是那些流传了几代人、听了几十遍的幽默和笑话，当别人再一次讲起时，我们依然会像从没听过一样情不自禁地为之捧腹。弗洛伊德在《幽默及其与无意识的关系》（1905）一书中，对幽默做了一番详尽的分析。其中重点分析了两类玩笑，即有关攻击性的玩笑和有关性的玩笑。

人们为什么对这两类玩笑兴味盎然、乐此不疲呢？弗洛伊德认为，这是因为这些玩笑能够使平时被压抑的无意识冲动得以宣泄。尽管我们的无意识深处对某一个人或某一群人的攻击欲望很强，但我们的暴力行为总是被强有力的自我和超我及时制止。只有一种合乎社会行为规范的发泄方式，那就是开侮辱性的玩笑。“通过鄙夷、讥讽、污辱、傲视对方，我们间接地获得战胜他们的快感。”同样，我们可以通过社会规范许可的方式即性幽默来谈论有关性的话题。在许多社会生活情境中，公开地谈论性是不大体面的，然而开开性玩笑不仅是允许的，甚至常常能够得到某种鼓励和嘉奖。

由此可见，幽默，至少攻击性幽默和性幽默的实质是个体以一种社会赞许的方式来发泄本我欲望与冲动。弗洛伊德之所以要研究幽默，是因为幽默提供了关于无意识本我冲动的信息。如果你要了解某个人的本我欲望，你可以去了解他所喜欢的幽默是什么；如果你要了解一群人或一个民族的精神深处，你也可以从他们所喜欢的幽默中获得某种认识。

弗洛伊德的研究方法与实验心理学研究方法有很大差异。弗洛伊德的理论贡献和局限性在很大程度上都归因于他的研究方法的特殊性。其特殊性表现在以下几个方面：

第一，在研究中，弗洛伊德着重了解有关心理的非常态现象和特殊现象。他把精神障碍患者和人格变态者作为研究的主要对象，力图从他们那里收集到有用的资料。虽然弗洛伊德也考察正常人，但他主要考察正常人的一些特殊心理现象，如做梦、口误、遗忘、迷信观念等。这个特点使弗洛伊德的研究方法有一定的优越性。从认识论的角度看，只有当事物变化发展到一定程度后，才有可能认清它们的本质。若事物的发展过程还没有充分展开，那人们是很难把握住它们的。同样，在考察人的心理现象时，心理变化发展到一定程度是把握住其规律的一个重要条件。非常态和特殊的心理现象，往往是心理变化到极端的一种表现，它以展开的形式给认识者强烈的印象和震动，因而有助于人们认清它的本质。因此，弗洛伊德通过对变态心理和特殊心理现象的研究，对人格及其发展的本质和规律获得了某种领悟，并取得了重要的研究成果。

当然，弗洛伊德方法上的这一特点，并非绝对的优点，如果研究者掌握不当，这种特点会给他们的研究带来消极后果。弗洛伊德理论的局限性在很大程度上是由于他过分依赖变态心理和特殊心理现象的资料。人本主义心理学家马斯洛认为，弗洛伊德之所以忽视人的优良品质，是因为他只重视人的黑暗方面，即人的病态方面。

第二，弗洛伊德着重从整体出发研究人格，而不重视对人格的个别方面和特殊机能的考察。他不像正统心理学家那样，采用元素分析的方法，通过实验把每一种变量孤立开来加以研究。弗洛伊德的方法不是在实验室短时间内进行，而是在临床中长时间地研究整个人，并且利用人过去和现在经历的一切有用的资料，对人格进行综合研究。因此，弗洛伊德的研究方法具有整体性和综合性，这是弗洛伊德方法的一大优点。弗洛伊德这种在长时间里对一个人进行的全面、综合的观察和研究的方法被称为临床法。正是弗洛伊德开创了心理学中的临床法，这种方法被以后的心理学家，如皮亚杰、罗杰斯、马斯洛等人所继承和发展。

第三，弗洛伊德的方法既是一种研究方法，又是一种精神病的诊断治疗方法，它既具有研究价值，又具有实用意义。通过这种方法，弗洛伊德一方面从精神障碍患者那里获得大量研究人格问题的第一手资料，从而建立了自己的理论；另一方面也了解了患者潜意识病因，并疏导其压抑的能量，从而减轻或消除症状，以期达到较完善的人格。弗洛伊德的理论来源于精神病治疗的临床实践，又运用于临床活动，对治疗患者起指导作用，并在实践中得到修正和完善。弗洛伊德精神分析理论之所以经久不衰，具有旺盛的生命力，其原因之一，就是它与临床实践的紧密结合。

第四，弗洛伊德的研究方法缺乏科学的严谨性和精确性，因此，弗洛伊德受到实验心理学家的严厉指责和嫌恶。弗洛伊德是在未加控制和不系统的条件下收集资料的。他对患者所讲的话不做精确记录，而是在事后通过回忆记录，同时又分析思考这些记录，这样的记录很难达到精确的程度，它往往掺杂有弗洛伊德本人的主观猜想成分。同时，弗洛伊德根本没有打算确定患者的报告的准确性和真实性，因而弗洛伊德理论所依据的很可能是不完全的和不客观的材料。由于弗洛伊德并不把他的资料数量化，因此，不可能确定研究的结果在统计学上的意义。弗洛伊德理论的许多概念不可能通过实验来检验，因为它们是不精确的、含糊的和非操作性的，难以和具体实际变量联系起来。总之，与科学方法论主流相脱离，这是弗洛伊德研究方法的一个缺点。

今天不少精神分析学家采用客观观察法、实验法研究人格问题，他们还对弗洛伊德理论的一些基本概念和命题进行精确的定义和实验检验，这些努力使精神分析和实验心理学之间的分歧缩小了。在人格问题上，精神分析法存在着自身的优势，不能完全排斥，把精神分析法和实验法结合起来是很有必要的。

二、人格评价：投射测验

根据弗洛伊德的理论，无意识是人精神世界的主要内容与特征，个体不能真正意识到自身的内部欲望与冲突。因此，在弗洛伊德看来，通过受测者自我报告的方式测量一个人的人格是不可信的。弗洛伊德认为，人们往往在描述某些模糊刺激如天空飘浮的云彩时会无意中流露出内心的秘密。这就是一种投射的心理现象，它是指个人把自己的思想、态度、愿望、情绪、性格等心理特征无意识地反映在对事物的解释中的心理倾向。由于心理投射的作用，人们常常把无生命的事物看成有生命的事物，把无意义的现象解释为有意义的现象。如杜甫的名句："感时花溅泪，恨别鸟惊心。"在这种情况下，个人对客体特征的投射性解释所反映的不是客体本身的性质，而是解释者自己的心理特征。因此，运用投射技术测量个人对特定事物的主观解释，就有可能获得对受测者人格特征的认识。基于这种思想，弗洛伊德的后继者发明了一种测量人格的技术，即投射测验。

（一）投射测验的特征

投射技术作为一个心理测量术语，是由主题统觉测验（TAT）的创建者默里在1938年最早使用的，但投射测验作为一种心理测量技术早在1921年就开始探索并实际应用了。1921年，罗夏发表了他编制的墨迹测验，但这个测验一直未能引起人们的重视。直到1938年，富兰克才首次清楚地说明了这一技术的重要性。他认为投射技术能够唤醒受测者的内心世界或个性的不同表现形式，从而在反应中"投射"出这种内在的需要和状态。

投射测量的基本方式是向受测者提供预先编制的一些未经组织的、意义模糊的标准化刺激情境，让受测者在不受任何限制的情况下，自由地对刺激情境作出反应，然后通过分析受测者的反应，推断受测者的人格特征。其具有以下特征：

（1）测验材料一般都很含糊，模棱两可，没有明确的含义，而受测者也不受任何限制，可根据自己的理解去解释。事实上，刺激材料越不具有结构化，反应就越能代表受测者人格的真正面貌。

（2）测验的目的具有明显的隐蔽性，受测者一般不知道自己的反应将得到何种心理学解释，这在很大程度上排除了受测者的伪装和防卫，使测验的结果更能反映受测者真实的人格特征。

（3）对测验结果的解释重在对受测者的人格特征获得整体性的了解，而不是对某个或某些单个人格特质进行关注。

由于投射测量试图探讨无意识过程，对反应的解释就不可避免地深受精神学说的影响，在20世纪40年代至60年代，精神分析的思想在人格理论和研究中的影响最大，而其间投射测量的增长数量也最大。精神分析技术强调人格结构中的无意识范畴，认为个人无法凭其意识说明自己，因而问卷法无法有效地了解人格结构，必须借助某种无确定意义的刺激情境，使个体隐藏在潜意识中的欲望、要求、动机、冲突等泄露出来，或者说使受测者不自觉地投射出来。这种假设正是投射测量的理论基础。

学者对常用的各种投射进行过分类，不同的学者有不同的分类方法。用得较多的分类方法是G. 林达塞根据反应方式进行分类的方法。他把投射测验依次分为五类：

（1）联想法：要求受测者说出某种刺激（如单词等）引起的联想，一般指首先引起的联想。荣格的文字联想测验和罗夏墨迹测验即为这类测验。

（2）构造法：要求受测者根据提供的材料编造一个故事，可从故事中探测其个性。例如默里的主题统觉测验和儿童统觉测验。

（3）完成法：提供一些不完整的句子、故事等材料要求受测者进行自由补充。例如语句完成测验等。

（4）选择或排列法：要求受测者根据某一标准（如美感）来选择题目，或做各种排列，由此显露受测者的个性。

（5）表露法：要求受测者用某种方法（如绘画、游戏等）自由地表露其人格。例如画人测验、画树测验等就属于此类。

这种分类法较为实用，但各类之间的界限并不是绝对的，有许多测验可能兼有不同的形式。投射测验主要有罗夏墨迹测验和主题统觉测验，下面将详细介绍这两种测验。

（二）罗夏墨迹测验

罗夏墨迹测验是由瑞士精神病学家罗夏经过长期的试验和比较研究后创制的一种投射测验，出版于1921年，共有10张图形卡片。此测验曾一度流行于欧美，但目前应用已不及当年那么广泛。10张卡片上的墨迹形状各异，内容毫无意义（见图2－5）。其中五张是黑白的，五张是彩色的。这10张卡片编有一定的次序，测验时要按顺序呈现。测验开始之前，要给受测者一个标准的指导语，指导语不能提供任何暗示。指导语如下：“你将要看到的是印着偶然形成的墨迹图案的卡片，请你将你看图时所想到的东西，无论什么，都原封不动地说出来，回答无所谓正确和错误，所以请你想到什么就说什么。”

图2－5　罗夏墨迹测验图

实验测量过程可分为三个阶段：①自由联想阶段，受测者根据材料自由地展开联想，主试只负责忠实地记录受测者反应的内容和速度等特征，对受测者提出的问题做模糊的回答，但可以鼓励受测者联想。②提问阶段，在受测者对10张图片自由联想之时，主试可从第一张图片开始询问受测者，问题包括：反应是根据哪部分做出的？引起反应的因素是什么（颜色、形状等）？③极限试探阶段，确定受测者能否从图片中看出具体的事物。

罗夏墨迹测验一般根据四个方面的内容记分，每个方面都有规定的符号和它们可能代表的意义。

1．反应部位

反应部位是指受测者所注意到的墨迹部分，是整体或局部。它有五种类别：①整体反应（W）。受测者对墨迹的全部或几乎全部进行反应。W分数过高可能表示受测者思维过分概括的倾向，或愿望过高。W分数过低或没有，表示受测者缺乏综合能力。②普通局部反应（D）。受测者对被墨迹图的空白、浓淡或色彩所隔开来的大部分进行反应。有较多数量D答案的受测者，可能有良好的常识。③细微局部反应（d）。受测者对被墨迹图的空白、浓淡或色彩所隔开来的细微部分进行反应。④特殊局部反应（Dd）。受测者对墨迹的极小的或不同一般方式分割的一部分进行反应。分数过高的受测者可能有刻板或不依习俗的思维。⑤空白反应（S）。受测者将墨迹部分作为背景，将空白部分作为对象，对白色空间进行反应。

2．决定反应因素

这是受测者反应的主要依据，即墨迹中的何种因素使受测者产生了特定的反应，是墨迹的形状，还是颜色等？一般有四种因素：①形状反应（F）。知觉由形状或者形式决定。根据形状的相似程度可以分为F＋、F、F－。F＋是指受测者的反应与墨迹形状甚为相似，受测者通常被认为具有现实性思维；F－则相反，极差的外形相似性，可能意味着受测者思维过程混乱。②运动反应（M）。受测者在墨迹中看到人或动物在运动。M多表示情感丰富，M少可能意味着人际关系差，M也是表示内向性的符号。③浓淡反应（K）。受测者的反应决定于墨迹的阴影部分，被认为是焦虑的指标。④色彩反应（C）。受测者的反应由墨迹的色彩决定。C 分数高表示外向，情绪不稳定。

3. 反应内容

反应内容是指受测者所联想到的具体形象，主要有以下四型反应内容：人（H）、动物（A）、解剖（At）、性（Sex）、自然（Na）、物体（Obj）等。如果 A 分数高，表示智力低下、思维刻板。

4. 普遍性反应

普遍性是指受测者反应的内容是否具有独特性，有普通反应（P）和独创反应（O）两种情况。做出比较特殊反应的受测者可能是富有创造性，也可能是病态思想的表示。这只有经验丰富的主试才能做出正确的区分。

罗夏墨迹测验的评分和解释是很困难的，极费时费力，且需要训练有素、经验丰富的人才能掌握这种方法。而且对测验结果还必须从多方面做综合的解释，不能单凭任何一个结果的情况来判断一个人的人格。

罗夏墨迹测验发表后，很多人认为是一大创举，该测验被译成多种文字。可以认为，20 世纪 40 年代至 60 年代是墨迹测验的黄金时代。该测验主要应用于精神医学的临床诊断，也可以用于人格研究和跨文化研究。有人认为，这种测验在研究潜意识上特别有效。但是，这种测验记分和解释都是费时费力的，而且结果的解释常常带有主观性，对主试的要求较高，非一般施测者所能为。另外，测验的信度和效度低。因此，该测验现在应用较少，在我国，只有龚耀先等人在小范围内做过试用。

（三）主题统觉测验（TAT）

默里设计了心理学界颇有影响的主题统觉测验，该测验是一种与罗夏墨迹测验齐名的人格投射测验，它在投射测验中的地位仅次于罗夏墨迹测验。主题统觉测验与韦氏成人智力量表、罗夏测验一起，被认为是三种基本成套测验。默里把个体需要和知觉压力与环境在某一行为片段中的相互作用称为“主题”，人格就是在这种主题中显示出动力性作用的。但是，每一个个体具有不同于他人的需要综合体，这种需要综合体与环境中的特定对象相联系，形成了特定的反应形式，这便是“主题倾向性”。主题统觉测验就是从被试与测验刺激相互作用所揭示的主题中推断出这个人的需要及其人格倾向性的特点。TAT 是一种探测受测者的主要需要、动机、情绪和人格特征的方法。它是向受测者呈现一系列意义相对模糊的图卡，并鼓励他按照图卡不假思索地编述故事。编制这种测验的基本假设是：

第一，人们在解释一种模糊的情境时，总是倾向于将这种解释与自己过去的经历和目前的愿望相一致。

第二，在面对测验卡讲述故事时，受测者同样用到他们过去的经历，并在所编造的故事中表达了他们的感情和需要，而不论他们是否意识到这种倾向。

现在使用的 TAT 是经默里修订过的第三版，全套测验包括 30 张黑白图卡和 1 张空白卡。图片上的画面有的是模糊、阴暗、抽象的，而有些画面则有比较明显的结构。图片内容多为一个或多个人物处在模糊背景中，其意义隐晦。施测时根据被试的性别以及是儿童还是成人（以 14 岁为界）取统一规定的图片和一张空白卡片，每张图片为一题。最正规的测验应分两次进行，因为每一组图片的后 10 张都比较奇特，容易引起被试的情绪反应，但在实际施测中也有再从 30 张图片中选取若干的做法。

图 2－6 为 TAT 图片样例，画面有明显的结构，是一位青年女子的肖像，背景是一个正在做鬼脸的头裹围巾的老太婆，这适用于测量女性。

图 2－6　TAT 图片样例

受测者可分为男童组（14 岁以下）、女童组（14 岁以下）、男子组、女子组。这 30 张图片有的为某组专用，有的为四组共用。测验开始前，主试给受测者的指导语一般如下：这是一个想象力的测验，是测验你的智力的一种形式。我将让你看一些图片，每张都让你看一会儿。你的任务是对每张图片尽你所能，编一个带有戏剧性的故事，说明是什么因素导致了图片上的情境，当前在发生什么事情，图片上的人正在想什么，结果会怎么样，你可以用 5 分钟讲一个故事。然后由主试给受测者一张一张呈现图片，并详细记录受测者的回答，对材料中的空白卡，要求受测者想象上面有一幅画，并要求受测者加以描述此画面，再根据想象中的画编造故事。例如对 2－6 图，三位女受测者编造了以下三个故事：

故事一：这是一位终生多疑的女子。她正在照镜子，后面的老妇人是她想象中自己老年的样子。她不能忍受这种想法，于是她摔了镜子，尖叫着冲出屋子。她疯了，在精神病院度过了余生。

故事二：这位女子看重自己的美貌。她小时候就曾因漂亮而受到夸奖，年轻时又博得许多男子的倾心。她私下担心自己终归要年老色衰，但是她美丽的外表却掩盖其内心的隐衷，甚至本人有时也忽略了这种情感。她生活着，孩子们开始离家自立。她担心将来，一边照镜子，一边想象自己成了老太婆，也许是一个最坏、最丑恶的人，将来在她的眼里是可怕的、难熬的。

故事三：这张画像使我想起了一个男青年，他是个舞蹈演员，我知道这幅画画的是女子，但那位男青年极像画上的人。他很美，和姑娘一样，体态非常标致。我自己，还有（画上的）这位妇女都不如他。他结婚了，有点轻视妇女，但心地善良，很难得。后面的老妇，我想这只是代表“妇女”，一位似乎不如男人漂亮的女人。

TAT 的原理是让被试给意义隐晦的图片赋予更明确的意义。表面上看，这一赋予意义的活动是绝对自由的，比如在指导语中主试鼓励被试无拘无束地想象，自由随意地讲述，故事情节愈生动、愈有戏剧性愈好。但实际上，默里相信被试在这一过程中会不自觉地根据自己潜意识中的欲望、情绪、动机或冲突来编织一个逻辑上连贯的故事，这样，研究者就可以对故事内容进行分析，捕捉蛛丝马迹，从而了解被试特定的内心世界。这个过程就是分析过程。默里还提出了六个方面用以指导这种分析。

（1）故事的主角身份。被试往往会认同故事中的主角，进而把自己的内心欲望或冲突等人格特征投射在主角身上，反过来，研究者从故事主角是隐士还是领袖，是个有优越感的人还是一个罪犯之类的信息来探测被试的人格特征。

（2）主角的行为倾向。分析时应注意主角的行为，行为若有非常显著的特点，甚至仅仅是提到的次数多，就可能反映某种动机倾向十分强烈。默里指出，行为中反映出像屈辱、成功、控制、冲突、失意之类的特征，几乎都可以按叙述过程中的强烈性、持续性、重复次数以及在故事内容中的重要性，标记在一个五分量表上。

（3）主角的环境力量。尤指人或物的力量，或者是图片上本没有的、被试自己想出来的人和物。在故事中，这些环境力量的表征物对主角的影响作用，如拒绝、伤害、失误等，也可以根据其强度而标记在五分量表上。

（4）结局。它是指主角的力量和环境力量经过相互作用，经历了困难和挫折之后的成败悲欢之类的结果。

（5）主题。主题是故事主角的内部动机力量、欲求与外部环境力量的相互作用及其结局。主题可以是简单的，也可以是复杂的，但每个具有特定意义的故事主题是解释的主要依据。

（6）趣味和情操。它是指故事人物的喻指，如老妇喻指母亲，主角为正面人物还是反面人物，诸如此类。

默里的分析方法意在评估个体的人格特征，而一次全面的分析费时甚长，往往需要4～5个小时才能评定一份记录，这是把TAT当做一个典型的测验来使用的情况。有的研究人员实际上是把TAT当做采集当前研究所关心的个人资料的工具，因此，如果想考察个体的攻击性倾向，则主要留意故事中攻击性行为的表征；如果想考察个体的焦虑，就主要捕捉故事中与焦虑有关的迹象。此时采用的图片也就不一定限于TAT所提供的。但不论怎么使用，基本的原理仍是一样的。主题统觉测验避免不了投射技术难以量化等问题。总之，投射测验给人的感觉是，即使它能真实地反映出受测者的真正人格，主试也难以给予真实的解释。

虽然投射测验在国外被广泛地应用于对人格特征的评价过程中，尤其是20世纪40年代至60年代的临床心理学工作者更是把它视为临床诊断中不可缺少的工具。但是，对投射测验的批评却一直没有停止过。除了谈到操作此种测验的技术极度复杂、难以掌握、难以获得量化的资料外，最为严重的批评莫过于对投射测验的信度和效度持质疑态度。以罗夏墨迹测验为例，虽然有人认为它的信度和效度是不错的，但更多人认为投射测验本身的性质决定了其难以获得确切的信度和效度资料，也难以在不同的测验结果之间进行有效的比较。

三、精神分析的应用：精神分析疗法

弗洛伊德的精神分析具有广泛的应用价值，它不仅用于心理治疗的临床实践，而且应用于宗教、伦理学、文学和人类学等许多社会科学领域，有助于分析与解释诸多社会心理现象，诸如图腾禁忌、文艺创作的动机、宗教产生的心理根源、快乐产生的心理机制等。这里重点介绍精神分析在临床实践中的应用，即精神分析疗法。

精神分析疗法最经典的技术有自由联想法、释梦法、日常生活中的错误的心理分析等；后来有荣格的心理分析法、阿德勒的心理分析法、约翰·罗森的直接分析法和哈伯德的戴尼提回思术等，这些心理治疗方法都与弗洛伊德的古典精神分析有相当紧密的联系。下面是用释梦法治疗的一个病例：

患者 O 是一个 16 岁的女孩，她在 4 岁时被父母遗弃，7 岁时被人收养，收养她的家庭很安定，而且笃信宗教。从 14 岁起她总是梦到养父对她进行性猥亵。O 是否有着区分幻想和现实的能力还不清楚，但她对养父已形成了一种既爱又怕的态度，到了 15 岁，她开始出现一些较严重的越轨行为，包括经常离家出走、吸毒以及与很多男孩发生性关系等。O 的行为使她自己产生了强烈的内疚、焦虑、无助和恐惧等，并担心无法控制自己的行为。治疗刚开始时医生主要关注她的梦。她报告说自己又一次梦见养父抚摸她并试图与她性交，她在极度恐惧中醒来。下面是治疗过程中医生与患者之间有关这个梦的部分对话。

治疗者：你对这个梦是如何反应的？

O：我知道这是一个梦，但我对此有一种有趣的情感。我想我现在有点儿怕他，我发现我在躲避他。

治疗者：所以你现在不能肯定你对与养父的性关系的想象或恐惧有多少是由于梦，有多少是由于你意识中的想法。

从精神分析的观点来看，这里最主要的困境就是在梦的内容和 O 的意识中的想法之间的混淆。通过进一步的区分，O 开始学会想象正常的父女关系。

治疗者：O，你能否对与父亲的健康关系进行自由联想？

O：（稍微沉默之后）好吧，我希望看到自己和他待在房间里，没有任何性的想法，仅仅是正常的，并因对他的信任而感到快乐。我希望能够拥抱他或被他拥抱，让他吻我的脸而不要拉拉扯扯和想到下流的事情。我猜我现在仍不能摆脱梦中出现的一些事情的影响。

治疗者：看上去你能努力从你的意识中区分出你梦中的表象和幻想，但似乎有什么东西阻碍了你。你能否围绕这种阻碍再进行自由联想？

O：（稍微沉默）我感到某种……介于两种情感之间的痛苦。我有一种再次成为他的小女儿的愿望，渴望被抚摸、被依偎、被宠爱。而另外还有一幅画面，它对我影响也最大，即与他之间有一种更成熟的爱的关系。这看上去……他并不是我真正的父亲，但又有点儿像我的父亲。他好像一个具有我父亲所有特点的男朋友。

在这段对话中，O 用言语表达了她想和一个与父亲有着相同特点的人建立恋爱关系的欲望。在随后的会谈中，她也就能够修正她的幻想，并澄清了小女孩—父亲之间的关系与成年女儿—父亲之间的关系的区别。她同时也能想象正常的两性关系。

精神分析疗法在今天还在普遍地应用着，弗洛伊德等人所创立的谈话疗法是心理治疗方法的主流。焦虑、移情、抗拒以及解释等概念早已被广大心理治疗者所熟知。除经典精神分析治疗以外，阿德勒的心理治疗技术、格式塔疗法以及交互作用分析治疗等都是脱胎于精神分析理论的。这种治疗方法中最独特，也是最有价值的特点就是在移情关系的基础上培养病人的自主性和自我控制能力。

经典精神分析治疗的局限之一就是治疗往往要花费很多经费、精力和时间。这种长期的治疗方式既不适合现代人的生活节奏，而且高昂的费用也会使很多人望而却步。另外，也有很多问题不适合通过精神分析来进行治疗。由于精神分析本身在理论上的弱点以及在医疗实践方面的困难，它正受到来自心理学内部和外部越来越多的批评。然而，它毕竟是第一次为理解和治疗心理障碍提供了一种全面的看法，并且直到今天仍有意义。

弗洛伊德的人格心理学不仅对于变态心理学、人格心理学等学科的发展有重大的理论意义，而且在心理咨询与治疗的临床实践中有重要的使用价值。虽然不少正统的、学院派的心理学家极力反对弗洛伊德的理论与方法体系，但他们也不得不承认弗洛伊德体系对心理学的演变发展有重大的影响。弗洛伊德的理论是心理学史上第一个系统的人格心理学体系，以后的人格心理学体系包括荣格、阿德勒、霍妮，乃至人本主义的人格心理学，不管支持、扩充弗洛伊德理论也好，还是批判、改造弗洛伊德理论也好，都可以看成是对弗洛伊德体系的一种反映。弗洛伊德人格心理学体系是迄今为止最庞大、最复杂、争议最多的体系，对它进行全面与客观的评价是摆在理论家面前的一大难题。我们认为对于弗洛伊德理论体系的评价既不能全盘肯定，又不能全盘否定，而必须坚持唯物辩证法，既要肯定其积极合理的一面，又要否定其消极错误的一面。

弗洛伊德人格心理学体系对于人格心理学发展的积极意义与贡献是多方面的。

首先，弗洛伊德在人格及其变态这个前人所忽视的领域中勇敢探索，进行了开创性的研究，获得了丰硕的成果，建立起现代心理学史上第一个系统的人格心理学体系，其理论的广度与深度堪称后人的楷模。

其次，弗洛伊德提出了许多重大理论问题，对人格心理学的发展起了重大的促进作用。这些重大理论问题包括意识与无意识的关系、人的生物性与社会性的关系、人格的结构、人格的动力、人格的发展阶段与发展的规律、遗传与环境因素对人格发展的作用、人格变态及其根源、人格的冲突与其防御机制、人格特征与人格类型、性心理与人格发展等。在弗洛伊德体系中，有的问题找不到答案，有的问题只有部分答案甚至是错误的答案。但是，不要以为弗洛伊德体系没有解决好这些理论问题，它就没有任何价值。我们认为一个体系是否有价值，不仅取决于它的正确性，而且取决于它是否能提出进一步思考和研究的问题。到目前为止，还没有一个体系像弗洛伊德体系那样提出如此众多的重大理论问题，激起如此多的争论与思考。为此，美国心理学家 G. 利克把弗洛伊德精神分析看成是 20 世纪心理学发展的“第一动力”。

再次，弗洛伊德体系在人格心理的研究方法上有重要的贡献。弗洛伊德创造了一套与实验心理学方法明显不同的研究方法，如自由联想、梦的分析等，开创了人格心理研究的临床研究方法。临床研究方法在人格研究方面，有其特殊性和一定的优势，它对于实验心理学研究方法是一种重要的补充。

弗洛伊德对人格心理学的发展作出了卓越的贡献，对此我们必须肯定。同时，我们也要看到弗洛伊德体系在某些方面有很大的局限性。

第一，在意识与无意识的关系问题上，弗洛伊德体系过分强调无意识过程，而贬低意识过程。虽然无意识过程是人的精神领域中的一个重要方面，它对人的意识活动会产生重要的作用，但不能否认的是，意识才是人的精神生活的最主要方面，意识才是人与动物相区别的最重要的特征。没有意识，人就不成其为人。意识是人在后天生活实践中发展起来的高级心理机能，它是构成人的最本质的东西。我们绝不能将无意识当做人最本质的东西，无意识只是人的精神领域的一个组成部分，是动物、婴幼儿和某些精神变态者的突出心理特征。

第二，弗洛伊德把人与动物所共有的本能，特别是性本能当成是人的行为与人格发展的根本动力，这种观点过分扩大了本能的作用，而忽略了人特有的各种社会需要。人的发展不仅需要满足其生物性的需要，更重要的是需要满足各种精神性的与社会性的需要，如爱与归属、自尊与自我实现等。弗洛伊德把人的一切需要归结为性本能的观点是一种十分偏激的还原论，这将导致把人还原为动物。

第三，弗洛伊德的概念、理论与假设往往是不精确的和缺乏操作性的，因而难以通过实证性的研究来加以验证。

第四，弗洛伊德体系过分依赖有关非常态的或变态心理现象的材料，而忽视了对正常人，特别是健康人的人格心理资料的收集与研究，这使得弗洛伊德理论难以全面揭示人格的本质与规律，导致了弗洛伊德对人的片面的理解，把人看成是不健康或残缺的。正因为如此，后来人本主义心理学家批判弗洛伊德精神分析是“残缺的心理学”。

复习与思考

一、概念

无意识、前意识、本我、本能、快乐原则、自我、超我、焦虑、防卫机制、压抑、性、力比多、俄狄浦斯情结、自由联想、投射测验、罗夏墨迹测验、主题统觉测验

二、问题

1. 试析精神分析的起源。
2. 如何理解无意识及其作用？
3. 述评弗洛伊德的三因素人格结构说。
4. 述评弗洛伊德人格发展阶段理论。
5. 根据古典精神分析理论阐述精神疾病的形成机制。
6. 在弗洛伊德看来，什么是健康的人格？
7. 精神分析的方法有何特色与局限性？
8. 尝试分析自己所做的一个梦。

第三章　新精神分析

- 自卑感与追求优越
- 社会兴趣与生活风格
- 自我与自我心理学
- 同一性与人格终生发展
- 基本焦虑与神经症人格类型
- 孤独感与逃避自由
- 人格与文化的交互作用
- 儿童依恋与成人爱情
- 应激及其应对策略

新精神分析是在弗洛伊德古典精神分析的基础上演化出来的一个新的理论流派。20 世纪初期，精神分析正在蓬勃发展中，精神分析运动内部就孕育了分裂的萌芽，弗洛伊德早期的追随者与得意门生阿德勒和荣格相继背离了他而自立门户。1911 年，阿德勒创立了自己的个体心理学；1914 年，荣格建立了自己的分析心理学。在此之后，精神分析又经历了几次分裂，奥托·兰克和弗伦克兹又相继背离了弗洛伊德。20 世纪 30 年代，精神分析学派再次分裂，出现了霍妮、弗洛姆和埃里克森等人为代表的美国新精神分析。虽然这些人的理论侧重点有所不同，他们之间也不十分团结，但他们的理论都有一个基本的共同点，即重视自我在人格结构中的作用，强调社会文化因素对人格形成发展的作用。因此，这个学派有时又被称为自我心理学或社会文化学派。本章将着重介绍这个学派中阿德勒的个体心理学，哈特曼、埃里克森的自我心理学，以及霍妮和弗洛姆等人的社会文化论。

第一节　个体心理学

个体心理学是由奥地利著名的心理学家和精神病医生阿尔弗莱德·阿德勒（Alfred Adler，1870—1937）创立的。荣格的分析心理学并没有背离弗洛伊德的根本理论原则，而阿德勒的个体心理学在许多方面都站在弗洛伊德理论的对立面。如果说荣格的心理分析是精神分析的量的变化，那么，阿德勒的个体心理学则是精神分析的质的改变。阿德勒是弗洛伊德早期的追随者，与弗洛伊德共同合作创立了维也纳精神分析学会，并任该学会的主席。但他与弗洛伊德存在很大的理论分歧，并于1911年脱离了弗洛伊德，创立了自己的理论体系，即“个体心理学”，成为精神分析学派内部第一个反对弗洛伊德的人。阿德勒的“个体心理学”并非指完全个人的或个别差异的心理学。他所指的个体是一个与社会、与他人不可分割的有机整体，一个有自己独特的目的、寻求人生意义、追求未来理想的和谐整体。阿德勒对心理学的影响是巨大的，尤其是对精神分析向着自我心理学与社会文化论方向的发展起到了非常重要的作用。

一、阿德勒的生平

阿德勒出生在奥地利维也纳近郊一个犹太裔谷商家庭。他从小体弱多病，身患佝偻病而身材矮小，5岁时得了肺炎几乎丧命，在街上玩时两次被车撞。儿时的创伤经历以及对死亡的恐惧促使阿德勒早年立志要成为一名医生。阿德勒在家里的六个孩子中排行老二，从小羡慕其兄长英俊的相貌。维也纳的文化和宽裕的家庭给了阿德勒良好的教育环境，然而，自进入学校起，他就沦为差生，连老师也看不起他。偶然的一次好成绩，让他找到了自信。1888年，他以优异的成绩考入了维也纳医学院；1895年，他获得医学博士学位；1899年，他在维也纳开设了自己的诊所；1902年，他拜读了弗洛伊德《梦的解析》一书后，撰文为弗洛伊德的观点辩护。为此，弗洛伊德邀请他和另外三人一起协商开创“周三精神分析学会”（维也纳精神分析学会的前身）。1910年，阿德勒成为该学会的第一任主席和学会杂志《精神分析杂志》的主编。但阿德勒不赞同弗洛伊德的性本能理论，他发表一系列文章公开轻视性因素而强调社会因素，这使弗洛伊德大为不满，终于导致他在1911年与弗洛伊德分道扬镳。

图 3-1 阿德勒

此后，阿德勒和他的追随者成立了一个“自由精神分析研究协会”。1912年，他把其理论体系称为“个体心理学”，并逐渐形成一个颇有影响的精神分析学派。同年，他创办了该学派的机关刊物《个体心理学杂志》，并开始把理论的重点应用于儿童的抚养与教育。他和他的学生在维也纳三十多所中学开办了儿童指导诊所，取得了很大的成功，使他声名鹊起。1926年，他访问美国，受到教育界人士的热烈欢迎；1927年，他受聘为哥伦比亚大学教授；1932年，任长岛医学院教授；1934年，定居美国。1937年，他在欧洲讲学途中因劳累过度导致心脏病发而逝于苏格兰，终年67岁。他的主要著作有《论神经症性格》（1912）、《器官缺陷及其心理补偿的研究》（1917）、《个体心理学的实践与理论》（1919）、《生活的科学》（1927）、《理解人类本性》（1929）、《生活对你应有的意义》（1932）、《儿童教育》（1938）等。

二、器官缺陷、自卑感、追求优越与社会兴趣

阿德勒反对弗洛伊德把性本能视为人类行为的根本动力。相反，他的理论是以社会文化为取向的。他把社会的价值观念、人的社会性视为行为的动力，并用“器官缺陷与补偿”“克服自卑感与追求优越”“侵犯驱力和男性反抗”“社会兴趣”等概念来表述人类行为的动力特征。

1. 器官缺陷与补偿

1907 年，阿德勒发表《器官的自卑感及其生理补偿》一文。在文章中，阿德勒认为，个体生来弱小，容易受到各种疾病的伤害，从而留下生理上的缺陷。几乎所有人在生理上或多或少都有缺陷，包括感觉器官、消化器官、呼吸器官、生殖器官、心血管系统与神经系统等的缺陷。这些生理上的伤害给人的身心机能的正常运转及发展造成种种问题，因而有必要给予解决。由于人是一个有机的整体，当其某一器官受损害时，会采取某种手段或方式来加以弥补，以便更好地适应环境。个体补偿的基本途径有两条：第一，集中力量发展功能不足的器官，如体弱者通过加强体育锻炼来增强体质；第二，发展其他的机能来弥补有缺陷的机能，如一个盲人可以通过大力发展听觉、嗅觉和触觉等功能来补偿其视觉上的缺陷。由此可见，器官缺陷具有两方面的作用：一方面为个体的生存发展带来不便，另一方面有可能成为推动个体发展的动力。在某些情况下，有器官缺陷的人不仅可以通过补偿机制克服自身的缺陷，而且可以通过过度补偿，成为一个特别优秀的人。

2. 自卑感

1910 年，阿德勒开始从强调身体器官的生理缺陷转向重视精神上的自卑感，把补偿的机制运用于人的精神领域，从而使其理论摆脱生理学的色彩，成为真正的心理学理论。

人格的动力是具有普遍性的，但器官的生理缺陷并不具有普遍性，因为多数人并不存在明显的器官缺陷。这些没有明显器官缺陷的人，其人格的动力何在？对于这一问题，经过一番思考，阿德勒找到了一个具有普遍性的心理因素，这就是自卑感。他认为每个人一生下来就带有不同程度的自卑感，因为儿童的生存必须依赖于成人。和成人相比，儿童感到自己的孱弱，从而产生强烈的自卑感。这种情况不仅发生在弱小儿童的身上，即使是成人，也会通过社会比较而产生自卑感。俗话说：“天外有天，人上有人。”因此，自卑感具有普遍性。这种普遍性的自卑感就有可能成为推动我们所有人心灵活动的动力，即人格动力。

自卑感虽然是一种消极的、不愉快的感受，但也并非完全是消极的。相反，当一个人有强烈的自卑感时，他往往会力图发展自己，做成某些事情，以自身的发展和成功来克服自卑感。这时，自卑感就成为推动人积极向上的动力。当取得成功后，此人的内心有一个相对稳定期，但是，看到别人的成就时，又会感到自卑，从而自卑感再次推动他去努力，以取得更大的成功，如此下去，周而复始，直至终生。当然，自卑感有时也会产生很大的消极作用，强烈的自卑感有时会把一个人压倒，此时，他就自暴自弃，不去

努力追求成功。这种无法克服和摆脱的自卑感发展为严重的自卑情结时，此人的神经症就产生了。如此说来，自卑感人人都有，它可以导致神经症，也可以产生前进的动力。

阿德勒认为，为了克服自卑感，儿童用先天的“侵犯驱力”来寻求补偿，使自己的人格在文化与顺应中得到发展。后来，阿德勒将“侵犯驱力”改为“男性反抗”。他认为，如果儿童顺应或很少反抗，这种自卑感就使人变得女子气，成为生活的弱者。反之，儿童若奋起反抗，这种自卑感便促使人男性化。他认为任何形式的、不受禁令约束的攻击、敏捷、能力、权力，以及勇敢、自由、侵犯和残暴等都是男性气质的表现。人类心灵活动的主要方向实际上就是摆脱女性气质以实现男性化。

3. 追求优越

阿德勒受叔本华唯意志论哲学的影响很深，他认为人的一切行动都受追求优越的向上意志支配，人类行为的根本动力就是追求优越。一个人有自卑感时，就需要将其克服，而要克服自卑，就必须赶上别人，甚至超越别人，这种赶超别人的努力倾向就是追求优越。进一步说，追求优越既是一个努力的过程，也是一个前进发展的方向与目标，同时是人格发展的重要动力。追求优越的根源是什么？阿德勒认为，追求优越是先天的、所有人生下来就具有的东西。

追求优越如同自卑感一样，具有双重性：一方面，它可以激励人去追求更大的成就，使人的心理得到积极的成长；另一方面，有的人会因为追求自己个人的优越而忽视社会与他人的需要，从而产生“优越情结”。一个具有优越情结的人狂妄自大、自负自夸、轻视别人、支配别人。这样的人难以与他人相处，最终因缺乏社会支持而导致失败。

4. 社会兴趣

有人批评阿德勒的早期理论，认为它把人基本上看成是自私自利的、只顾追求个人优越的个体。为了应付这种批评，阿德勒提出了社会兴趣的概念。

阿德勒认为，社会兴趣是所有人具有的一种先天需要，一种与他人友好相处、共同建设美好社会的需要。因为人是社会性的动物，人在其生命过程中必须完成职业、结婚、养育子女等社会任务。要完成这些任务，人们必须分工合作、相互协作。所以，人生下来就必然具有一种先天的社会兴趣。

社会兴趣概念的提出，是阿德勒对其人格动力理论的一个重要补充。一个人在克服自卑感和追求优越的同时，又被社会兴趣所驱动，两种动力交织在一起，驱使人们实现社会的共同进步和共同幸福。

三、生活风格与创造性自我

阿德勒认为，一个人的人格特征，其心理是否健康，集中体现在他的生活风格上，而生活风格的形成与其早期的社会环境影响和个人经验密切相关。人格的发展不仅与个体自身的先天遗传因素有关，与个体后天环境教育有关，而且与个人创造性自我的作用有关。

1. 生活风格及其类型

在阿德勒看来，每个人追求优越的目标是不同的，个体所处的环境条件也千差万别，从而导致每个人试图获得优越的方法也迥然不同。阿德勒把个人追求优越目标的方式称为“生活风格”。这是一种标志个体存在的独特方式，是作为一个统一整体的自我在社会生活中寻求表现的独特方式。

在现实生活中，人们的生活风格各式各样，但根据社会兴趣可大致分为两种：一种是正确的和健康的生活风格，一种是错误的和病态的生活风格。具有社会兴趣的人的生活风格是正确的和健康的，而缺乏社会兴趣的人的生活风格是错误的和病态的。一个人如果有美满的爱情生活，非常热爱自己的职业，且有可观的成就，在社会生活中有良好的人际关系，就可以说这个人有丰富的社会兴趣和各种正确的“生活意义”的共同尺度，其生活风格必然是正确的和健康的。反之，如果一个人爱情婚姻很不美满，工作又不尽心尽力，无所作为，在社会上又没有朋友，难以和别人交流，那么，这个人就一定缺乏社会兴趣，其生活风格必然是错误的和病态的。阿德勒指出：“所有失败者——神经症、精神病、罪犯、酗酒者、堕落者、娼妓之所以失败，就是因为他们缺乏从属感和社会兴趣。”①

后来，阿德勒根据人们所具有的社会兴趣的程度，划分出四种类型的人：①统治—支配型：这种人喜欢支配和统治别人；②索取—依赖型：这种人喜欢依赖别人的劳动，向别人索取自己所需要的一切；③回避型：这种人总是回避生活中的各种问题，企图碌碌无为而避免失败；④社会利益型：这种人能正视问题，试图以某种有益于社会的方式来解决问题。阿德勒认为，前三种类型都是错误的生活风格，只有第四种人才具有正确的社会兴趣，有希望过上充实而有意义的生活。

2. 生活风格的形成

产生错误的生活风格的原因何在呢？阿德勒认为是由童年期的三种状态引起的：①器官缺陷。它会引起儿童的生理自卑，有可能导致不健康的自卑情结。②溺爱或娇纵。儿童成为家庭的中心，他的每一需要都必须得到满足，长大后则容易成为缺乏社会兴趣、自私自利的人。③受忽视或遗弃。这种儿童感到自己毫无价值，变得对社会和他人极端冷漠、仇视，对所有人都不相信。因此，阿德勒大声疾呼，为了避免儿童产生错误的生活风格，应加强对儿童的早期教育，从增加儿童的社会兴趣入手，使他们获得正确的生活意义。

阿德勒认为，儿童在四五岁时就已形成了他的生活风格。它是以“原型”的方式无意识地表现出来的，儿童自己是意识不到的。原型的内容包括人生的目标和实现目标的策略等。至于儿童形成的是什么样的生活风格，则要取决于他的生活条件和家庭及社会环境。如果儿童体验到某种自卑感，那么他对这种自卑感的补偿就是他的生活风格。如果他把某人作为自己的榜样，或把某种现象作为自己的追求目标，那么他的生活风格就会在这种追求中得到发展。因此，尽管人们生存的世界是相同的，但由于每个人生存的具体环境各异，便形成了每个人各自不同的生活风格，形成了各具特色的人。

3. 理解生活风格的途径

要理解个体的生活风格，就要理解独特的自我。阿德勒认为，个体心理学的任务就

① 阿德勒．自卑与超越［M］．黄光国，译．台北：志文出版社，1984：11.

是分析人的生活风格，理解独特的个体，以便更好地把握个体的未来，为儿童教育提供理论依据。他概括了理解生活风格的三种途径：

（1）出生顺序。阿德勒认为，即使是生在同一个家庭中的儿童，由于出生顺序不同，他在家庭中的地位亦不同，从而形成不同的生活风格。例如，长子经常遭受失败的命运，害怕竞争；次子则喜欢竞争，具有强烈的反抗性；最后出生的儿童常受到娇惯，长大后可能会出现问题，但也可能造就异乎寻常的性格。

（2）早期记忆。阿德勒认为，既然“生活风格是在一个人追求优越的奋斗过程中建立起来的”，那么，通过对童年生活的回忆，可以发现过去的记忆和现在行为之间的关系。由于人的记忆带有主观选择性、创造和想象的成分，因此，通过早期记忆可以发现个体所感兴趣的东西，“使我们找到通往他的个性的一条线索”①。

（3）潜意识梦境的分析。阿德勒的心理学思想是一种整体观，他认为意识和潜意识共同组成一个统一的整体。因此，潜意识梦境也是个体生活风格的表现。通过梦的分析，也能发现人的生活风格，揭示个体心灵深处为之奋斗的优越目标。

总之，在阿德勒看来，认识和理解了某个人的生活风格，就意味着把握了个体的本质，实现了理解人性的目的。

4. 创造性自我与活动程度

和许多精神分析家一样，阿德勒也重视个体的心理发展过程，但他的观点既不同于弗洛伊德，也不同于荣格。他认为人格的形成和发展主要取决于社会，但这种社会性又带有一定的先天潜意识因素。因此，阿德勒的心理发展理论是一种意识与潜意识的相互作用理论。

阿德勒承认个体的身体发展水平是影响精神发展的一种因素。这是因为机体的生理缺陷会使人形成自卑情结。另外，每个人出生时都带有不同的遗传潜能，它对人的心理发展是有影响的。显然，阿德勒承认遗传因素的作用，只不过这种遗传因素只有在后天的社会环境的压力下才会发挥作用。

阿德勒认为，遗传与环境只能为个体的心理发展提供可能性和客观条件。因为即使具有相同的遗传和环境因素，也很难保证每一个体都能发展成相同的性格。为此，阿德勒提出了“创造性自我”的概念。他认为人不是遗传作用和环境影响的消极接受者，人具有主动性和选择性，可以创造性地选择适合自己心理发展的活动方式。遗传和环境只是提供人创造自己人格“大厦”的“砖瓦”或“材料”，每个人都可以利用这些“材料”来建设自己，按照自己选定的方式建立起独特的生活风格。在这一方面，阿德勒的自我选择观与存在哲学达成了共识，也深深地影响着当代人本主义心理学家。

阿德勒指出，“活动程度”影响着个体心理发展的形式和水平。所谓活动程度，是指每个人活动的范围和形式。在个体的奋斗过程中都包含着各种不同水平的活动，个体正是以其活动的过程来回答他所遇到的问题。在这一过程中，每个人表现出不同的力量、勇气、气质、自我约束力和冲动性。阿德勒认为，个体的活动程度是儿童在生活早期经过任意创造而形成的，它一旦形成，就会影响个体一生的发展。

---

① 阿德勒. 生活的科学［M］. 苏克，周晓琪，译. 北京：生活·读书·新知三联书店，1987：79.

四、个体心理学简评

阿德勒创立的个体心理学已成为具有广泛国际影响的理论学派，后来的人本主义心理学派、新精神分析的社会文化学派以及自我心理学派等都直接受到阿德勒思想的启发与影响。例如，他反对弗洛伊德的泛性论，认为人格的形成与人的主观因素和社会因素有关，这种思想深刻地影响了霍妮、沙利文、弗洛姆等社会文化派的成员；他注重个体的主观选择和创造性，注重人对目标理想的追求，并对人持乐观的态度，这一点对当代人本主义心理学的产生和发展有重大影响；他虽然承认潜意识的作用，但更看重意识自我对个性的影响，从而推动了自我心理学的研究。著名的心理学史家舒尔兹说："阿德勒的思想比一般人所承认的要大些，因为其他的理论家都曾受到他的著作的影响。"①

目前，"国际个体心理学会"在欧美共有一百多个分支组织，在美国、德国、奥地利、法国、荷兰、意大利和英国都建立了全国性的阿德勒研究学会，主要刊物有《个体心理学杂志》《个体心理学》《个体心理学季刊》和《新闻通讯》等。个体心理学派的研究兴趣主要在儿童指导、人格教育和临床等方面，并因在临床与教育中取得了丰硕的成果而影响深远。

阿德勒的个体心理学之所以受到越来越多的心理学家、教育家和心理治疗家的拥护，是因为个体心理学确立了心理学的社会科学方向。阿德勒的个体心理学既注重探索人的主观世界，又注重人与自然、社会的关系，有明显的社会学倾向。阿德勒认真研究过并赞同马克思关于历史唯物主义的观点，是西方心理学中的历史唯物主义者。

作为弗洛伊德理论的对立面，阿德勒的理论具有进步和积极的意义。阿德勒的个体心理学把人从古典精神分析独断的泛性论中解放出来，不仅强调了遗传和环境对人格形成的双重作用，而且重视意识自我的作用。个体心理学降低了弗洛伊德关于潜意识性欲在人格发展中的决定性作用，恢复了"意识"在心理学中的主导地位，对人格的发展持主动、积极、向上、乐观的态度。

个体心理学也有其理论的局限性。阿德勒的理论虽然有别于弗洛伊德的本能论，但并没有超出多少。首先，阿德勒把追求优越的向上意志当做人类行为的根本动力，这使他的理论涂上了主观唯心主义色彩；其次，阿德勒虽然重视人格的统一整体性，但他忽视了对人格结构及其内在矛盾的分析，把人简单地看成是追求优越的单一动机驱使的个体；再次，阿德勒提出社会兴趣的概念虽有一定的积极意义，但他把它看做是人的一种先天的合群利他的趋向，而不是当做人类生产劳动、社会关系和社会生活的必然结果，这是一个非历史唯物主义的观点；最后，阿德勒虽然重视社会环境对人格的影响，但他所说的社会环境主要是指家庭环境，根本没有触及社会的本质，因而未能完全说明心理疾病的社会根源。

---

① 舒尔兹．现代心理学史［M］．杨立能，等译．北京：人民教育出版社，1982：372.

第二节　自我心理学

精神分析的自我心理学，亦称为精神分析的发展心理学。它是弗洛伊德后期理论的基础，在他之后由安娜·弗洛伊德、哈特曼、埃里克森等人逐渐形成和发展起来的一种人格心理学理论体系，代表着精神分析发展的方向。

一、从本我心理学转向自我心理学

自我心理学发源于弗洛伊德的古典精神分析理论。在其理论发展的初期，弗洛伊德发现，如果病人把内心的“创伤经验”倾吐出来，病症就会消失。这就是所谓的创伤范式理论。但后来又发现，病人所述的创伤大多是假的，是病人主观臆想出来的，这迫使他不得不寻找新的途径。弗洛伊德放弃了创伤范式，转向了“内驱力范式”（drive paradigm），并提出了“自我本能”和“自恋”等重要概念。他认为自我本能和性本能一样，具有欲望以及追求自身的满足；同时认为自恋就是自我本能欲望的一种表现，并把自恋解析为“自体性欲的满足”（auto-erotism）。此时，弗洛伊德自我心理学思想还是一种本能理论，把自我看做一种先天的内驱力。

在后期，弗洛伊德的理论从内驱力范式转向自我范式，也标志着自我心理学思想初具轮廓。这时，弗洛伊德虽然强调本我的核心作用，认为自我依从于本我，且为本我服务，但他不再把自我看做简单的本能力量，而把它看做人格结构中的一个相对独立的组成部分。在其理论中，他认为焦虑是自我发出的一种危险到来的信号，并着重研究了自我防御机制，如压抑、退化与认同等。弗洛伊德种种关于自我的研究，为自我心理学的形成和发展奠定了基础。

安娜·弗洛伊德是弗洛伊德最小的女儿，她继承和发展了弗洛伊德后期的自我心理学思想，为自我心理学的形成作出了极大的贡献。安娜接受了弗洛伊德关于人格是由本我、自我和超我这三种要素构成的学说。但在如何看待自我的作用的问题上，父女俩则持不同的意见。弗洛伊德始终坚持本我对自我的主导作用，本我控制自我。安娜则更重视自我的作用，认为本我对心理活动并没有绝对的支配作用；相反，自我对本我可以起到约束和指导的作用。安娜对自我心理学的最大贡献是她对自我防御机制的研究，她归纳其父提出的十种防御机制，又补充了自己提出的五种防御机制。

（1）压抑（repression）：是指把那些不能被意识所接受的冲动、观念或回忆压抑到无意识中去。

（2）否定（denial）：是指人们潜意识地阻止外部事件进入意识，如有威胁和危险的事件。

（3）禁欲（asceticism）：是指为了克制性冲动，通过放弃一些欲望和快乐来保护自己。

（4）投射（projection）：是指把自己所不能接受的冲动、欲望或思想转移到别人或其他对象身上。

（5）利他主义（altruism）：是指人们通过采取某种行动，一方面满足了自己的需要，另一方面又帮助了别人，在某种极端情况下，甚至可能不惜放弃自己的需要来满足别人的愿望。

（6）移置（displacement）：是指对某一对象的情感由于含有危险（或其他原因）而无法直接向该对象表达时，人们有时会把这种情感或冲动转移到其他对象中去。

（7）自我约束（turning-against-self）：是把冲动向内转向自我，如自责、自虐等。

（8）反向（reaction-formation）：是指把不能被别人或社会所接受的冲动或欲望转移到它们的反面，使之成为可以接受的。

（9）反转（reversal）：是一种类似于反向作用的防御机制，它可以把冲动从积极主动的方式变成消极被动的方式。

（10）升华（sublimation）：是把某种冲动和欲望通过某种高尚的行为转变为社会所接受的东西。

（11）心力内投（introjection）：是把外部对象或自己所赏识的某些人物的特点结合到自己的行为和信仰中去。

（12）对攻击者的认同（identification-with-the-aggressor）：是指对自己所恐惧的人或对象的行为进行模仿和学习，使之感到自己就是那个令人恐惧的人或对象。

（13）隔离（isolation）：是把社会无法接受的冲动或欲望在意识中保留下来，但剥夺了其中的情欲和意义，以此达到一种理智型的情绪隔离。

（14）抵消（undoing）：是指用一些象征性的行为表现来抵消心理不安。

（15）退行（regression）：是指放弃已经形成的成熟适应技巧而退回到早期的不成熟方式，以满足自己的欲望。

安娜对自我心理学的另一贡献是提出了自我的“发展路线”（developmental line）的思想。她将精神分析法用于儿童心理治疗，悉心观察了自我是怎样控制生活中的各种问题的。通过对儿童自我生活的分析和观察，她为本我和自我的相互作用提出了一个新的术语，称为“发展路线”。在这个本我、自我与现实的相互作用过程中，儿童的自我逐渐摆脱本我与外部力量的控制，获得了对自己内外现实的控制能力。安娜划分了儿童自我的六条发展路线（六个发展方面）：①从依赖他人到情绪上的自信；②从吮吸动作到正常的饮食；③从大小便不能控制到能控制；④从对管理自己身体不闻不问到负起责任；⑤从关注自己的身体到关注玩具；⑥从以自我为中心到建立友谊关系。安娜的自我发展路线对其后的发展心理学研究有重要的理论意义，它不仅强调了自我适应生活需要的能力，还注意到了环境对心理发展的影响，而且注意到了人际关系的要求和个人的要求对自我发展的影响。与古典精神分析理论相比，这种思想无疑更接近人的现实生活，在精神分析理论从本我心理学向自我心理学的道路上迈出了重要的一步。

二、哈特曼与自我心理学的建立

尽管安娜对自我心理学的形成作出了重要的贡献，然而她并没有使自我真正摆脱本我的束缚，仍然在自我与本我的冲突与防御中来研究自我，因而只能是本我心理学向自我心理学转化的一位过渡人物。真正创建自我心理学的另有其人，这就是海因兹·哈特曼（Hartman H.，1894—1970）。哈特曼是第二次世界大战以来最负盛名的精神分析理论家，他一生发表了许多有关自我心理学的论文和著作，致力于创立精神分析的自我心理学。1939 年，他出版了著名的《自我心理学和适应问题》一书，标志着自我心理学的正式成立。在哈特曼的研究中，一方面澄清了弗洛伊德体系中关于自我心理学的一些模糊认识，另一方面把精神分析中的一些命题以恰当的表述纳入普通心理学的范畴，这是古典精神分析向新精神分析发展的一种“蜕变”。

无论是弗洛伊德还是安娜，都从心理动力学出发，强调自我与本我的冲突和防御，他们的自我概念仍然没有自己的独特领域。安娜似乎比其父更进一步，把自我当做“观察的适当领域”，但她对自我的观察仍是为了说明自我与本我、超我之间的动力关系，照样陷入了无意识冲突的领域。因此，创立自我心理学的首要任务就是为自我划定一个独特的研究范围。这一范围应当与本能的研究有所不同，应当体现自我的特殊的心理规律及其主动性的特点。这一范围就是哈特曼所称的“没有冲突的自我领域”（the conflict-free sphere）。

哈特曼认为，古典精神分析的最大缺陷就是忽视了没有冲突的心理领域，把冲突作为自己唯一的研究任务，而“下一步扩大精神分析范围的任务应该是揭示自我的各种没有冲突的活动”①。在哈特曼看来，自我并不一定要在与本我和超我的冲突中成长。就个体而言，存在着心理冲突之外的过程，诸如知觉、思维、记忆、言语、创造力的发展乃至各种动作的成熟和学习等自我的适应心理机能活动，这些活动并不是自我与本我内驱力相互作用的产物，它们是在没有冲突的自我领域中发展起来的。所谓没有冲突的自我领域，并非指空间的“领域”，而是指“一套心理机能，这些机能是在既定的时间内、在心理冲突的范围之外发挥作用”②。哈特曼的整个自我心理学体系都是围绕着没有冲突的自我领域展开的，包括自我的起源、自我的自主性发展、能量的中性化和自我的适应过程等。

在弗洛伊德的理论中，本我比自我出现得早，而且自我是从本我中发展起来并为本我服务的。然而在哈特曼看来，自我和本我是两种同时存在的心理机能。自我独立于本能冲动，但又与它同时发生、发展。他认为个体未出生前就存在一种“未分化的基质”（undifferentiated matrix），这是一种先天的生物禀赋，它一部分演化为本我的本能内驱力，另一部分演变为“自我的自主性装备”（apparatuses of ego autonomy）。哈特曼提出

① 车文博．弗洛伊德主义论评［M］．长春：吉林教育出版社，1992：958.
② 哈特曼．自我心理学文集：英文版［M］．［出版地/出版者不详］，1964：9.

的自我与本我先天同源论对精神分析运动具有十分深远的影响，一方面在自我的起源上为自我心理学的建立树立了丰碑，扩大了精神分析研究的范围，使之包括记忆、思维、想象、学习等普通心理学的问题；另一方面揭示了人类区别于动物的特点，强调了自我的主动性。

哈特曼区分了两种自我的自主性：一级自我自主和二级自我自主。婴儿出生时，其心理处于未分化的状态，不仅自我与本我浑然一体，婴儿与环境也浑然一体。随着个体心理发展，自我机能从未分化的基质中分化出来，开始对环境产生适应活动，如知觉、记忆、思维、运动技能等。由于它们有自己的学习和成熟过程，并不依赖于本我的发展，因此称作一级自我自主。所谓二级自我自主，是指从本我的冲突中发展起来并健康地适应生活的那些自我机能，也就是指最初服务于本我的防御机制而后逐渐演变成一种独立的结构。至于弗洛伊德和安娜所重视的防御机制，如合理化、升华等都列入了二级自我自主的范畴。他另外举的一个例子是“理智化”（intellectualization）。理智化原指一种防御机制，是指人们为了防御不可接受的无意识动机而故意用智力活动压抑它，如小孩借助看小人书而压抑恋母情结。同时他指出，理智化这种应对本能的防御机制同时可以被看做一种适应过程。通过与环境的适应，理智化作用转化为人的思维、记忆等智力活动，变成了作为适应的二级自我自主，他把这个过程称为“机能转换”（change of function）。安娜曾指出，本能的危险使人变得更聪明。哈特曼自我自主概念的提出对理解防御、适应和自我的效果是很有意义的，但对自我的改造还缺乏彻底性。

弗洛伊德认为，心理能量主要来自本我的力比多能量，它是一切心理活动的动力源泉。自我的能量来自本我，也受制于本我。哈特曼使用能量的中性化来修正这种观念，以实现自我离开本我，赋予自我自主性。所谓能量中性化，是指把本能的能量改变成非本能模式的过程。哈特曼认为，自我结构一经形成，中性化过程就产生了。如三个月的婴儿，就可以把饥饿的本能驱力转化为召唤母亲的哭声，这一过程就体现了中性化。这样，经过中性化的能量就成为不带有本能痕迹的纯粹的中性能量，被自我随时、自由地支配使用，从而进一步提升了自我的独立性。

哈特曼认为，能量的中性化过程的产生，也就是自我的适应过程的产生。适应实质上是自我的一级自我自主和二级自我自主作用的结果，即自我自主与环境取得平衡就产生了适应；并引用了弗洛伊德的“自体成形”（autoplasty）和“异体成形”（alloplasty）概念来解析个体对环境的适应活动。所谓自体成形，是指个体改变自己去适应环境；异体成形则是指通过改变环境使之更适合于自己。哈特曼很重视环境对适应的作用，他还提出了“一般的期待环境”（average expectant environment）概念，它是指正常适应和正常发展所面临的环境。哈特曼重视环境的观点，使自我心理学从本我心理学的理论框架中解脱出来，走向正常的发展心理学，这无疑是一个巨大的进展。

三、埃里克森与自我心理学的发展

美国心理学史家墨菲说：“现代弗洛伊德心理学的锋芒所向是自我心理学，而其中最杰出的代表人则是埃里克森。”①

图 3－2　埃里克森

埃里克森（Erikson E. H.，1902—1994）出生于德国，父母离异后随生母和继父生活。他只受过大学预科教育（程度相当于美国的高中）。1927 年，一次偶然的机会到一间规模很小的学校任艺术教师，幸运的是，该校的学生都是弗洛伊德的病人或朋友的子女。这时，埃里克森接受了安娜·弗洛伊德在儿童精神分析方面的训练，从此走上了精神分析的道路。1933 年，他参加了维也纳精神分析学会，并随安娜从事儿童精神分析工作。同年，到美国波士顿开业。1936—1939 年，在耶鲁大学医学研究院精神病学系任职。1939—1944 年，参加加利福尼亚大学伯克利分校儿童福利研究所的纵向“儿童指导研究”。其间认识了人类学家鲁斯·本尼迪克特（Ruth Benedict）和玛格丽特·米德（Margaret Mead），吸收了人类文化学的研究方法。1938 年，埃里克森前往印第安人的苏族和尤洛族部落从事儿童的跨文化现场研究，使他进一步意识到社会文化因素对人格形成的重要性，这种意识极其强烈地渗透到他的整个人格理论中去。1950 年，由于拒绝在忠诚宣言上签名，他离开加利福尼亚大学。同年出版了著名的《童年期与社会》，高度地强调了社会文化因素对人类发展的重要性，还详尽地论述了自我的功能。1951—1960 年，任匹兹堡大学医学院精神病学教授；1960 年，任哈佛大学人类发展学教授，直到 1970 年退休。他的主要著作还有《同一性和生命周期》（1959）、《理解与责任》（1964）、《同一性：青春期与危机》（1968）、《新的同一性维度》（1974）、《生命历史与历史时刻》（1975）、《游戏与理由》（1977）、《生命周期的完成》（1982）等。埃里克森对自我心理学的主要贡献是进一步发展了哈特曼所重视的社会环境对自我适应作用的思想，提出了“自我同一性”（ego identity）理论，并从生物、心理、社会环境三方面考察自我的发展，提出了以自我为核心的人格发展的“心理社会渐成说”（psychosocial theory）。

（一）自我及其同一性

尽管埃里克森非常拥戴弗洛伊德，但在关于人格结构的自我问题上，他持不同的观点。埃里克森认为，自我是一个独立的力量，而不是本我和超我压迫的产物。他把自我看做一种心理过程，它包含着人的意识活动，是可以加以控制的。自我是人的过去经验和现在经验的综合体，并且能够把进化过程中的两种力量，即人的内部发展和社会发展综合起来，引导心理性欲向合理的方向发展，决定着个人的命运。自我过程已失去防御性质的重要性，它所表现的游戏、言语、思想和行动等带有自主性，具有对内外力量的适应性。

---

①　墨菲，柯瓦奇．近代心理学历史导引［M］．林方，王景和，译．北京：商务印书馆，1980：420.

埃里克森赋予自我许多积极的特性，诸如信任、希望、独立、自主、创造等，这些特性是弗洛伊德从未提到的。他认为凡是具有这些特性的自我都是健康的自我，他对人生发展的每一个阶段所产生的问题都加以创造性的解决。

埃里克森还提出了“自我同一性”的概念，这是指人对自我一致性或连续性的感知，常常出现在青年的后期。在个人方面，有个人同一性，它是指认识清楚自己固有的特点、爱好、理想，这是一个确定自己做什么样的人的时期；在社会方面，有集体同一性，是追求一种社会的认同感。埃里克森认为，同一性形成的动因是自我或意识的自我。当青年习得“自我认同”时，他就开始形成他自己的同一性，成为其选择职业、婚姻、学业时的一种无声标准。

埃里克森把获得自我同一性的另一个极端称为“同一性混乱”。个体发展到青年期，自我意识大为增强，并进一步把过去的经验和对未来的预期进行一种新的混合。但常常没有来得及认识自我，就要面临生活及社会的多重选择。他们的情绪往往陷入困境，常常认为自己不如别人，自己的行为不那么符合别人的心意。更为苦恼的是，他们常常问自己，自己应当成为什么样的人？自己的理想与追求是什么？诸如此类难以解决的问题折磨着他们，表明他们的自我和本我、超我失去平衡而陷入冲突，产生同一性混乱。埃里克森在临床中发现，同一性混乱的青年存在各种心理问题，轻则引起人格的不良适应，重则导致神经症或精神病，又叫“同一性扩散综合征”。埃里克森还认为，自我的同一性起源于婴儿，要到青春期之后才能正式形成，但在形成的过程中若出现危机导致不能很好地形成同一性，将会影响以后的生活。因而，青年期容易产生同一性危机。埃里克森同一性的思想很快超越了精神医学的临床领域，广泛地渗透到社会科学的诸多领域之中。

（二）人格的终身发展

埃里克森认为，人格的发展应包括机体成熟、自我成长和社会关系三个不可分割的过程。每一个过程必须以其他两个过程为前提，在不断交互作用中向前发展。他根据这三个过程的演化，把人格分为八个阶段，表明一个完整的人生周期。但在这三个过程中，他认为中心过程是自我过程，因为自我不仅对机体的自然发展和社会发展的任务起着整合作用，而且也对本能力量和社会力量进行协调，保证个体在自我体验和其他人的现实中具有一致性和连续性的人格。

埃里克森认为，人格发展的每个阶段都由一对冲突或两极对立的矛盾所构成，并形成一种危机。他所谓的危机不是指一种灾难性的威胁，而是指发展中的一个重要转折点。对危机的积极解决，会增强自我的力量，形成某种良好的自我品格，人格就能得到健全的发展，有利于个人对环境的适应；反之，对危机的消极解决方式会导致消极的自我品格，削弱自我的力量，阻碍个人对环境的适应。前一阶段危机的积极解决，会扩大后一阶段危机解决的可能性。在现实生活中，一般人都会用两种方式（包括积极的和消极的）来解决危机。当用以解决危机的积极方式多于消极方式时，这个人就解决了这一阶段的危机，进入下一个人格发展阶段。

埃里克森所划分的人格发展的八个阶段，其中前五个阶段与弗洛伊德划分的阶段是平行的，但是，对这五个阶段的论述两者很少有一致的地方，埃里克森并不强调性本能的作用，而把重点放在个体的社会经验上。埃里克森创造性地提出了人格发展的后三个阶段，描述了人格的终身发展过程，这是他对人格心理学的主要贡献。

1. 基本信任对基本不信任（0～1 岁）

这个阶段相当于弗洛伊德所称的口腔期。此时儿童最为软弱，完全需要成人的照料，对成人的依赖性很大。父母对儿童的养育方式的一贯性、可靠性和可预见性对于儿童形成基本信任感十分重要。当儿童感到饥饿、不舒服时，指望能够得到父母的帮助。有些父母来得迅速及时，而有的父母按照计划行事，这两种情况都能使儿童感到父母是可靠的和可信赖的。相反，当儿童需要时，父母不一定出现，儿童就容易产生对父母的不信任感。当儿童获得更多的信任感且超过不信任感的时候，这种信任危机就得到解决。危机解决的两种方式的比率很重要，单纯以积极的方式解决危机并不一定是好事，因为对每个人都信任的人在社会中会遇到麻烦，一定程度的不信任感反而有利于社会生存。当危机得到解决时，儿童人格中会产生一种品质，这就是希望。具有希望品质的儿童对人有一种基本的信任感，敢于希望、富于理想，具有较强的未来定向；而缺乏这种品质的儿童难以建立人际信任，不敢希望，时刻担心自己的需要是否能够得到满足，他们总是依附在父母身边。自我的希望品质是人际信任和健康人格的基础。

2. 自主对羞怯和疑虑（1～3 岁）

这个阶段相当于弗洛伊德所称的肛门期。这个时期的儿童学会了爬、走、推、拉和说话等大量生活技能，更为重要的是他们逐渐学会了怎样坚持或放弃，也就是说此时的儿童开始有“自我意志”，能够作出做什么或不做什么的选择与决定。这种自我的控制不仅适用于应对外界事物，而且适用于对自身大小便的控制。此时，儿童的“自我意志”与父母意志产生较为激烈的冲突。这就要求父母对儿童的教育，一方面根据社会的要求对儿童的行为有一定的限制和适当的控制；另一方面又要给予儿童一定的自由，管教不能过于严厉。放任自流不能使儿童社会化，而过分严厉的管教会伤害儿童的自主性与自我控制能力。如果父母对儿童过于保护或惩罚不当，儿童容易对自己产生怀疑，且有害羞心理。当儿童学会适应社会规则而又不至于过分丧失自己的自主性时，自主对羞怯和疑虑的危机就解决了，由此获得一种新的人格品质，即意志。具有意志的儿童能够面对羞怯和疑虑的境地，表现出自我抑制和自由选择的不可动摇的决心。

3. 主动对内疚（3～6 岁）

这个阶段相当于弗洛伊德所称的性蕾期。这时的儿童有更为精细的活动，语言更为熟练，想象更为丰富。这些都使儿童的主动性增强，他们能够预想未来、设定目标、提出计划，并通过积极主动的行为实现自己的目标。如果父母肯定和鼓励儿童的主动行为或想象，儿童就易于解决这个阶段的危机。相反，如果父母经常嘲笑和限制儿童的想象与主动行为，儿童就会感到内疚，倾向于退缩、循规蹈矩，在别人限定的范围内不敢越雷池一步。当儿童的主动性超过内疚感时，儿童就有目的地进入下一阶段。有目的的儿童富于想象力和主动性，具有追求价值目标的勇气，不怕失败和惩罚。

4. 勤奋对自卑（6～12 岁）

这个阶段相当于弗洛伊德所称的潜伏期。此时的儿童大多数都在上小学，学习成为儿童的主要活动。儿童在这一阶段最重要的是“体验从稳定的注意和孜孜不倦的勤奋来完成工作的乐趣”①。儿童可以在努力学习的过程中获得乐趣与勤奋感，它使儿童在今后的独立生活中能够满怀信心地承担工作任务，获得工作的成就感；如果儿童不能发展这种勤奋感，将使他们对自己能否成为一个对社会有用的人缺乏信心，从而感到自卑，觉得自己无能。如果这一阶段的危机得到积极解决，就会形成能力的品质。埃里克森认为，勤奋感虽然好，但不能过分；否则，儿童将来会把工作当成唯一的责任，变成“工作狂”，无视生活中的其他方面，成为老板们最喜欢的奴隶。

5. 同一性对角色混乱（12～20岁）

这个阶段相当于弗洛伊德所称的生殖期。弗洛伊德和安娜曾把这个阶段看成是心理骚动的时期，因为生理的变化使性本能和攻击本能复苏，强烈地震撼青少年的心灵，使他们内心失去平衡而不断骚动。埃里克森承认青少年时期本能冲动的高涨会带来问题，但是，他更重视青少年面临的新的社会要求和社会冲突。埃里克森认为，青少年时期主要的任务就是建立一种新的同一性或自我认同感。

在这一阶段，儿童、青少年必须思考所有已掌握的信息，包括对自己和社会的信息，以便确定自己是谁，以及自己在社会群体中的地位，也就是说要获得自我同一性。自我同一性对发展健康人格是十分重要的，同一性的形成标志着儿童期的结束和成年期的开始。如果在这个阶段青少年不能获得同一性，就会产生角色混乱或消极同一性。角色混乱是指个体不能正确地选择适应社会的角色，不能确定自己是谁，能干什么。消极同一性是指个体形成与社会要求相背离的同一性，如不加选择地把自己认同于某一类的人，盲目地陷入某一流氓团伙。如果这一阶段的危机得到积极解决，青少年获得的是积极同一性，就会形成忠诚的品质。

自我同一性小测验

以下问卷是由Rhona Ochse和Cornelis Plug设计的问卷，用于评估埃里克森发展理论中所描述的第五阶段，即关于同一性对角色混乱。问卷可以让你了解你在同龄人中所处的位置，以及提供一些面对危机的解决办法。

以下呈现的问题，如果哪一种适合你自身的实际情况，请在对应的横线上画上记号：没有（N）、偶然（O）、一般（FO），或者经常（VO）。

	没有	偶然	一般	经常
1. 我常常想我是一个什么样的人。	____	____	____	____
2. 人们似乎改变了对我的看法。	____	____	____	____
3. 我对人生中应当做什么相当确定。	____	____	____	____
4. 对某些东西在道德上是否正确，我感到不能确定。	____	____	____	____
5. 对我是一个什么样的人，大多数人的看法是一致的。	____	____	____	____

① 埃里克森．儿童与社会：英文版［M］．［出版地/出版者不详］，1963：259.

6. 我感到我的生活道路适合于我。 ____ ____ ____ ____
7. 我的价值被其他人所认同。 ____ ____ ____ ____
8. 当远离那些非常熟悉我的人群的时候，我感到非常轻松。 ____ ____ ____ ____
9. 我感到生活中做着的许多事情不那么有价值。 ____ ____ ____ ____
10. 我感到我在自己生活的社区里很融洽。 ____ ____ ____ ____
11. 我很骄傲自己成为这种类型的人。 ____ ____ ____ ____
12. 别人看我和我看自己的方式不太一样。 ____ ____ ____ ____
13. 我感到被别人忽视。 ____ ____ ____ ____
14. 人们似乎不赞同我的观点。 ____ ____ ____ ____
15. 我改变了向生活索取的观点。 ____ ____ ____ ____
16. 我不确定别人是如何看我的。 ____ ____ ____ ____
17. 我对自己的看法改变了。 ____ ____ ____ ____
18. 我感到我正在付诸行动或努力使一些事情生效。 ____ ____ ____ ____
19. 我为成为我所生活的社会中的一员而感到骄傲。 ____ ____ ____ ____

记分：题目 3、5、6、7、10、11 和 19 得分：没有——1，偶然——2，一般——3，经常——4。题目 1、2、4、8、9、12、13、14、15、16、17 和 18 得分相反：没有——4，偶然——3，一般——2，经常——1。

每题得分加起来得到总分。我们提供一个平均分为 59、标准差为 6 的常模对照表，可以帮助了解你的自我同一性以及在同学们中的大致水平。

得分	百分比（%）
70	95
67	90
64	80
62	70
61	60
59	50
57	40
55	30
53	20
50	10
48	5

6. 亲密对孤独（20～25岁）

这一阶段属于成年早期。弗洛伊德曾经把健康的人定义为有爱情、有工作的人，埃里克森也赞同这一点。但是，他进一步指出，只有具有自我同一性的人才能勇于与异性建立稳定的爱情关系，因为与他人发生爱情关系，就要把自己的同一性和他人的同一性融合为一体，这里有自我牺牲，甚至有对个人来说的重大损失。没有确立同一性的人和缺乏工作能力的人是退缩的，他们避免同人建立亲密的关系，因而势必产生孤独感。如果这一阶段的危机得到积极解决，就会形成爱的品质；如果得到消极解决，就会产生混乱的两性关系。

7. 繁殖对停滞（25～65岁）

这一阶段属于成年期，一个由儿童变成成年人、结婚生子、成就事业的时期。如果一个人很幸运地形成了积极的自我同一性，并且建立了亲密的爱情关系，他们的兴趣就开始扩大到两人之外，关心后代的繁殖与养育。埃里克森用繁殖与停滞来表示这一阶段。在这里，繁殖是广义的，它不仅指生育和照料儿童，而且也包括为下一代的幸福生活创造物质和精神财富。埃里克森认为，单纯生孩子并不能保证繁殖，而一个人即使是不生孩子，也可能获得一种繁殖感。例如，某些宗教人士放弃自己生育的权利，也能热心指导和培育下一代。一个人只要能关心孩子，帮助孩子过更好的生活，指导他们更好地成长，那他就具有繁殖感。反之，没有繁殖感的人，人格贫乏和停滞，只考虑自己的需要和利益，从不关心别人。如果这一阶段的危机得到积极解决，就会形成关心的品质；如果是消极解决，就会形成自私的品质。

8. 自我整合对失望（65岁至死亡）

这一阶段属于成年晚期或老年期。这时的主要工作都差不多已经完成，是回忆往事的时候。前面七个阶段都能顺利度过的人，具有充实、幸福的生活和对社会有所贡献，他们感到人生的充实与完善。这种人不惧怕死亡，在回忆过去的一生时，感到活得有价值，能够接受自我，正视人生的必然归途，产生一种整合感。相反，前面七个阶段没有顺利度过的人，在回忆过去的一生时，他们经常感到失望，因为他们生活中的主要目标尚未达到，过去只是连贯的不幸。他们感到已经处在人生的终结，再开始已经太晚。他们不愿匆匆离去，对死亡没有思想准备，产生绝望感。如果这一阶段的危机得到积极解决，就形成智慧的品质；如果以消极方式应付危机，就会产生绝望和无意义感。埃里克森认为，老年人对死亡的态度会直接影响下一代儿童信任感的形成，因此，在某种程度上，人格发展的第八阶段与第一阶段相连接，构成一个生命的循环或生命的周期。

埃里克森对自我同一性和人格终身发展的论述确立了他在自我心理学中的重要地位，这些理论充实和发展了自我心理学体系，埃里克森是当之无愧的自我心理学之父。

第三节　社会文化论

20 世纪 30 年代，德国建立了法西斯政权，一些德国精神病学者移居美国，在新的土壤上形成了新的精神分析学派。新精神分析学派内部也不十分团结，派系争论常有发生，其中影响比较大的除了前面论述的自我心理学派外，还有社会文化学派，其代表人物有霍妮、卡丁纳、沙利文、弗洛姆等人，他们的共同特点是强调精神病病因的社会因素，重视社会文化因素对人格形成和发展的影响，故称作精神分析的社会文化学派。

一、霍妮关于神经症人格的理论

凯伦·霍妮（Karen Horney，1885—1952）出生于德国汉堡附近的一个名叫凯伦·丹尼尔森的小村。父亲是一位船长，笃信宗教；母亲比父亲小 17 岁，美丽聪明，与前夫生了四个孩子后同霍妮的父亲再婚，又生霍妮和她哥哥。霍妮从小受母亲的影响很大，但常感到母亲偏爱哥哥而冷落自己。霍妮自幼聪颖好学，学业超群，深受师长和同学的好评。

霍妮 12 岁时，因病对医生产生了深刻的印象，从此立志要当一名医生。当时，女性从医者十分罕见，因此遭到了父亲的反对。1906 年，霍妮如愿以偿地考入柏林大学医学院。1909 年，在学习期间与一名律师结婚，生了三个女儿后，1926 年与丈夫离婚。

图 3－3　霍妮

霍妮在上大学期间就对精神分析产生了浓厚的兴趣，在 1915 年获医学博士学位后，于 1918 年进入了柏林精神病院当住院医生，其间，她师从弗洛伊德得意门生卡尔·亚伯拉罕，接受正统的精神分析训练。1932 年，她为逃避纳粹对犹太人的迫害而移居美国，在芝加哥精神分析研究所任副所长，两年后任职于纽约精神分析研究所。由于与弗洛伊德传统的观点分歧越来越大，1941 年霍妮被纽约精神分析研究所除名。但她迅速创建了美国精神分析研究所，并亲任所长直至去世。

霍妮是一位著名的女精神分析家。她具有非凡的勇气和深邃的洞察力，创立了一种新的神经症人格理论，成为新精神分析的社会文化学派的领袖人物。霍妮的主要著作有《我们时代的神经症人格》（1937）、《精神分析的新道路》（1939）、《自我分析》（1942）、《我们内心的冲突》（1945）、《神经症与人的成长》（1950），以及由她弟子整理出版的《女性心理学》（1967）。霍妮的学说与弗洛伊德学说的根本区别在于，弗洛伊德重视个体的内在因素，而霍妮重视个体的外在社会环境因素；弗洛伊德强调先天的生物本能，而霍妮强调后天的社会经验。

（一）神经症、人格与文化

霍妮的研究是围绕着神经症的病理学而展开的。她把神经症分为情境性神经症和人格性神经症。前者仅仅是病人对特定的困难情境暂时缺乏适应能力，但未表现出病态的人格，他们可以很快治愈；后者则是由人格的变态引起的，就是说患者具有某种神经症的人格结构，这是神经症的实质问题所在。霍妮说："神经症的实质是神经症的人格结构，其焦点是神经症倾向。"①

霍妮还提出了神经症的双重衡量标准：文化标准和心理标准。首先是文化标准，霍妮把社会文化作为人的心理行为的决定因素，因而赋予了神经症以文化的内涵。她认为一个人的心理行为正常与否，要视其文化背景而论，在某个文化背景下被看做正常的心理行为，在另一个文化背景下也许是反常的。即使在相同的文化背景下，随着时代的变迁，某一时代被认为正常的心理行为模式，在另一个时代也许是反常的。其次是心理标准，霍妮认为，神经症共有的心理因素是焦虑和对抗焦虑而产生的防御机制。由此，她提出了神经症的定义："神经症是一种由恐惧，由对抗这些恐惧的防御措施，由为了缓和内在冲突而寻求妥协解决的种种努力所导致的心理紊乱。从实际的角度考虑，只有当这种心理紊乱偏离了特定的社会文化中的共同模式，才称作神经症。"② 在霍妮看来，神经症的病因在于人格结构，而人格结构是由个体生活环境决定的。如果不了解文化环境和个人生活环境，就不能了解患者的人格，而不了解他的人格，就不能诊断和治疗他的神经症。

霍妮抛弃了弗洛伊德的生物本能说，主张从文化中去探求个体人格成长和神经症的产生根源。霍妮虽然认为自己不是文化人类学家，但她采纳了文化人类学研究的观点，把文化看做是复杂的社会过程的产物，正是文化的这种性质决定了个体心理的性质，更进一步说，正是文化困境的性质决定着个人冲突的性质。她认为导致神经症患者内心冲突的社会文化基础是现存的文化矛盾。第一种矛盾是竞争、成功与友爱、谦卑的矛盾；第二种矛盾是人们不断被激起的享受需要与人们在满足这些需要时实际受到的挫折之间的矛盾；第三种矛盾是个人自由与实际受到的各种限制之间的矛盾。这些社会文化困境使人们陷入难以调和的内心冲突之中。因此，她得出神经症是时代与文化的副产物的结论。

（二）关于神经症的人格理论

霍妮十分重视焦虑对于神经症的作用，把焦虑看做是神经症的动力根源。她把焦虑分成两类：一是显在焦虑，这是对显在危险的反应；二是基本焦虑，这是对潜在危险的反应。前者产生情境性神经症，而人格性神经症则以基本焦虑为前提。

① 霍妮．我们时代的神经症人格［M］．冯川，译．贵阳：贵州人民出版社，1988：15.
② 霍妮．我们时代的神经症人格［M］．冯川，译．贵阳：贵州人民出版社，1988：15.

霍妮把神经症看做是人际关系失调所引发的，这种失调往往首先存在于神经症患者童年的家庭成员之间，特别是亲子关系之间。儿童必须得到成人的帮助才能满足需要，如果父母不能给予儿童真正的爱，就会造成儿童的不安全感。霍妮将这类父母行为称为基本罪恶。一个儿童的父母如果经常表现出这类行为，就会使儿童产生敌意，霍妮称这种敌意为基本敌意。这样儿童就陷入一种既依赖父母又敌视父母的不幸处境之中。由于无能、无助之感与恐惧感，以及敌意导致的内疚感等，使他不得不压抑对父母的敌意。这种对父母的矛盾情感被压抑在无意识中而不能化解，使人陷入焦虑，这被霍妮称为基本焦虑。基本焦虑使儿童把对父母的基本敌意泛化到一切人甚至整个世界，从而感到世间的一切事物和一切人都潜伏着危险，它成了滋生神经症人格的肥沃土壤。

敌意和焦虑导致了更深的恐惧感和痛苦，为了减轻基本焦虑，就会形成一些防御性策略。这些策略是一些潜意识的驱动力量，霍妮称为神经症需要。她列举了十种这样的需要，并且认为正常人也有这样的需要，但与神经症患者不同的是，正常人的这种需要可以随现实条件的改变而灵活变动，而且各种需要之间不易产生冲突，因而能比较好地获得满足；而神经症患者往往执迷于其中一种需要，而且满足这一需要的方法也是脱离实际的，导致难以获得满足，产生更高的焦虑，以致恶性循环，成为刻板性与强迫性的神经质需要。这十种神经症需要就是：①友爱与赞许；②生活伴侣；③狭窄空间；④权力；⑤剥削；⑥社会认可；⑦自我赞许；⑧成就；⑨自主；⑩完美主义。

霍妮继承了弗洛伊德的人格动力学的观点，认为需要决定人格，神经症的需要决定神经症的人格。她从十种神经症需要中归纳了三种神经症的人格类型：

趋向他人（依从型）：这种人对友爱和赞许、生活伙伴或狭窄空间有神经症需要。其主要特征是甘居从属地位，常感到自我渺小、可怜，总认为别人比自己强，倾向于以别人的看法来评价自己。这种人的人生哲学是“如果我顺从，别人就不会伤害我”。

反对他人（敌对型）：这类人对权力、社会认可、剥削、自我赞许和成就怀有神经症需要。其主要特征是将生活视为一种搏斗，适者生存，必须控制别人以掌握主动权；一心想超群出众、事事成功以至于功名显赫；千方百计地利用他人，给自己带来好处；好斗但输不起；努力工作但不真爱工作；压抑感情，不愿为感情而“浪费时间”。这种人的人生哲学是“如果我有力量，就没有人能伤害我”。

逃避他人（退缩型）：这类人对自主、完美怀有神经症需要。其主要特征是，为逃避紧张关系而离群独居，与他人保持距离，不与他人发生感情上的联系；孤立自己，超然物外，与世无争；凡事力求完美，以避免他人的帮助或指责。这种人的人生哲学是“只要我退避三舍，就没有什么人能伤害我”。

（三）关于神经症的自我理论

霍妮关于人格的阐述与弗洛伊德不同，弗洛伊德强调本我、自我和超我的纵向动力结构，而霍妮主张把人格看做是完整动态的自我（self），自我具有独立性和整体性，其内部包含各种构成要素。她把自我区分为三种基本存在形态：①真实自我：是指个体的潜能。人的一切能力、成就等都是从真实自我发展而来的。它是发展的源头，是个人成长和发展的内在力量，具有建设性。只要身体机能正常，环境适当，就可以发展健全的人格。霍妮又把真实自我称为可能的自我。②理想自我：是指个体在头脑中所设想的关于自己的理想的自我形象，但往往具有假想的色彩，因而又称作不可能的自我。③现实自我：是指个体此时此地身心存在的总和。

霍妮通过分析这三者的关系，揭示了神经症的形成过程。神经症患者和正常人一样，都有理想的自我，然而，他们的理想自我往往与真实自我、现实自我产生冲突，他们脱离了真实自我所提供的可能性，以一种幻想的完美形象去贬斥、憎恨现实自我。当一个人被理想自我控制时，他就生活在虚幻的世界里，对自己和他人提出许多无理的要求。霍妮把这种现象称为“应该专制”（tyranny of the should）。某些神经症的人常常会说“我应该这样，你应该那样……”他们受到“应该”的控制而不能自拔，自寻烦恼，自己跟自己过不去，同时也跟别人过不去。

二、弗洛姆的社会精神分析论

图 3－4　弗洛姆

埃里克·弗洛姆（Eric Fromm，1900—1980）是 20 世纪最著名的新精神分析学家、社会学家和哲学家，是精神分析社会文化学派中对现代人的精神生活影响最大的人物。弗洛姆崇拜马克思与弗洛伊德，在其学术生涯中，试图将马克思的社会主义思想与弗洛伊德的精神分析结合起来，从而构建自己的社会精神分析理论。

弗洛姆出生在德国法兰克福的一个犹太商人家庭，是独子，父母笃信犹太教。童年的弗洛姆接受了犹太教“救世说”的宗教思想，这种思想倡导世界变革和社会进化，为他以后接受马克思主义打下了童年的烙印。弗洛姆的父母都有些神经质，这使得他对人的一些异常行为产生兴趣。在他 12 岁那年，他目睹了邻居一位美丽的女艺术家在她老朽的父亲死后不久自杀了，百思不得其解。在他阅读了弗洛伊德的著作、了解了什么叫“恋父情结”后才解开了这一谜团，从此开始崇拜弗洛伊德。1922 年，弗洛姆在海德堡大学获哲学博士学位，曾在柏林精神分析研究所接受正规训练；1925 年，加入国际精神分析协会。1934 年，离开纳粹德国移居美国纽约。在美国，他从事广泛的教学、理论研究和精神分析的实践活动，先后在哥伦比亚大学、耶鲁大学等任教，担任过怀特精神医学研究所主任。1951 年，到墨西哥国立大学医学院精神分析学系任教授。1957 年，回美国任密歇根州立大学、纽约大学教授。1980 年去世。

（一）气质、性格与人格

弗洛姆认为，气质与性格共同组成了人的人格。人格是人的先天和后天的全部心理特征，也是使人成为独一无二之个体的特征。气质与性格不同，气质是体质的、不可变的；而性格是可变的，它由人的体验尤其是早期生活的体验所构成。他把性格定义为把人的能量引向同化和社会化的过程。这里说的“能量”不是力比多，而是基于人的处境而产生的需要。与弗洛伊德的人格理论一样，弗洛姆也主张把性格看做一种内驱力系统，性格结构的首要特征是它的动力性。然而，与弗洛伊德不同的是，弗洛姆认为，性格的动力来源于人的社会境遇、人性中的冲突，而不是力比多。同时，他还认为性格是人适应社会的基础，它的产生和发展是以适应社会为核心的。性格一方面具有稳定性；另一方面为了适应社会，也会因社会文化的变更而变化。

性格是由一系列性格特征组成的。一些性格特征具有共同的倾向性，弗洛姆称为性格取向。一个人的性格结构可能有几种性格取向，通常根据占主导地位的性格取向来划分性格类型。

（二）孤独感、逃避自由与积极自由

弗洛姆认为，性格取向形成于个体满足自身安全需要和克服孤独感的过程中。孤独感类似于霍妮所讲的基本焦虑，都与人的安全需要相联系，都是人的安全需要得不到满足时的一种消极情感体验。在这种消极情感与社会的关系上，霍妮强调家庭环境和父母的养育方式，认为基本焦虑源于父母的不良养育方式，而弗洛姆则把重点放在社会政治经济制度上，认为孤独感来源于社会历史发展中人的个性化过程。

弗洛姆认为，人类的发展就是一个个性化的过程，是一个从个性化程度由低到高、由弱到强的发展过程。在原始社会以至于中世纪的漫长岁月里，人的个性化进展缓慢。人与人之间、人与周围环境之间的联系比较紧密，个人融合于集体之中，个体的自由度小，但由此而不易感到寂寞和孤单。到了文艺复兴时期，各种社会历史条件发生了很大的变化，个体的自由有了一定程度的扩大，同时，人们的孤独感与疏远感也加强了。随着资本主义制度的兴起与发展，社会日趋变动、复杂和缺乏人情，人们失去了过去原始乡村那种简朴和安定的生活。虽然人的个性化程度大大加强了，人们有了更大的自由和选择性，更有可能自由地发展自己的个性和实现自己的潜能，但同时也导致人与人之间的关系更加疏远，个人要为自己的自由和选择担负更大的责任，社会有更多不可预料和不可控制的因素，为此，人们势必产生普遍的孤独和不安感。

为了克服难以忍受的孤独感，人们必须采取一定的措施。当某种克服孤独的措施长期稳定地运用，就形成了个人的性格取向。面对个性化过程带来的孤独感，人们可以采用的措施和方法可能很多，但从自由的角度来看不外乎两种：一是逃避自由，二是崇尚积极自由。弗洛姆在其名著《逃避自由》一书中论述了 20 世纪 30 年代资本主义德国的许多民众拥护纳粹主义的心理根源，这就是人们为了克服难以忍受的孤独感，渴求逃避日益增多的自由而回到一种较为安全和依从的状态中。而在纳粹的专制主义制度下，人们缺乏自由，处于受束缚和绝对服从的状态。在这种状态下，一切事情都被安排好了，不用个人操心，只要服从就行了，因而人们会感到安稳，减轻了孤独感。但是，这种通过拥戴专制主义制度来逃避自由的方法绝对不是一种好的方法，因为它限制了个人潜能和创造性的发挥。弗洛姆主张人们积极地去拥抱自由，而不是逃避自由。追求积极自由就是要充分地个性化，意识到自己是一个独特的存在，充分理解和接受自己的特点和潜力，喜欢自己，并按照自己的真实本性来行事。自发性是达到积极自由和实现自我潜力的关键，而认识自己并成为自己是获得幸福生活的根本途径。

（三）性格取向

弗洛姆进一步分析了几种克服孤独感的主要措施或性格取向。根据同化过程中的取向是否具有生产性（productiveness），将人的性格分为非生产性取向和生产性取向。非生产性取向有四种：接受取向、剥削取向、囤积取向和市场取向。接受取向的人乐于被动地接受所需要的东西，不管是物质的还是精神的；剥削取向的人则通过暴力或狡诈来得到他所需要的东西；囤积取向的人通过囤积和节俭来获取安全感；市场取向（或雇佣取向）的人则随市场的需要和老板的要求而行动。生产性取向的人关心的是人的潜能的实现，其性格特征体现在思维、工作和情感过程中。生产性的思维即理性思维，能透过现象看本质。生产性的工作不是为了活下去或因强权所迫，也不是为克服空虚，而是为了实现自己的潜能。

人在社会化过程中也会形成不同的性格取向，包括受虐狂、施虐狂、破坏性和机械地自动适应四种不健康的性格取向，它们与同化过程中的四种非生产性取向是一一对应的，如接受取向和受虐狂取向所指的是同一类人，如此类推。受虐狂者通过屈服于他人，以逃避孤立无助的处境，同时也可以从中得到（接受）所需要的东西。施虐狂者通过使他人屈服来显示自己的伟大，并从被统治者那里获取（剥削）所需要的东西。破坏性者是由于害怕自己营造的世界（囤积）被侵犯，而主动且非理性地加以消灭和摧毁。以上三种倾向都常常以爱、责任、良心、爱国主义等合理化的形式出现。机械地自动适应就是放弃个性，根据市场效应自动地与他人保持一致。健康的性格就是能够自发性（spontaneity，这一概念是 1941 年提出的，后来改用生产性，两者含义相近）地爱和工作。

实际上人的性格往往是各种取向的混合，只是其中一种取向占主导地位。如接受取向和剥削取向混合的人表现出欺软怕硬的两面性格，他在权力大的人面前献媚，在权力小的人面前逞强。

（四）社会性格

弗洛姆还把人的性格分为两个部分：一部分是个体性格，用以区分人与人之间的个体心理差异；另一部分就是社会性格，它是一个社会中绝大多数成员所具有的基本性格结构。社会性格具有以下基本特性：①它是群体心理，在不同场合指不同群体（如纳粹德国），有时指一定的民族或阶级的心理；②它是一个群体在共同的处境下，在共同的生活方式和基本的实践活动的基础上形成的；③它是激发一个群体的行为的共同内驱力。社会性格是经济、政治、文化诸因素交互作用的结果，而经济因素在这种相互作用过程中占有优势。家庭则起着一种将社会所需要的性格结构的基本特点转移到孩子身上的作用。

弗洛姆认为，马克思和恩格斯没有说明经济基础是如何决定意识形态这种上层建筑的，他的社会性格概念正好弥补了马克思主义的不足之处。弗洛姆把社会性格看成是联系经济基础和上层建筑的重要中介之一。一定的社会经济基础是造就社会性格的决定性因素，具有一定社会性格的人会形成一些共同的观念，这些观念通过理论化便形成意识形态。形成了的意识形态又容易被具有一定社会性格的人所接受并强化这种社会性格。因此，经济基础决定了社会性格，意识形态又根植于社会性格中，反过来对经济基础起作用，推动其向前发展。

三、林顿和卡丁纳的文化与人格交互作用论

林顿（Linton）和卡丁纳（Kardiner）是美国精神分析学家和文化人类学家，他们在批判和继承弗洛伊德精神分析理论与鲍亚士的人格文化决定论的基础上，发展了自己的“文化与人格交互作用理论”，成为精神分析社会文化学派的杰出代表。林顿和卡丁纳批判了弗洛伊德关于性本能对人格形成有决定性作用的观点，但吸取其儿童早期经验（主要是父母的育儿方式）对人格有重要影响的思想。他们基本赞成鲍亚士等人关于文化塑造人格的思想，进一步探讨了文化与人格的相互作用，具体说明文化如何决定占主导的、具有典型性的人格类型或人格结构，以及这种基本的人格类型又是如何影响文化结构的。他们的理论强调了人格在文化创造和变迁中的能动作用，认为人格既是文化的产物，又是文化的创造者。

（一）文化与制度

什么是文化？林顿和卡丁纳将文化描述为：在有组织的社会生活中形成的习惯化规范，获得物质生活资料的技术，以及人们对待出生、成长、发展、衰老、死亡的习惯性的态度等。当这些规范、技术、态度具有持续性和传播性时，就是文化。他们认为，在任何社会中，文化都有一些共同的特征，如家庭组织、血缘、规范、凝聚力、生活目标等。

卡丁纳认为，文化不仅是个人适应外部世界和社会生活的有效工具，同时也是社会延续和社会平衡的有效工具。文化一方面促进了个体的发展，同时又为个体的需要制造了许多限制，制约着个体的发展。为了使文化这一概念具体化和可操作化，林顿和卡丁纳主张使用制度（institution）这一术语。制度是一个社会的成员所共有的思想或行为相对固定的模式，它得到人们的普遍接受，违背或偏离它就会导致个人或团体内部的失调。简单地说，制度就是人们彼此相互作用以及与环境相互作用的模式。

卡丁纳将制度区分为初级制度（primary institution）与次级制度（secondary institution）。初级制度是塑造一个社会的基本人格结构的基础，包括家庭组织、群体结构、基本规范、哺乳方式、对小孩的关怀或忽视、大便训练、性的禁忌、谋生技能等。次级制度是基本人格结构的投射物，包括民间传说、宗教信仰、仪式、禁忌系统、思维方式等，以及一些相关的技术。初级制度是个人在童年时期就必须面临的基本规范，对初级制度的适应塑造了基本人格结构，已经形成的基本人格结构反过来又对文化施加影响，产生次级制度。

（二）基本人格结构与早期经验

林顿和卡丁纳认为，人格是个人心理过程和心理状态的有组织的集合。在相同文化环境中，每一个成员都有一系列共同的人格特征，这些特征组合成为一个完整的结构，就形成了文化中不同成员之间基本相似的人格类型或人格结构。这就是基本人格类型（林顿的术语）或基本人格结构（卡丁纳术语）。他们把人格看成是在文化制度与人的需要相互作用与相互适应关系中形成的，因此，卡丁纳把基本人格结构定义为："社会中每一个人都具有的有效的适应工具。"①

林顿和卡丁纳的人格发展理论实际上继承了弗洛伊德儿童早期经验决定论的思想，只不过是用儿童教养方式取代了弗洛伊德的性本能。他们认为，在一个文化环境中，其基本制度，包括对儿童的教养方式、哺乳、断奶、肛门期训练、性的禁忌及谋生技能训练等都是一致的。这种基本的文化制度导致该文化环境中的儿童具有大致相同的早期经验。由于早期经验对人格结构的形成起关键作用，因而共同的早期经验就塑造了共同的人格特征。可见，文化的基本制度正是通过影响个体的早期经验来塑造基本人格结构的。因此，人格是文化的产物。

同时，并非所有人格特征都是由文化的基本制度塑造的。在同一个文化中，不同的成员虽然有共同的人格特征或基本人格结构，但也存在不同的人格特点。文化的基本制度只是塑造了基本人格结构，而文化中每个个体的具体人格（包含了基本的和非基本的人格结构）需要通过具体分析其所处的社会环境与个人独特的早期经验，才能得到一种比较完整的理解。

（三）人格投射与文化的次级制度

另一个方面，人又是文化的创造者。具有基本人格结构的人能够创造和影响次级制度或适应性文化。卡丁纳认为，基本人格结构通过投射作用产生神话、宗教等次级制度。这里的投射作用是指主体无意识地将自己的过失或不能满足的欲望归咎于外部事物，以便减轻内心焦虑的过程。投射是由挫折引起的，而人格是通过对挫折的反应而形成的心理和行为模式。人格不同，在遇到挫折时的投射也不同，因而通过不同的投射创造出不同的次级文化制度，以便在想象中满足需要并缓解紧张。所以，文化的次级制度是挫折经验的潜意识的派生物，是人的愿望的曲折体现。

卡丁纳以原始部落的祈雨仪式为例来说明这一过程。长期干旱使人的生存需要受到威胁，这种焦虑和紧张需要得到缓解，无能为力的部落人只能求助于万能的神，这正如无能为力的儿童只能求助于父母一样。所以，在某种程度上讲，宗教迷信的心理根源是人在受挫后向童年时代的一种退行。通过这一投射过程，具有基本人格类型的部落人创造了他们的次级文化制度。

林顿和卡丁纳的文化与人格交互作用论强调文化因素特别是社会的初级制度对人格形成的决定作用，对弗洛伊德的本能论进行了重要的修正，同时，也避免了鲍亚士过于

---

① 卡丁纳．个人及其社会：原始社会组织的心理机制：英文版［M］．［出版地/出版者不详］，1934：237.

简化的文化对人格的单一决定论。他们的理论为人格与社会文化关系的研究提供了新的启示和新的途径，开辟了对不同文化群体人格差异的跨文化研究的新领域。

第四节　新精神分析的研究与应用

新精神分析学派在人格结构、人格发展和人格动力等重大理论问题上拓展了古典精神分析理论，而且在某些具体领域，如亲子间的依恋、焦虑及其防御、挫折与攻击等问题上都有新的理论思考，并有具体深入的研究。在研究方法上，新精神分析家也有所突破，该学派开创了儿童精神分析法和心理历史分析法，发展了投射等心理测量的方法，并引进了文化人类学的田野调查和跨文化研究方法等。

一、研究方法

1．儿童精神分析法

弗洛伊德的精神分析方法主要用于成人，通过自由联想、梦的分析等方法让成人回忆其早期经验，以期发现长期压抑的心理冲突和情绪，从而化解心理疾病的根源。这种方法主要依靠患者的回忆，但回忆有时会有遗忘和缺损，甚至有虚构的成分。同时，弗洛伊德本人对患者所讲的话并不做精确记录，而是在事后根据自己的回忆写记录，并分析思考这些记录，这样的记录很难达到精确的程度，它往往掺杂有弗洛伊德本人的主观猜想成分。这种研究方法很难说是一种精确的科学方法，因而受到多数学院派心理学家的批评。

与其让成人回忆自己的童年，不如直接观察和分析儿童来得更为精确。因此，安娜·弗洛伊德把父亲的精神分析方法从成人扩展到儿童，发展了儿童精神分析法。这种方法强调对童年期的儿童进行观察，了解其成长过程中的生活体验，以及遇到的困惑和障碍，因为这些困惑和障碍阻碍了儿童的健康成长。安娜·弗洛伊德的方法虽然对精神分析有所发展，但基本继承了父亲的观点，认为儿童的幻想和梦是儿童精神分析的主要途径，儿童人格发展主要决定于肛门期和性蕾期的生活体验。另一位新精神分析家克莱因则背离弗洛伊德的观点，强调儿童在俄狄浦斯情结产生之前的发展对儿童成长的影响，认为儿童的成长并不取决于本能，而是取决于母子关系。克莱因相信，儿童的正确与错误、好与坏的观念产生于口腔期，而不是弗洛伊德所主张的那样，产生于肛门期。克莱因还认为，儿童精神分析应该主要通过儿童的游戏活动，自由联想对儿童的精神分析是不适用的。

2．心理历史分析法

埃里克森所创造的心理历史分析法（method of psychohistorical analysis）是指在历史活动和历史背景中对个体的人格进行分析的研究方法。埃里克森认为，历史学家在研究历史事件时经常忽视个体活动在这些事件中所起的作用，而精神分析家却又过于看重个人的早期发展，在解释个人行为时低估了历史过程的作用。因此，埃里克森试图将精神分析方法和历史学方法两者结合起来，从而创造了心理历史分析法。埃里克森根据自己的自我发展和同一性危机的理论，结合生活背景、社会文化背景对历史人物进行分析。在埃里克森看来，对历史人物进行心理历史分析，不仅能够使我们理解历史人物是如何克服自己的心理危机、解决自己所面临的各种社会问题，同时也有助于我们理解历史人物是怎样促使历史事件的发生和如何改变世界历史。

埃里克森曾采用心理历史分析法对印度国父甘地进行过研究。他认为同一性是理解甘地人生发展的一个关键。在早年英国求学时期，甘地试图模仿、认同英国人，他完全采用英国人的穿着打扮，甚至还参加当地的交际舞培训班，试图确立和加强作为英国人的同一性。但是，他在南非的两次经历使他产生了同一性的危机。一次是某个南非白人法官讨厌甘地模仿英国人的穿着而把他赶出了法庭，另一次是因同样的原因被赶下了火车。这两次痛苦的经历促使他深刻反思，并决心解决自己的同一性危机。为此，他在反对南非种族歧视的斗争中和回到印度领导反对英国殖民统治的“非暴力抵抗”运动中，穿着与印度普通民众完全一样，戴方形披巾、穿白袍和缠腰布。这表明甘地最终确立了自己作为印度人的同一性。

3. 文化人类学方法

新精神分析学家特别是埃里克森受人类学家鲁斯·本尼迪克特和玛格丽特·米德的影响，吸收了人类文化学的田野调查和跨文化研究等方法。1938 年，埃里克森前往印第安人的苏族和尤洛族部落从事儿童研究。20 世纪 40 年代初他到加利福尼亚海滨研究以捕鱼为生的克鲁族印第安人，探讨在不同文化背景下成长的儿童的生活，发现社会文化因素对人格形成起着重要的作用。例如，苏族印第安人鼓励孩子自由活动，很少给予限制；哺乳期长，为儿童提供了一个漫长而备受溺爱的童年，从而培养了儿童慷慨大方、不计较、不争斗的性格。他们教育男孩自信、勇敢，以成为好猎手；教育女孩成为贤妻良母。克鲁族印第安人对孩子的教育有所不同，孩子在 6 个月时，母亲就停止哺乳，他们鼓励孩子自律，重视财物的获取与保留，强调节约，教育孩子控制自己的欲望以获得更大的经济利益。他们的价值观在许多方面与白人接近，因而能够较好地接受西式教育，融入白人文化。

二、儿童依恋与成人依恋

早期精神分析理论把依恋看做早期儿童对能够满足其生理需要、提供快乐与舒适的父母形成的一种情感关系。弗洛伊德认为，口腔期（0～1 岁）是最初阶段，这一时期儿童的力比多能量相对集中于口腔上，因而饮食、吸吮等口唇需要成为支配儿童行为的主导性动力，口腔的经验成为儿童最基本的快乐源。而母亲能够满足这种需要，为儿童提供快乐，这就使母亲在儿童早期生活中占据了极为重要的位置，成为儿童力比多的投射对象和最主要的爱的对象。弗洛伊德认为，母亲是儿童生活中独一无二的、无可代替的、坚实构筑的、一生中最初也是最强烈的情爱对象，儿童与母亲建立起来的这种依恋关系也成为其以后各种情爱关系的原型。新精神分析学派的代表人物霍妮等人比早期弗洛伊德主义者更强调人的社会存在性，强调从亲子之间的社会关系与社会互动来阐述依恋的建立和发展。当然，母亲对其孩子的喂养仍然是依恋形成的最初起源。

精神分析学派，尤其是早期的依恋理论是建立在泛性论的基础之上的，具有生物决定论的倾向，过分强调了儿童的生理需要满足的意义，过分注重喂养与口腔经验在依恋关系形成中的决定性作用，而忽略了其他交往经验与抚养方式对于依恋关系形成的影响；把母亲在早期依恋关系中的地位与作用绝对化，而相应地贬低了其他人（如父亲）对儿童生活的影响（实际上，在现实生活中，儿童很早就能对多个人建立依恋关系）；过分强调了依恋关系的单向性，忽视了亲子间的相互影响与依恋的双向性。但是，精神分析理论的贡献也是不能抹杀的，它在一定程度上揭示了依恋关系的情感内涵，从需要的意义上讨论了依恋关系的建立与发展，注重包括依恋关系在内的早期经验对于儿童未来发展的重要意义。

随着精神分析研究的发展，在20世纪中期梅拉涅·克莱因等人提出了对象关系理论，用以解释依恋关系。该理论有两个基本观点：第一，与古典精神分析理论一样，强调早期经历对依恋关系形成的重要作用，但并不关注弗洛伊德所重视的性本能与内部冲突，而重视婴儿与其作为看护者的父母，特别是与母亲之间的关系。第二，孩子对其环境中的重要对象即父母产生无意识的表象。当父母不在身边时，这种内化了的父母形象为孩子进一步建立关系的其他人提供了一个参照。也就是说，孩子对父母的依恋状况影响孩子今后与其他重要的人，如朋友、恋人和老师等建立依恋关系的能力。

后来英国学者鲍尔比（J. Bowlby）从对象关系理论出发，于1969年进一步提出了依恋关系的工作模式的理论。依恋关系的工作模式是一种无意识的认知与情感性的构造，是在婴儿或孩子与父母行为交互作用的过程中发展起来的对他人和自我的一种心理表征。鲍尔比认为，个体关于自己和他人的心理表征是在儿童与其看护者的关系中建立起来的，体验到父母的爱、与父母建立安全依恋关系的孩子，当他们长大后，会形成一个安全的与别人建立信任关系的无意识的内部工作模式。

内部工作模式被假设包括两种互为补充的成分：一个是关于依恋对象的，另一个是关于自己的。前者描述的是当婴儿需要时，看护者是不是可得的、敏感的和有反应的；后者涉及的是自我是不是有价值或值得关爱和看护。个体对看护者和其他重要的人的基本社会期待表征从第一年开始建立并逐步精细化。过了婴儿期后，个体在与他们的主要依恋对象的交往过程中形成起来的内部（心理）工作模式仍旧主导着以后的依恋关系。在童年期和青少年期，如果个体有相对一致的看护经历，内部工作模式就会在重要经验和不断一般化的过程中稳固下来。

玛丽·爱斯沃斯（Mary Ainsworth）等人采用陌生情境法考察了婴儿与其养育者（通常是其母亲）的情感依恋。该方法是针对12~18个月的婴儿设计的，包括一系列3分钟的压力逐渐递增的情节：母亲与儿童自由游戏，实验者与婴儿自由游戏，婴儿与母亲分离，婴儿与母亲重聚。对整个情境进行录像，并使用4个7点量表评价婴儿的寻求亲近和接触行为（proximity and contact-seeking behavior）、维持接触行为（contact-maintaining behavior）、反抗行为（resistant behavior）和回避行为（avoidant behavior）。

陌生情境试验程序观察到的是反映婴儿关于依恋关系内部工作模式的外显行为。陌生情境试验程序主要是根据婴儿在两个重聚情境中指向养育者的行为模式把母婴依恋划分为三种类型：①安全依恋型。母亲对孩子的需要很关心，也很敏感，孩子知道母亲是亲切的和可信赖的，甚至母亲不在身边时也能这样想。这种孩子一般比较自信和快乐。②焦虑—矛盾或反抗型。这种类型的孩子在母亲离开后会很焦虑，往往大哭大闹，别的成人很难让他们安静下来。这些孩子还对陌生人和陌生的环境感到害怕。他们的母亲往往对孩子的需要不是很关心和敏感，照料往往缺乏一致性和规律性。③回避型。这种类型的孩子对母亲疏远、冷淡，当母亲离开时不焦虑，母亲回来时也不特别高兴。这种类型的母亲往往对孩子也不敏感，缺乏关爱。

尽管在有些情况下童年形成的内部工作模式会发生一定的改变，但内部工作模式一直趋向保持稳定，并且可以影响成人期的人际关系，特别是恋人之间的关系。因此，孩子身上发现的不同依恋类型也适用于成人。成人依恋的研究发端于哈热和谢维（Hazan & Shaver）在1987年发表的一篇题为“浪漫的爱情可以看成是一种依恋过程”的论文。他们在以往研究的基础上提出了成人依恋关系区别于其他亲密关系的条件：①把依恋对象作为寻求和保持亲近的目标；②在压力情境下把依恋对象作为寻求保护和支持的对象；③在探索外部世界时，将依恋对象作为安全基地。在依恋的完整模型中，三者缺一不可。他们在对美国一千多个成年人的调查中发现，安全型的占56%，回避型的占25%，焦虑—矛盾型的占19%。伯利兰（Brennan）等人的因素分析结果表明，婚恋依恋存在两个基本维度：焦虑程度（测量个体对可能与情侣分离或者被情侣抛弃的担心程度）及回避程度（测量个体所选择的与情侣的亲密程度及个体在心理和情感上的独立程度），在这两个维度上的得分高低决定了成人婚恋依恋的不同类型。喜欢亲密和不担心背弃的人可归为安全型。一些人虽不担心背弃，但对他人不信任，躲避亲密的人际关系，这类人被归为回避型。第三类人被称为焦虑—矛盾型，这类人缺乏自我价值感，渴求与他人的亲密关系，期望自己是可爱的和有价值的，极为担心被人离弃。最后一类人被称为恐惧型，这类人认为自己不值得爱，回避与他人的亲密关系，害怕被拒绝的痛苦。

三、焦虑及其应对

自我国实行改革开放政策以来，社会竞争日益加剧。社会竞争加剧的结果为人们带来了更大的心理压力，从而使更多的人陷入焦虑。因此，如何应对焦虑、增进身心健康成为当今社会每个人所面临的一大问题。弗洛伊德很早就提出了焦虑及其防御的理论，他认为焦虑有三种类型，即现实焦虑、道德焦虑和神经质焦虑。由于强调无意识的作用，弗洛伊德对于现实焦虑及个体有意识的应对并不十分重视，而强调道德焦虑和神经质焦虑以及个体自动的和无意识的防御。新精神分析家吸取并拓展了弗洛伊德关于焦虑及其应对的理论和研究，例如，霍妮的神经症人格理论就是建立在焦虑及其应对的理论基础上，她认为父母的不良养育方式导致早期儿童安全需要得不到保障，从而产生基本焦虑，儿童在应对基本焦虑的过程中获得各种防御性的方法和手段（即霍妮所说的十种神经质需要和三种神经症人格类型），当其逐渐稳定下来时，就成为自己的人格特征。奥托·兰克（O. Rank）探讨了婴儿的出生创伤、出生焦虑对其发展的影响，而埃里克森研究了老年人的死亡焦虑及其应对，安娜·弗洛伊德对父亲提出的防御机制系统进行整理，并从十种增加到十五种。阿德勒和当代的研究者福克曼和拉热鲁斯（Folkman & Lazarus）等人把弗洛伊德抗焦虑的无意识防御机制扩展到人们用来处理焦虑的有意识的和理性思考的应对方式（coping styles）。

1936 年，加拿大生理学家舍利（H. Seley）通过长期的观察研究提出了应激学说，将外部刺激引起的个体的紧张反应（生理的、心理的、行为的）称为应激（stress）。应激可以使机体力量动员起来以应付外部刺激，起到防御和保护机体的作用，使机体的内部平衡状态不致被破坏到难以恢复的程度。无论是防御机制还是应激反应，都是个体面对外部刺激，为了保护自身的生理和心理免受损害而无意识作出的应答。它们可以帮助个体保持心理平衡和适应环境，尽管是无意识的，却具有应对的性质和功能。20 世纪 60 年代以后，在弗洛伊德防御机制理论和应激理论的基础上，以拉热鲁斯为代表的一批心理学家引进认知评估理论，将个体在外部刺激引起的心理紧张面前为保持心理平衡、适应环境的活动用“应对”（coping）这一概念来表达，并且将其定义为：“应对是个体为了处理被自己评价为超出自己能力资源范围的特定内外环境要求而作出的不断变化的认知和行为努力。”这样，应对概念正式进入了学术领域。这一定义强调情境性而非特质倾向，区分了应付与自动化适应行为，区分了应付与适应的结果，区分了应付与控制或掌握。而很多时候，由于人们事先预计到可能发生的威胁，提前采取某些措施，从而成功避免危机事件的发生。有学者将此界定为“预先应对”①。如一个刚刚丧偶的老人估计自己在假期里会孤单一人，于是事先做好计划与朋友们一起旅游；一个学生意识到本学期的课程会非常难学，于是只选修了一门课。

拉热鲁斯和福克曼等心理学家在舍利（H. Seley）应激学说的基础上强调个体在应激中的内部认知和行为过程。当个人面临应激超出了自己的资源所产生的困难情境时，他就需要采用应对策略了。摩斯（Rudolph Moos）提出了应对加工的概念结构（见图 3-5）。根据这个结构，个体环境系统中的因素（特别是社会支持和应激）和个人系统中的因素（例如特质和人口统计因素）是相对稳定的，它们造成个体在生活情境（例如生活危机和转折点）中的改变。这些因素通过认知评价和应对直接或间接影响个体的健康和幸福。应对方式在结构中的中心位置强调了它的重要作用。这种双向的路径说明了在对应激的应对加工过程中可以产生相互影响的作用。摩斯的模型是对早期的个性模型与情境模型的整合。个性模型强调个体相对稳定的因素决定应对策略的选择和有效性，而在情境模型中，应对策略的选择和有效性是由应激的特点所决定的。

① 凤四海，黄希庭．预先应对：一种面向未来的应对［J］．心理学探析，2002（2）：31－35.

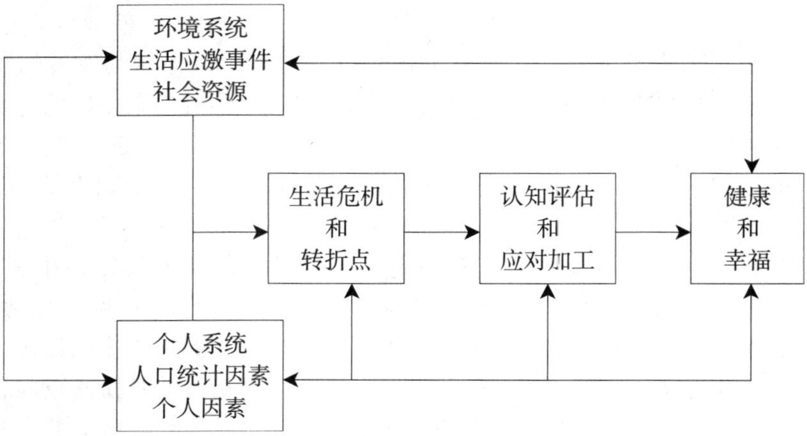

图 3－5　应对过程

来源：摘自 Holahan et al.（1996）.

研究者对不同的群体如大学生、成人、青少年等在重大生活事件（如自然灾害、亲人死亡、离婚等）和日常生活事件的情境下所作出的应对进行了大量研究。拉热鲁斯和福克曼发现有两种基本的应对类型，第一种分类以问题为中心的应对方式和以情绪为中心的应对方式。前一种策略关注应激源本身，而后一种策略关注个体产生的焦虑等情绪反应。第二种分类是把应对方式分为积极应对和消极回避两种方式，有人还把积极应对进一步分为积极认知策略和积极行动策略。如表 3－1所示，研究者发现了一系列的应对方式。

表 3－1　应对方式的分类

积极认知策略
祈求指导或力量
做最坏的打算
努力去看积极的一面
考虑处理问题的几种选择
凭借过去的经验
努力置身事外和更客观一些
仔细考虑这种情境并争取理解它
自言自语地说一些能让自我感觉好一些的事
对自己发誓，下一次事情不会这样了
接受它，认为做什么也没有用
积极行动策略
努力寻找更多有关的信息
跟配偶或亲人谈论这个问题
跟朋友谈论这个问题
跟专业人士（医生、律师和咨询师等）谈一谈
忙于别的事情，使自己不去想这个问题

（续上表）

积极行动策略
订一个行动计划，然后去施行
尽量不草率行事或凭预感行事
暂时不考虑这些事情
弄清必须做什么而且设法去做
设法从自己的情绪超脱出来
从有相似经历的人那里寻求帮助
讨价还价或妥协
用体育锻炼来缓解紧张
回避策略
当我感到生气或沮丧时，就冲着别人发泄
继续将自己的情绪保持在正常状态
一般避免和他人待在一起
拒绝相信它发生了
酗酒来缓解紧张或忘掉痛苦
吃很多东西来缓解紧张
抽很多烟来缓解紧张
服镇静药来缓解紧张

国内学者俞磊（1994）综合各方观点归纳出应对的三个基本维度：①改变问题本身的应对。这里包括指向环境的应对（即通常所说的问题解决）和指向个体自身的应对，如学习新行为、新技术。②改变个体对问题认知方式的应对。这里可以分为两个方面：一方面是改变情境对个体的意义而客观上情境并无改变，这又可以称为认知再评价，这种评价可以是防御性质的，如否认、只想好的一面等，也可以是基于现实的解释，如正向比较、与那些情况更糟的人比较；另一方面是分配个体的注意力，如选择性注意和回避。在这里，事件的意义可能并未改变，但这些事件的意义部分或全部不予考虑。③改变由问题引起的情绪危机的应对。如寻求情绪支持、酗酒、抽烟及药物使用、体育锻炼等。①

个体的实际应对依赖于他们所拥有的资源。应对资源可以分为：①生理资源，也就是身体健康，尽管这种作用很显著，但它常常被高估。②心理资源：可分为三个方面，一是社会问题解决能力；二是个体特质，如坚强、韧性、自我效能、乐观主义与悲观主义等；三是控制感，有研究表明，控制感对于应对及其后果的调节作用很大。高控制感的个体往往与成功应对、较好的调节和康复联系在一起。内控的个体倾向于问题指向应对策略，外控的个体则倾向于情绪中心或回避策略。③社会资源：一方面，经济地位对应对有显著影响；另一方面，社会支持对于应对及其效果十分重要。谢非（Schaefer）等人把社会支持进一步分为情绪支持、物质支持和信息支持。

① 俞磊．应对的理论、研究思路和应用［J］．心理科学，1994（3）：169－174.

各种应对方式在减轻焦虑的效果方面如何？是否有些应对方式比另一些应对方式的效果更佳？研究表明，不能一概而论，应对方式的效果可能因问题性质不同而变化，其效果的发生在时间上也会不一样。情绪中心的应对策略适合于调节由不可控制的应激（如丧亲）所引起的情感体验。问题中心的应对策略则更适合于应对可控制的应激（如高考或工作面试），它可以直接减轻由应激所带来的消极影响。在一些情况下，当在采取积极应对之前需要时间来调整个人资源时，回避应对策略可能是适合的。对于这三种应对策略类型，必须对有效的应对策略和无效的应对策略做出区别。表 3－2 列出了一些经常使用的有效应对策略和无效应对策略。

表 3－2　有效的与无效的问题、情绪和逃避中心应对策略

类型	目的	有效的	无效的
问题中心	解决问题	承担解决问题的责任；寻求正确的信息；寻求值得信赖的建议和帮助；建立一个切实际的行动计划；按照计划采取行动；延迟具有竞争性的活动；对解决问题的能力保持乐观态度	不想承担解决问题的责任；寻求错误的信息；寻求有疑问的建议；建立不切实际的计划；没有按照计划采取行动；无限期地拖延；对解决问题的能力持悲观态度
情绪中心	情绪调节	建立和维持社会性的具有支持性和移情性的朋友关系；寻求有意义的精神上的支持；宣泄和情绪加工；重组和认知重建；用幽默的方式来看待应激；放松练习；运动	建立和维持具有破坏性的朋友关系；寻求没有意义的精神支持；无效的幻想；长期的否认；过分看重应激；沉迷于吸毒和酗酒；敌对行为
回避	回避引起应激的来源	暂时从心理上逃离困难；暂时参与可以转移应激的活动；暂时参与可以转移应激的朋友交往	长期从心理上逃离困难；长期参与可以转移应激的活动；长期参与可以转移应激的朋友交往

来源：Zeidner & Endler（1996）.

值得注意的是，从心理上逃离这种应激情境和短期内参与转移困难的活动或人际关系属于有效的逃避应对策略。例如，离开办公室时不想与工作有关的应激；等待进行一场痛苦的医疗手术之前听音乐；在超市排队等候付款时与人们进行轻松的交流等。当这些策略被用来作为一种控制应激的长期的解决方式时，回避应对策略是无效的。

复习与思考

一、概念

新精神分析、器官缺陷与补偿、自卑感、追求优越、社会兴趣、生活风格、创造性自我、自我的发展路线、没有冲突的自我领域、能量中性化、自我同一性、基本焦虑、孤独感、基本人格结构

二、问题

1. 比较古典精神分析与新精神分析的人格理论。
2. 阐述阿德勒的个体心理学的主要理论观点。
3. 分析自己的生活风格及其形成。
4. 阐述埃里克森关于人格发展的理论。
5. 述评霍妮的神经症的人格理论。
6. 阐述弗洛姆的社会精神分析理论的主要观点。
7. 如何理解人格与文化的交互作用？
8. 描述分析自己近期面临的应激及其应对情况。

第四章　特质论

- 特质论与类型论
- 常规研究法与特殊研究法
- 动机的机能自主性
- 自我认同感与健康人格
- 特质的因素分析法
- 根源特质与 16PF
- 词汇假说与大五人格因素
- 特质论的测量方法与应用

当我们向一位素昧平生的人描述自己的人格时，我们可能会根据自己属于哪种人格类型来描述自己的人格，如快乐型、独立型或交际型等；或者我们可以从描述自己的人格特点开始，如细心、害羞或友好等。第一种描述人格的方式在人格心理学上称为类型论，而第二种方式叫做特质论。类型论根据某种标准把人格划分为多种类型，一个人只属于其中的某一种类型，而不能是另外的类型。例如，张三若属于内倾型，那么他就不可能是外倾型。与类型论不同，特质论用多个基本的特质来描述人的人格，每个特质都是对立两端联系起来所构成的一个个体差异的维度。任何人都在这个维度上有一个确定的位置，有的人得分低，有的人得分高，但大多数人处在中间部分，由此形成一个钟形曲线或正态分布。例如，细心与粗心这两个极端构成一个特质或一个维度，每个人都在细心—粗心之间有一个位置。不管是类型论还是特质论，它们都假定个体的人格是某种相对稳定的东西，可以加以描述。类型论较为古老，早在古希腊、罗马时期就有了四种气质类型的体液说。类型论对于人格的描述较为简便，但过于粗糙，因而逐渐被较为精细的特质论所取代。目前，在人格心理学领域中流行的关于人格描述的理论大多是特质论。本章将着重介绍与分析具有代表性的特质理论，并介绍特质论研究的新进展——大五人格理论的研究。

第一节　奥尔波特的特质论

奥尔波特是特质论学派的创始人和代表人物。早在1921年，他就与其兄F. 奥尔波特共同发表了《人格特质：分类与测量》，这部著作被公认为第一部阐述特质论的著作，对特质理论的形成起了奠基性的作用。

一、奥尔波特其人

奥尔波特（Gordon W. Allport，1897—1967），1897年11月11日出生在美国印第安纳州蒙特祖玛，在四兄弟中排行最小，其兄F. 奥尔波特是著名的社会心理学家。1915年，奥尔波特考入马萨诸塞州的哈佛大学，他的入学考试成绩刚刚合格，初入学时的各科成绩也不理想，不是C就是D。毕业后的第二年，奥尔波特在土耳其伊斯坦布尔的罗伯特大学教英语和社会学。由于他非常热爱学习，以至于决定接受哈佛大学的邀请继续研究生的学业。在归美途中，奥尔波特在维也纳逗留了几天，这使他有机会与弗洛伊德进行会面。这是一次短暂的和不愉快的会面，奥尔波特想谈论人格特质，而弗洛伊德却询问奥尔波特的无意识动机。从这次会面中，奥尔波特认识到弗洛伊德精神分析在把握无意识内容时忽视了有意识的动机。这一点不仅对他后来理论的创立产生了深刻影响，而且使得他在整个学术生涯中对精神分析都极为反感。1922年，奥尔波特获得哲学博士学位。1922—1924年，他先后就读于柏林大学、汉堡大学和剑桥大学。1924年，奥尔波特重返哈佛大学，开设了美国最早关于人格理论的课程——“人格：它的理论和社会领域”。1939年，奥尔波特出任美国心理学会主席，曾荣获1963年美国心理学基金会金质奖章。

图4－1　奥尔波特

鉴于奥尔波特对心理学所作的贡献，有人把他形象地比喻为一只牛虻。正当学院派心理学极力否认大部分为人类所特有的东西时，奥尔波特却坚持研究作为个体的人，并为将研究个人作为一种合理的科学事业而辩护。在心理学领域，几乎从一开始就流行这样一种信念，即认为个体行为产生于很少几种基本的内驱力或需求，奥尔波特提出的动机的“功能自主性”则是针对该信念的一副解毒剂。精神分析和行为主义被外行人误解成心理学的两个主要流派，然而这两者实质上都是还原论。如果问一个人为什么喜欢马拉松，精神分析家会根据性本能的偏向和压抑或者用弗洛伊德假设的一种或几种基本的内驱力来解释；行为主义者则认为马拉松这项活动要与一种条件反射强化物（如食物、水或性欲这类人们必不可少的生理需要）挂钩或联系起来解释。奥尔波特则会说：

"那个人跑马拉松是因为他喜欢这项运动。"奥尔波特认为，尽管我们所有的动机都有其原始的起源，如对某种东西的爱好，因为它与某种基本的或原始的东西有联系，但是这一动机一旦产生，就可能会变得独立于自身的起源，并继续自主地发生作用，而不论该动机是否会象征性或实实在在地满足任何一种更基本的内驱力。

人格心理学家经常面临这样一个问题：个体的主要特质是什么？换言之，个体在哪些方面存在差异？例如，我们认为焦虑是这样一种特征：有的人沉着冷静，有的人则焦虑不安。又如，我们设计了一张有25个问题的焦虑调查表，表中包括诸如这样的问题："你是不是担心未来?"假如说有人对20个这类问题做了肯定回答，那他就比只对10个这类问题做肯定回答的人更为焦虑不安；又假定一个对20个这类问题做肯定回答的人和另一个对20个同样问题作肯定回答的人一样焦虑不安。奥尔波特对上述假定予以否定，他认为这两个人的焦虑并非一样：张三的焦虑不等于李四的焦虑，正如张三和李四并非以同样的方式对未来感到担心，张三对未来偶尔有几阵强烈的焦虑，而李四却经常忧心忡忡，但其程度要轻得多。

奥尔波特的人格理论受到多数接受行为主义和经验主义观点的美国心理学家的批评，然而这并不妨碍其理论的重要性。奥尔波特通过将人格特质假设为人格的基本单位来处理人格这一令人迷惑的复杂问题。他认为特质是一种概括化了的行为方式，这种行为方式具有个体的特征，并且人与人之间有很大差异，它是一种实在的和具有决定意义的神经心理结构。同时，特质也来源于人们观察个体所得的印象。这一概念后来受到一些研究者的抨击，他们指出，在不同的情境中，人们的行为经常不一致，难以概括化或一般化。

尽管奥尔波特的主要研究意图是建立综合性的人格理论，但他有着广泛的兴趣，包括宗教信仰、社会态度，甚至无线电等。奥尔波特说，如果想要了解个体某一方面的事情，最好的方式是直接问他自己，因为外人难以了解其内在的心理。但是学院派心理学却把大量的精力致力于发展基于群体的量化技术。奥尔波特仅仅想要心理学记住：若要了解一个人，最好的信息来源就是那个人本身；同时还要记住，只要有可能，我们必须充分利用那个来源。

二、特质的概念

一般认为，特质构成一个人完整的人格结构，由此引发人的行为和思想，它除了应答刺激而产生行为外，也能主动引导行为。特质被看做一种神经心理结构，它虽然不是具体可见的，但可由个体的外显行为推知其存在。人以特质来迎接外部世界，以特质来组织经验。没有两个人会有完全相同的特质，因为每个人对待环境的经验和反应是不同的。奥尔波特有句名言："同样的火候使黄油融化，使鸡蛋变硬。"由于各人特质不同，虽然情况相同却反应各异。

按照奥尔波特的观点，特质并非只与少数特殊刺激或反应相联系，而是相对概括的和持久的，因为它们将多数刺激与多数反应相联结，所以在行为方面会产生广泛的一致性，这样行为就有持久性和跨情境的特点。例如，一个具有强烈攻击性特质的人，可能在许多场合都表现出他攻击性强的特点（图 4－2）。

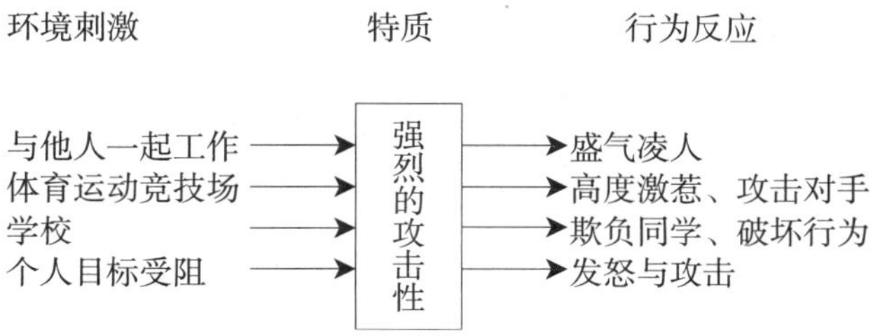

图 4－2　攻击性特质的跨情境一致性

特质也有焦点。例如，优势特质是在某些特殊场合和人群（如同事、同学）中出现的，在其他场合则表现为其他特质。所以，特质镶嵌于社会情境之中，那些把人格看成是恒定不变的说法都是错误的。关于人格特质的特点，奥尔波特做了如下归纳：

（1）特质不是有名无实的。每个人都有其内在的、一般的行为倾向，寻找和研究这些倾向正是心理学家的任务，而不是仅仅从理论上要人相信特质。

（2）特质比习惯更具有一般性。特质与习惯相似，但又不像习惯那么狭窄。例如，每天早上刷牙是一种习惯，但是刷牙、洗手、保持衣服整洁等则是一种更为广泛的习惯，是一种个体爱清洁的特质。

（3）特质具有动力性。特质支撑行为，是行为的基础和原因。特质是动力的，不需要外界刺激来发动它们，特质驱动人去寻求刺激情境。从这一点来看，特质可以被看做是动机的衍生物。

（4）特质的存在可以从实际中得到印证。特质不能直接被观察到，但可以对它进行科学的验证，尤其是可以从观察一个人不断重复的行为来证实特质的存在。

（5）一种特质对另一些特质仅仅是相对独立的。两种特质之间没有严格的分界线，人格是一种网状的、相互牵连的、重叠的特质结构，这些特质彼此之间仅仅是相对的独立。

（6）特质与道德或社会判断不同义。虽然不少特质与传统的社会意义相联系，但它们还是表现了真正的人格特质。奥尔波特认为，应该首先找出这些特质的存在，之后再找出中性的词汇来确定它们。

（7）特质既可以是某个个体所具有的，也可以是群体所具有的。任何特质都是独特性与普遍性的统一。

（8）行动甚至习惯与特质不一致时，并不证明特质不存在。按照奥尔波特的理论框架，可能有三种解释：①一种特质在每个人身上不是都具有相同程度的整合；②同一个人也可能具有相反的特质；③在某些情况下，人的行动只是短暂地不符合特质，因为刺激情境或一时的态度转变左右了它。

奥尔波特从一开始就主张不要对弗洛伊德的精神分析理论盲目崇拜。同时，奥尔波特也承认，特质概念具有局限性。他解释说，任何行为都要受某种环境因素的制约，企图仅仅依靠特质来预测一个人的行为实际上是不可能的。奥尔波特还坚信，人格特质在神经系统中具有生理性的成分，科学家们终有一天会发明某种技术来检测我们神经系统的结构，以便识别每个人的人格特质。

三、人格特质的常规研究法和特殊规律研究法

奥尔波特认为，在人格特质研究中，可以采用两种研究方法：一是常规研究法（nomothetic approach），二是特殊规律研究法（idiographic approach）。

常规研究法着重探讨奥尔波特所说的“共同特质”（common traits）。在同一个文化中，虽然多数成员具有某个共同特质，但不同成员之间，在这个共同特质方面具有程度上的差异。如果要知道一个人在共同特质上的情况，可以通过将他与其他成员进行比较，以确定他在这一特质上所处的位置。共同特质的研究者们对所有被试的自尊、焦虑、智力等方面进行过测量和比较，发现几乎所有被试的人格特征都可沿着这些维度加以描述。这种研究类型为探讨特质和行为之间的关系提供了较为重要的信息。事实上，要达到对人类人格的理解，奥尔波特认为常规研究法是一种必不可少的研究方法。

然而，奥尔波特也认为，平均值、中等情况仅仅是概括性的，它并不能对任何个别人的个别情况作精确描述。要了解一个特定的人，唯一的办法就是研究这个人本身。在此基础上，奥尔波特提出了研究人格特质的另一种方法——特殊规律研究法。该方法不是把所有被试都归并到研究者事前设计好的维度或分类中，它关心的是如何能够较好地阐明个体人格的独特的特质组合。为了说明奥尔波特的方法，可以做以下测试，列举出最能描述你自己个性的5～10种特质的词汇；同时，也让你的朋友采用相同的做法列举出最能描述他的个性的5～10种物质的词汇；然后再比较两张词汇清单的异同。你会发现你们两人的描述很不同。或许你会用“独立”或“诚实”一类的词来描述你自己，然而你的朋友可能并没有想到要用这些词来描述他自己。类似的情况是，当你在进行人格特质的自我描述时，你朋友身上的特质可能从来没有在你的脑海中出现过。因此，研究某个人的人格，最好的办法是对他本身进行深入探讨，而不必花太多的功夫与别人作比较。按奥尔波特的话来说，就是要采用“特殊规律研究法”。

奥尔波特将最能说明某一个体人格的特质称为主要特质（central traits）。此外，还有一些次要特质（secondary traits）。次要特质表现在个体生活的某些有限的领域，且在人格过程中所起的作用相对较小。如果我们想要了解一个陌生人，奥尔波特建议首先要确定这个人身上的主要特质，然后确定他在每种特质维度中的相对位置。尽管主要特质的数量在个体之间有很大差异，但奥尔波特假定，某种单一特质有时会主宰一个人的人格，少数个体可以用核心特质（cardinal traits）来描述。

特殊规律研究法的优点在于，是被试而不是研究者决定了那些所要测试的特质。运用特殊规律研究法，调查者所测量的特质对于有些被试来说是核心特质，而对另外一些被试来说可能仅仅是次要特质。例如有个测验分数，当社会交往成为一种主要特质时，表明某人的社交价值极高，而当它没有成为主要特质时，其价值也会受到限制。奥尔波

特在关于一个名叫詹妮的老年妇女的研究报告中详细阐述了特殊规律研究法，认为了解一个具体的人的人格特质最好的办法是利用他本人的材料，如日记、自传、书信或谈话记录等。在《来自詹妮的书信》一书中，奥尔波特考察了詹妮在 12 年间所写的 300 多封书信，并用这种方法鉴定出 8 种主要特质。虽然耗时很长，但是和他从一些预先选择的维度中所获得的测验分数相比，特殊规律研究法更有助于了解詹妮的人格肖像。

四、机能自主性

奥尔波特并不赞同弗洛伊德关于儿童人格与成人人格之间关系的观点。根据弗洛伊德的观点，成人人格的基础根植于童年期，尽管他们的表现会有不同，但是潜藏在成人人格后面的动机是儿童期心理欲望与经验的一种反映。然而，奥尔波特主张，即使儿童期的行为类似于成人行为，它们也未必就代表相同的潜在动机。例如，一个大学生刚学习一门课程时，很可能是因为这门课程是必修课或因为家庭需要，或者是由于时间充裕而选修，但也许在最后，他会完全被这门课程所吸引，甚至终身迷恋这门课程。这里原发性动机也许丧失殆尽，达到目的的手段本身却变成了目的。这种曾一度迫于无奈而表现的行为方式已经变成了机能自主性（functionally autonomous）。同样，为了维持生计的新雇员可能会努力工作，以使自己不至于遭到解雇的厄运。然而他们中的许多人即便在获得了稳定的工作和令人满意的薪水之后仍会坚持努力工作，这种行为曾一度以金钱为动机，现在却不是了。奥尔波特认为，我们可以从成人的早期经历中找到其特定的行为痕迹，同时，他又认为，没有理由相信成人的行为与其早期行为出于同样一种动机。

概言之，机能自主性是指一个成人现在进行某一活动的原因不是他原来要求行动的原因。换言之，过去的动机与现在的动机并没有机能性的联系，过去的已经过去，一个人今天的动机是机能自主的。当动机变成统我的一部分时，动机就为本身而自行其是，而再也不是为着外在的鼓励或奖赏。在奥尔波特看来，说一个健康成人追求一些目标是因为他们受到奖励或强化是十分可笑的，历史上许多天才人物用同样的热情把他们的终生贡献于自己的事业而极少或根本没有受到奖励。

五、自我认同感

奥尔波特对儿童自我认同感的发展过程尤感兴趣。或许我们经常会谈到“自我”这个概念，并且视个体化的认同有别于其他事物，但这一概念是如何形成和发展起来的呢？按照奥尔波特的观点，儿童出生之时并没有将自己与其环境区分开来的概念，他们在后来才逐渐意识到自己的身体与周围的其他事物并不一样。婴儿能够控制自身的运动，而且当身体的某一部位受刺激时能够感觉到。由此，儿童形成了一种身体的自我认同感，直至最后自我认同感完全形成。在这里，奥尔波特赞同新精神分析理论的观点，即认为人格发展在经历最初几年发展后将贯穿人的一生。正如埃里克森和沙利文一样，他相信个体认同感的发展持续于整个成年期。

客观地说，奥尔波特对自我这一概念的理解是模糊的。他自己也意识到，要定义和测量像“自我”这一类的概念是比较困难的。对于人格心理学家来说，奥尔波特偏向于将自我视为一个可怕的谜；同时他又强调自我的概念非常重要，任何研究者都不容忽视。为了避免和其他心理学家所使用的类似概念相混淆，奥尔波特提出了“统我”（proprium）或“自我认同感”的概念，用来描述统一于自我的各个方面。完善的统我从出生到成年只有经过躯体自我感觉（1岁）、自我同一性的感觉（2岁）、自尊的感觉（3岁）、自我扩展的感觉（4岁）、自我意向的感觉（4~6岁）、理性运用者的自我形成（6~12岁）、追求统我的形成（12岁至青春期）、作为理解者自我的形成（成年）八个阶段的发展才能达成。今天，人格心理研究已验证了奥尔波特的这种直觉是正确的，在许多人本主义心理学家的理论中，“自我”起着一个核心的作用，这种情况越来越多地散见于认知心理学家的理论与研究过程中。

六、健康人格

奥尔波特并非心理治疗家，对情绪异常的人没有什么兴趣，但他极力主张健康的成人人格原则上不能由动物、儿童、神经症的研究引申而来。神经症和健康人的动机之不同，在于前者的动机在过去，而后者的动机在未来。奥尔波特提出，健康人格具有六个特点：

（1）自我广延的能力（capacity for self extension）。健康成人参加活动的范围广泛，他们有许多朋友和爱好，并且在政治、社会或宗教活动方面也颇为积极。

（2）与他人热情交往的能力。健康成人与别人的关系是亲密的，但没有占有欲和嫉妒心。他们具有同情心，能够容忍自己与别人在价值观上的差异。

（3）情绪上的安全感和自我认同感。健康成人能忍受生活中不可避免的冲突和挫折，经得起一切不幸遭遇。他们对自己具有积极的意象，即良好的自我形象和对自己乐观的态度。

（4）具有现实性知觉。健康成人看待事物是根据事物的实际情况，而不是根据自己所希望的那样。这种人看待情境及顺应情境都极为明白，是“明白人”而不是“糊涂人”。

（5）具有自我客观化（self-objectification）的表现。健康成人对自己的所有优点和缺点都十分清楚和准确，他们了解真正的自我与理想的自我之间的差别，知道自己如何看待自己与别人如何看待自己之间的差别。

（6）有一致的人生哲学。健康成人需要有一种一致的定向，为一定的目的而生活，有一种主要的愿望。奥尔波特认为，这种人生定向在性质上不一定是宗教的，意识形态、哲学、信仰、生活的预感或前景都能对人的一切行动产生创造性的推动力。

奥尔波特是人格心理学的先驱。他重视人格的个体性，其特质理论直接从个体行为特点出发探讨人格问题，这使得心理学家有可能将研究对象的各种变量置于操作程序之中，解决了心理学中长期以来对人格研究只作描述和讲解的困境。这种探讨使他运用客观观察、主观问卷等方法，在一定客观性的前提下直接从量上了解和研究个体本身的行为特点，以区分人与人之间的人格差异。他用纸笔进行的对“支配—顺从”和价值类型的测试至今仍被广泛使用。他还创立了动机的机能自主理论，并率先摆脱了精神分析论者的病态取向而企图建立健康人格理论。

奥尔波特的人格理论也遭到不少批评。首先，它常常被人指责是不科学的理论。一切科学都必须寻求普遍规律，用一般归纳的方法，而奥尔波特的人格理论则强调个体研究，探讨个别例子。但是，也有人认为这种批评并不具有说服力，因为斯金纳实际上是在动物身上进行个体研究的典型，而他却被看做是十分严格的科学家。其次，奥尔波特的理论难以进行实证性研究，它割裂了人类与动物、儿童与成人、正常人与非正常人之间的联系。再次，特质理论还被指责为以损失潜意识为代价而过分注重行为的意识层面，注重内部原因，从而忽视外部原因。最后，也是特质论受到抨击最激烈的地方，就是奥尔波特的“机能自主性”概念。“机能自主性”否认早期经验与人格发展的关系，认为动机只与现实有关而与过去无关。

第二节　卡特尔的特质因素论

卡特尔是一位学院派心理学家，他将特质视为人格的基本要素，并且对同一文化下共同群体的特质和那些相对独立的个体特质做了区分。然而，卡特尔在研究思路——发现和识别人类人格中的基本要素的方式上与别的特质理论家稍有不同。卡特尔并非从那些有关确定人性的深刻见解着手，接着就开始测量这些特征，而是在借用了其他科学领域的研究方法之后才开始进行研究的。卡特尔的第一个大学学位是在化学领域，就像化学家不会从猜测化学元素的构成着手自己的工作那样，卡特尔认为心理学家也不应事先在头脑中存在一份关于人格特质的清单，由此开始自己的研究。他建议在人格研究中使用实验的方法，而不是试图去澄清我们头脑中关于什么是人格的直觉。

一、卡特尔的生平

卡特尔（Raymond B. Cattell，1905—1998），生于英国的德文郡。在他 9 岁那年，英国参加了第一次世界大战，这件事对他的一生产生了重大影响。当目睹成百上千的伤员在附近一幢被改为医院的房子里接受治疗的情景时，他想到生命可能是短暂的，一个人应尽其所能去做更多的事情。正因为如此，对工作的紧迫感成为卡特尔整个学术生涯的一大特征。1924 年获伦敦大学的化学学士学位后，卡特尔转向心理学，并于 1929 年在该校获得哲学博士学位。在攻读心理学期间，卡特尔一直担任心理学家斯皮尔曼的研究助理。在 1937 年应美国心理学家桑代克邀请来到美国之前，卡特尔曾从事过许多人格方面的研究，并因主持一个儿童辅导中心而积累了相当的临床经验。到美国以后，他先

图 4-3　卡特尔

后在哥伦比亚大学、哈佛大学、克拉克大学及杜克大学等担任教职。在他的学术生涯中，著有300多篇学术论文及20多部学术专著，同时也在达尔文基金会资助下从事心理的遗传研究，并因研究心理学的成就而获得纽约科学会颁赠的华纳格兰奖。

卡特尔将因素分析的统计方法应用于人格心理学的研究。他的著述多以因素分析为依据，其人格的因素分析研究在1966年出版的《多元实验心理学手册》一书中达到登峰造极的地步。他的许多关于人格的论著都是基于因素分析来写作的，包括《人格的种类和测量》《人格研究导论》《人格》《一个系统的理论和事实研究》《人格和动机：结构与测量》《人格和社会心理学》《人格的科学分析》《人格和学习理论：环境中的人格结构》等。

究竟是哪些经验改变了卡特尔的一生及其成就，我们虽然知之甚少，但有许多影响因素是显而易见的：第一，卡特尔对使用因素分析法研究人格尤其感兴趣，并尝试发展出一套人格结构的层次理论。这可以说与他跟从的两位英国心理学家不无关系，他们分别是斯皮尔曼和伯特。第二，卡特尔对动机的看法似乎受英国心理学家麦独孤的影响。麦独孤在1908年写的一本书中提出，人类有14种先天遗传的本能（动机、习性、饥饿、厌恶、好奇、害怕、愤怒、生殖、母性、群聚、自尊、服从、创造、获得）。在个人经验的过程中，几个原始动机渐渐与同一对象联结在一起而形成情操，例如，爱的情操可以是性、母性和群聚的本能的聚合体。卡特尔对人类行为发展的看法，无疑与麦独孤的本能和情操概念有相似之处。影响卡特尔的第三个因素，是他在离开英国之前一方面从事人格研究，另一方面进行临床实践，他很可能因此对临床与实验研究两者之利弊得失特别敏感。

除此之外，卡特尔早期攻读化学的经验对他日后在心理学上的思考影响很大。化学家门捷列夫于1869年创立化学元素周期表，给整个科学实验带来了一场新的革命。正如门捷列夫发现了一系列构成物质世界的基本元素一样，卡特尔的大多数研究也可视为尝试发现一组构成人格的基本元素——特质。从他的著作中可以看出，卡特尔毕生投入人格研究，尤其是以因素分析法研究人格而闻名。

二、特质及其分类

卡特尔认为，特质是构建人格结构的基本成分，就像门捷列夫的化学元素构成宇宙万物一样，因此，特质的概念是卡特尔理论中最重要的内容。他一生的主要工作就是通过因素分析的研究寻找这些人格特质。通过研究，他找到许多人格特质，这些特质可以从不同的角度进行分类。

1. 个别特质与共同特质

卡特尔首先从个体与群体的角度区别出两类特质——个别特质与共同特质。他认为某个人具有的特质称为个别特质（unique traits），一个社区或一个群体成员所共同具有的特质叫共同特质（common traits）。我们要注意到，虽然一个群体的每个成员都具有某些共同的特质，但这些特质在个别人身上的强度和情况并不相同，而且这些特质的强度在同一个人身上也随时间不同而各异。

2. 表面特质与根源特质

卡特尔从特质的层次上区分出了表面特质（surface traits）与根源特质（source traits）。表面特质处于人格结构的表层，是通过观察就可以发现的一个人的外部行为特点。根源特质处于人格结构的内部，是人格结构中最重要的部分，也是一个人行为的最终根源。根源特质制约着表面特质。每一种表面特质都源于一种或多种根源特质，且一种根源特质能够影响多种表面特质。根源特质可以视为人格的基本元素，我们的一切行为无不受它们的影响。尽管每个人所具有的根源特质相同，但其程度并不相同。例如我们每个人具有社交性，但每个人的社交倾向在强度上有大小之别。某人身上根源特质的量或强度会影响此人生活的各个方面，如阅读什么读物、与什么人交朋友、对教育的态度等。

3. 动力特质

卡特尔认为，关于人格动力的特质就是动力特质（dynamic traits），它促使人朝着一定的目标去行动，是人格的动力性因素。卡特尔进一步把动力特质分为三种：能（erg）、外能（metaerg）和辅助（subsidization）。

（1）能：可以看成是本能的同义词。卡特尔认为“本能”一词意义含糊，它已为心理学家所滥用，因而从希腊文中选了另外一个术语代表此概念。能是一种具有动力性质的素质根源，它与内驱力、需求或本能极其相似。

（2）外能：也是一种动力性的特质，但它来自环境及外界因素，因此属于环境铸模性特质。能与外能的区别主要是来源不同，两者都是趋向于事物的动机性倾向。前者为先天，后者是习得。外能又可分为情操和态度：情操是通过学习获得的重要的动力特质结构，它使个体注意某种或某类事物，以固定的感受对待该事物并以一定的方式做出反应。情操是广泛而复杂的态度，它与某些兴趣、意见看法和少数态度相结合。如一个人对家庭的情操可以见诸他对妻子、孩子的态度，对婚姻的一般看法，他对家庭环境和室内外布置的装饰和修缮等。态度比情操更有特异性，它由情操衍生而来，而情操则由能衍生而来。态度是在特定情境下对特定的事物以特定的方式进行反应的一种倾向。

（3）辅助：按照卡特尔的理论，动力特质是层层从属的，它们之间有附属、补助的作用，这种关系即所谓辅助。情操是能的辅助者，态度是情操的辅助者。每一种情操都是几种或许多能的辅助者。能的欲望不是直接获得满足的，它通常通过发展多种技能、从事多种活动间接地得到满足。

三、特质的因素分析方法

卡特尔大部分工作的中心目标是发现到底有多少不同的人格特质。人格心理学家已经揭示、测量并研究了数以百计的人格特质，其中许多特质显然是相关的，如好交际的特质就与外倾的特质类似，尽管我们可以找出两者之间的一些差别。通过组合那些相关特质及分离出那些独立特质，卡特尔推断，我们能够找出人格中最基本的结构。为了发现这种结构，卡特尔采用了一种复杂的统计技术——因素分析。虽然要达到对这一技术的完全理解势必超出本书的范围，但我们可以通过举例来说明如何应用因素分析以确定基本人格特质的数量。

因素分析的基本要点是相关的概念。假如两种事物有一定的联系，如身高与体重，如果身高增加时，体重也会增加，那么两者是相关的。两种变量一起变化的趋势越大，它们之间的相关也就越大，其关系在统计上以相关系数来表示。相关系数最大为 +1.00，最小为 -1.00。正相关表明两种变量的变动方向相同，负相关表明两种变量的变动方向相反，零相关则表明两者的变动毫无相互关系。根据测验之间的相关可以提出这样的假设：①两个测验所测的若为相同的东西，则必须有较高的相关；②两个测验的相关程度表明所测的两种内容的类似程度。

假设我们让一组被试做六个测试：压抑、多疑、内疚、词汇理解、语词流畅和写作等，做完后，每个被试都有六个测验分数。然后，通过相关分析，我们可以得到任一个测验与其他五个测验分数之间的相关系数（模拟的相关系数见表 4－1）。

表 4－1　六个测验分数的模拟相关系数

测验	压抑	多疑	内疚	词汇理解	语词流畅	写作
压抑	1.00	0.63	0.78	0.04	-0.12	0.06
多疑	0.63	1.00	0.68	0.02	-0.01	0.03
内疚	0.72	0.78	1.00	0.07	-0.09	0.02
词汇理解	0.04	0.02	0.07	1.00	0.83	0.75
语词流畅	-0.12	-0.01	-0.09	0.83	1.00	0.69
写作	0.06	0.03	0.02	0.75	0.69	1.00

通过对表 4－1 中相关系数的分析，我们不难看出，其中压抑、多疑和内疚这三个测验分数相互之间有比较高的相关，而词汇理解、语词流畅和写作这三个测验分数相互之间也存在比较高的相关，但是，前三个测验与后三个测验之间的相关非常低。根据以上假设，我们推测前三个测验所测的内容大致相同，后三个测验所测的内容也相同，但前、后三个测验之间所测的内容是不同的。为此，我们可以把这六个测验分成两组。

采用因素分析的方法，可以从这两组测验中抽取出两个因素：因素Ⅰ，命名为焦虑；因素Ⅱ，命名为语文能力。我们进一步求出各个测验与两个因素之间的相关，即因素负荷（factor loadings）。负荷在 0.3 以上可看做有显著的负荷，该测验对这一因素有实质性的意义。表 4－2 列出了六个测验与两个因素之间的因素负荷。

表 4－2　六个测验的因素负荷：焦虑（Ⅰ）和语文能力（Ⅱ）

测验	因素Ⅰ	因素Ⅱ
压抑	0.87	0.05
多疑	0.75	0.08
内疚	0.69	0.04
词汇理解	0.06	0.88
语词流畅	0.03	0.76
写作	0.07	0.57

从表 4－2 可以看到，压抑、多疑和内疚对焦虑的负荷很高，但对语文能力的负荷甚小。相反，词汇理解、语词流畅和写作对语文能力的因素负荷很高，但对焦虑的因素负荷很小。可见，前三个测验所测的内容都与因素Ⅰ焦虑有关，而后三个测验所测的内容都与因素Ⅱ语文能力有关，这就是卡特尔人格特质的因素分析法的一个简单说明，通过运用因素分析可以找出构成人格的基本单位或根源特质。

四、因素分析的材料来源

因素分析的条件是需要大量有关个人人格的数据。卡特尔认为，可以用于因素分析的数据材料有三种类型，即生活记录材料（L-data）、问卷材料（Q-data）以及客观测试材料（OT-data）。

生活记录材料（L 材料）来源于人们实际生活中对个人行为的记录，这些日常生活情境中的记录是宝贵的人格研究材料。这些材料包括学校中的分数记录、朋友或上司的等级评定、军队首长的报告、品格的评语等，也包括研究者在不知道被试背景的情况下所作的观察。其关键作用在于，由于没有向被试直接提供信息，因此较少有欺骗和吹捧的成分。

问卷材料（Q 材料）来源于人格的问卷调查，这是最容易收集的，也是大多数因素分析所使用的一种材料。由于对问卷的回答可以有两种不同的目的：可能代表被试自己真实的情况，也可能通过某些问题来测定自我隐蔽和假装的特点。因此，报告中有关个人自己的能力和倾向会影响这类材料的精确性。

客观测试材料（OT 材料）是诸多材料中最有价值的一种，主要考察被试进行行为测验时的反应。调查者往往通过观察被试在模拟现实生活情境中的行为表现来收集这类材料。例如，我们可以观察人们如何应付即将面临的挑战或如何与陌生人进行交际等而获取这类材料。卡特尔认为这类材料比较客观，往往被试并不知道测试的真正目的。

通过对不同种类材料的分析和研究，卡特尔找到的根源特质大致相同。例如，卡特尔认为，在日常语言中有大量描述人格特质的词汇，通过收集和分析这些词汇，就可以找到构成人格结构的基本特质。卡特尔从奥尔波特关于人格描述的约 18 000 个形容词中筛选出 4 505 个进行研究。经过对大量 L 材料的统计与分析，卡特尔获得了十五种根源特质。

通过对 Q 材料进行分析，卡特尔找到了十六种根源特质（表 4－3）。这些特质与 L 材料中所得到的特质大致相同，但也存在差异，十六种因素中有十二种与 L 材料得到的十分相似，有四种则是 Q 材料独有的。由此，卡特尔编制了著名的十六种人格因素调查表（16PF）。

表 4－3　卡特尔 16PF 根源特质

因素	低分描述	高分描述
A	保守、超然、爱批评、冷淡、呆板	开朗、热心、容易相处、乐于参与
B	智力较差、具体思维	智力较好、抽象思维、聪明
C	情绪化、情绪不稳定、容易气恼	情绪稳定、成熟、能面对现实、平静
E	恭顺、温柔、随和、易适应、宽容	武断、咄咄逼人、顽固、竞争
F	庄重、谨慎、缄默	逍遥自在、乐观
G	权宜、不顾规则	诚心诚意、坚持、理智、克己
H	害羞、拘束、胆怯、对威吓敏感	大胆、不可抑制、好一时冲动
I	强硬、自信、现实主义	温柔、敏感、依恋、过分被保护
L	忠诚、易适应	多疑、固执己见
M	实际、因袭传统、受外界约束	好幻想、心不在焉、玩世不恭
N	直率、谦逊、单纯、朴实	机灵、俗气、世故
O	自信、满足、安详、尊贵	忧虑、自责、不安全、好担忧、烦躁
Q_1	保守、笨重、遵循已确定的观念	有实验精神、自由主义、思想开放
Q_2	依赖团体、参加和追随别人	自我满足、足智多谋、愿自己决定
Q_3	漫不经心、坚持自己的主张、顽固	受支配、拘泥刻板、社会性严密
Q_4	松弛、宁静、不可阻挡、沉着	紧张、气馁、被动、过度劳累

L 材料和 Q 材料存在一定的主观性和自我掩饰性等问题，卡特尔认为有必要通过对相对客观的 OT 材料进行研究。基于 OT 材料，卡特尔发现了 21 种根源特质，它们与其他材料所获得的特质有复杂的联系。尽管研究中已经发现许多相似的结果，但是通过分析这三类材料并非总能找到一致的因素。不过大多数研究证实，卡特尔所得到的人格结构框架是相当一致的。由于 Q 材料容易收集，卡特尔的 16PF 被广泛运用于人格研究和社会实践中。

五、人格的发展

关于人格的成长和发展，卡特尔注重两大问题，即人格的决定因素和结构特质的发展形态。与大多数人格理论家一样，卡特尔强调人格发展受遗传与环境两者的相互作用。但与其他学者的不同之处在于，卡特尔对于每种特质都努力找到遗传及其特殊环境的影响程度，这是他理论的独到之处。

卡特尔认为，每个人的特质发展都涉及三种学习类型：经典条件反射、操作性条件反射以及整合学习。在经典条件反射学习中，个体建立旧反应和新刺激之间的联结。例如，假设小孩听到一声巨响，他会以害怕和哭泣来反应。如果这时恰好有一个先前为中性的刺激物（如一只小动物）正出现在巨响之前，于是小孩就将动物与响声联结起来，结果对本为中性的动物也有了害怕反应。操作性条件反射学习是学习执行一种能产生强化的反应。个体往往是为了达到某一目的而进行活动的。例如，一个学生在体育运动中可能具有关于运动技巧的情操，他长时间地艰苦训练，当他在比赛中获胜时，这种训练得到了高度的奖励。结果，与运动技巧有联系的情操得到了支持，从而其自信心也得到了满足。

卡特尔认为，尽管前两种学习对个体人格的发展很重要，但更重要的是第三种学习，即整合学习。在整合学习中，奖赏仍然很重要，但有所不同的是，整合学习强调行为的表现同时作用于同一情境的各种不同的动机。

除学习对人格发展有影响外，遗传也会对人格发展产生重大影响。卡特尔十分重视遗传的重要性，并曾试图确定每一特质受遗传影响的比例。根据卡特尔的看法，一种特质由环境和遗传共同决定。他创立了一种“多重抽象方差分析法”（简称 MAVA），以此决定每一种特质的发展中遗传与环境影响的变异量。MAVA 以大量的家庭成员为施测对象，将测验材料分为四类：家庭内环境差异、家庭间环境差异、家庭内遗传差异、家庭间遗传差异。经过大量的复杂运算，研究者便能确定每一种特质发展中所受遗传与环境因素影响的大小。例如，卡特尔估计遗传因素贡献了智力测验分数变差的 80% ~ 90%，遗传因素对神经质（因素 C）的影响也相当大，虽然其比例仅相当于智力特质的一半。此外，他还估计出整个人格约有 2/3 取决于环境，另 1/3 取决于遗传。

卡特尔强调人格发展中遗传与环境的交互影响。一个人带到这世上来的天赋特性会影响他人对他的反应，影响他本身的学习方式，也限制了环境力量对其人格的塑造。卡特尔以 MAVA 发现，遗传造成的差异与环境造成的差异呈负相关。可见，社会对先天素质不同的人施加压力，以使他们趋向社会上的大多数。例如，对天生支配性强的人，社会鼓励他不要那么支配人；而对天生较服从的人，社会则鼓励他表现得自我肯定一些。

成熟使得人格发展的过程更为复杂。卡特尔相信，早期生涯对人格的形成特别重要，他甚至认为个体人格的基本形成发生在 7 岁以前。卡特尔研究过人格特质形成的年龄趋势，主要是为了发现儿童、青少年及成人每一发展阶段能代表其特征的人格特质。卡特尔非常注意成长与发展的复杂性，在他看来，学习不止一种，而是有三种；特质并非只是来自遗传或环境，而是两者的交互作用，且与成熟因素有关；学习的结果并入发展中的人格结构，形成的人格结构又影响将来的学习过程。这种复杂性从卡特尔对人格学习的定义中可以看出几分，他将人格学习界定为一种“对多维情境反应的多维改变”。经验尤其是早期经验，代表的不仅是刺激与反应之间一对一的联结，而且是与个人特质发展有关的经验，与人格特质整体的组织有关的经验。

卡特尔的人格理论是一种建立在严谨的科学测验和复杂的数学程序上的特质理论，该理论强调人格的个别差异性和整体性。在特质因素分析法中，我们看到的是结构明确的测验。显然，卡特尔人格理论的兴衰取决于因素分析法的优劣。因素分析的方法具有严谨、客观和量化的优点，但也存在不少局限性。我们可以看到，用于因素分析的数据材料不同，其抽取出的特质是不同的。至于构成人格的基本要素究竟有多少，目前还没有一个统一的答案。即使我们抽取出了同一种因素，但对于这种因素的解释也会有很大的差异。霍兹曼指出，要理解卡特尔的那些因素恐怕相当困难。卡特尔认为，特质概念表示个体行为在不同情境下的一致性；但另一方面他又承认，有些环境刺激可能会导致个体的外部行为与其人格特质不一致。因此，情境可能改变人格因素在决定行为中的分量。卡特尔指出，将来也许可以通过因素分析来建立一套情境编目，如同我们现在能发展一套人格因素的编目一样。卡特尔的方法过于复杂，因而限制了他及其理论的影响力。

第三节　大五人格因素的研究与应用

一、大五因素的来源

目前，在特质论方面最大的进展就是大五人格因素结构的提出与检验。大五因素源于高尔顿首先提出的词汇假说，即凡是重要的个体差异在自然语言中一定有相应的词汇来表示。1921 年，奥尔波特在其《人格特质：分类与测量》一书中提出了人格特质的概念和理论。1926 年，德国的克拉杰斯指出，语言分析有助于理解人格特质。1932 年，麦独孤谈到人格在语言上使用的范围和广度时指出，可以将人格大致分为五个独立的变量：智力、性格、气质、倾向和脾气。1933 年，巴格登开始用词汇描述人格，并运用于测验。1936 年，奥尔波特和俄伯特开始进行大量关于特质的研究，在此基础上论证了个性特质的存在及其重要性。卡特尔最早应用奥尔波特和俄伯特的词汇来研究个性的多维结构，他通过对奥尔波特和俄伯特词表的压缩并运用因素分析得到了十六个因素。图普斯和葵斯特尔（1961）以卡特尔的双极特质词作为研究材料进行了重新分析，最早发现了五个相对显著且稳定的因素：①精力充沛；②愉快；③信赖；④情绪稳定；⑤文雅。罗曼在 1963 年知道这个研究报告后，重复这个研究，同样得到五因素的结构，促进了人格五因素（five factor model，简称 FFM）研究的兴起。波哥塔（1967）也同样发现五个稳定的因素，即自信、智力、同一性、情绪和责任心，这些因素后来被高登伯格（1981）称为“大五因素”。麦克拉和科斯塔（1985）对构成人格的大五因素进行命名，它们是外倾性（extraversion）、宜人性（agreeableness）、尽责性（conscientiousness）、神经质（neuroticism）、开放性（openness to experience）。

表 4-4　大五因素双极特质词

神经质（N）
安静的—担心的，安逸的—不安的，放松的—高度紧张的，非情绪化的—情绪化的，温和的—易激动的，有安全感的—无安全感的，自我满足的—自怜的，耐心的—无耐心的，不嫉妒的—嫉妒的，轻松自在的—不自在的，不冲动的—充满冲动的，坚强的—脆弱的，客观的—主观的
外倾性（E）
缄默的—好交际的，严肃的—好开玩笑的，克制的—充满感情的，冷淡的—友好的，抑制的—自然的，不爱说话的—健谈的，被动的—主动的，独处的—合群的，感情平淡的—激情的，孤独的—不孤独的，指向任务的—指向人的，顺从的—支配的，胆怯的—大胆的
开放性（O）
墨守成规的—独创的，实事求是的—有想象力的，无创造力的—有创造力的，兴趣范围窄的—兴趣广泛的，简单的—复杂的，不好奇的—好奇的，不冒险的—冒险的，偏好循规蹈矩—偏好变化，遵从的—独立的，不分析的—好分析的，思想保守的—思想解放的，传统的—反传统的，不好艺术的—喜好艺术的
宜人性（A）
易怒的—脾气好的，冷酷的—心慈的，粗鲁的—有礼的，自私的—无私的，不合作的—帮助人的，无情的—有同情心的，怀疑的—信任的，吝啬的—慷慨的，对抗的—默认的，好挑剔的—宽大的，有报复心的—宽恕的，小心眼的—心胸开阔的，难相处的—好相处的，顽固的—灵活的，严肃的—令人愉快的，愤世嫉俗的—易受骗的，好操纵人的—正直坦率的，骄傲的—谦虚的
尽责性（C）
粗心大意的—小心谨慎的，马虎的—细心的，不可靠的—可靠的，懒惰的—勤奋的，无条理的—讲究条理的，不拘泥细节的—拘泥细节的，意志力弱的—自律的，邋遢的—整洁的，迟到的——准时的，不切实际的—现实的，不好思考的—好沉思的，无目标的—有雄心的，不稳定的—稳定的，无助的—依靠自己的，爱玩耍的—忙忙碌碌的，无精打采的—精力充沛的，愚昧的—知识渊博的，不公正的—公正的，无觉察力的—有觉察力的，无教养的—有教养的

* MCCRAE R R & COSTA P T, Jr. Validation of the five-factor model of personality across instruments and observers [J]. Journal of personality and psychology, 1987, 52 (1): 81-90.

外倾性表示热情、自信和有活力，还有具有幸福感和善社交的特性，而内倾者则相反，但不等于自我中心和缺乏精力。宜人性表示利他、友好、富有爱心，得分高的人乐于助人、可信赖和富于同情心，注重合作而不强调竞争；得分低的人多抱有敌意，为人多疑，喜欢为了利益和信念而争斗。尽责性表示克制和严谨，与成就动机和组织计划有关，也称其为“成就意志”或“工作纬度”。高分端的人做事有条理和有计划，并能持之以恒，而低分端的人则马虎大意、见异思迁和不可靠。神经质纬度主要依据人们情绪的稳定性和调节情况而将其置于一个连续统一体的某处。那些经常感到忧伤、情绪容易波动的人在神经质的测量上会得到高分。而低分的人多表现为心境平和，自我调适良好，不易于出现极端的和不良的情绪反应。开放性是指对经验持开放的和探求的态度，而不仅仅是一种人际意义上的开放。构成这一纬度的特征包括活跃的想象力、对新观念的自发接受、发散性思维和智力上的好奇。部分特质论者也使用智慧来标志这一维度。高登伯格认为，生活在一定社会文化圈内的人，经过长时间的生活经验，应该早已确定了人们在人格的哪些重要方面存在个体差异，并在其自然语言中存在大量描述这些个体差异的词汇。因此，通过分析和研究这些词汇，就可以找到描述人格的基本维度或特质。在美国和西方国家中进行的大量研究表明，这些国家的自然语言中确实存在比较一致的五个描述人格的基本维度，这就是所谓的大五因素（表 4－5）。

表 4－5　大五因素的简单描述

因素	因素评定
神经质	评鉴顺应与情绪不稳定，识别那些容易有心理烦恼、不现实的想法、过分的奢望式要求以及不良反应的个体
外倾性	评鉴人际互动的数量和强度、活动水平、刺激需求程度和快乐的容量
开放性	评鉴对经验本身的积极寻求和欣赏；喜欢接受并探索不熟悉的经验
宜人性	评鉴某人思想、感情和行为方面在同情至敌对这一连续体上的人际取向的性质
尽责性	评鉴个体在目标取向行为上的组织性、持久性和动力性的程度，把可靠的、严谨的人与那些懒散的、邋遢的人作对照

许多研究者通过寻找描述人格特质的词汇和对词汇组的问卷调查，以及数据的因素分析等方法，开发出了不同的测量工具来评定大五因素（FFM），但被广泛使用和研究的是麦克拉和科斯塔修订的 NEO 人格调查表，或 NEO-PI-R 量表。NEO-PI-R 是一份有 240 个项目的人格调查问卷，该问卷包括五个维度（五因素）、30 个层面（每个层面含 8 个项目）。表 4－6 是一个有关 30 个层面的因素分析的例子。在左边列出了 30 个层面，N1 至 N6 是与神经性有关的层面，E1 至 E6 是外倾性层面。O 层面有一点儿隐秘，它涉及人们可能开放或关闭的经验，经常被称为“幻想的开放性”或“美感的开放性”等。A1 至 A6 是与宜人性有关的层面，C1 至 C6 是与尽责性有关的层面。

表 4－6　修订的 NEO 人格调查表的因素结构

	因素				
NEO-PI-R 层面	N	E	O	A	C
N1：焦虑	**0.80**	－0.18	－0.07	0.04	－0.20
N2：愤怒、敌意	**0.65**	－0.15	－0.07	－0.47	－0.17
N3：抑郁	**0.80**	－0.22	－0.08	－0.01	－0.19
N4：自我意识	**0.77**	－0.15	－0.15	**0.60**	－0.14
N5：冲动	**0.55**	0.33	0.17	－0.28	－0.37
N6：脆弱、敏感	**0.61**	－0.27	－0.13	0.06	－0.52
E1：热情	－0.24	**0.67**	0.26	0.33	0.17
E2：合群、爱交际	－0.36	**0.66**	－0.01	－0.08	－0.13
E3：自信	－0.37	0.38	0.19	－0.38	0.31
E4：活动性	－0.18	**0.48**	0.05	－0.19	**0.45**
E5：追求兴奋	－0.09	**0.70**	0.07	－0.18	－0.10
E6：积极情绪	－0.14	**0.74**	0.24	－0.08	0.19
O1：幻想	0.25	0.25	**0.65**	－0.19	－0.18
O2：爱美、有美感	0.10	0.18	**0.68**	0.19	0.14
O3：情感丰富	0.38	**0.44**	**0.61**	0.13	0.11
O4：行动	－0.35	0.13	**0.49**	－0.06	－0.12
O5：观念	－0.08	**0.70**	**0.73**	0.01	0.26
O6：价值	－0.11	0.09	**0.60**	0.14	－0.20
A1：信任	－0.25	0.36	0.03	**0.60**	－0.11
A2：诚实、坦诚	0.01	－0.10	－0.11	**0.68**	0.19
A3：利他	0.03	0.30	0.23	**0.50**	0.37
A4：顺从	－0.25	－0.05	0.05	**0.76**	0.13
A5：谦逊、质朴	0.14	－0.19	－0.20	**0.58**	0.06
A6：温和、亲切	0.07	0.17	0.14	**0.65**	0.17
C1：能力	－0.37	0.20	0.18	0.05	**0.69**
C2：守秩序	－0.05	－0.01	－0.05	0.19	**0.79**
C3：负责任	－0.11	0.03	－0.17	0.34	**0.75**
C4：追求成功	－0.22	0.37	0.11	－0.04	**0.73**
C5：自我控制	－0.34	－0.07	0.05	0.19	**0.77**
C6：严谨、深思熟虑	－0.33	－0.17	－0.11	0.18	**0.68**

注：N＝神经质，E＝外倾性，O＝开放性，A＝宜人性，C＝尽责性，因素负荷绝对量大于 0.40 的为粗体字。

表 4－6 中五列的数字是五个维度（五因素）及其每个层面的负荷。因素的负荷量可以用相关系数来表示。例如，A1 信任与 A（0.60）高相关，与 E（0.36）正相关，与 N（－0.25）负相关。易轻信的人具有高宜人性，他们倾向于好社交而不是神经过敏。除了 E3 自信，分析中的其他所有层面量表对所定义的因素有最大的负荷。自信在三个不同的因素上有接近相等的负荷，但是它们都是合情合理的。自信的人是顺应良好

的外倾者，但他们也有一点蛮横和不易相处。

在不同群体当中发现相同的因素结构，就个体方面而言，这种发现对我们意味着什么呢？首先，它意味着如果我们知道一个人的某个特质水平的话，我们就可以预测他的其他特质的水平。如果某人的成就动机高，那么他很可能具有高的秩序感和责任感，因为这三个特质是相关的，它们被定义为同一个因素。其次，因素分析也告诉我们一些有关人格内部结构的知识。如果一组样本中的变量相关，那是因为它们分享某些共同的原因，这些原因可能是生理上的或心理上的。例如，我们假设有一个神经介质，它们倾向于使人好交际并且活跃和愉快，那么在神经介质上持续高水平的人应当是个外倾者。目前，我们还没有证据证明有这样一个神经介质，但的确存在某种像神经介质的机制并引发外倾因素。

二、大五因素的跨文化研究

可重复性是科学的标志，大量研究表明，人格结构不因不同年龄层、不同性别而改变。至少从12岁开始，人格结构在所有年龄层是相同的，在男性与女性之间也是相同的。霍根假设，如果有关人类生存的主要任务都是相同的，那么人类中最主要的个体差异，以及人们用以标定这个差异时用的词汇也应该是相似的。有关跨文化的研究对这一假设的检验如何呢？许多社会科学家认为文化对人格有深刻的影响，结果却惊讶地发现不同文化有相同的人格结构，甚至是相同的特质。大五人格因素的研究最先从西方国家开始，主要是以英语和与英语相近的荷兰语和德语为主。这些研究大都验证了大五因素结构的存在。在20世纪70年代后，在非英语的和非西方国家相继开展了一系列的大五因素模型的跨文化研究。罗曼的特质评定量表在菲律宾（古斯瑞和比勒特，1971）、日本（邦格等，1975）以及中国香港（邦格，1979）的研究结果是前四个因素和罗曼的发现一致。麦克拉和科斯塔把NEO在德国、葡萄牙、中国、韩国、日本和以色列等国家的测量结果与美国的资料相比较，发现五因素的一致性系数为0.94～0.96。最初，台湾学者杨国枢和李本华以及北京大学陈仲庚和王登峰对中国人进行了研究，因素分析结果表明，以150个词描写六个不同的目标人物时，共得到4～5个主要的因素。其中“善良淳朴—阴险浮夸”“精明干练—愚蠢懦弱”“热情活泼—严肃呆板”与大五因素中宜人性、尽责性和外倾性有相似之处。但是，其后王登峰等人（2004）的研究却从中文人格特质形容词中确定了中国人人格结构的“大七”因素模型。这七个大因素及其小因素的含义如下：

（1）外向性。它反映人际情境中活跃、主动、积极和易沟通、轻松、温和的特点，以及乐观和积极的心态，是外在表现与内在特点的结合，包括活跃、合群、乐观三个小因素。①活跃：人际交往中的主动性和人际技巧特点。高分反映与人交往中主动、积极、活跃、自然和擅长组织协调的特点；低分反映不善言辞、社交场合拘谨、沉默等特点。②合群：人际交往中的亲和力特点。高分反映待人亲切、温和、易于沟通和受人欢迎的特点；低分反映不易亲近和不受欢迎的特点。③乐观：个体积极乐观的特点。高分反映积极、乐天和精力充沛的特点；低分反映情绪消极和低落的特点。

（2）善良。它反映中国文化中“好人”的总体特点，包括对人真诚、宽容、关心他人，以及诚信、正直和重视感情生活等内在品质，包括利他、诚信和重感情三个小因素。①利他：个体友好和关注他人的特点。高分反映对人宽容、友好和顾及他人；低分反映容易迁怒、自私和为达目的不择手段。②诚信：人际交往中的信用特点。高分反映个体诚实、言行一致和表里如一；低分反映人际交往中的虚假、欺骗。③重感情：对情感联系或利益关系的看重程度。高分反映重感情、情感丰富和正直；低分反映注重目的和以利益为重。

（3）行事风格。它反映个体的行事方式和态度，包括严谨、自制和沉稳三个小因素。①严谨：工作态度认真和自我克制的特点。高分反映做事认真、踏实和严谨；低分反映做事马虎、不切实际、缺乏合作和难缠等。②自制：安分、合作的特点。高分反映自我克制、安分、合作和淡泊名利；低分反映做事不按常规、别出心裁和与众不同。③沉稳：做事谨慎沉着的特点。高分反映凡事小心谨慎和深思熟虑；低分反映粗心和冲动。

（4）才干。它反映个体的能力和对待工作任务的态度，包括决断、坚韧和机敏三个小因素。①决断：决断能力。高分反映敢作敢为、敢于决断、思路敏捷和个性鲜明；低分反映遇事犹豫不决、紧张焦虑和无主见。②坚韧：做事的毅力特点。高分反映做事目标明确、坚持原则、有始有终且持之以恒；低分反映做事难以坚持、容易松懈。③机敏：自信、敏锐的特点。高分反映工作投入、热情敢为和积极灵活；低分反映回避困难、遇事退缩。

（5）情绪性。情绪稳定性特点，包括耐性和爽直两个小因素。①耐性：情绪控制能力和情绪表现特点。高分反映情绪稳定、平和，能够控制自己的情绪；低分反映情绪急躁、冲动、冒失、容易发脾气和难以控制情绪。②爽直：情绪表达的特点。高分反映心直口快、急性子和对情绪不加掩饰；低分反映情绪表达委婉、含蓄。

（6）人际关系。对待人际关系的基本态度，包括宽和与热情两个小因素。①宽和：人际交往的基本态度。高分反映待人温和、友好、宽厚和知足；低分反映计较、暴躁易怒、冷漠和自我中心。②热情：人际沟通特点。高分反映沟通积极主动、活跃及行事成熟、坚定；低分反映被动、拖沓和盲目。

（7）处世态度。对人生和事业的基本态度，包括自信和淡泊两个小因素。①自信：反映对理想、事业的追求。高分反映对生活和未来坚定而充满信心，工作积极进取；低分反映无所追求、懒散和不喜欢动脑筋。②淡泊：对成就和成功的态度。高分反映无所期求、安于现状、退缩平庸；低分反映永不满足、不断追求卓越和渴望成功。

三、大五因素结构理论

根据国际大量研究的结果，发现了一些相对确定的现象。第一，在大五因素模型中的大五因素，无论男性与女性、少年与成人，还是来自世界上不同文化里的人都有大致相同的特质或因素。第二，大五因素在起源上与人类生物遗传相联系，同一因素的特质受某些相同基因的制约。第三，大五因素以某种规则或模式，随着时间平均地增加或减少，在任何一个时期，全世界人的横断年龄的人格差异具有相似性。第四，个体的人格特质在成年后的长时间内是非常稳定的，即使其生活经历有很大的变化。依据这些研究结果，麦克拉和科斯塔（1999）构建了 FFT 即五因素模型理论，以便更好地解释、说明以上研究事实。FFT 认为人格是一个完整的系统，它具有收入、产出和一个已确定的内部结构。对此，见图 4－4 所作的详尽描述。

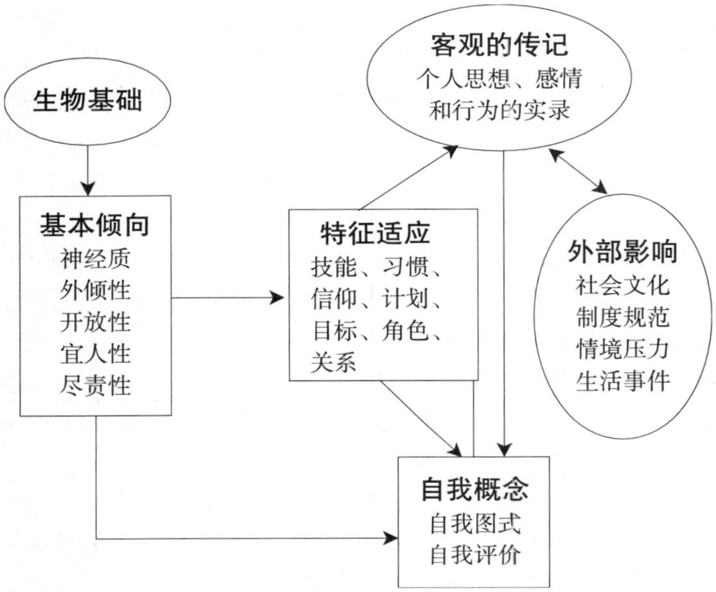

图 4－4　FFT 的示意、变量分类与例子（箭头表示因果通路）

图 4－4 中的椭圆形是人格系统的外周成分，包括社会文化、制度规范、情境压力、生活事件等。左边是生物基础，包括大脑机制，其结构和功能主要由基因决定，但受事故发生、疾病和药物干预的影响。右边是外部影响，在不同时期提供的机会和限制是不同的。在图的顶部是一个椭圆，指客观的传记，这是人格系统的输出，它包括个体的行为、所思所感的一切累积记录，许多心理学家认为这就是人格心理学所应该解释的。FFT 的中心部分在两个标明为基本倾向和特征适应的长方形中。基本倾向是个体的抽象潜能和气质，包括了广泛的内容：从运用语言的能力到心理定向（假定是天生的，不能选择的），最重要的是它包括了人格特质，即神经质、外倾性、开放性、宜人性和尽责性，以及由此确定的所有特质。这些在 FFT 中被看做基本倾向。与之对比，特征适应不是特质，但代表了各种心理特点，包括技能、习惯、信仰、计划、目标和角色与关系的内心层面。特征适应有一个非常重要的子集，包含了自我概念、自我图式和自我评价。自我概念被放在一个单独的长方形内，因为心理学家对它很感兴趣，但就概念而

言，自我概念是特征适应的一部分。

这个模式有四个基本观点：第一，抽象的基本倾向包括人格特质，它区别于具体的特征适应；第二，行为结果来自特征适应与外界影响的交互作用；第三，特征适应的发展来自基本倾向与外界影响的交互作用；第四，基本倾向及其长期发展由生物基础单独决定。FFT认为这些成分以确定的方式交互作用，在图中通过箭头来表示。各种动力过程（如学习和计划）促使交互作用，但根据FFT，只有某些通路是可以通过的。从末端开始，客观传记由外界影响和特征适应的交互作用决定。例如，假定你收到了一封朋友邀请你外出旅游的信，这就是一个外界影响，但你对此如何反应依靠的是你的特征适应。首先你需要有能够看懂这封信的阅读技能，然后决定是否去旅行（兴趣），或是被迫参加（社会关系）。你还得考虑是否有空参加（通过查阅计划和日程安排）和是否能担负得起参加旅行的费用（通过检验自己的存款）。如果你决定参加旅行，那么你还要遵守一系列旅行的规则和目的地的习俗：如何订票，如何安排吃住，旅行途中的费用是否实行AA制等。人们每天都会有许多次这样的交互作用发生。根据FFT，特质对行为或经历没有直接影响，它们总是通过特征适应来间接产生影响。例如，如果你是个内倾者，这种内倾特质在后天的社会环境中，使你产生了社交活动乏味的观念，缺少社会交往的技巧等，是这些特征适应，而不是特质本身直接导致你面对别人的社会邀请时做出拒绝的反应。特征适应本身是外界影响与基本倾向相互作用的结果。例如，那些神经质水平高的人倾向于担忧，但是，是担心鬼魂和巫术，还是担心失业，这是由他们所处的文化历史环境所决定的。父母及其养育对特征适应有非常大的影响，食物偏好、宗教信仰、语言学习和服饰风格都受到父母的教育和榜样的影响。FFT认为基本倾向是由遗传生物基础决定的，这个观点受到许多人的批评，因为多数人格心理学家认为特质是由环境或环境与气质相结合形成的。之所以FFT坚持这种生物遗传决定基本倾向的观点，是因为他们认为这种观点能够较好地解释以上四点重要研究结果。

四、大五人格结构模型的应用

大五人格结构在临床、心理健康教育和人力资源管理等实践领域有广泛的应用前景。有研究表明，大五因素模型对于诊断临床障碍和治疗心理疾病是有价值的（Costa & McCrae，1992；Costa & Widiger，1994）；同时对于预测和确定健康行为与问题也十分有益。国外研究表明，在影响幸福感的因素中，人格因素是预测幸福感的最稳定和最有效的因素。研究发现，外向性分数与幸福感分数存在显著的正相关，而情绪性分数与幸福感分数存在显著的负相关。就人格类型来看，稳定外向型被试的幸福感分数最高，幸福感分数最低的是内向不稳定型被试。具体分析人格特征与积极和消极情绪的关系，发现外向性与积极情绪相关最高，而神经质与消极情绪相关最高。在临床实践方面，大五因素模型为治疗方案提供了关于患者人格的重要信息。巴格比等人（1995）认为，神经质可能是重度抑郁的易感性因素，外倾性能较好地预测治疗效果。宜人性高得分者比较信任和听从治疗家，低得分者对之持怀疑和对立态度。在健康方面，外倾性、神经质和宜人性均与健康心理有关。尽责性与开放性则在健康心理中显得并不重要。在发展心理方面，约翰的研究表明，高尽责性、高开放性的青少年具有良好的学业成就，低尽责性和低宜人性的青少年有较多的违法行为。

当今和谐社会要求人们有更多的合作与互助行为，并对自己的行为负责。社会发展的巨大变化与竞争的压力对人的理性和情绪有了更高要求，而面向世界的趋势要求人们更加开放与创新。因此，在心理健康教育实践中，更要求塑造健康良好的人格。什么是健康人格？大五人格结构模型提供了一个很好的参照。根据有关研究，高外倾性、高宜人性、高尽责性、高开放性和低神经质的个体适应良好，心理比较健康，容易获得成功与幸福。以大五人格结构模型为目标的心理健康教育，具有较强的针对性、操作性和适用性。

在过去几十年中，相当多的人使用能力测验来选拔员工，对人才进行测评。然而，近年来，在工业与组织行为心理学领域中，人格测验开始成为人才选拔中常用的工具之一。研究者们开始广泛采用人格测验，尤其是采用以大五人格结构模型为基础的人格测验进行人员的选聘、评价和人力资源发展工作。这种发展是与大五人格因素的应用研究相联系的。大量研究结果发现，大五人格因素研究对人格与工作绩效之间的相关提供了比以往研究更为有力的依据。也正是由于大五人格因素结构的引入，才使得在人事选拔中进行人格测验成为可以接受的事实。

在职业发展与管理方面，斯米特研究发现，在人事选拔上，候选人在因素Ⅲ（即尽责性）上的分数具有重要的参考价值。科斯塔发现，外倾性和开放性是在工作成就上的两个重要人格因素。从事社会和人事工作的人倾向于高外倾性和高宜人性。皮多特等人的研究表明，高尽责性者被一致性地评为优秀雇员。巴瑞克和穆特（1992）研究了大五维度和五种职业工作效标间的关系，结论表明，至少在一定程度上，尽责性可以预测被督导人员的工作成效和训练成效。麦克亨利等人使用为美国军队开发的人格问卷进行了研究，他们发现，测验结果能显著地预测应征入伍人员有关的非技术绩效。

心理学者认为，人格主要与人们选择的职业类型及在该行业中的业绩表现有关。每个人的人格特点都不同，确实存在着某些特定类型的人更适合于做某些特定工作，并且比其他人在该行业中表现得更好的情况。科斯塔认为，外倾性和开放性是职业与工业心理学的两个重要因素。例如，根据大五人格结构模型，外倾性与销售等职业绩效呈正相关。在工作中，外倾性销售员比内倾性销售员表现得更好。因为销售业需要善于社交、会使用不同的人际策略的人。再如，艺术这种职业与开放性有关，一般对新经验高度开放者比此特质方面低分者更偏好于艺术，且表现也更佳。这是由于高度开放者的兴趣更广泛，好奇心更强，也更具有创造力和独立思考的能力。心理学工作者研究了大五人格结构模型的五个维度与工作表现之间的相关性，巴瑞克和穆特的元分析包括 117 个效标关联效度，其中的主要效标包括上级评价、培训成绩和人事数据，并选取五类职务进行分析。研究发现，尽责性能有效预测所有职业群体的工作绩效和所有效标。沙卡多选用在欧共体国家中所做的 36 个研究为样本进行了元分析，结果发现，尽责性与情绪稳定性均有较高预测效度，而外倾性对需要处理大量人际关系的职业（如经理、警察、销售员等）亦有预测效度。皮德莫特和威斯腾以人际关系、工作定向和适应能力为效标，选取服务人员、销售人员、管理者和金融工作者进行现场研究，结果发现，尽责性与所有职务类型和效标都有关。低神经质可预测人际关系和适应能力，外倾性和所有效标有关，宜人性的子维度——低直率性——可预测工作定向、适应能力和工作绩效的总评价。这些研究采用不同的方法得出了不同的结论，但都证明了大五人格结构模型能够有效地预测人们在某些职务中的职务绩效，从而说明了在人才测评中大五人格结构模型具有重要的应用价值。

第四节　特质论的研究与应用

一、特质论的测量技术

弗洛伊德认为，人的精神世界绝大部分是无意识的，个人不能通过意识来把握自己的内心世界。因此，精神分析家倾向于采用投射测量技术来评价个人的人格。与此不同，一般特质理论家倾向于使用自陈式的问卷调查表来测量人格特质，这是因为奥尔波特等特质理论家更重视人的自我意识，相信最了解个人内心世界的人是他自己，而不是别人。个人人格问卷测量就是根据要测量的人格特质，编制许多相关问题，要求受测者根据自己的实际情况逐一回答，根据受测者的答案，去测量受测者在这种人格特质上表现的程度。为完成这种人格测量而编制的测量工具叫自陈问卷或自陈量表。自陈问卷简便易行，因而应用广泛，但它也存在一些问题或局限性。自陈量表测验结果是否准确、科学，在很大程度上有赖于受测者是否具有提供自身准确信息的能力与愿望。有时候，受测者为了自己的利益会故意提供错误的信息。例如，有些人在人才招聘中参加测试时故意“装好”。有时候，有的人不能认真对待测验，粗心大意或恶意乱答。还有一种称为“反应倾向”的情况，这与伪装不同，伪装是以明知的不准确方式答题，而反应倾向是无意识中以一种比真实情况好一点的方式来表现自己。现有的人格问卷成百上千，每个问卷的题目数量也各不相同，有的不到10题，而有的多达500多题。但是，问卷项目的形式一般只有以下几种格式：

（1）是否式。提供一个陈述句或问句，并列出“是”和“否”两种选项，要求受测者选择其中的一个选项。例如：

你喜欢热闹的事情吗？　　　　是□　　否□
你总是喜欢一个人去看电影吗？　是□　　否□

（2）二择一式。提供两个意思相反的陈述句（A、B），要求受测者选择其中符合自己实际情况的一个。例如：

A. 我喜欢批评那些有权威和有地位的人。□

B. 在长辈或上级面前，我会感到胆怯。 □

（3）是否折中式。提供一个陈述句或问句，并列出“是”“否”和“不一定”（或“介于是与否之间”）三种选项，要求受测者选择其中的一个选项。例如：

我善于控制自己的表情：A. 是的 B. 不是的 C. 介于A与B之间

你总是喜欢待在安静的房间吗？是□ 否□ 不一定□

（4）文字等级式。提供一个问句，同时列出几个（通常是五个）程度不等的选项，供受测者选择。例如：

你对自己的工作满意吗？

非常满意□ 比较满意□ 无所谓□ 不大满意□ 极不满意□

（5）数字等级式。实际上是文字等级式的变式，只不过是将文字式选项改为数字式选项。例如：

你对自己的工作满意吗？

非常满意————————————非常不满意

1 2 3 4 5

编制问卷的基本假设是只有受测者最了解自己的人格特征，因为个人随时随地都在观察自己的行为，而他人不可能了解自己行为的所有方面。但是，如前节所述，在运用问卷测量人的人格特质时，受测者可能有意无意地选择不符合自己实际情况的选项。因此，在编写测验项目时，应当注意：

（1）尽可能避免带有明显社会评价色彩的问题，代之以中性的陈述。例如，我们如要测量人的工作责任感，可以编写诸如“对于生活中的大多数事情，我都要做得妥帖才能放下心来”的陈述，而不要直截了当地编写成“只要是领导安排的工作，我都能保证认真按时地做好”，因为后者具有明显的暗示和社会评价色彩。

（2）对于量表中必须涉及的个人私生活问题，应当采用适当含蓄的措辞予以表述，以防止受测者做出虚假的回答。例如，可以编写诸如“事实上，许多人在内心中都怀有一些不可告人的想法”，而不要编写成“你的内心中有一些不可告人的想法”。

（3）所提供的选项最好排列成若干个等级，以便受测者选择更接近他实际情况的答案。

（4）属于测量单一特质或单一目的的多个项目，在排列时注意把它们打乱，以防受测者猜测出主试所要测试的目的。

问卷的题量较大，多数用于测量人格的若干特质。例如，著名的明尼苏达多相个性问卷总共有566个是否项目，包含4个效度表和10个临床量表，其中临床量表可以测量人格的10种特质；卡特尔十六种人格因素量表共有187个项目，用以测量人格结构的16种特质。当然，也有的量表尽管题量较大，但只测人格的一个方面，如内外向量表。问卷通常采用纸笔测验，即将测验项目印在答卷纸上，受测者一边阅读测验项目，一边在答卷上选择适合于自己的选项。这样可以同时测量许多人。近年来，由于计算机的发展和普及，人们为了省去评分和计算上的麻烦，将测验编成计算机程序，受测者直接在机器上作答，计算机根据受测者答题的情况直接打印出测量结果。问卷的记分规则简单而客观，施测手续比较简便，测量分数容易获得解释。因此，一般对测验情境和施测者的要求不像智力测验那样严格。

武德沃斯个人资料表是第一个人格问卷，它用于淘汰军队中的情绪障碍者，属于一种单一分数的测量工具，由116道是非题组成，包括的问题有变态的恐怖反应、强迫观念和强迫行为、抽搐及其他情感和行为。例题如下：

（1）你大多数时候是否感到悲哀和情绪低落？

（2）你是否夜里经常感到恐怖？

（3）你丢过钱吗？

（4）你是否觉得与女性接触太多而受到伤害？

另一种单一分数的人格问卷是A－S反应研究，由奥尔波特兄弟于1928年编制而成，采用多重选择形式，用以测量个体在日常关系中支配或服从的行为倾向。

第一个多项分数的适应问卷是柏恩莱特人格问卷（1931），包括125个题目，按“是”“否”“不能确定”三种方式回答，各道题目具有不同的权数。测量获得6种分数：神经症倾向、自我满足、内外向、支配—服从、社会性和自信。

1930年以后，人格问卷逐渐增多，目前国内外较常用的有明尼苏达多相个性问卷（MMPI）、加州心理问卷（CPI）、卡特尔十六种人格因素量表（16PF）和艾森克个性问卷（EPQ）。下面我们介绍其中的两个。

1. 明尼苏达多相个性问卷

明尼苏达多相个性问卷（MMPI）是由美国明尼苏达大学临床心理学系系主任哈撒韦和心理治疗家麦金利于20世纪40年代共同编制的。因为该问卷可以同时测量多种特质，所以称为“多相”个性问卷。在编制过程中，他们进行了大量细致的研究工作。首先从大量病史、早期出版的人格量表以及心理医生的笔记中选编了大量的项目，然后对正常人和心理异常受测者进行测量，经过重复测量、交叉测量以验证每个分量表的信度和效度。经过临床实践的反复验证和修订，到1966年修订版，项目确定为566个，其中16个项目为重复项目（用于检测受测者反应的一致性）。566个项目中前399个项目分别分配在14个分量表中，包括10个临床量表和4个效度量表；其余的项目则与一些研究量表有关。通常在临床诊断中只使用前399个项目。下面为问卷的一些项目例子：

15. 偶尔我会想到一些坏得说不出的事。
17. 我的父亲是个好人。
18. 我很少有大小便不通的现象。
19. 当我接受一件新的工作的时候，总喜欢先打听一下谁要继续我的工作。
20. 我的性生活是满意的。
30. 有时我真想骂街。
65. 我爱我的父亲。
66. 我看到周围有一些人、动物或其他一些东西，那是别人所看不到的。
67. 我希望我能像别人那样快乐。
69. 和我性别相同的人最容易喜欢我。
70. 我过去经常喜欢玩“丢手帕”的游戏。
75. 男性：我常希望做个女人。
女性：我从不因为自己是个女人而感到遗憾。
553. 我害怕独自待在空旷的地方。
555. 有时我觉得我就要崩溃。
556. 我很注重我的衣着式样。
558. 许多人都有过不良的性行为。
560. 我经常因为自己记不清把东西放在哪里而感到苦恼。
565. 当我站在高处的时候，我就很想跳下去。
566. 我喜欢电影里的爱情镜头。

MMPI所涉及的范围很广，包括身体各方面的情况（如心血管系统、生殖泌尿系统、呼吸系统）、精神状态以及个人对政治、法律、宗教、家庭、婚姻和社会的态度。在测验时，受测者对每一个问题选择“是”“否”或“不能确定”三种答案中的一个。一般时长为45分钟，最多90分钟，如果文化水平低，则会超过2小时，病人所需的时间更长。

经过几十年的不断应用和筛选，它在临床和研究工作中应用越来越广。MMPI的问世被认为是问卷测验发展史上的一个里程碑，目前已被世界各国广泛地应用，对人格测量的研究进程产生重大的影响。在中国，中国科学院心理研究所宋维真研究员等从1980年开始对该问卷进行修订，于1989年完成了标准化工作，取得了中国版的信度和效度资料，并制定了中国常模，可用于测量16岁以上具有初中文化程度的中国人。修订后的项目仍为566个，只是对项目中的个别词句做了适当的改动，该量表仍由10个临床量表和4个效度量表组成，名称及题目形式简述如下：

（1）疑病症（HS）：题目来自表现出对自己身体功能异常关心的病人。例如：“我每周胸痛好几次。”

（2）抑郁症：题目来自过分悲伤、失望，思想及行动迟缓的病人。例如：“我经常感到生活有趣而且有意义。”

（3）癔病：题目来自经常无意识地运用身体或心理症状来回避困难和责任的神经

症患者。例如："我的心脏跳得厉害，经常我都能明显感觉到。"

（4）精神病态：题目来自经常地和放肆地漠视社会习惯、情绪反应简单并且不能吸取教训的病人。例如："我的行为和兴趣经常受到其他人的批评。"

（5）男子气—女子气：题目来自有同性恋倾向的患者以及男性和女性反应的差别。例如："我喜欢摆弄花朵。"

（6）妄想狂：题目来自表现出异常猜疑、夸大或被害妄想的患者。例如："有坏人想控制我的思想。"

（7）精神衰弱：题目来自表现出着迷、强迫、变态恐怖以及内疚、优柔寡断的神经症患者。例如："我保存我买的所有东西，即使今后一点儿用也没有。"

（8）精神分裂症：题目来自表现出稀奇古怪的思想或行为以及经常退缩、经历过幻觉的患者。例如："周围的事情对我来说都不是真实的。""有人接近我会使我很不舒服。"

（9）轻躁狂：题目来自具有情绪激动、过于兴奋和思想奔逸特征的患者。例如："我经常无缘无故地感到特别高兴或特别悲哀。"

（10）社会内向：题目来自表现出胆怯、不关心人和靠不住的人。例如："我的日常生活中充满了使我感兴趣的事情。"

MMPI 的一个特征是使用了 4 个效度量表，当然这不是指心理测验的效度，只是反映受测者掩饰、反应定式以及参加测验时的态度。这些量表是：①疑问分数（Q）：受测者认为不能回答的题数，即受测者未作答的题数，一般限制在 10 题以内。②说谎分数（L）：一组过分好的自我报告的题目，如"我对所有我遇到的人都微笑"。受测者若偏向选择讨人喜欢的报告，表明结果不可靠。③效度分数（F）：题目为标准化群体中经常不回答的题目。虽然都是些不讨人喜欢的行为，但并不与任何变态行为相联系。因此，若某人表现出部分或全部特征，则答案是靠不住的。高分数表示记分错误、反应时粗心、古怪回答或故意掩饰。例如，"有一个针对我的国际性阴谋"。④校正分数（K）：该分数与 L、F 都有关，但更为巧妙的是用来测量受测者做测验时的态度。高 K 值表示防御或总是企图伪装成"好人"；低 K 值表示过分坦率与自我批评，或者故意伪装成"坏人"。例如，"当别人批评我时，我不高兴"。

L、F 量表主要用于对测验记录作总评价，如果得分超过某个特殊值，测验将被认为无效；K 分主要用于修正各种临床量表的分数，但使用时应谨慎，若 K 值过高，本身就值得怀疑，应该认真检查才行。

每个量表的题目数不同，得分的基数不一样，各个量表的原始分数无法比较，必须换算成 T 分数。换算的公式如下：

$$T = 50 + 10\ (X - M) / S_D$$

其中 X 为原始分数，M 与 S_D 为这个量表正常组原始分数的平均值及标准差。原始分数转换成标准 T 分数后，标绘在人格剖析图上，即人格测验分数图。解释可以直接按得分进行，也可以与常模比较。在国外，T 分超过 70 分，即属心理异常，但不能孤立地解释为该分量表所标明的某种障碍。因为许多分量表的题目是相关的，所以要将各分量表结合起来，以分数模式加以分析。经大量的实例研究发现，患有心理障碍的受测者，其剖析图上经常出现两个或两个以上的高峰。解释时，应将两个高峰的分量表结合起来进行分析。除了看剖面图解释外，还可以把数据输入计算机，让计算机分析、解释并作出报告。下面是一段从计算机里得出来的人格描述，受测者21岁，女。

> 她似乎尽量缩小或干脆否认自身的不足。她承认自己办事犹豫不决，或许她对这种特征毫不介意。在机能正常者身上明显的防御（不承认缺点）可能表示自信心和完善的自我概念。但是，在这个心理障碍的受测者身上，防御可能表示她不愿意接受治疗。
>
> 她可能外向，活动稍多，这种人有冲动性；她可能很健谈，热心社交，但判断力差，处事不老练，不知体贴别人，感到孤独。所以，她可能消耗大量精力，努力接近别人，满足自己的社交欲望，但是她感觉自己难以担当与他人相处中应负的责任。这种行为模式在青少年及大学生中十分常见。它不会造成严重的不适，只是时而表现出冲动性，从而带来一些麻烦。
>
> 总之，该受测者否认焦虑，极力想表现出自信、和蔼可亲和自我认可。

MMPI是一个极好的临床人格测验，它不仅能够全面地测量个性特质的各个方面，而且可以用于编制新量表和研究工作，信度和效度也比一般人格测验要高。但是，它的项目太多，测验需要的时间很长。许多受测者测验时常常因为测验时间关系而不能坚持做完，或勉强完成而影响结果。另外，该问卷对特质的描述多用病理上的名词，用来解释正常人的性格，既不容易，也常会引起误解。

2. 卡特尔十六种人格因素量表

《卡特尔十六种人格因素量表》（简称16PF）是由美国伊利诺伊州立大学雷蒙德·B. 卡特尔经过几十年的系统观察、科学实验以及因素分析统计后逐渐形成的。开始，他对奥尔波特兄弟从字典中选出的17 953个描述人格的形容词进行分析，将具有相同意义的词进行归类，获得171个特质名称，然后请别人对这171个词进行评定，再作相关分析和因素分析，获得一组较少的表面特质，再让一组被试进行评定，将评定结果作因素分析，这样就获得了卡特尔所称的根源特质。最初他获得12种人格根源特质，在其后的工作中又发现和补充了4种特质。这就是卡特尔十六种人格因素问卷所要测量的特质。这十六种特质具体如下：①因素A：乐群性；②因素B：聪慧性；③因素C：稳定性；④因素E：恃强性；⑤因素F：兴奋性；⑥因素G：有恒性；⑦因素H：敢为性；⑧因素I：敏感性；⑨因素L：怀疑性；⑩因素M：幻想性；⑪因素N：世故性；⑫因素O：忧虑性；⑬因素Q_1：实验性；⑭因素Q_2：独立性；⑮因素Q_3：自律性；⑯因素Q_4：紧张性。

经过测试，发现这十六种人格因素之间的相关系数较低，说明人格因素确实由这许多独特的特性组成，而且这一问卷完全可以如实地测量这些因素。

16PF在国际上广泛流行，现已译成法、意、德、日、中等多种文字，被许多国家修订。该问卷英文版有A、B两套等值的测题，每套各有187个项目，分配在十六种因素里。每个因素所包含的项目数不等，少则 13 个，多则 26 个。每个项目有 A、B、C 三个选项（例如：A. 是的；B. 不一定；C. 不是的），受测者根据自己的情况选择一个最合适的选项。我国现有刘永和、梅吉瑞 1970 年的修订版和李绍衣等 1981 年的修订版。现举李绍衣等的修订版例题（题号为原题号）为例说明：

1. 我很明了本测验的说明：A. 是的；B. 不一定；C. 不是的

2. 我对本测验的每一个问题，都能做到诚实地回答：A. 是的；B. 不一定；C. 不同意

3. 如果我有机会的话，我愿意：A. 到一个繁华的城市旅行；B. 介于 A、C 之间；C. 游览清静的山区

9. 当我见到亲友或邻居争吵时，我总是：A. 任其自己解决；B. 介于 A、C 之间；C. 予以劝解

12. 阅读时，我喜欢选读：A. 自然科学书籍；B. 不确定；C. 政治理论书籍

15. 对于性情急躁、爱发脾气的人，我能以礼相待：A. 是的；B. 介于 A、C 之间；C. 不是的

16. 被人侍奉时我常常局促不安：A. 是的；B. 介于 A、C 之间；C. 不是的

35. 在公共场所，如果我突然成为大家注意的中心，就会感到局促不安：A. 是的；B. 介于 A、C 之间；C. 不是的

36. 我喜欢参加规模庞大的晚会或集会：A. 是的；B. 介于 A、C 之间；C. 不是的

119. 我在童年时，害怕黑暗的次数：A. 极多；B. 不太多；C. 几乎没有

159. 我明知自己有缺点，但不愿意接受别人的批评：A. 偶然如此；B. 极少如此；C. 从不如此

187. 我确信我没有遗漏或不经心回答上面的任何问题：A. 是的；B. 不确定；C. 不是的

16PF 适用于 16 岁以上的青年和成人，它可以用于个别测验，也可以用于团体测验。受测者只能选择一个答案，尽量不要漏题或选择中性答案。测验按 16 个人格因素给分，使用记分键记分，将 16 项因素上的得分全部换算成标准分数，在剖析图上找出相应的点，将 16 个点连接成曲线，便可得到一个受测者的个性轮廓图。

借助本问卷，受测者不仅可以了解自己在 16 个因素上的人格特点，而且可以根据卡特尔制定的人格因素组合公式对自己的整体人格作出评价。其双重个性因素类型及其推算公式如下：

（1）内向—外向。

公式：$(2A+3E+4F+5F-2Q_2-11)\div10$

公式中字母代表相应量表标准分数，计算所得分数代表内、外向性，低分者内向、羞怯，高分者外向、善于交际。

（2）感情用事—安详机警。

公式：$(77+2C+2E+2F+2N-4A-6I-2M)\div 10$

低分者情绪多困扰不安，不果断，较含蓄敏感；高分者安详警觉，果断刚毅，有进取精神，但考虑欠周全。

（3）怯懦—果断。

公式：$(4E+3M+4Q_1+4Q_2-3A-2G)\div 10$

低分者人云亦云，依赖性强；高分者独立性强，有气魄，进取心强。

（4）适应—焦虑。

公式：$(38+2L+3O+4Q_4-2C-2H-2Q_2)\div 10$

低分者生活适应顺利，常心满意足；高分者易激动、焦虑，常有不满感。

16PF 除了可对人格的双重个性进行测验应用外，它还可以用于心理健康因素、专业成就者的人格因素、创造能力人格因素、新环境中成长能力人格因素等的测验。另外，卡特尔还设计了三份用于中学生、小学儿童以及学前儿童的人格问卷和一些单一分数的问卷（如焦虑量表、神经症量表和抑郁量表）。这三份儿童问卷是：学前儿童个性问卷（PSPQ），适用于 4～6 岁的儿童；学龄初期儿童个性问卷（ESPQ），适用于 6～8 岁的儿童；儿童个性问卷（CPQ），适用于 8～14 岁的儿童。

卡特尔问卷具有许多优点。根据李绍衣等在 1981 年的测试结果，此问卷的信度、效度较高，具有编制比较科学、施测比较简便等优点。而且，它的项目尽量选用“中性”题，避免含有社会上公认的“是非”倾向题。这就较易保证受测者作答的真实性。但是，该问卷部分项目与我国国情不符，测不出真实情况，这类题目有 30 多道，这一问题有待于我国研究者解决。

二、关于特质论的争议

对于特质论来说，其中心问题就是找出描述人格的基本维度。但是，研究者不同，方法不同，所找到的基本人格维度也有所不同。应用因素分析技术，卡特尔获得了 16 种根源特质，而同样使用心理测验和因素分析方法，艾森克仅得到 3 个基本维度，而目前对自然语言的分析却得到 5 个人格因素。那么，究竟有多少个描述人格的基本维度？这个问题，也许还需要今后长期的研究才能取得一致的意见。

人格特质测量的广泛推广和应用引起了人们的普遍关注，并遭到一部分人的批评和责备，米歇尔（Walter Michel）就是其中典型的代表人物。他对多数心理学家用以解释测验分数的做法提出了批评，反对过分依赖人格测验分数来预测人的行为，认为特质测验与其他测验类型一样，不能像一些心理学家们宣称的那样可以用来预测人们的行为。此外，米歇尔还认为，在不同的情境中几乎难以找到行为一致（即特质存在）的证据。

特质测验能不能很好地预测行为？这一争论的核心问题是，是人格还是情境决定了个体的行为。情境论者认为，行为几乎完全由情境决定。虽然情境论者并没有宣称每个人在确定的情境中有相同的行为表现，但他们通常将个体的行为差异仅仅当做“错误变量”。另一些人则认为，稳定的个体差异是我们行为的主要决定因素。在争论的早期，一些心理学家试图通过测试人格得分的高低和情境因素在预测人们行为中的作用来找到问题的某种答案。研究发现，人格和环境都与行为有关，考虑人格和情境两个因素比单独获得其中之一的信息，对于行为的预测更为有效。

遗憾的是，这种方法有一个致命的弱点，即许多类似的调查结果受情境类型和受测者人格变量的种类限制。例如，我们可以想象那些几乎所有人都会有相同反应的情境，当一座房屋着火时，试图预测高自尊或低自尊的人是否会逃离现场的做法是可笑的。在这个例子中，尽管情境可以用来解释几乎所有的行为变量，但由此断定不同的自尊水平与行为无关，那你就错了。在这种情境中，自尊与行为并不是一种简单的相关。然而，如果我们注意到其他情境中的不同行为，如人们对批评的反应程度，那么也许你会发现高、低自尊被试之间有着很大的差异。

今天，大多数心理学家都同意人格和情境共同决定行为的观点。仅仅知道一个人具有高攻击性或在某种特定的情境具有高度的挑衅性都不足以帮助我们预测攻击行为，除非我们对两者的事实都有所了解。这样，当某人具有高攻击性时，或许他会比那些在这一维度上得分低的人更易表现出攻击行为；而且挫折性环境比非挫折性环境更易于产生攻击。当一个具有攻击性的人置于挫折性情境中时，我们可以预测将有大量的攻击行为产生。这种注重考察特质、情境及行为三者之间关系的方法，心理学家称为“人格—情境并重法”。

除此之外，争论的焦点还集中在使用人格特质分数预测行为的效度问题上。米歇尔指出，人格特质测量分数与行为预测之间的相关系数很少高于0.3或0.4的水平。从统计学意义上讲，这种“人格系数”实际上只考虑了10%的行为变异。尽管这些数字表明人格与行为有关，然而仍有相当多的行为是单一特质分数无法解释的。

在情境论与特质论的争论中，人的行为是否具有跨情境的一致性也是一个重要问题。在一项有关人格特质的早期研究（Hartshorne & May，1928）中，研究组在8 000多名小学儿童身上考察了“诚实”这一特质。他们采用23种方式（如撒谎、欺骗、偷窃等）测试了孩子们的诚实性。结果发现，这些测试之间的平均相关仅为0.23。由于特质理论假定人格特质在不同的情境中具有一致性，因此，这个研究结果被广泛认为是对特质论的一大挑战。知道某个小孩在某一情境中是诚实的（如对父母说实话），这几乎没有告诉我们这个小孩在校外是否会骗人，或是否会从其他孩子的书桌上偷东西。

对这种跨情境一致性的证据，米歇尔也提出了质疑。尽管不同情境中的人们在行为上表现出了相当程度的一致性，但是米歇尔却认为实际情况可能并非如此。人们总习惯于看到他们期望看到的东西，假如我期望别人是不友好的，那么我只会注意到他侮辱别人，而忽视他也有赞扬别人的时候。此外，我们还习惯于以某种类型的情境或角色来看待别人，可是还没有充分认识到是情境而不是人本身对行为负责。例如，学生有时候会惊奇地发现，他们原本认为刻板、保守的教授在课堂外竟是一个爱开玩笑、爱冒险的人。有时候，我们对待别人的方式会导致他们做出比原先更具一致性的行为。如果我设想张三不怀好意，也许我就会以一种敌对的方式接近他，并用这种方式来应付张三的恶意反应。所有这些原因都告诉我们，在不同的情境中，人们的行为表现与实际情况相比具有更多的一致性。

当然，特质论是人格理论的中心，对它的批评不能不受到特质论者的反驳。对米歇尔批评的反驳集中围绕着两个问题：其一是行为和特质的测量方式问题；其二是这些特质所解释的变异百分比的重要性问题。

艾普斯坦（Seymour Epstein）是对米歇尔的攻击做出反应较为强烈的一位研究者。他认为，仅仅从表面上看，情境论者的观点是荒唐的，如果人们的行为在时间和空间上不具有一致性，那么我们怎么知道究竟要娶谁或雇谁？换言之，如果没有可用以预测的行为模式，我们只能随机娶某个人为妻，我们的行为也将随日复一日的情境变化而发生难以预料的改变。

艾普斯坦指出，研究者们之所以没能够找到人格特质与行为之间的紧密联系，是因为他们没有正确测量行为。一般调查通常用人格特质的分数来预测一个人的行为，诸如花在某一活动上的时间或自发产生一种宽厚动机的可能性。这种方法与心理测量中的基本概念不相符，由于建立在某一问题或测验上的行为得分信度太低，因此，几乎不可能找到高于0.3～0.4的“人格系数”。为了理解这一原理，仔细思考一下为什么在大多数期末考试中，从来都不会只有是非判断题。对材料理解较好的学生或许会忽视个别特殊问题，但在整个50道题的测试过程中，理解力较好的学生肯定比不太理解材料的学生得分要高。用心理测量名词来讲，这50道测试题有较高的内部一致性信度，它们能够较好地反映学生的知识水平。

艾普斯坦还认为，在其他特质研究中也存在同样的问题。实质上，大多数行为是在同一问题的测试中进行测量的，一种人格特质也许可以较好地预测行为，但是，对此我们却不得而知，因为我们并没有真正可靠地测量行为。

谈到单一问题测量的选择性，艾普斯坦建议研究者们广泛收集材料。如果你想测试学生花多少时间学习，那么通过连续观察学生数周中每天晚上的行为，会比仅观察一个晚上的行为所得到的分数更为有效。艾普斯坦以实例证明了这种观点。他详细检验了艾森克内外倾量表的得分与大学生社会接触的次数之间的相关，在此基础上得出了上述结论。尽管我们认为外倾者比内倾者会表现出更多的社会接触，但是任何一天的社会接触次数与艾森克量表分数之间的相关往往都比较低。然而，量表得分与学生两周内所产生的社会接触次数的相关系数高达0.52。

人格特质测验之所以经常停留在0.3～0.4的水平，另一个原因很可能是研究者们考察的是一些错误的特质。研究者有时会忽视哪些特质是重要的，哪些是不重要的。让我们回顾一下奥尔波特对主要特质和次要特质所作的区分：如果特质为主要特质的话，那么它们对于行为的预测更为有效。例如，假如你对“独立”这一特质感兴趣的话，那么你可能会用一个独立量表对一大批被试进行施测，接着观察这些被试在某种情境中的独立性程度，然后求出这两个之间的相关系数。然而，就是在这种做法中，你的被试中可能包括了两种类型的人：一类被试其主要特质是独立性，而对另一类被试来讲，独立性特质只不过是次要特质而已。毫无疑问，对于前一类被试，你将对他们的独立行为做出较好的预测，但如果某个被试其独立性仅仅是次要特质，那么你就难以根据其独立性的分数预测他在某一特定情境中的独立行为。

三、特质论评价

从奥尔波特早期为争取特质论赢得心理学家们的普遍认同开始，特质理论已经走过了一段漫长的历程，而特质测验也几乎为各研究领域的心理学家们所接受。第二次世界大战以来，许多从事心理卫生和治疗方面工作的心理学家已把特质测量作为诊断精神异常的一种基本手段。接受心理咨询及治疗的病人们往往要花上几个小时进行各种心理测验，以此获得特质的测量分数。教育工作者们也逐渐沉迷于对受教育者的成就和态度的测量，他们用这些测量来区分学生品性的好坏，以及用来发现孩子们的问题所在。一言以蔽之，人格特质测量已成为一种广泛运用的心理测量工具。

人格特质测量的广泛推广和应用引起了人们的普遍关注，同时也遭到一部分人的批评和责备，米歇尔就是其中典型的代表人物。近年来，虽然对于特质的争论已有所降温，但是人格特质测量的重要性及应用仍然是一个有争议的话题。米歇尔对特质论的批评提醒特质心理学家们要防止特质分数的滥用。争议的另一积极影响是，尽管现在还难以预测这些测量在将来的研究中到底会有多大的用处，然而，人们已经将他们的注意力转移到了材料的收集和对被试有关特质的识别上。

毫无疑问，心理学家们将会一如既往地发展人格特质测量，同时，他们在未来的研究中还将继续使用特质概念。关于特质的持续争论应当使研究者们对这种类型的调查问题有一个清醒的认识。另外，随着心理学家们在做出诊断或制订特定的教育计划前对大量相关材料信息的详细检验越来越多，米歇尔及其他反对者们的呼声也在逐渐减弱。最后，对特质的争论应该导致一种更精细、更持久的研究以及测量个体差异更好的方法。

从多维的角度来看，人格的特质方法有别于其他方法。特质理论家更希望成为学院式研究者而不是心理治疗专家，他们关注的焦点是行为的描述或预测而不是行为的改变或发展。另外，特质理论家很少去了解个体的行为是如何形成、发展的。这些特点赋予特质方法独特的优势，但也是它们受到批评的原因所在。

奥尔波特等早期特质心理学家所开创的实验性工作，使他们有别于其他的人格理论家。特质理论家不像弗洛伊德以及多数新弗洛伊德主义者那样，仅仅依靠直觉或主观判断，他们使用的是客观测量的方法，以此检验人格的结构。其中有的理论家如卡特尔和艾森克，特别注重用材料来决定理论，这样就能经受住实验的进一步检验。这种方法减少了其他方法因使用模糊材料而带来的偏见和主观性。

特质论的另一生命力在于它拥有广阔的应用领域。在评定当事人时，心理健康工作者常常使用特质测量。正像我们看到的那样，教育心理学家在他们的工作中也利用了类似于特质测量的技术。此外，工作或组织领域的心理学家们在招聘职员和提拔干部的决策过程中也经常使用人格特质测量，职业咨询人员也不断依赖于特质分数给当事人匹配相应的职业。尽管特质测量的分数的不正确使用会导致人们对特质测量的责难，但是，这些测量的影响证明了大多数心理学家所公认的价值。像许多重要的理论那样，特质论已经经过了大量的实证研究。人格心理学杂志上也充满着有关某一人格特质的调查研究，每年有大量新的人格量表不断形成和出版。通过特质测量来预测行为已成为临床、社会、工业管理、教育及发展心理学家们研究中的一大特色。

对特质论的批评往往不是依据方法所阐述的本身，而是依据方法所没有说明的那部分内容。尽管特质心理学家用特质术语对人进行了描述，但他们一般都没有对这些特质的形成过程做出解释，也没有解释它们对那些获得极端分数的人有何益处。例如，我们能够对那些在考试焦虑、自我意识、果断性等测量中获得极端分数的人提供什么帮助呢？我们知道，尽管这些分数可以帮助老师或雇主为他们的学生或职员提供适当的任务和工作，但是没有哪个心理治疗流派是从特质论中产生的，人格特质论在探讨潜在问题过程中的失败限制了自身作用的发挥。

复习与思考

一、概念

特质、特质论、类型论、常规研究法、特殊研究法、机能自主性、自我认同感、健康人格、特质的因素分析法、根源特质、词汇假说、大五人格因素

二、问题

1. 分析比较类型论与特质论。
2. 分析比较关于特质的常规研究法与特殊研究法。
3. 简述人格因素分析的材料来源。
4. 如何理解特质之间的关系？
5. 阐述特质的因素分析方法。
6. 试析词汇假说与大五人格因素。
7. 回顾你往日的生活，你的特质是稳定的还是不断变化的？如果有变化，你把它们归于什么原因？是某些事件触发了它们，还是仅仅因为随着年龄增大而发生变化？
8. 以大五因素理论为基础，你能推测出中国人的性别差异吗？

第五章　生物学论

- 集体潜意识论与原型研究
- 人格层次模型与人格类型
- 行为遗传学与气质研究
- 进化心理学与人类择偶行为
- 生物测量与脑功能不对称性
- 神经生物学系统

在日常生活中，我们经常会发现父子、母女十分相像，不仅他们的五官一致，社交性、攻击性和冒险心等某些人格特征也类似。有人推测，这种现象的根源在于他们具有相同的遗传基础。在学术界，虽然高尔顿很早就强调遗传对于智力等心理特征的意义，但学术界的主流看法却倾向于从环境教育与文化的角度去说明这种现象。随着进化论、遗传学和神经生物学理论与研究方法的发展，越来越多的心理学家认识到，人格与生物因素存在重要的关系，人格上的差异也同身高、肤色和毛发等特征一样，是经过世代的进化演变而来的。传统的人格理论是基于自我报告与行为观察的，生物测量技术虽然不是主流，但是仍有许多学者认为，人格中心特质可能来源于生物学基础。现代人格心理学的创始人之一奥尔波特就明确地指出，神经生物基础是特质的根源，某些皮层与皮层下的神经结构构成了特质的生物基础，它们控制或引导个体的反应能力和反应倾向。一些早期有影响力的人格心理学家，包括弗洛伊德和巴甫洛夫，都赞同人格中心特质是神经生物倾向的产物。对于人格与生物因素关系的系统研究，早期荣格的分析心理学强调进化遗传对人格发展的意义，后来有艾森克的人格类型论重视人格的神经生理基础，近年有不少学者从进化论和行为遗传学的角度探讨人格的问题。本章将介绍人格与生物因素关系的主要理论与研究。

第一节　荣格的集体潜意识论

卡尔·古斯塔夫·荣格（Carl Gustav Jung，1875—1961）是瑞士著名的心理学家和精神病医生，是弗洛伊德的追随者，也是分析心理学的创始人。1914 年，荣格和弗洛伊德合作7年之后忍痛决裂。此后，他曾多次赴澳洲、北非、美洲和印度等地考察，以其独辟蹊径的科学研究方法对人类文化的心理因素进行分析，创立了与弗洛伊德理论有很大差异的理论体系。荣格把人的心理现象分为意识、个体潜意识和集体潜意识。许多学者都把荣格的理论放在精神分析的范畴，但本书将其划入人格的生物学论流派，这主要是因为他关于集体潜意识和原型的研究开创了人格的遗传进化研究的先河，预示了人格心理学理论研究发展的一个新方向，即人格的遗传进化论研究。

图 5-1　荣格

一、荣格的生平

关于荣格，正如他所描绘的人格理论一样，有人说他是一个神秘莫测、难以捉摸的人，又有人说他是患有早期精神病症，反犹太、亲纳粹的机会主义者（Stern，1976）。荣格的至交汉纳（Hannah，1976）坚持认为，荣格是一位非常杰出的、富有同情心的人道主义者，只不过时常忧心忡忡、性情怪异，然而这王是一位天才的特征，而不是疯子的病症。

荣格1875年生于瑞士北部一个名叫凯斯威尔的小镇，这里的居民使用德语并深受德意志民族的影响。荣格的名字是以他祖父的名字取的，他的祖父在瑞士巴塞尔大学创办了第一所精神病院和弱智儿童疗养院，成为瑞士最有名的医生和该校的校长，这对荣格走上精神医生的职业生涯起了至关重要的作用。荣格生长在一个宗教家庭，他的父亲和八个叔伯都是基督教的牧师。他最敬爱的母亲也笃信宗教，从小给他讲许多神秘的宗教故事，带着他参加众多阴森恐怖的宗教仪式。父母不和、父子隔阂以及恋母仇父都给荣格的童年刻下深深的烙印。9岁前他是独子，习惯于独自玩耍，他时常跑到阁楼上和自己雕刻的小木头人喃喃絮语，他的孤僻、内倾的性格就是在这样的家庭环境中形成的。

荣格是一个智力早熟的儿童，十几岁时就广泛地阅读了大量神学著作，然而他最感兴趣的是哲学，他读过古希腊、罗马时期的哲学家著作，研究过近代如黑格尔、康德、叔本华、尼采的哲学思想。除此之外，他还十分喜爱考古学、生物学、地质学等自然科学，从而为他掌握渊博的知识打下了基础。1895年，他考入了巴塞尔大学医学院。偶然的一次机会，他阅读了克拉夫特·艾宾的《精神病学教科书》（1879）一书，如梦初醒般地决心投身于精神病学的研究。

1900年荣格从巴塞尔大学毕业后，成为著名的精神病学家尤金·布洛伊勒领导的苏黎世大学伯格尔斯利精神诊疗所的一名助理医生。在此期间，他完成了博士论文《论所谓神秘现象的心理学和病理学》（1902）。在这几年中，荣格进行了大量的字词联想的实验研究，初步形成了他的“情结”理论，这些成果使他成为一名享有国际声誉的精神病学家，也使他开始注意到弗洛伊德的潜意识理论。1902 年冬，他到巴黎跟随皮埃尔·让内学习了几个月，这位首次提出“新的动力精神病学系统”的老师对荣格产生了深刻的影响。

1906 年，荣格与弗洛伊德有了通信，次年在维也纳弗洛伊德家中第一次和弗洛伊德见面，一谈就足足 13 个小时。从此，两人成为挚友，书信不断达七年之久。在这七年里，荣格和弗洛伊德及精神分析学派的其他成员共同创立了国际精神分析学会，经弗洛伊德提名，荣格任第一任主席。1909 年，荣格随弗洛伊德出访美国，在克拉克大学举办了一系列讲座，成为精神分析运动在美国传播和发展的一个重要里程碑。荣格思想独立，起初就对弗洛伊德的理论有不同的观点，尤其是性欲论和力比多的性质等。1913 年，荣格发表了《精神分析理论》，公开反对弗洛伊德把力比多能量解释为原始性欲的观点。由于和弗洛伊德在理论上的分歧和其他原因，荣格于 1914 年宣布脱离精神分析学会，结束了与弗洛伊德的友情和交往。

与弗洛伊德决裂后，荣格陷入了深沉的自我分析之中，在大约六年（1913—1919）的隐身静修里，他集中精力体验和理解自己的梦和幻想。1919 年，他从沉默中醒来，发表了著名的《心理类型》（1921），提出了人格向性类型说（八类型）。为了证明他的设想，从 20 世纪 20 年代到第二次世界大战期间，他开始到世界各地进行广泛的游历和考察，先后到突尼斯、阿尔及利亚、美洲、肯尼亚、埃及、印度等国家或地区的原始部落进行了比较研究。特别值得注意的是，他对亚洲文化和东方宗教进行了深入的研究，如中国的禅宗佛教、道家学说和《易经》等。这些都为他的“集体潜意识”学说提供了坚实的理论基础。20 世纪 30 年代以后，他写了大量关于人的本性、原型、象征、神话、炼金术、宗教、人生哲学和心理学的著作，形成了一整套完整的理论体系。他又把它正式命名为“分析心理学”体系。

荣格一生卷帙浩繁，即使晚年也笔耕不辍。他的主要著作有《潜意识与心理学》（1912）、《心理类型》（1921）、《分析心理学的贡献》（1928）、《寻求灵魂的现代人》（1933）、《分析心理学的理论与实践》（1958）、《记忆、梦、反思》（1961）、《人及其象征》（1964）等。同时，由于荣格在事业上取得了很大成就，他被人们誉为“苏黎世圣哲”，有十家欧美著名大学授予他名誉博士学位，1932 年获苏黎世城文学奖，1938 年被选为英国皇家医学会名誉会员，1944 年成为瑞士医学科学院的名誉会员，1933—1942 年任苏黎世联邦工学院名誉哲学教授，1944 年任巴塞尔大学医学心理学教授。1948 年在苏黎世建立了荣格学院，后来在伦敦、纽约、旧金山和洛杉矶等地相继建立了荣格学院，使他的分析心理学思想在全世界得到了广泛的传播。1961 年 6 月 6 日，荣格在瑞士库斯那赫特逝世，享年 86 岁。

二、意识、个体潜意识与集体潜意识

荣格的分析心理学也是一种整体人格结构理论。人格作为一个整体被称为心灵或灵魂。心灵（或人格）包括人所有的思想、感情和行为，不管是意识到的还是无意识的。

心灵的作用就是调节和控制个体，使其适应周围的自然与社会环境。心灵既是一个复杂多变的有机整体，又是一个层次分明、相互作用的人格结构。荣格强调人格的统一性与整体性，认为它从一开始就是一个整体，而不是由各种成分或因素相加或拼凑的结果。个体一生都在其完整人格的基础上最大限度地发展其多样性、连贯性与和谐性，小心不让它分裂为彼此分割、各行其是和相互冲突的系统，因为分裂的人格是一种扭曲的和变态的人格。作为心理分析学家的荣格，其首要任务就是帮助那些人格分裂的病人恢复其失去了的完整人格，强化其心灵，以抵制未来可能产生的分裂。可以说，心理分析的终极目的不是精神的分析，而是心灵的综合。虽然心理始终都是一个整体，却包含着彼此相异且相互作用的不同因素或层次。荣格认为，作为整体的人格，由三个不同的层次所构成，即意识、个体潜意识和集体潜意识。图 5－2 是荣格的人格三层次结构示意图。

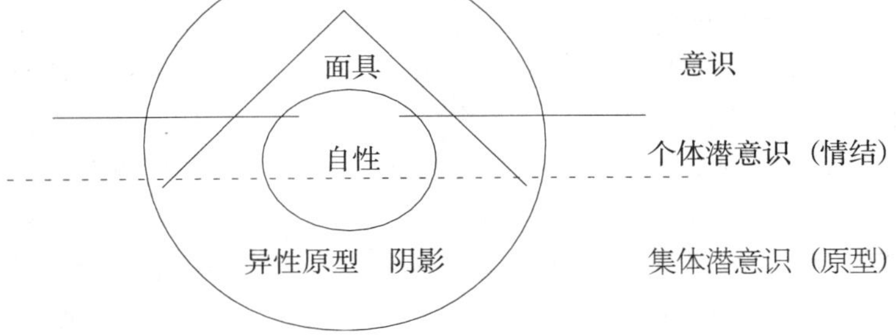

图 5－2　人格三层次结构示意图

（一）意识

意识是人的心灵中唯一能够被个体直接感知的那个部分。荣格认为，意识伴随着生命的诞生而出现，随着思维、情感、感觉和直觉这四种心理机能的应用而不断增强。由于儿童并不是平均运用这四种机能，因而逐渐产生不同心理机能类型的儿童，如思维型或情感型。除了这四种心理功能外，还有两种心态或倾向性决定着意识活动的方向，即外倾或内倾。外倾的心态使意识活动定向于外部客观世界，而内倾的心态使个体的意识活动定向于内部主观世界。

荣格认为，意识的一个主要作用就是促进个性化过程。所谓个性化（individuation），就是一个人愈来愈意识到自己的独特性、愈来愈富于个性、愈来愈不同于他人的过程。个性化的目的在于尽可能充分地认识自己或达到一种自我意识，或称为自我意识的拓展。在这种个性化的过程中产生了一个重要的人格因素，就是自我（ego）。

自我是个体自觉意识的心理组织，它由能够自觉到的感知、记忆、思维与情感等组成。它在整合人格中只占很小的一部分，但是，它作为意识的门卫却担负着重要的任务。自我具有高度的选择性，它挑选出个体意识所需要的信息。我们每天都有数不清的经验或信息，但是绝大多数都不能被意识到，因为自我在它们进入意识之前就将其淘汰了。通过对经验的选择与淘汰，自我保证了人格的统一性与连续性。同时，它也在不断地充实、完善和塑造着新的自我。

哪些经验或信息能够进入意识取决于诸多因素：第一，取决于一个人占主导地位的心理机能是什么。一个人如果是情感型的人，自我则能容许较多的情绪体验进入意识；如果一个人是思维型的人，其思想观念就比情感更易于进入意识。第二，取决于该经验或信息的强度大小。强度大的经验可以强行进入意识，而强度小的经验则易被意识所忽视。第三，取决于该经验是否引起个人的焦虑。引起人焦虑的经验或信息往往容易被拒绝在意识之外。第四，取决于个体个性化的程度。个性化程度高的个体，将容许较多的经验变为可意识到的。

（二）个体潜意识

荣格不否认意识的存在和作用，但他认为对人格及其发展影响最大的还是潜意识。它包括个体潜意识和集体潜意识。个体潜意识是潜意识的表层，它是一个经验的储存库，容纳了所有与意识自我不协调的心理活动和心理内容。这些东西也许曾经在意识中出现，但由于种种的原因而被压抑或忽视了。由于这些东西发生在个体出生之后，并和个体的经验相联系，因此被称作个体潜意识。个体潜意识与意识存在着双向流动或交换。例如，由于兴趣的转移，原本在意识中的东西会转入个体潜意识中。如果现在需要，储存在个体潜意识的东西也会被我们提取出来，对它们进行有意识的思考。

个体潜意识的一个重要特点就是以“情结”的形式表现出来。所谓情结（complexes)，就是一组一组的心理内容（包括观念的和情感的）聚集、缠绕在一起，形成的一簇难以解开的心理丛或心理结。一般人都熟悉弗洛伊德所说的俄狄浦斯情结，但不知道还有别的什么情结。其实，在荣格看来，情结有许多种，凡是一个人沉湎于某种东西而不能自拔时，其背后就有情结存在，诸如自卑情结、性爱情结、金钱情结、权力情结、完美情结等。情结使他的心灵被某种东西强烈地占据了，他的思想与情感、他的言语与行为往往被情结所左右，使他难以感知与思考其他的事情，而他本人却没有意识到。例如，一个人如果有“恋母情结”，则对母亲所说的和所做的一切都极为敏感。在他心目中，母亲的形象占据中心地位。在谈话中，他总是尽可能地谈到母亲或与母亲有关的事情。他特别喜欢那些由母亲扮演重要角色的小说、戏剧和电影。他期待母亲的生日、母亲节，以及一切能够向母亲表达孝敬的机会。他模仿母亲，并接受母亲的爱好与兴趣等。

情结可能同时具有消极或积极的作用。情结往往占用了一个人心灵中太多的能量，削减了人格其他部分所需的能量，阻碍了其他方面的正常运转和发展，因而可能导致心理障碍或心理问题。例如，如果一个人有强烈的追求成就的情结，那么这个人会整天忙于事业，成为“工作狂”，而忽略了自己的家庭生活，乃至自己的身体健康。因此，荣格认为，心理治疗的目的之一就是帮助病人解开情结，把人从情结的束缚下解放出来。情结并非只起消极作用，实际上它常常是成就的重要动力，是灵感和创造力的源泉。只有特别强烈的完美情结才会驱使人去创造出精妙绝伦的艺术作品。荣格在早期认为情结起源于个体的童年经验，后来他发现情结最深层的根源是集体潜意识。

（三）集体潜意识

在意识与个体潜意识上，荣格对弗洛伊德的思想虽有不少的丰富与发展，但并没有多少是原创性的。荣格最具原创性的思想就是提出了集体潜意识的理论，这一理论使荣格成为20世纪最卓越的思想家，同时，也因此成为一个颇有争议的人物。

集体潜意识也是一个储存库，它所储存的不是个体后天的经验，而是其祖先（包括人类祖先和动物祖先）在漫长的生物演化过程中世代积累的经验。这些经验以原始意象（primordial images）的形式保持下来。原始意象并不意味着一个人可以回忆或拥有他的祖先所曾拥有过的那些意象，而是指人类对某些事件作出特定反应的先天遗传倾向，或潜在的可能性，即采取与自己祖先同样的方式来把握世界和做出反应。例如，人对蛇和黑暗有恐惧的反应，但人并不需要亲身经验到被蛇咬的痛苦与黑暗的威胁，这是因为我们的原始祖先有了代代相传的经验，而这些经验被深深地镂刻在人的大脑之中。

在弗洛伊德那里，意识和无意识通常都可以看成是来自于后天经验。荣格的集体无意识概念打破了这种严格的环境决定论，揭示了进化与遗传为人类心理的结构提供了蓝图。人的心理是通过进化遗传而预先确定了的，它决定了人以什么方式对后天生活经验做出反应。这样，个体不仅与自己的童年往昔联系起来了，而且与自己的种族祖先连接起来了，从而确立了进化遗传在人格发展中的地位与作用。

三、原型研究

集体潜意识的主要内容是原型（archetypes），原型不是人生经历过的事情在大脑中留下的记忆表象，它没有一个清晰的画面，而更类似于一张需要后天经验来显影的照片底片。原型深深地埋藏在心灵之中，因此，当它们不能在意识中表现时，就会在梦、幻想、幻觉和神经症中以象征的形式表现出来。原型有很多种，人生有多少个典型的情境，就有多少个原型。荣格把自己一生大部分时间和精力用于研究原型，他确定和描述过几十种不同的原型，诸如出生的原型、再生的原型、死亡的原型、力量的原型、巫术的原型、英雄的原型、儿童的原型、母亲的原型、上帝的原型、魔鬼的原型、骗子的原型，还有许多自然物或人造物的原型，如太阳、月亮、风、火、水、武器、劳动工具等的原型。在这些原型中，荣格研究得比较多的原型是人格面具、阿妮玛和阿妮姆斯、阴影以及自性。

人格面具（persona）是指一个人生来就具有的一种倾向性，倾向于在公众场合中展示自己，扮演好某种社会角色，其目的在于给别人一个好的印象，得到社会的承认和赞许。所以，这个原型有时也被称为顺从的原型。一切原型都必须是有利于个体，也有利于种族的，否则，它就不可能成为人的天性的一部分。显而易见，人格面具有利于人在社会中生活，它促使我们与其他人，甚至与我们并不喜欢的人和睦相处。人格面具不仅有利于实现个人目的，取得个人成就，同时，它也是社会生活与共同福利的基础。

人格面具在整个人格中所起的作用并非完全是积极的，有时也可能是消极的和有害的。如果一个人过分热衷于自己所扮演的角色，人格的其他方面就会受到排斥。这种受人格面具支配的人，就会逐渐违背自己的本性，不考虑自己内心真实的感情和需要，把自我认同于人格面具，这种情况被荣格称为“面具膨胀”（inflation）。过分关注人格面具则必然要牺牲人格结构中的其他组成部分，从而对心理健康造成危害。荣格的病人中有许多是这种面具过分膨胀的受害者，这些人大多是社会名流，且很有成就，但他们却在某一天突然感到自己的生活异常空虚和没有意义，因为他们多年来都在欺骗自己，自己的兴趣与情感都不是真实的，而是假装出来的。荣格的工作就是让病人充分认识到自己过度膨胀的人格面具，对它给予适当的抑制，以便使自己人格的其他部分赢得伸展的空间。

阿妮玛（Anima）和阿妮姆斯（Animus），又称异性原型。阿妮玛指男性心灵中的女性成分或意象，阿妮姆斯是指女性心灵中的男性成分或意象。这是人类祖先在漫长的岁月中、在男女相互交往和共同生活的经验上形成的。这种原型保证两性之间的协调和理解，具有重要的生存价值。荣格曾指出，每个男人心中都携带着永恒的女性心象，它不是某个特定的女人的形象，而是一个确切的女性心象。这一心象根本是无意识的，是镂刻在男性有机体组织内的原始起源的遗传要素，是人类祖先有关女性的全部经验的印痕或原型。

异性原型为我们建立起一种无意识的标准，影响到我们对异性的选择和反应。荣格指出，阿妮玛有一种先入之见，它喜欢女人的虚荣矫饰、多情善感、软弱无力、缺乏自信和没有目的性，而阿妮姆斯则选择那些真诚勇敢、聪明多智、体魄健壮的男性。在现实社会中，许多人因为人格面具的过度发展而受害，但在阿妮玛和阿妮姆斯上，许多人的情况则相反，这两种原型往往得不到充分的发展，因为我们的传统社会过分强调男女之间的差别性，歧视男性身上的女性特征和女性身上的男性特征。在我们的文化中，那些所谓的“假小子”和“假妹子”经常遭到别人的嘲笑。当代社会文明的发展，为阿妮玛和阿妮姆斯的发展提供了较为宽松的空间和更好的发展机会，我们可以预期：在今后的社会生活中，可以见到更多的“假小子”和“假妹子”。

阴影（shadow），也称同性原型。它代表一个人的性别，并影响到与其他同性的关系。阴影比其他任何原型都更多地容纳着人的最基本的动物性或兽性的一面，在人类进化过程中有其深远的根源，是原型中最强大的和最具威胁性的一个。它包含了人的心灵中通过遗传获得的最黑暗、最隐秘和最邪恶的倾向，因而被称为阴影。

阴影具有强大的破坏力，因而有必要加以压制。通过外在的社会法制与道德规范，以及内心的人格面具，一个人可以成功地压抑自己天性中的兽性一面，他会变得文雅起来。但是，为了这种文雅，个体将付出高昂的代价，即削弱了他的自然活力与创造精神，因为阴影不仅是最坏的东西的发源地，也是最好的东西的发源地。荣格认为，一个人要是缺乏来自于阴影的深邃的先天智慧与直觉，其生命将缺乏活力，没有朝气，流于浅薄和平庸。

自性（self），也就是统一、组织和秩序的原型。它是集体潜意识中一个核心的原型，它把所有别的原型吸引到自己的周围，使它们处于一种和谐的状态。它的主要作用是协调人格的各组成部分，使之达到整合、统一，使人具有稳定感和一体感。如果一个人的自性没有充分发挥其作用，那他将感到内心激烈的矛盾和冲突，感到自己的精神即将崩溃。荣格认为，一切人格的最终目标就是自性的充分发挥或实现。这是一项十分复杂而又艰巨的工作，极少人能完成这一工作，只有像耶稣和释迦牟尼这样伟大的宗教领袖才接近于这一终极目标。自性的实现在很大程度上要依靠自我，通过自我尽量使人格的各个组成部分到达自觉意识，使那些无意识的东西成为能被意识到的，使人格获得充分的个性化。荣格认为，依靠某种宗教体验和修炼，如瑜伽和坐禅，能够较好地理解和把握自性。

四、人格动力论

荣格不仅有系统的人格结构理论，而且提出了人格动力学说。他认为人格结构本身就是一个动力系统，这个系统具有相对闭合的性质。这是因为它或多或少是一个独立自主的能量系统，尽管它需要从外部世界或自身肉体中获得能量。但是，这些能量一旦为心灵所吸收，就完全属于精神能量，而不是物理、化学或生物的能量，并且心灵可以任意决定如何使用这种能量。

荣格认为，来自身体内部或外部世界的精神能量，主要通过各种感觉刺激作用于我们的心灵而产生。所有这些内外感觉给我们的心灵提供连续不断的滋养，如同食物滋养我们的身体一样。由于感官不断地接受来自外界的能量，从而使心灵处于不断变化的状态，因此它的平衡只能是相对的，而不能达到绝对的平衡状态。如果心灵是完全封闭的，它就像一潭死水，失去了生命的活力。如果心灵是完全开放的，其结果将是无穷的混乱。因此，健康的人格应该是介乎两种极端的中间状态，即相对闭合的状态。

人格所需要的能量被称为心理能（psychic energy）。荣格和弗洛伊德决裂的一个重要原因，就是荣格不同意弗洛伊德将力比多解释为单纯的性能量。相反，他把力比多看做一种普遍的生命力。后来，逐渐用“心理能”取代了“力比多”。荣格认为，心理能可以是意识的，也可以是无意识的，在意识中它表现为各种努力、欲望和意愿。同时，它既可以表现为食欲、性欲，也可以表现为情绪和情感。

心理能不能像物理能那样作直接的定量的测定和计算。但是，可以通过比较来把握某一心理活动所用能量的相对大小，这就是荣格所提出的心理值（psychic value）。所谓心理值，就是用来衡量分配给某一特殊心理要素的心理能的计量尺度。当比较高的心理值被投放到某种观念或情感时，就意味着这种观念或情感有相当大的力量左右和影响一个人的行为。例如，一个赋予权力很高心理值的人，会投入大量的精力去官场上投机钻营，讨好上司，欺骗和压制下属，或想方设法去做显著的政绩，力求保官和升官。

我们不能绝对地测定某一心理要素的心理值，但可以相对地估计它的大小。我们可以将一种心理要素与另一种心理要素相比较，看哪一种心理要素占用了个人更多的时间和精力，则哪种心理要素所具有的心理值就更大。例如，我们发现一个人每天花大量的时间和精力在社会工作上，却很少把自己的时间和精力放在家庭生活上，我们就可以肯定地说前者的心理值远远大于后者所拥有的心理值。对心理值进行估计和测量的方法包括：①观察他对不同活动对象的选择；②为达到目标而克服障碍所花的时间；③对梦或幻想进行分析；④生理指标的测量，如脉搏、呼吸和皮肤等的测定。

荣格提出了一些心理能运转的原则来说明心理能量在人格结构中的分布和移动情况。这些规则主要有两条：第一，等值原则。这是说心理能中一定的能量从某一心理成分中减少或消失，与之相等的能量就必然出现在另外的心理成分之中，或者说，一个心理成分占用了较多的心理能时，其他心理成分能用的心理能就对等地减少了。能量永远不会从心灵中消失，它只是转移到别的活动上去了，有时甚至从意识活动转移到无意识活动中，例如以幻想或梦的形式表现出来。第二，熵增加原则。这是指心理能量的分布和流动是有方向的，一般是从能量多的心理成分流向拥有较少能量的心理成分，以实现心灵不同结构或成分之间的平衡，这就像热力学中所说的热量流动的规律（即熵增加原理）一样，从热量高的地方流向热量低的地方，直至两方的热量达到均衡。但是，来自外界的能量总是使心灵处于不平衡状态，使人产生种种紧张感、压迫感与冲突感，人格结构不同成分之间的能量极差越大，人所体验到的紧张感和冲突感就越强烈。荣格认为，某些精神病人（如自闭症患者）为了逃避无法应付的强烈刺激，便环绕自身建立一层外壳保护自己，不与外部世界交流。正常人则通过各种方式来保护自己，使熵增加，产生相对平衡的状态。

荣格认为，心理能可以沿着前行和退行两个方向流动。前行是指人把心理能投放到外部活动之中，以适应环境的要求。在前行过程中，每种心理机能都会吸取各种生活经验和心理能量，使人努力与环境条件和要求相一致。退行是指把能量从外部活动中抽回来，流入无意识之中，以激活无意识中的各种心理内容。前行与退行是两种对立但又相互联系的过程。前行使人消耗能量以应付外部世界，退行使人保持和聚集能量。退行还有一个好处，它激活了无意识中拥有的丰富的种族经验和智慧，有助于人们解决现实生活中所面临的各种问题。实际上我们每天晚上睡觉的时候，都在从无意识中汲取能量，梦为我们提供力量和智慧。能量的前行与退行类似于涨潮和落潮，能使人的内心世界得到调整和平衡发展。

荣格认为，心理能量和物理能量一样，是可以发生能量转换和形态变化的。首先，当一种新的活动模拟本能活动时，本能的能量就会被纳入这种新的活动中。荣格把这种现象称为能量输导，即心理能量必须经过一个能量输导系统，发生能量转换，纳入新的活动中，才能像物理能量那样做功。其次，心理能是通过模仿或制作的方式进行能量转换的。荣格发现，原始部落以各种仪式和舞蹈来转换心理能量，而现代人则通过“有意志的行为”，用科学和技术把梦想变为现实，从而实现心理能量的转换。

荣格认为，象征是一种有意义的意象，是促使心理变化的一种工具。当理性的源泉不足时，精神就会产生一种象征。它是自发地从潜意识中产生的，是“建基于潜意识原型之上的”，是原型的外化，原型通过象征来表现自己。这样，人们通过对象征的形式及其内涵的分析，就可以追根溯源地找到潜藏在潜意识深处的原型。荣格还认为，象征并非固定不变，它不仅仅是一些符号之类的东西，还是一种推动和促进心理发展的力量。荣格把这种力量称为象征的“超验功能”（transcendent function）。荣格发现，最经常出现的一个整体象征是“曼达拉”，它是最古老的宗教象征之一，代表着人的整体精神，而且是人格的中心。它可以使各种矛盾冲突的力量结合为一个统一的整体。由于象征具有这种超验的功能，它能帮助人们探察潜意识心灵的奥秘，能够预测个人未来的心理发展水平。

五、人格发展论

荣格有关人格发展问题的关键概念是“个性化”。个性化是指在意识的指导下，使意识的心灵和潜意识内容融洽地结合为一体的过程。在荣格看来，只有达到个性化的人才是心理健康的人，他才有一个充分分化了的、平衡的和统一的人格。个性化的另一方面是整合。荣格认为，整合的过程受前面所述“超验功能”控制，超验功能具有统一人格中所有对立倾向和趋向整合目标的能力，是自性原型借以得到实现的手段。与个性化的过程一样，超验功能也是人生发展所固有的，两者相互独立，相互依存，共同促进人格的发展。

荣格在心理治疗中发现，由于患者年龄不同，其心理病因和症状亦有很大差异。若想有针对性地了解和治愈心理疾病，就必须对不同年龄阶段的心理发展有所了解。为此，荣格提出了心理发展阶段理论。在《精神分析理论》（1913）中，荣格把人生划分为四个阶段：

1. 童年时期（从出生到青春期）

荣格认为这一阶段应分为前期和后期。前期是指出生后的最初几年，儿童不具备意识的自我。他虽然有意识，但意识结构不完整，他的一切活动几乎完全依赖父母。到了后期，由于记忆的延伸和个性化的作用，他的自我意识逐渐形成，儿童开始用第一人称“我”来称呼自己，并且逐渐摆脱父母的依赖。

2. 青年时期（从青春期到35或40岁）

这一时期是“心灵的诞生”时期。此时，个体的心灵正发生一场巨变。他面临人生道路的各种问题，如事业、婚姻、学习等。在矛盾面前，他们或许会盲目乐观或盲目悲观，因而导致精神失调或自卑感，或许会停留或固守于一种儿童的原型，而不愿意变得成熟起来。因此，这一阶段的人必须努力培养自己的意志力量，使自己的心理和外界世界保持一致，在生活中做出正确有效的选择，克服面临的无数障碍，在世界上找到适合自己的位置。

3. 中年时期（从35或40岁到退休）

这是荣格最为关注的时期。他发现，许多中年人虽然在事业上取得了显著的成就，在社会上获得了令人羡慕的地位，有了美满的家庭，但他们往往感到人生仿佛失去了意义，心灵变得空虚而苦闷。荣格认为，这是在人生的外部目标获得之后所出现的一种心灵的真空，他称之为中年期的心理危机。要使中年人振作起来，就必须寻找一种新的价值来填补这个真空，扩展人的精神视野和文化视野。要做到这一点，必须通过沉思和冥想，把心理能量转向过去所忽略的主观世界，由外部适应转向内部适应。用荣格的话来说：“对于那些已到中年，不再需要培养自觉意志的人来说，为了懂得个体生命和个人生活的意义，就需要体验自己的内心存在。”

4. 老年时期（从退休到死亡）

荣格认为，老年人和儿童一样，喜欢沉浸在无意识之中。他们喜欢回忆过去，更多考虑来世生活问题。在这里，荣格承认，人死后生命依然存在，认为这是心灵个性化过程的另一个时期，并在来世中获得自我实现。作为一名心理学家，荣格认为他不是单纯从迷信的角度盲目地信仰灵魂转世，而是认为一种为世界上这么多人所深信的信念，一种成为许多宗教所信奉的教义，是不能被心理学研究所忽略的。

六、心理类型学

荣格早年在字词联想实验中就发现，不同性格类型的人，其情结的表现也不同。1913 年，在慕尼黑国际精神分析大会上，他第一次提出了内倾和外倾人格的观点。1921 年，他在《心理类型》一书中又做了详细的阐述。荣格对心理类型的研究已成为分析心理学的最重大发现之一，也使他成为人格差异研究的重要开拓者之一。

1. 态度

荣格根据两种态度或倾向性，把人划分为内倾型和外倾型两种类型。内倾型的人，心理活动指向自己的内部世界，喜欢安静，富于幻想，对事物的本质和活动结果感兴趣。外倾型的人好社交，为人活泼、开朗，对外部世界的各种事物感兴趣。荣格还认为，每个人都不是绝对内倾或外倾的，许多人是介于两者之间的中间类型，或某种态度类型相对占优。

2. 心理功能

除两种态度外，荣格还提出了四种心理功能，即思维、情感、感觉和直觉。他认为思维的功能是评价事物正确与否，而情感的作用是判断和确定事物价值，考量该事物是否可以被接受。思维与情感是一对相互对立的功能，人们用它们来进行判断和评价，因此可称为理性功能。感觉是一个人确定事物存在与否的功能，但不指明那是什么事物。直觉是对过去或将来事物的预感。感觉与直觉也是一对相互对立的功能，因没有理性参与，又称为非理性判断。荣格说："感觉告诉你存在某种东西，思维告诉你它是什么，情感告诉你它是否可以接受，直觉告诉你它从何而来，去往何处。"①

七、态度与功能的组合

荣格把两种态度与四种功能结合起来，划分出了八种不同的人格类型：

（1）外倾思维型：这种人喜欢分析、思考外界事物，生活有规律，客观而冷静，但比较固执己见，情感压抑。

（2）外倾情感型：这种类型的人多为女性。她们的思维常常被情感压抑，没有独

① 霍尔，诺德贝．荣格心理学入门［M］．冯川，译．北京：生活・读书・新知三联书店，1987：142.

立性，非常注重与社会和环境建立和睦的情感关系。

(3) 外倾感觉型：这种类型的人多为男性。他们喜欢追求欢乐，活泼、有魅力，对客观事物感觉敏锐，精明而求实，但易变成寻欢作乐的酒色之徒。

(4) 外倾直觉型：这种人喜欢追求外部世界的新感觉，易变而富有创造性，有多种嗜好，但难以坚持到底，做事常凭主观预感。

(5) 内倾思维型：这种人喜欢离群索居，独自追求自己的理想，常以主观因素为依据分析事物，待人冷漠，倔强偏执，情感受压抑。

(6) 内倾情感型：这种人沉默寡言，不易接近，给人一种神秘莫测的吸引力，但内心有非常丰富和强烈的情感体验。

(7) 内倾感觉型：这种人对事物有深刻的主观感觉，喜欢通过艺术形象表现自我，缺乏思想和情感，较被动，安静而沉稳，自制力强。

(8) 内倾直觉型：这种人富于幻想，性情古怪，思想往往脱离现实，不易被人理解，常产生各种离奇的幻想和想象，体验奇特怪异。

荣格所划分的这八种类型只代表极端的情况，实际上每个人都会表现出某种占优势的性格类型，在他身上还有不占优势的第二种或第三种性格类型。其中有意识的因素，也有无意识的成分，两者的相互作用构成了千变万化的人格类型。

荣格的心理学思想博大精深，他毕生致力于以集体潜意识为核心的心灵整体的研究，并在长期的心理疾病的临床实践中形成了自己独特的心理学思想。

首先，荣格的分析心理学扩展了心理学的研究领域。集体潜意识理论实际上是一种独特的民族心理学和精神进化论的研究，他把世代遗传的精神遗迹看做某一民族独特历史的心理状态，为我们探究人类意识、心理的起源提供了理论启示。他对宗教问题、炼金术、神话、象征、梦、超感知觉能力等抱着科学的态度进行了研究，这在一定程度上开阔了我们的视野。

其次，荣格强调了人格的整体性。他虽然把人格分为意识、个体潜意识和集体潜意识，但这些人格成分并不是各自独立、毫无联系的，它们在“自性”原型的统一指挥下，整合为一个有机的整体。这种整体观对正确理解完整的人格是有积极意义的。

再次，荣格对人格类型的研究开创了个体差异研究的新领域。他的理论虽不无偏颇，但为人们了解自己的心理倾向和个性特征提供了可能性。他的理论至今仍在教育、管理、组织行为学、医疗、文学等领域有重大的影响。随着后人对其类型理论的不断改进和发展，更进一步深化了人格的研究和人们对个体差异的了解。

最后，荣格在研究方法上也颇具特色，且有贡献。他的字词联想测验经后人的改进和探索，已成为当代心理学研究的重要手段之一。依据字词联想实验的结果而设计的“测谎仪”，在犯罪心理学的研究中发挥了重大的作用。荣格不像弗洛伊德那样固执，在心理治疗中他善于开发和利用不同的方法。早年他运用机械因果论，从病人的过去生活中寻找病因，后来他采用目的论的研究方法，对现在和未来的事件进行分析和推测。荣格在晚年又提出了一种“共时性”方法，用来解释当前事件和许多其他事件的潜意识的因果联系。他的心理治疗技术被广泛采纳和发展。荣格的分析心理学具有浓厚的文化人类学色彩，引发了心理学界对个体思维和行为模式的普遍性的研究，以及对神话、意象、象征等的跨文化的探索。荣格的分析心理学的人格理论和方法在现代人格心理学体系中占有一席之地，它是古典精神分析向新精神分析转化的一个重要的过渡阶段或中间环节，同时，他的集体潜意识和原型的研究开辟了人格的遗传进化论研究。当然，荣格的理论与方法还是遭到了许多学院派心理学家的批评，他们认为荣格的理论和观点深奥难懂，离奇古怪，带有神秘性，其方法缺乏客观性和严谨性。

第二节 艾森克的人格理论

艾森克（Hans J. Eysenck，1916—1997）是英国著名的人格心理学家，他将因素分析方法和经典的实验心理学方法相结合，长期研究人格类型及其构成，从而确立了自己的人格类型理论。艾森克的类型论不是传统意义上的类型论，而是用特质论的人格维度观点来改造类型论，他所说的类型不是一般的人格类型，实际上是更高层次、更具有一般性的特质。因此，艾森克的理论在本质上还是一种特质论，只不过是用了类型的概念而已。艾森克的理论还有一个重要的特点，就是重视类型或特质的神经生理学基础的研究，因此，本书将他的理论看做人格研究中生物学取向的一个代表。

图5－3 艾森克

一、艾森克的生平

艾森克1916年3月4日生于德国柏林。由于受纳粹上台的影响，18岁那年艾森克远离故土来到了英国，从此这里成了他的第二故乡。来到英国不久，艾森克就被伦敦大学录取，在西里尔·巴特教授门下攻读心理学。1939年，他首次在杂志上发表文章，此后，他源源不断地撰写书和论文。艾森克在科学、艺术及体育方面都很有才能，并且是一个具有很大勇气和特别自信的人。他的影响是巨大的，这也招致了许多敌意和不信任。由于受巴特的影响，艾森克的研究工作集中在心理学中处于中心位置的，同时也是最为复杂的那些问题，即人格问题，并且力图将严谨、定量、实验的科学方法应用于该领域。

大学毕业以后，艾森克在战时的弥尔山急救医院，在著名精神病学家A. 刘易斯指导下开始了他的学术生涯。研究工作的最初成果作为他的第一本书《性格诸向度》于1949年出版。该书展示了标志艾森克日后研究工作特点的诸多品质；它在理论建构上是大胆而全面的，依据的文献充分而又可靠，以统计分析的实验依据为基础，得出的结论简明而经得起检验。艾森克起初发现了两个主要的人格维度（因素），即内倾—外倾和神经质，后来在这两个因素（维度）之外，艾森克又找到了第三个因素——精神质。这种基于因素分析的定量研究方法，意在取代精神病学中通常采用的人格障碍的分类。接着他又采用同样的因素分析法进行了一项社会与政治的态度研究，并得出了颇有意义的结果：保守主义对激进主义以及硬心肠对软心肠。在这两个维度上可以找到种种社会和政治态度。按照艾森克的说法，法西斯主义者是保守和硬心肠的结合，而共产主义者则是激进与硬心肠的结合。

艾森克一直致力于将统计分析的结论与生理、行为资料数据联结起来，这主要是受巴甫洛夫的研究工作和行为主义心理学的影响。他指出，个体在内外倾这一维度上所处的位置是一种兴奋过程与抑制过程之间的平衡。例如，外倾的人不如内倾的人容易形成条件反射，这一结论得到了实验的支持。在他建立的伦敦莫兹利医院心理学部，艾森克极大地推动了心理功能的生物学基础方面的研究，尤其是行为遗传学的研究。艾森克始终坚信遗传影响对人格和行为的重要性，不仅对于智力问题如此，而且他把遗传与人类行为中诸如犯罪、吸烟、吸毒成瘾和种族差别等方面联系在一起。这给他招来大量指责，甚至人身攻击。

莫兹利医院是一个精神病治疗机构，其研究重点主要集中于临床领域，在这里，艾森克建立了全英国最主要的临床心理学部门。该部门在为临床心理学赢得独立于医学的角色过程中起了重大作用。艾森克研究工作的基础是行为疗法的发展，他是该领域主要的先驱者之一。他倡导行为疗法，这既是基于科学的根据，也是基于他对心理疗法，尤其是心理分析等治疗方式的价值心存怀疑。事实上，他反对那些自命不凡的心理分析家的斗争由来已久。

艾森克是一位天才作家，其许多关于心理学的普及著作也理所当然地拥有广大的读者。他从不回避谈论那些有争议的问题，例如种族、犯罪、性、遗传性和政治，并用有说服力的证据支持自己的观点。他还在其著作中为占星术提供了事实的支持。由于在理论建构方面过于雄心勃勃以及过分注重定量化研究，艾森克不可避免地受到一些心理学家们的批评。然而，如果不承认他将心理学中关键性的、最复杂的课题带进科学研究领域的价值，不承认他对该领域所作的贡献，那就是心胸狭窄。他确实是西方当代心理学家中最富有成果的人物之一。

二、人格类型及其层次模型

艾森克强调人格由三个类型或基本维度组成，即由内倾—外倾（Extraversion，E）、神经质（Neuroticism，N）和精神质（Psychoticism，P）组成。通常用 P、E、N 三个字母来代指人格的三个维度，各维度的具体含义见图 5－4。

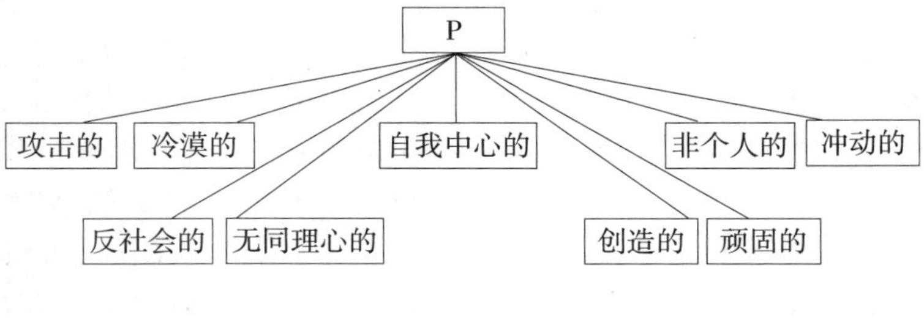

精神质（P）的层次结构

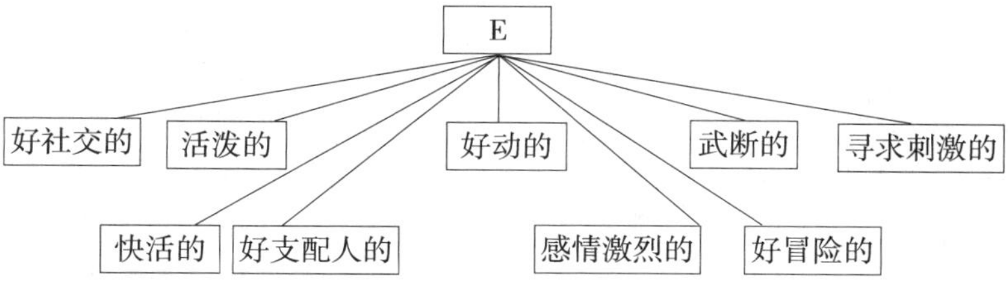

内倾—外倾（E）的层次结构

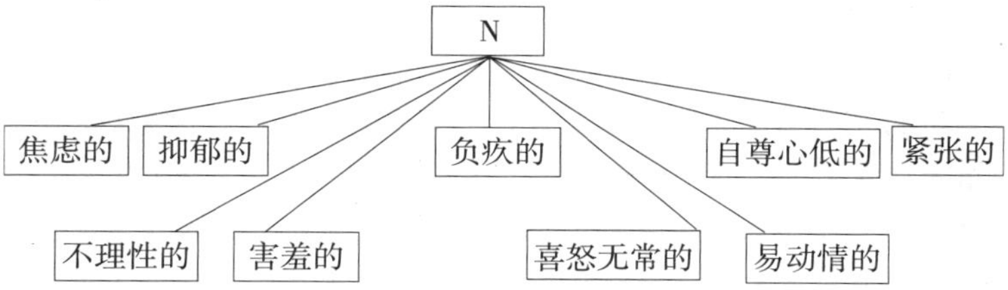

神经质（N）的层次结构

图 5－4　人格的三个维度及其含义

有关三个结构图含义的更具体的阐述如下：

精神质代表一种倔强固执、粗暴强横和铁石心肠的特点，并非暗指精神病。高神经质者往往被看成是“自我中心的、攻击性的、冷酷的、缺乏同情的、冲动的、对他人不关心的，且通常不关心别人的权利和福利”。他们情绪易变，并且经常抱怨说很苦恼、很焦虑，身体也常感不适（如头痛、胃痛、头昏等）。低神经质者则表现为温柔、善感等。如果个体的精神质表现出明显程度，则易导致行为异常。虽然不难发现，这一特质有使人患精神病的可能性，但这方面的个体差异呈现正态分布，而且从某种程度上讲，这与精神病的临床症状是不一样的。另外，虽然这些特质特点有负面的社会价值，但是，艾森克认为这一维度上的高分与创造性有联系。这一基本联系可能是那种以非常规方式来思维的能力，而这正是创造性的精髓，尽管它并不是这一才能的唯一先决条件。

而在内倾—外倾性上，典型的外倾者表现为外向、开朗、冲动和不可抑制，有许多社会联系和经常参加集体活动。他们有许多朋友，需要与人交谈，不喜欢独自看书和学习。与此相反，内倾的人则是“安静的、不与人交往的、内诲的，他们喜欢书籍胜于喜欢他人，他们是保守的，除了少数知音外，几乎让人敬而远之”；他们喜好有规律的生活，不喜欢充满偶然性和冒险性的生活。大量的研究表明，内倾和外倾的人在机能上有根本的差异。内倾的人对疼痛敏感，较易疲倦，认为激动会导致表现下降，学校学业较出色，喜欢单独度假，较少受暗示，在性生活的频率和性伙伴类型上都不如外倾者那样活跃。他还认为，内倾的人比外倾的人更容易被事件所感动，更容易接受社会禁忌。所以，内倾的人更受抑制和约束。

在神经质维度上，得分高者“情感的易变性是外显的、反应过敏的，倾向于过于强烈的情绪反应，他们在情感经历之后较难面对正常的情景”。他们比一般人更易激动、动怒和沮丧。低分者在情感方面很少动摇不定。

有必要指出的是，E 维度和 N 维度与卡特尔的 16 个因素的进一步因素分析的结果是相似的。换言之，将卡特尔用问卷获得的特质作进一步的聚合或分组，可得到艾森克的内倾—外倾和神经质维度相似的二阶因素。但对第三个维度，即精神质却有相当大的争议。艾森克认为，在三个基本的人格类型或人格维度中，每一个都是多层次的人格结构。艾森克提出了关于人格结构的多层次模型。该模式描述了这样一个过程：从一个人精神的最表层（即个体在特殊情境下的特殊反应）层层深入，经过习惯性反应、特质，最后达到最里层，即类型（图 5－5）。

以外倾型为例，外倾的最表层或最基本的水平是特殊反应水平。我们常常观察到某个人花整个下午与朋友聊天说笑，那么，这个人在特定时间、特定场合的聊天就是一个特殊的反应；如果这个人每周都要花上几个下午与朋友共处，那么，我们有理由相信他已经达到了艾森克模型中的第二级水平，即习惯性反应水平。但是，这个人也许不仅仅是下午或不仅仅和这些朋友进行社会交往，他还会花上周末的大部分时间和晚上相当多的时间用于其他社会交往活动。假如你观察的时间足够长，你会发现他是在为社交聚会、群体讨论、生日晚会而生活，用艾森克的话来讲，你可以据此断定他表现出了好交际的人格特质。最后，艾森克认为，好交际这种特质还只是更大人格维度中的一部分。好交际的人也倾向于冲动、灵活、活泼和易激动，所有这些特质组合成类型这一更高的人格层次，这就是外倾型。

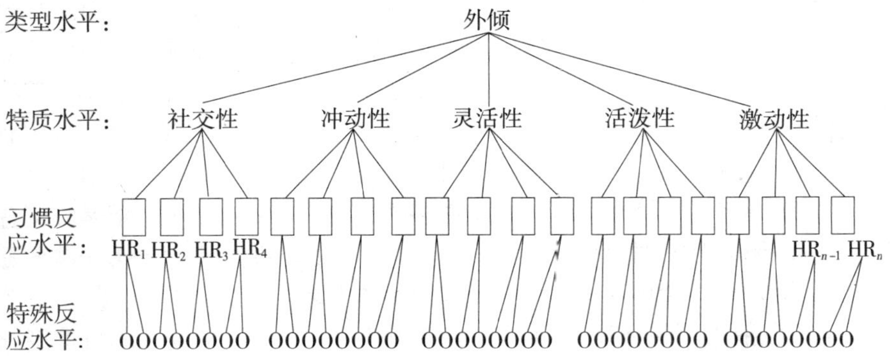

图 5－5 外倾型人格的层次模型

最初，艾森克用因素分析确定了两个基本的人格维度，即内倾—外倾和神经质，这两个维度可以涵盖其他所有的人格特质。由于这些特质彼此相互独立，因此在第一维度外倾性上获得高分的人，可以在第二维度上获得高分，也可以获得低分。进一步讲，一个在外倾性上获得高分，同时在神经质上获得低分的人，与在这两个维度上都获得高分的人相比，人格结构是不同的。

艾森克认为，内倾—外倾和神经质这两个维度如果垂直相交，可以构成四个象限，这四个象限所描述的人格与传统四种气质类型相对应（图 5－6）。

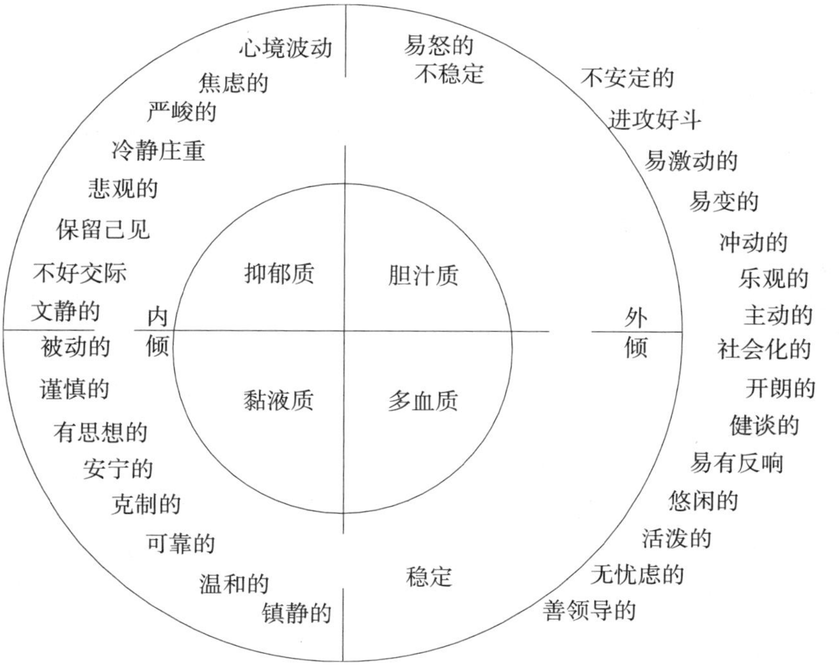

图 5－6　两个人格维度与四种气质类型的关系

三、人格三个基本维度的生物学基础

在研究中，艾森克喜欢把心理测量数据的统计分析结果与生物学的、行为学的实验研究结果结合起来。这种研究倾向主要是受到巴甫洛夫的研究工作和行为主义心理学的影响。他的研究表明，个体在内倾—外倾这一人格维度上所处的位置是以大脑神经兴奋过程与抑制过程之间的平衡性为基础的。与外倾者相比，内倾的人更容易形成条件反射等。艾森克极力推动人格的生物学基础研究，尤其是行为遗传学的研究。艾森克始终坚信遗传影响对人格和行为的重要性，这不仅在智力问题上是如此，在诸如犯罪、成瘾和种族差别等方面也是如此。为此，他受到了大量指责。

（一）内倾—外倾的生物学基础

艾森克认为，外倾的人和内倾的人不仅在外部行为上有明显的差异，而且在神经生理基础上也不一样。在他看来，当处于一种安静、休息状态时，外倾和内倾的人有着不同的大脑皮层唤醒水平。艾森克指出，外倾的人一般比内倾的人有着更低的皮层唤醒水平。外倾者追求丰富的社会刺激和从事高度唤醒的社会行为。从某种意义上来说，高度外倾的人仅仅是在努力避免无聊，其生物特性决定了他们需要高强度的刺激来满足他们的需要，以便达到适当的大脑皮层唤醒水平。内倾者的情况则恰恰相反，他们普遍具有高于正常的大脑皮层唤醒水平，他们会选择一种孤独的或较少刺激的环境，以防止原本过高的唤醒水平更加升高，弄得自己心神不定。基于这些原因，外倾的人喜欢热闹的聚会，而内倾的人在这样的环境中很难待下去。

1976 年，雷维尔等人进行了一项关于工作效能的研究。根据艾森克的理论，研究者设想在正常条件下，内倾者的大脑皮层已具有较高的兴奋水平，如果进一步提高他们的兴奋水平，就会降低他们的工作效能；相反，外倾的人在正常条件下大脑皮层兴奋水平相对较低，若提高他们的兴奋水平，就会提高他们的工作效果。通过喝咖啡或竞赛来影响内、外倾向者的大脑皮层唤醒水平，结果发现，外倾者的工作效果提高，而内倾者的工作效果降低。这个研究结果支持了艾森克的理论。

（二）神经质的生物学基础

艾森克模式中的第二个基本维度是神经质。在该维度上得高分的人，情感波动大，神经过敏，倾向于对刺激产生过于强烈的情感反应，产生强烈情感之后也难以平复。有时，我们会将这种人视为情绪不稳定的人，他们常常会对微小的挫折和问题情境产生强烈的情绪反应，而且需要经历很长一段时间才能平静下来，这些人比一般人更易激动、动怒和沮丧。而处在该维度另一端的人则容易从挫折和困境中摆脱出来，其情感反应比较平稳，不会大喜大悲。

由于自主神经系统对诸如恐惧、焦虑等情绪有调控作用，艾森克把自主神经系统看做是神经质的神经生物学基础。他推测，在神经质维度上得分高的被试，其心率、呼吸、皮肤电、肌肉张力、血压、瞳孔反射，甚至消化道反应等方面都更为强烈。研究表明，这些生理指标与神经质测量分数的相关并不十分显著。后来，艾森克提出边缘系统是神经质的生理基础这一观点。边缘系统与自主神经系统协同活动，并与网状激活系统（内倾—外倾的生理基础）相联系。艾森克认为，高神经质者的边缘系统激活阈值较低，交感神经系统的反应性较强，因此，他们对微弱的刺激都易于做出过度的反应。

（三）精神质的生物学基础

艾森克后来提出了第三种类型特质，即精神质。艾森克认为精神质是不同于神经质的一个新的人格维度。相对于前两个人格维度而言，精神质在艾森克体系中出现较晚，尚未发现其确实的神经生物基础。但是，心理测量研究表明，男性的精神质得分显著高于女性，罪犯和精神病患者的分数也比较高。因此，艾森克推测精神质与男性生物特性，特别是雄性激素分泌有关。目前还没有实证研究材料支持这一推测。

艾森克以内倾—外倾、神经质与精神质三种人格维度为基础，于 1975 年制定了艾森克人格问卷（EPQ）。它是由艾森克早期编制的若干人格量表形成的。EPQ 是一种自陈量表，有成人（共 90 个项目）和少年（共 81 个项目）两种形式，各包括四个分量表，即 E：内倾—外倾；N：神经质；P：精神质；L：谎造或自身隐蔽（即效度量表）。由于该问卷具有较高的信度和效度，用其所测得的结果同时得到了多种实验心理学研究的印证，因此，它亦是验证人格维度的理论根据。艾森克强调，上述三种类型特质具有普遍性，因为这不仅从他的研究中得到了证实，而且在其他人的研究中，以及其他文化中也同样发现有这三种人格类型。艾森克强调，不同的人格特质有不同的生理基础，成人人格发展中的遗传素质具有相当的重要性，他认为人格特质的变异大约有2/3可归咎于遗传上的差异。当然，这并不是说环境因素一点儿都不起作用。

四、人格结构的理论框架

通过一系列研究，艾森克以神经活动中的兴奋—抑制过程为基础，构建了一个统一的人格层次结构理论。他在1960年首次提出自己的理论框架，1967年又再度修改和补充这一理论。图5－7是他关于人格结构的一个理论框架。

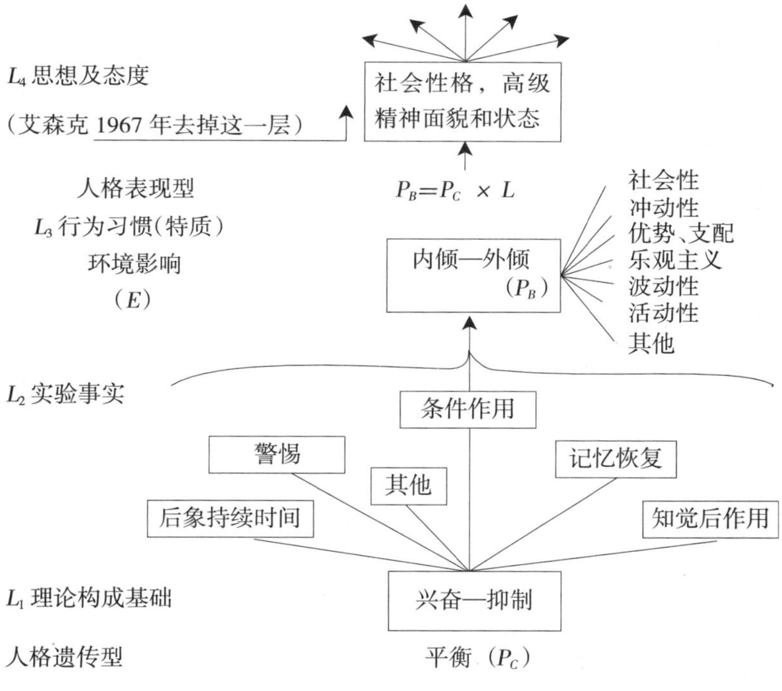

图5－7　人格的遗传型、表现型与环境的关系

艾森克认为，人格的最基础的层次应该是大脑神经生理过程，即L_1，它表示神经过程的兴奋—抑制水平，这构成艾森克人格理论的基础。以这一层次为基础就可获得大量实验事实，这些内容构成第二层次（L_2）。由于这些现象或事实受到环境影响，由此，我们又得到第三层次（L_3），就是特质或行为习惯。最后，这些特质在态度、精神面貌或状态等方面都具有表现，这就是人格的第四层次（L_4）。艾森克曾在1940—1950年讲过第四层次，在1967年的著作中他又去掉了这一层次。大概是因为有关这一层次

的心理学内容当时尚比较模糊，还需要创造条件。

我们可以把 L_1 看做人格的主要体质因素，以 P_C 来代表；它与环境影响（E）发生相互作用之后，产生 L_3 型的现象，对此现象则以 P_B 来代表，或者称为人格的行为特质。说明这些变量的关系的基本等式如下：

$$P_B = f(P_C \times E)$$

内倾—外倾这一类型是有机体的体质类型和环境的函数。它们的关系是两者之积，而不是两者之和。按照艾森克的理论，人格的结构主要包括人格的行为方式（如行为外倾）和人格的体质（如体质外倾）。行为外倾可以通过量表进行测定，如 EPQ 或 MPI（Mandsley Personality Inventory）等。体质外倾则可以采用实验来测定，如图 5－7 中 L_2 水平的那些项目。1967 年，艾森克还补充了一些实验事实，包括抱负水平、感觉阈限、非随意停顿以及速度和准确性关系等实验材料。

在上述结构中，L_1 是生理基础，人们对它的阐述已经不少。L_2 及 L_3 的联系具有理论上的重要性，因为它们虽然还是通过条件作用的形式来表现，但它们已涉及社会化过程。社会化行为则已经与特定对象的焦虑、恐惧反应等有许多纠葛。

在这些层次中，艾森克清楚地表明，他的人格和行为观点并没有排除环境的作用。相反，艾森克坚持认为，在人格问题上，遗传与环境谁更重要以及两者的相互作用等问题，不能在先验的基础上得到解决，而应求之于实验。这正是他的人格理论的独特之处。我们知道，任何行为的复杂的模型都很可能是环境和遗传的乘积，而且两者的影响对每个人都不是相等的，有人受遗传因素的影响大些，而有人受环境因素的影响更大。然而，艾森克一再强调，近年来，人们在人格心理学研究上，如变态心理学、社会心理学等领域重视了环境的作用，他提醒心理学家也应当重视探讨生物学的原因。

艾森克对人格的研究从人格特质转向人格维度，提出了人格的三个基本维度。这不仅为实验所证实，而且也得到数学统计和行为观察之佐证，受到各国心理学家的重视，且已广泛应用于医疗、教育和司法领域。艾森克人格问卷（EPQ）是用途较广的人格量表，它已被一些国家译出或修订。艾森克的人格研究并非像许多美国心理学家那样从事或偏重特质水平，而是集中于类型水平。他认为特质是观察到的个体的行为倾向的集合体，类型是观察到的特质的集合体。他把人格类型看做某些特质的组织，他提出的人格理论主要是属于层次性质的一种类型。每一种类型结构的层次都明确，因此，人格就可分解为有据可查、有数可计的要素。这是心理学家多年来一直探讨而难以确定的东西。许多心理学家认为，在特质和类型上，艾森克解决得相当出色。其类型结构层次的论述，表明了他的人格观点并没有排除环境的作用，但人格的生物倾向性仍是他理论的主要方面。

第三节 行为遗传学

一、行为遗传学的研究方法

行为遗传学是一门多学科交叉的边缘性学科，它的理论基础有生物学、遗传学和心理学等相关学科。该学科主要探讨天性（遗传）与教养（环境）之争的问题。天性与教养问题之争一直都是一个比较古老的话题，甚至比心理学学科的诞生还要早。它主要争论的是人的个性特质主要是受遗传影响还是受环境影响，或者是它们的共同影响。

行为遗传学直到19世纪中期才发展成为一门独立的学科。弗兰西斯·高尔顿为行为遗传学的建立作出了直接的贡献。高尔顿对行为遗传学的主要贡献在于为论证遗传对个别差异的影响和对“天性与教养”之争的问题提出了实证科学的研究方法，他最主要的兴趣集中在人类的个别差异尤其是天才的形成。高尔顿在探讨遗传对智力的影响问题上提出了很多有见解的看法。他首先设计了天才的家族谱系研究方法，这种研究方法强调从血缘关系中探寻个性特征。高尔顿认为，近亲中由于遗传相似，在生理特征和心理特征上也有相似的遗传特点。在其著作《遗传的天才》（1869）中，他列举了一系列杰出人物的家族谱系图——这些人物中有法官、政治家、军官、科学家、诗人、艺术家、神职人员等（其中包括他的堂兄查尔斯·达尔文）。他把杰出人物和他们直系亲属中杰出人物的比例进行推算。在当时的一般老百姓中，100万人当中才产生250个杰出人才，而在杰出人物的家族中则有31%～48%的杰出人物产生。因此，高尔顿认为，智力和气质特征是遗传的。

高尔顿也意识到了谱系研究方法的一个问题，即混淆了遗传和家庭环境两者的关系：杰出人物可能比一般人的家庭具有更富裕的经济基础和更优越的社会条件，因此，他们的亲属也能在智力和社会成就方面取得更好的成绩。高尔顿为了更好地探讨“天性与教养”这个问题，提出了另一个研究方法——寄养儿童研究法。他观察了意大利罗马天主教牧师收养的英国孩子，他们有优越的社会条件，但是没有一个具备英国公民的优秀特征。与高尔顿的预期一样，这些被收养者并不优秀，优越的环境看来并没有对智力起着很大的作用。高尔顿还提出了双胞胎的研究方法。他指出，有两种类型的双胞胎：一种类型是出生时外表就很相像的双胞胎，另一种是外表看起来不相像的双胞胎。通过使用问卷和传记法，他发现，出生时不太像的双胞胎在成人后，无论是个性还是外表仍然不像，换句话说，抚养环境不能够改变他们本来就存在的差异。相反，他也发现，外表相像的双胞胎在个性上也很相似。这也是心理学研究中第一次采用比较同卵和异卵双胞胎的研究方法。

现代遗传行为学的发展远远超过了高尔顿时期的水平。研究者现在的研究领域仍然和高尔顿一样，都是研究个性特征的遗传基础，他们也使用谱系法、双生子研究法和寄养儿童研究法来分别探讨遗传和环境对人类行为的影响。同时，又出现了一些新的研究方向，如利用分子遗传学和统计上的新方法，研究者试图找到影响人类行为的特殊基因。

在大多数情况下，共享的基因和共享的环境总是紧密联系在一起的，很难把它们分开来单独看待遗传和环境各自的影响。幸运的是，研究者找到了把遗传与环境作用分离出来的研究方法，这就是遗传行为学家常常采用的双生子研究法和结构方程的统计方法。这种方法从双生子和不同类型家庭研究获得数据，建立统计上的结构方程式，以评估遗传因素和环境因素各自所起的作用。下面用一个简单例子来说明复杂的结构方程式。我们可以设想寄养的兄妹个性上的共同之处是完全由收养他们的家庭的共同环境所决定的，每一个被收养的孩子都有着不同的亲生父母，由于他们有着不同的亲生父母，他们的遗传也就是不相关的。如果知道他们 IQ 的相关系数，我们就能够得到下面的等式：

$$r_{\text{IQ}} = c^2$$

r_{IQ}是收养的兄妹的 IQ 相关系数，c^2 是共同的环境参数。换句话说，这个等式意味着他们的 IQ 类同之处完全取决于共同的家庭环境。

MZ（同卵）双胞胎是从单个受精卵分化出的双胞胎，因此拥有完全相同的基因遗传性。DZ（异卵）双胞胎是不同的受精卵的产物，与通常的兄妹一样，相互具有 50% 相同的基因遗传性。当 MZ 双胞胎在同一家庭环境中长大时，他们的 IQ 相似性受到两个方面的影响：共同的家庭环境和共同的遗传性。由此，我们能得到如下等式：

$$r_{\text{IQ}} = b^2 + c^2$$

用以上两个等式，我们能求解 b^2 和 c^2。例如，如果 MZ 双胞胎相关性是 0.81，而收养的兄妹相关性为 0.26，我们就可以估算出 $c^2 = 0.26$，$b^2 = 0.55$。换句话说，在这一假设中，IQ 值 55% 的差异来自基因遗传，26% 来自家庭环境的影响。

一对 MZ 双胞胎分开抚养，由于他们被不同家庭所收养，就缺少了在同一家庭共同培养的兄妹或双胞胎所有的环境经历。即使家庭成员偶尔一样，与在同一父母、同一屋檐下抚养大的相比，他们的确长得不太像了。对于分开培养的 MZ 双胞胎，我们能期望的他们特征的相关性基本上是由他们共同的遗传所决定的。因此，我们能得到如下等式：

$$r_{\text{trait}} = b^2$$

b^2 是遗传性。对于共同培养的 MZ 双胞胎，共同的家庭环境是双胞胎性状相似的潜在的额外的变量。共同抚养的双胞胎的等式如下：

$$r_{\text{trait}} = b^2 + c^2$$

c^2 是家庭环境影响变量。

明尼苏达大学收集了 44 对 MZ 双胞胎样品分开抚养的数据（Tellegen, Lykken, Bouchard, Wilcox, Segal & Rich, 1988）。这些双胞胎都来自美国和英国，一半是在一岁时分开的，其余的大多数是在学龄前分开的。分开时间（从分开到第一次接触的年数）平均为 34 年。这些双胞胎与明尼苏达州 217 对共同培养的双胞胎进行了比较。每一对双胞胎的两个成员都完成了多维人格特征的独立的调查。共同和分开培养的 MZ 双胞胎在他们的 11 个不同的人格测试中表现出了显著的相似性（表 5－1）。共同的家庭环境对个性相似性的影响的估算可以通过求解 c^2 而得到。表 5－1 表明，11 个 c^2 的平均值只有 0.03，而遗传性的平均值达到 0.49。

表 5－1　基因和环境对分开抚养和共同抚养的 MZ 双胞胎影响的相关解释

人格问卷测量	共同抚养的 MZ 双胞胎环境和遗传相同	分开抚养的 MZ 双胞胎仅有遗传相同	共同抚养的非亲子仅有环境相同
健康	0.58	0.48	0.10
社会能力	0.65	0.56	0.09
成就	0.51	0.36	0.15
社会亲和力	0.57	0.29	0.28
压力应激	0.52	0.61	－0.09
疏远	0.55	0.48	0.07
攻击性	0.43	0.46	－0.03
控制性	0.41	0.50	－0.09
避免伤害	0.55	0.49	0.06
传统主义	0.50	0.53	－0.03
接纳	0.49	0.61	－0.12
配对双胞胎人数	217	44	—
平均相关	0.52	0.49	0.03

在伊福斯（Eaves）等人的研究中，母亲和亲子在外向性上的相关性是 0.21。由于孩子与母亲有一半相同的基因，这个值应该加倍来估算外向性的遗传性（$b^2=0.42$）。现在，如果孩子通过模仿母亲而获得一个外向性的特征，那么，在外向性上母亲就与领养的孩子显著相关。但事实上他们之间并不相关，$r=-0.02$，统计上不显著。收养的兄妹和亲兄妹在童年共享了同样的家庭环境，然而亲兄妹之间的相关系数 $r=0.25$（$N=418$），而遗传上不相关的兄妹之间的相关系数 $r=-0.11$（$N=58$）。这些研究结果表明，人格特征具有比较强的遗传性，而共同环境的影响是比较弱的。

对特殊基因的寻找使我们能够发现影响人格特征的很多变量。有一个例子，如 5－HTT 基因，它影响化学中的复合胺，而复合胺能帮助把信息输送到大脑中去。复合胺也对人和动物的焦虑起作用，因而广泛应用于抗抑郁和抗焦虑的治疗。最初对 5－HTT 基因进行研究的积极发现就是它对复合胺水平的影响。在两个独立变量的样本研究中，结果表明，5－HTT 基因对所有与焦虑相关的人格特征的影响变量都起作用。另外一个被发现的和人格特质有关的基因是多巴胺。多巴胺影响大脑对运动和情感反应的控制，也与兴奋和痛苦的体验有关。研究者在 1996 年两个研究报告中曾谈到多巴胺的 D4 基因与人格特征中的好奇心有关。

表面看来，各个新生儿都差不多，但细心的观察者会发现，他们并不相同：有的好哭，有的愉快，有的多动，有的安静。这些行为或情绪上的特点在某种程度上是生下来就具有的，并且长期保持相对的稳定性。我们常常把这些先天遗传的行为与情绪活动的特征或倾向性称为气质。作为一种先天遗传素质的气质并不等同于人格，在它的基础上，通过与后天成长环境的复杂的交互作用，才形成人的稳定的人格。在有关气质特征的研究中，大量使用了行为遗传学的方法。下面介绍几种重要的气质特征及其研究。

二、感觉寻求倾向研究

美国心理学家朱可曼（Marvin Zuckerman）通过对具有高度感觉寻求倾向个体的长期研究，认为这种感觉寻求倾向虽然也要受到社会文化因素的制约，但主要是由生物遗传因素决定的一种气质特征。

我们生活的时代是一个充满了感觉刺激的时代，每天从电视、互联网、手机等媒体传来各种各样的信息。面对这些信息，有的人感到快乐、兴奋，如果没有这些信息，他们会感到无聊和无趣。相反，有的人却对这些过多的信息与刺激感到厌烦和难以忍受。这就是说，不同的人对于感觉刺激的反应存在先天的差异。在任何一个社会中，都有一些人比其他人更易感到无聊，对于他们来说，安全不是生活的目标而是惩罚，生活越安全，越想寻找新的刺激经验。“无聊”是用来形容因缺少环境变化或刺激而产生的消极情绪体验。当人们感到无聊或烦闷时，会倾向于冒险、艺术创造、变换性伴侣、酗酒和吸毒等。这种对感觉刺激和经验变化的需求被称为“感觉寻求倾向”。感觉寻求倾向与埃里克森所讲的外向性特质相关，但不等同。这种特质也是人的一种基本需要，它不仅是人类科学、艺术的创造源泉，而且是人类不满和破坏的主要来源。

通过感觉寻求倾向测验对大量人类被试的研究发现，感觉寻求倾向是不受个体感觉形式制约的普遍的特质。换句话说，如果在视觉方面一个人比其他人更渴望刺激，那么他在其他感官上同样也渴求刺激。高度感觉寻求的人倾向于有多种冒险的体验，从开快车、攀登险峰到性伴侣变换。他们对活动的危险性的估计比其他人低，并且，危险本身对他们有不同的意义。在他们看来，冒险的快乐多于焦虑。相反，对那些感觉寻求倾向低的人来说，冒险只带来焦虑，毫无快乐可言。

感觉寻求倾向有几种表现形式：第一，渴望参与各种冒险行动，以获得刺激体验。例如跳伞和跳水，都是明显的感觉探寻。在参与测验的人中，许多人并没有尝试过跳伞，但他们对此类活动的渴望可以用来预测他们在其他领域的冒险行为。第二，通过违反常规的生活方式来获得感觉刺激。如某些年轻人喜好奇装异服、与人饮酒、参加舞会、赌博或交换性伴侣等，通过突破社会禁忌来获得感觉刺激。第三，对无聊的敏感度。这不是另一种感觉寻求的形式，而是对平静俗套的社会生活与缺乏新异刺激的社会环境产生的无聊的体验。有的人在较少刺激的环境下烦躁不安、高度敏感；相反，有的人很能忍受这样的环境。并非所有的感知探寻者在较少的刺激下都不安，只有那些对无聊非常敏感的人才会如此。

感觉寻求倾向不仅是一种需要，而且是一种气质特征，它具有生物进化和遗传的基础。当对食物、水、温暖的基本需要得到满足后，我们不是简单地躺在那里休息或睡眠，等待这些需要再次来临，而是像其他的哺乳动物一样，花很多时间熟悉和探索周围自然环境和社会环境。即使是较为低等的老鼠，也会探索环境，学习通过不同的路线达到同一目的地。越高级的哺乳动物，好奇和探索的欲望越强烈。有关猴子和老鼠的研究还表明，对于新刺激和对环境探索的倾向存在着个体差异。通过双生子的研究发现，在感觉寻求倾向测验上，同卵双生子的分数比异卵双生子的更接近。根据统计分析，这种特质有 1/2 到 2/3 是由遗传决定的。

实验表明，与低感觉寻求倾向者相比，高感觉寻求倾向的个体对新异刺激有更强的皮肤电反应。高感觉寻求者要达到“感觉良好”的水平，需要更大的刺激变化。莫特·布旗巴姆发展了一种度量脑电对高、低刺激的反应的方法。他发现，有些人的脑电活动会跟随刺激的变化而变化，刺激强，脑电反应增多。这种人被称为“反应增多者”。另一些人则存在某种压抑，他们在强刺激时反而会减少脑电的反应，这些人被称为“反应减少者”。高感觉寻求者一般是反应增多者。这意味着，他们对强刺激会持续反应，他们缺乏在反应减少者中发现的先天的保护机制。造成这种现象的一个原因可能是脑细胞之间化学物质的不同构成，如多巴胺等物质的变化。其中一个很重要的生物化学成分是被称为 MAO（monoamine oxidase）的物质。丹尼斯、墨菲和布旗巴姆等人在正常被试中发现，MAO 的含量与感觉寻求倾向存在显著相关。虽然在血小板中测得的 MAO 是从血液中获得的，与脑中获得的 MAO 不一样，但是有理由推测，血小板中 MAO 含量高意味着脑中 MAO 含量也高。研究人员发现的感觉寻求倾向的另一个生物基础就是性荷尔蒙。雄激素和雌激素在两种性别中均能找到一定的比例。里德·达兹门等人发现，高感觉寻求的大学生的两种性激素的水平都很高。

尽管感觉寻求倾向存在某些神经生物学的基础，但不能完全排除后天因素对其的影响。一个人出生后，父母的教养、社会角色、学习和早期环境等方面都有可能影响这种特质的形成。有研究表明，在隔离或阴暗环境下养大的猴子对新异刺激（包括其他猴子）易于产生过于谨慎和退缩的行为，它们在其他社会行为如交往、照顾小猴子等方面也存在困难。相比之下，在正常环境下长大的猴子更喜欢复杂的视觉刺激，并且在新环境中会毫不迟疑地接受新异的东西，它们也较少有其他社会问题。在塑造行为特质时，社会环境也会起到一定的作用。但是，要单纯考察其作用，在研究上存在一定的困难，因为我们难以将遗传因素的作用完全排除。为孩子提供丰富刺激环境的父母，很可能也是高感觉寻求的人。在这种情况下，基因是主要的因素还是父母提供的环境刺激是主要因素？最终，研究的进展可以使我们能够创造一些方法来控制遗传的因素或社会的影响，进一步研究环境与遗传因素对感觉寻求倾向的交互作用。

三、害羞或抑制性气质

卡刚和莫斯（Kagan & Moss）发现了一种与感觉寻求倾向不同的气质特点，即面对陌生人或陌生情境的害羞或抑制的行为风格。他们曾经对人格特质进行过长期的追踪研究，从被试 2 ~ 3 岁时起一直到他们 20 岁时进行过多次测验，结果发现，多数人格特质发生了改变，但有一种特质却显示出相当的稳定性，就是害羞气质。研究者发现，具有这种气质的孩子在面临新情境时，总是小心翼翼，被动与退缩。当面对陌生人时，这种孩子的典型行为是把头掉转过去，避开陌生人的视线，把自己的脸躲藏在父母的背后或大腿里。当他们长大后，在新的社交情境中，同样是消极退缩的，并等着别人先讲。害羞的孩子对陌生的人或陌生的环境、事物更容易产生害怕、焦虑的反应。对于害羞的特点，过去通常用环境教育来解释，因此，卡刚与莫斯最初认为这种稳定的特质是童年时期父母养育的结果，父母使这些孩子形成了“获得性恐惧”。后来，他们认为，这种特点似乎具有遗传性，因为通常在孩子 21 个月时就能看出是否具有这种气质，并且有迹象表明，一个孩子在出生后的头几个月里就显示出害羞的气质特点。

卡刚等人估计，在美国大约 10% 的儿童具有这种对不熟悉情境的反应倾向性，而大约 25% 的儿童属于非抑制型。具有害羞气质的孩子对陌生环境表现出相当的抑制、谨慎和被动。当他们投掷一个球时，往往以一种抑制的和非常柔和的方式进行。当他们进入一个新的游乐场所或遇到某些新的小朋友时，往往紧紧贴在父母亲身旁。他们在尝试新玩具或新设备时，非常小心和缓慢，甚至在几分钟内什么话也不敢讲。相反，那些非抑制型的儿童则表现出一种自由自在、充满活力和自发的行为风格，他们立即玩弄新的玩具，并且很快就与旁人讲话。

在参与实验的孩子到 5 岁半时，实验者对他们进行了大量的情境测验。研究者记录在游戏室里这些孩子同不熟悉孩子一起玩的情况，包括第一次进入陌生的实验室时孩子们自发相互交谈或活动的程度，在实验室练习期间他们观看实验者的频度，以及以下几个方面的情况：①在一个新的游戏室里，孩子们是参加冒险活动和玩新玩具还是紧紧依附于他们的妈妈？这两种可能性各有多大？②当玩一个下落游戏时，他们自发地坠入床垫的可能性有多大？③当玩一个掷球游戏时，孩子可以选择篮筐距离的远近，他们的挑战性程度有多大？④在幼儿园的自由娱乐时间里，孩子是相互交谈还是独自玩耍？并要求他们的父母亲评价孩子们的害羞水平。研究者们把 5 岁半孩子的行为同其 21 个月和 4 岁时的情况比较，结果（表 5－2）显示：在两次早期测试中显示出害羞行为模式的孩子，在 5 岁半时也显示出相同的行为模式。①

表 5－2　儿童三次测试分数之间的相关系数

5 岁半时的行为	21 个月时的行为	4 岁时的行为
同不熟悉的孩子玩耍	0.43	0.76
实验室活动水平	0.38	0.27
注视实验者	0.22	0.41
玩新玩具	0.19	0.35
自发的下落游戏	0.40	0.32
掷球的挑战性	0.35	0.25
在学校里的社交性	0.34	0.12
母亲对害羞的评价	0.55	0.36

为什么孩子这种行为表现出如此高的稳定性？卡刚等人认为，害羞的孩子与非害羞

① JERRY M BURGER. 人格心理学［M］. 陈会昌，等译. 北京：中国轻工业出版社，2000：188.

的孩子在面对陌生情境时，其心率、瞳孔、皮肤电等生理指标显示出他们有不同的唤醒水平，表明害羞的孩子具有过于敏感的神经生理反应的倾向。虽然生物遗传因素对于人格的发展具有很强的作用，但环境与个人并不是一点儿也不起作用的。对于一个具有害羞气质的孩子来说，如果父母积极引导他应对陌生环境所带来的不适和紧张，教给他们处理新情境的一些方法，会有助于孩子的人格发展，减少害羞气质所带来的负面影响。有关成人的研究表明，许多具有先天害羞气质的企业管理者、社工人员和演艺界人士都学会了克服自己的害羞心理，成功地适应了自己的工作环境，过上了交际广泛的社会生活。

四、EAS 气质模型

根据研究，阿诺德·布斯（Arnold Buss）和罗伯特·普洛明（Robert Plomin）认为，虽然已经知道的人格特质比较多，但真正属于气质的特质却比较少。气质特质主要表现在行为的过程与形式上，而不是表现在具体行为或行为的内容上。例如，每个人都会讲话，讲话的内容并不重要，重要的是讲话的速度快慢，是否使用强调语气，是充满激情还是在讲话中情绪比较克制。气质是广泛起作用的行为倾向，而不是具体的人格特质。一般的行为倾向如何发展成为具体的特质，取决于这些行为倾向与个人的成长环境的相互作用。而气质上的个体差异则与遗传具有更密切的联系，往往一个人在一岁时就体现出他的气质特点，然后终身保持相对稳定。

布斯与普洛明区分出三种气质倾向，即情绪性（emotionality）、活动性（activity）和交际性（sociability）。他们用这三个词的第一个字母组成缩写词 EAS，这就构成了 EAS 气质模型。情绪性是指一个人对刺激的情绪反应强度。情绪性强的孩子从小易哭、易闹，容易受到惊吓和容易生气等；长大后，他们一般比较情绪化，容易焦虑和心烦意乱。活动性是指一个人的活跃程度，活动性强的个体具有较高的心理能量水平，他们在幼儿时期就表现出精力充沛，整天动来动去，喜欢各种游戏活动，很难有安静的时候；长大后也是忙于各种活动，不喜欢安静，喜欢活动。交际性是指一个人与他人交往的倾向性。好交际的孩子会主动寻求玩伴，喜欢交朋友，对社交活动反应积极；长大后，交际性强的个体同样喜欢社会交往，有许多朋友，经常参加聚会活动。

这些气质特质是如何产生的呢？大量研究表明，这三种气质倾向在很大程度上是遗传的。气质的遗传性的证据主要来自几个双生子研究调查（Buss & Plomin，1984），表 5－3 显示了来自四个独立研究的相关系数。从表中可看出，在每一个气质维度中，同卵双生子气质水平的相关系数非常高，而异卵双生子在三个气质维度上的分数几乎不存在相关性。尽管有人怀疑这些数字夸大了遗传因素的作用，但多数研究者还是肯定了遗传因素对于气质特点的关键作用。

表 5-3　来自四个独立研究的双生子平均相关系数

气质倾向	同卵双生子	异卵双生子
情绪性	0.63	0.12
活动性	0.62	-0.13
交际性	0.53	-0.03

仅仅根据这些一般的气质倾向，我们难以预测其将来的具体人格特质。因为，具体的人格特质是在气质倾向的基础上，在与环境相互作用的过程中形成的。例如，与情绪安定的孩子相比较，一个高度情绪化的孩子更有可能成为一个易激惹的和攻击性强的成人。但是，如果他的父母教养方式得当，更多地鼓励孩子采用升华或建设性的方式来表达受挫时的愤怒情绪，则这个孩子很有可能转变为一个具有合作精神的、不具有强烈攻击性的成人。一个缺乏交际性的孩子很难成为一个开朗的、爱交际的、朋友遍天下的成人，但是，适当的后天教育有可能把他培养成一个具有出色社交技能的外交家。两个同卵双生子可以成长为两个完全不同的人。一个高活动水平的孩子可能会成为好斗的成人，也有可能成为爱运动的成人，但是，很难成为一个懒惰的或冷淡的成人。

一个孩子的人格既不是一出生就有的，也不是由父母亲和社会环境任意塑造的。一个人生下来并不是一张白纸，遗传已经在这张纸上描写了发展的方向或蓝图。一个人遗传的气质倾向在一定程度上决定了他的人格发展的方向，这是因为：一方面，具有某种气质特点的孩子会影响其生活环境；另一方面，他会选择或改造其生活环境以适应其气质特点。例如，一个高神经质的孩子，他易哭易闹的气质特点会导致父母或周围人产生消极情绪，父母或周围人的消极情绪反过来加重该孩子的神经质倾向。又如，一个社交性强的孩子会选择一个易于社交活动的生活环境，或者他会邀请一些孩子来玩，从而主动创造适合其社交性特点的环境。总之，在人格特质形成过程中，一个人遗传的气质特点会影响环境，而环境也可以反过来影响气质。

第四节　进化心理学

行为遗传学并不是唯一一门在人类基因基础上研究行为的学科。进化心理学（或生物社会学）也通过不同的方法研究人类行为的生物遗传性。这个学科关注的是心理机制的进化过程。生物社会学考察的是社会行为和它的基因不同的进化形式。其他相似的学科——比如达尔文的人类学——也研究过相同的问题，它们都运用进化理论来解释人类行为的遗传基础。自达尔文的进化论提出以来，生物学发生了一场巨大革命，它促进了科学家对人类起源的研究，极大地推动了生物科学的发展。但这些变化主要体现在对于人的生理机制的探索方面，对于人的心理研究的影响却并不显著。进化心理学是一门新兴的、发展迅速的交叉学科，它综合了进化生物学的各种理论，提出用进化论的视野来看待和研究人格问题，为人格心理学核心概念的建构提供了一个系统的框架和全新的研究视野。

20 世纪 80 年代以来，随着神经科学和基因遗传科学的迅猛发展，巴斯（David Buss）、巴寇（Jerome H. Barkow）、科斯米德（Leda Cosmides ）和图比（ John Tooby）等人发展了荣格的人格进化论思想，提出了进化心理学。1989 年，人类行为和进化协会成立，并出版了《进化与人类行为杂志》，标志着进化心理学的诞生。巴斯是当代进化心理学的创始人之一，1995 年发表《进化心理学：心理科学的一种新范式》一文，提出进化心理学是心理学的一种新的研究范式，1999 年又出版了第一本进化心理学的教科书，即《进化心理学：心理的新科学》。他认为进化心理学的目的是用进化的观点来理解人类心理或大脑的机制。巴寇也是进化心理学的创始人之一，他认为，不应该把行为遗传学和进化心理学相混淆，前者是在遗传差异的基础上寻找理解个体间的行为差异和相似之处，而进化心理学集中在什么是物种普遍所有的“心理器官”或心理过程方面，它们被认为是进化形成的对以前环境的适应①。

一、进化心理学的基本观点

进化论的基本原理是遗传变异（群体中新基因的出现）、自然选择和适者生存。基因大部分的变异是有害的，或者是中性的，它们对生存与繁殖起着很小的作用。但是，也有些变异是有利的。有利的基因突变会长期保留起来，影响人类的生理和心理功能。自然选择确定什么基因是有利的，什么基因是有害的，这种选择遵循一些基本原理，这就是自然选择原理。基于进化论的基本原理，进化心理学提出了一系列的基本观点。

第一，进化心理学家认为，“过去是了解现在的钥匙”，要充分理解人的心理现象，就必须了解这些心理现象的起源和适应功能。“过去”不只是指个体的成长发展经历，更主要是指人类的种系进化史。在人类进化过程中，过去不仅在人类的身体和生存策略方面刻下了很深的烙印，同样也在人的心理和相互作用策略方面留下印记，成为探索心理机制的基础。

第二，所有的有机体（包括人）都是适应的产物，进化心理学认为，人的心理也是适应的产物，某种心理之所以存在，是因为它能解决适应问题。不理解心理现象的适应设计，就很难对心理现象有充分的了解。心理学的中心任务就是去发现、描述或解释人的心理机制，而确定、描述和理解心理机制的主要方法是功能分析。功能分析就是要弄清某些特征或机制是用来解决哪些适应问题的。

第三，人类进化过程中的主要问题是生存与繁殖的问题。人类进化的过程中，要解决两类大问题，即生存和繁殖后代。人的心理就是在解决这些问题的过程中通过自然选择而演化形成的。达尔文列举了人类进化过程中遇到的一些生存问题，如食物的短缺、气候、疾病等，但从进化角度看，生存只是一个前提，繁殖后代比生存更为重要。

要成功地繁殖后代，就必须解决下面一些问题：①战胜同性成员，获得令人喜欢的

① JAROME H BARKOW. Evolutionary psychological anthropology ［M］//PHILIP K BOCK. Handbook of psychological anthropology. Westport：Greenwood Press，1998：123.

异性配偶；②配偶选择：在潜在的配偶群中进行选择，选择那些对于个人成功有最大价值的配偶；③怀孕：从事必需的性行为，使母体受精或怀孕；④配偶保持：防止同性成员的侵犯及配偶的背叛；⑤亲本投入：进行一些必不可少的行为，确保后代的生存和生殖；⑥额外的亲本投入：对与自己基因相关的亲戚进行投入。人是一种社会性非常强的动物，人与人之间的关系对于解决生存和繁殖问题总是起着十分重要的作用，为了取得成功，人类不得不解决许多与此有关的问题，人与人之间的关系也成为进化心理学探索的一个核心问题。

第四，进化心理学认为，人的心理机制是演化形成的解决问题的策略，它有以下特征：①它以目前的方式存在是因为它在人类进化史上解决了与个体生存和繁殖有关的某个特定问题。②它们从环境中积极地提取或消极地接受某些信息或输入，这些输入有些是外在的，有些是内在的，它们对于有机体解决适应问题具有特殊作用。③通过一定的程序（或决策规则）把输入的信息转换成输出：a. 调节生理活动；b. 给其他的心理机制提供信息；c. 产生明显的行动解决某个适应问题。

第五，主流心理学的一个内隐观点是，心理机制具有普遍意义，在不同领域以本质上相同的方式进行操作，所有的心理现象都是根据一个或几个简单的机制加以解决的。而进化心理学赞成另一种观点，认为心理是由大量特殊的但功能上整合设计的、用于处理有机体面临的某种适应问题的机制构成的，对不同的适应问题会采用不同的解决方法。科斯米德把心理隐喻为一把“瑞士军刀”，它包括不同的工具，每一个都能有效完成某个任务。① 人的心理也是由一些认知工具装配而成的，每种心理都有其特定的功能。

第六，进化心理学认为，所有的社会行为都是心理机制与环境相互作用的产物。心理机制是社会行为的前提，但它不是一种盲目的本能，不管发展的经历和目前的背景输入如何，它都会通过行为表现出来。心理机制对于社会环境的影响是高度敏感的，社会背景影响心理机制的表现方式、强度及频率。有三类环境因素对于心理机制的表现产生影响：①文化背景影响心理机制表现的阈限；②个体的发展经历使个体采取不同的行为策略；③激活心理机制受当时情境输入的影响。进化心理学提供了一种相互作用观，并不认为行为是遗传的、不能改变的。心理机制是解释社会行为不可缺少的要素，但它必须被背景激活才能表现为行为。所有的外显行为必然是背景输入和心理机制相互作用的结果。

二、进化心理学在人格领域的运用

进化心理学适应原理与自然选择的原理能解释人格中的许多现象，为人格理论开辟了新颖的研究视角，下面从几个方面介绍进化心理学对人格的新的解释。该理论认为，

---

① COSMIDES L. Emergence of evolutionary psychology [C] //Distinguished early career address. Los Angeles: American Psychological Association, 1994.

生物物种在适应环境和繁殖后代的过程中，不仅生理特点不断进化，而且心理与行为特征，如不同性别的择偶偏好、对陌生人的焦虑和恐惧，以及愤怒与攻击等，都是自然选择与进化的结果。例如，对陌生人的害羞与恐惧心理对于我们的祖先在防止其他部落人的袭击方面具有重要的生存价值，因此，这种心理特质经过自然选择的过程保留了下来。同样，合群与协作的倾向性有利于我们祖先的群居生活，具有合群和协作的个体比那些不具备这种特质的个体更能生存，更容易繁殖自己的后代。

寻找配偶是我们生活中的一个重要选择。在人格和择偶领域研究的心理学家常遇到这些问题：人们择偶想要的是什么？人类择偶的行为有什么一致的特征？不同社会文化背景下人们的择偶有共同的标准吗？有些理论（如弗洛伊德和荣格的理论）认为，人类寻找与自己异性的父母的原型象征一致的对象，或寻找与自己互补或相似的对象，又或寻找能与自己作公平的价值交换的人。这些理论在人类择偶行为的理解中起着重要的作用，但是他们都没能提供预测这种行为的测量方法，而且很少探讨个体择偶倾向的来源与功能。寻找与异性父母原型象征一致的配偶的功能是什么？许多理论还企图假设引导择偶倾向的过程是各异的，因此也不能进行预测。择偶行为的内容也常被忽略，而且也不顾及环境的不同就假设了相同的择偶倾向。

巴斯基于进化心理学，提出理解人类的择偶行为有三个关键点：①人类求偶的策略是遗传的。这些策略之所以存在，是因为它们在人类进化过程中解决了特殊的问题，值得注意的是，这些策略的使用不需意识心理机能的参与。事实上，在很大程度上，我们不知道为什么我们在择偶时要找某种特质的人。②择偶策略是依附于环境的。人们因当前短期或长期性关系的不同而表现出不同的择偶行为。③男性与女性在面对人类进化的时候遇到不同的择偶问题，因此也转化出不同的策略。

巴斯（1989）曾经研究了来自 33 个国家的 10 000 多名被试的择偶偏好。这些被试分为 37 个样本组，其地理位置、文化和种族等方面都有很大差异，却发现了大致相同的性别择偶偏好。在所有样本组中，男性比女性更强调未来配偶的生理吸引力和相对年轻，而女性比男性更看重未来配偶的经济能力（37 个样本组中有 36 个样本组是这样），并且更看重未来伴侣的成就动机和勤奋等特征（有 29 个样本组支持）。对于男女之间这种普遍的择偶偏好，巴斯采用进化论的观点给予了解释。从亲代投资的角度上看，相比男性，女性对后代有更大的亲代投资，女性的基因传给下一代的潜能远比男性小得多，并且女性的生育期和男性相比更受年龄的限制。在长期进化与自然选择的作用下，为了把自己的投资（基因）传给下一代，男性和女性在择偶上形成了不同的标准。男性更强调未来配偶的生殖潜能（如年轻、美貌等生理吸引力），女性更强调男性提供资源和保护的潜能（如能挣钱、有雄心和勤奋等），年轻漂亮和健康的女性具有更强的生殖力，而具有财富和权力的男性更能保证女性的怀孕和养育后代过程中所需的资源，具有这样特性的男性或女性更容易繁殖自己的后代，因此，进化过程选择和保留了这种择偶偏好。巴斯还认为，男女在引起忌妒的事件上也存在差异，男性更多地为女性的忠贞和亲生父亲身份的可能性受到威胁而焦虑和忌妒，女性则更关注情感依恋和失去资源的威胁。

人格的进化论认为，人类对社会的消极评价的焦虑反应是因为它有利于我们的祖先生存才得以保留下来的。我们知道焦虑是一种不愉快的和消极的情绪体验，对我们的记忆、思维等心理功能的正常运行，以及工作与学习都带来负面的影响。通常我们会采用各种防御机制或应付方式去尽量减轻或消除它。这样的心理特征如何对我们的祖先有所帮助而保留下来呢？最近有一些心理学家认为，导致焦虑的主要原因是社会排斥。我们的祖先是群居动物，每个个体都具有从属于某个群体或维持社会关系的需要。因此，当我们被社会排斥或拒绝时，我们会非常担心和焦虑。焦虑反应不一定是真正被社会群体排斥，可能只是一种信号，暗示你有可能遭到社会群体的排斥。因此，当有人似乎对你不友好，或你的老板指责你的工作时，你会非常焦虑和紧张。有时，你会很担心你的外貌，担心你在众人面前的讲话会给别人带来不好的印象，这些都可以用社会排斥来解释。社会排斥解释焦虑与进化论的观点十分吻合。群居的生活比独居的生活更有利于我们祖先的生存与繁殖后代。因此，任何能够引发我们避免被群体排斥的心理行为反应倾向都因有利于种族生存而保留下来，所以，社会焦虑正好可以用来达到这个目的，它不仅可以警示我们，而且可以驱动我们保持良好的形象，维持良好的社会关系。

在物种的进化过程中，那些有利于个体解决生存和繁衍问题的特征得以遗传下来，这些特征就是“适应”。适应是可以遗传的，但可能不是个体一出生就有的，一个物种的绝大多数成员在一般正常的环境中都能发展出这种适应性。适应性特征能直接或间接地帮助个体解决生存或繁衍的问题。进化的心理机制是存在于机体内部的对信息的加工过程。任何一种心理机制在进化历史中都是为了解决某种生存或繁衍的问题。它具有以下特征：①它存在是因为它解决了人类在漫长的进化历程中面临的经常发生的生存和生殖问题。②一种心理机制在功能上不是全能的，它只对一部分刺激信息起作用。刺激可以来自内部，也可以来自外部，刺激可能是从环境中主动地提取出来的，也可能是被动地从环境中接受而来的。③输入的信息通过一个程序（决断法则）转化为输出结果。输出结果会调整生理变化，向其他的心理机制提供信息，或是产生外显的行为。

巴斯归纳出了十种典型的心理机制，其中包括怕蛇，女性优越的空间记忆能力，男性的性嫉妒，偏营养食品，男性喜好富有吸引力的年轻女性，女性对物资、经济资源的追求和偏好等。对人格心理学而言，进化理论是科学而有用的元理论，它认为人的心理机制具有以下特点：①在不同的适应领域依据不同的原则来操作；②数量可能是几十、几百或上千；③是解决特定的适应问题的复杂方法。心理机制产生的行为不仅仅是物理性的动作，它还受到情绪的控制，并与具体的情境相关联。人们通常会采用认知的、动机的、情绪的和行为的策略去达到特定的目标。事实上，目标指向的行为策略也是心理机制的重要组成部分。

从进化论人格理论来看，个体差异其实是个体采用不同的策略来应对环境所提出的适应性问题的结果。比尔斯金等人（1991）研究了在儿童生命的前5～7年里是否因为缺少父爱而对其成年后性策略产生了重大影响。结果发现，在此期间缺少父爱的被试会认为父亲的关爱是不可靠的，成人之间的亲密关系也是不持久的；而那些不缺少父爱的被试则会发展起另一种性策略：他人是值得信赖的、可靠的，人际关系是长期稳固的。不同环境中的个体面临不同的适应性问题，对心理机制不同的输入导致不同的输出结果。有时，面临相同的问题输入，不同的个体也会采用不同的行为策略。假定所有的男性都采用同样的决断法则：当攻击行为有助于达到目标时就采用攻击性的策略，反之则与他人合作。在对两种策略进行评价时，一个体格魁梧、身体强壮的男性可能会认为攻击性策略对自己更有利，而一个身材瘦弱的男性则更有可能采取合作性的策略。在这里，身体素质的差异导致了个体对自己不同的评价。因此，遗传因素主要是影响个体的自我评价（估计所用策略成功的可能性），从而间接地导致策略的个体差异，这种策略上的差异可能是长期稳定的。

进化心理学自诞生之日起，就引起了各种争议。赞同者认为进化心理学将使心理学走向统一，反对者认为进化心理学是一种貌似科学的研究取向，实际上是不科学的。作为一种新的研究取向，进化心理学有一定的积极意义，但也有其局限性。从积极方面来看，进化心理学开辟了心理学研究中的一些新的研究领域，取得了许多重要的研究成果。进化心理学提出了其他理论没有提出的问题，对于一些已有的心理现象做出了新颖的解释，发现了大量的新知识，对认知科学、发展心理学和消费者行为学等学科都产生了很大的影响。进化心理学的研究促进了人们对心理和人性问题的深层次思考。它探讨一些对人类来说具有深远意义的问题：人性的本质是什么；心理从哪里来，有哪些作用；文化与心理机制的关系如何；心理与行为的关系怎样；心理的普遍性与差异性之间的关系如何。这些都是心理学中的一些最基本的问题。进化心理学把自然选择和适应作为心理起源和作用的重要概念，加深了对人性的认识，对于心理现象的理解和探索必将产生重要的促进和推动作用。同时，我们也要看到，进化心理学过分强调遗传进化的决定作用，对文化在人类进化过程中所起的作用估计不足。

第五节　生物学论的研究与应用

虽然行为观察和自我报告式人格测量仍然是人格心理学研究的主流，但是，随着脑科学的迅速发展，运用生物测量技术探讨人格问题的研究日益加强。早期的研究者强调了考察人格生物基础的重要性，他们相信人格特质在心理上是统一的，由具体的生物活动所支持。他们认为，通过考察这些生物过程，可以获得更多的对特质的直接测量。

一、脑的变化与人格改变

研究者发现了一个 56 岁男性的病例，他的母语是弗瑞兰语（Friulian），而意大利语是他的第二语言，这个病人在意大利接受了 13 年的教育。毕业后的 20 年中，他在一家公司里任财务总监和项目负责人。某一天，该患者发现自己走路或者驾驶的时候，有向右边倾斜的行为反应，同时他发现自己的人格特征也发生了某些改变。过去他长期怀有病态的焦虑和恐惧，但现在这种焦虑与恐惧大大减轻了。过去有飞行恐惧，从来不敢坐飞机，现在他可以坐飞机了。到医院进行 MRI 检查，发现他的大脑左额叶的白质区有一个直径大约 6 cm 的肿瘤。神经心理测验表明，该患者并没有表现出任何智力上的、注意上的或者是行为失调的问题，但其人格则出现了改变，显示出前额损伤患者特有的机能失调症状，如言语的去抑制性、焦虑的减少和有讲下流笑话的冲动等。

从这个病例中可以看出，大脑生理的改变有可能导致患者人格的改变。医学和神经生理心理学的研究发现，大脑额叶病变不仅能改变人的认知功能，也能影响人的情绪和情感。一个前额叶病变的患者，其情绪的变化是多种多样的，但其中最为常见的就是淡漠、抑郁和欣快。

（1）淡漠，通常是由前额叶背外侧面广泛病变引起的，患者表现为低觉醒、缺乏主动性和少动，有注意和能动性方面的障碍。在情感方面则表现为情感和情绪反应普遍迟钝。额叶患者的淡漠在临床上可能被误认为是神经症或精神抑郁，尤其是当伴有某些注意和主动性障碍时。由于这些症状也常见于抑郁症患者，因而这种情况被称为假性抑郁症。

（2）抑郁，额叶前部病变可引起抑郁。一些研究者认为，左额叶病变比右额叶病变引起抑郁的可能性更大。当患者存在皮质病理改变时，由于他们觉察到自己心理功能的退化而激发抑郁，这种情况并不少见，尤其是在高智力和有成就的人群中。

（3）欣快，是指愉悦的心境，常见于额叶病变时。它的定位相对较明确，即位于前额叶眶部皮质。欣快并非存在于所有眶额叶皮质病变的病例中，但有较大的比例，它也是眶额叶皮质白质切断术后常见的结果，因而对治疗抑郁和僵直患者有一定作用。

除了欣快、激动和幼稚外，眶额叶病变的患者通常还有注意和主动性障碍，即分心和多动。这也提示我们要多注意行为表象以外的东西，不要单纯地从周围环境和以往经历上找原因。前额叶的变化不仅可以引起情绪的改变，也使得人的社会交往和情绪行为发生改变。大脑的病变引起的认知功能障碍也可改变患者的行为方式。这些改变影响了他们的社会交往，因为执行性功能活动的降低会限制这些交往。当然，社会行为的最大改变可能是异常情感所致。淡漠和抑郁患者会躲避社会交往。眶额叶病变对社会行为有较大的影响，因为它不仅引起欣快，而且使本能的驱力释放加剧，如贪吃和性欲旺盛。眶额叶患者由于不能抑制本能驱力，失去了传统道德的约束，在与他人交往时往往不顾一般的行为规范。前额叶综合征是指在两侧额叶严重受损时，患者往往表现出明显的人格改变，包括焦虑的减少、对后果的不关心、不能抑制自己、爱开玩笑等。以前的各种研究主要集中在额叶的注意功能和记忆功能方面，新的研究表明，前额叶还有一项重要的功能，就是控制和调节人的情绪。

把生理和人格联系起来并不是一个全新的思路，过去医学界就有人有意或无意地应用人格和生理的联系来达到改善或治疗病人的不良人格的目的。早在1935年，莫利兹和利马（Moniz E. & Lima P. A.）就开创了现代精神外科，他们首先试图通过对人的额叶做手术以减轻精神症状。早期标准的额叶切断术是在侧脑室额角顶端前部，将额叶白质做几乎是垂直的和彻底的分割，因此，这类手术也被称作是额叶白质切除术。这种手术对于更年期抑郁症、焦虑症、躁狂症等有较好的疗效，曾流行一时，但有较大的副作用，如术后发生人格和智力改变、出现癫痫等。手术改良后，只切断与精神症状密切相关的神经纤维，缩小了切割的范围。随着精神药物的问世，以及科学技术的进步而导致立体定向手术的开展，过去的额叶白质切除术早已废弃不用。

脑外科手术对于患者人格的改变可以表现在抑郁、癔症倾向、精神衰弱和精神分裂倾向上，最常见的好转是自我担忧的减轻、孤僻和抑郁情绪的改善等。手术对于治疗焦虑、恐怖、痛苦和忧虑是比较有效的，对于强迫症也有一定的疗效，但是，对于幻觉和妄想则没有效果。随访研究也发现不少患者出现了迟钝、淡漠、孤独、退缩等行为表现。这些神经外科医学的研究说明了额叶皮质在人的情绪、行为上起着重要作用。近年来开展的立体定向术，一般根据临床症状采取不同的手术方法，如对躁动、攻击、暴行的患者做下丘脑切断术，对抑郁或焦虑症、强迫症等患者做扣带束切断术等，均有一定的疗效。当然，还是存在一定的后遗症，如迟钝、淡漠、缺乏主动性、注意力减退等。

二、人格研究中生物测量使用的方式

在人格研究中，运用生物测量通常有三种方式。

第一种是作为其他主要测量方法的补充。例如，对内倾—外倾感兴趣的研究者，除了组间行为与自我报告的差异，还可以测量他们生理上的差异。英国心理学者艾森克对此问题做了相当详细的探究，报告了组间的一些有趣的生理差异。例如，内倾者与外倾者在整体皮层唤起水平上存在不同，外倾者比内倾者表现出较少的皮层唤起。艾森克认为，外倾者唤起水平的减少实际上是激发个体参与外倾行为的关键因素，他相信这种行为能使个体的唤起水平增加到更适当的水平。另外，内倾者显现出较高的整体皮层唤起水平，内倾行为能减少皮层唤起水平以达到更理想的水平。因此，艾森克相信，这些唤起水平的差异是导致产生具有明显内外倾特点行为的原因。然而，这个模式被一些研究者批评，认为其过于简单。

第二种方式是在假说结构中检验自我报告、行为与生理测量之间的联系。例如，在实验中让被试做有关焦虑的自我报告测量，选中低分者作集中研究。如果向这些被试施加中等强度的刺激，会发现其中一些人在焦虑反应的生理测量中较少唤起，而其他被试则表现出唤起的增加。但在之前的自我报告测量中，这些组都是低焦虑的。因此，其中一个组生理测量与自我报告测量是一致的，而在另一个组生理测量却与自我报告不一致，那么，哪一种测量更可信呢？研究者认为两者都能提供实质性的信息。在这个例子里，最重要的是这些测量的一致性程度。研究表明存在这样一类人，他们在自我报告测量中显示出低焦虑，但在生理与行为上却表现出高焦虑。这说明，除了自我报告与行为测量，测量生理活动可以提供更多与人格有关的情况。

第三种运用生物测量的方式确定自变量（预测变量）。在这种策略中，分组的标准不是传统的人格测量工具，如纸笔测验或投射测验，而是用生理测量将被试分类，接着看被试的生理测量成绩与行为或自我报告测量之间的关系。运用这种方式的学者认为，以生物测量为标准选择被试不需要被已有的人格心理学分类所限制。在某些生理测量上的个体差异可能与传统人格心理学不太相似。运用生物测量得出的个体差异的类型，可能更接近于反映“天然的”个体差异。如今，虽然有更多基于该方式的实验，但是这些论点还是处于假设阶段。

当生理测量用来考察行为特质或人格特质的关系时，有必要弄清这种测量是以特质基质为概念还是以相关为概念。一般来说，基质可以看做特质的实际构成成分，而相关仅仅是与特质一起发生的有关联的生理事件。如果将生理测量看做特质的相关，那么实验干预所导致的生理测量指标的改变不可能改变特质。例如，研究者检测了各种皮肤电传导测量的个体差异。皮肤电传导主要反映皮肤上出汗的程度，通常在手掌或手指上做测量。如果局部应用药剂阻碍皮肤电传导的反应，则不能改变特质。因此，将组间皮肤电传导的差异看做是个体行为上差异的相关。假定一些生理测量反映更多组内的“基本”差异，应以特质的基质而不是以相关为概念。例如，在某种环境里，焦虑状态下一些心脏或呼吸的变化可能反映这种特质的基质。社交恐惧症患者在某些自主系统中表现出很高的唤起水平。对这种情况治疗的一种方法是采用 β－阻断剂，使用这种药剂使行为改变主要是由于外周系统自主活动的变化，而不是中枢系统变化的副产品。因为改变生理会引起特质的变化，因此伴随这种现象出现的自主性变化可以看做是这种障碍的基质。

可见，运用生理测量技术有必要弄清所记录的生理指标是反映基质还是相关事件，如果反映的是基质，则可能提供的是有关人格特质的生物机制，这种信息有助于我们了解脑与行为的内在关系。当测量的是相关时，这些信息可能在行为预测方面有实际性的效用。然而，因为相关与基础生物基质没有直接联系，这些信息对于了解人格的生物基础的贡献相对没那么直接。

在生理测量的运用中，研究者一般要考虑采用静息测量或任务相关测量的问题。所谓静息测量，有时也称为基线测量，是指被试在没有任何具体任务、处于休息状态时进行的生理测量。任务相关测量是指在被试执行特定任务时进行的生理测量。两种测量所得到的数据都是有意义的。在静息状态下，个体在一些富有意义的生理指标上存在明显的差异，对这种差异的测量有助于了解个体差异的生理基础。在大多数研究中，研究者会一并记录静息（基线）时期与执行特定任务时的生理情况，通过对比静息测量与任务相关测量数据可以获得更为全面和动态的信息。

当然，测量行为本身使得到纯正的“基线”生理测量存在困难，特别是测量过程复杂而新颖，这本身就是对被试很强的刺激。为了将这种影响降到最低，唯一的方法是让被试适应测试环境，当被试更为熟悉实验环境时，再回实验室做第二次实验。可以只用第二次测验的数据，也可以通过对比第一、二次的数据来确定基线。

三、常用的生理测量

（一）皮肤电测量

最常用的皮肤电测量是皮肤传导（或相反皮肤电阻，皮肤电阻是皮肤对两个电极间细微外在电流的传导性）。电极通常安置在手掌表面或手指上。皮肤传导变化主要是汗腺与皮肤表面出汗的程度：汗越多，传导性越强。研究者大多测量皮肤传导的三种不同属性：皮肤传导水平（SCL）、皮肤传导对外在刺激的反应（SCR）及皮肤传导自发反应。最后一种通常是在意味着最小阈限以上的反应大小，是在特定阶段中，没有任何确定外界刺激存在时的反应大小。研究者通过测量三种不同的皮肤电传导属性来反映个人生理差异与人格的关系。例如，一些研究者调查简单的感觉刺激对 SCR 习惯性的个人差异。有报告指出，外倾者比内倾者能更快习惯。也有报告指出，对 SCR 的习惯速度与焦虑或神经质有更多联系。有研究表明，抑郁被试比非抑郁被试持续显现出低 SCL 与较少的 SCR。

（二）心血管活动

心律与其他心血管活动测量用于人格研究已有好多年了。最常用的心血管活动指标是心律与心律的变异性。卡刚和他的同事对儿童的害羞生理做了研究，报告指出害羞或抑郁的儿童有较高的静息心律与较少的心律变异性（相对于非抑郁的儿童来说）。对从 21 个月到 7 岁 5 个月的儿童的每个年龄阶段进行测量，在谨慎性或抑制性方面表现出稳定气质倾向的儿童有较高的心律。在对成人的研究中，心律也用于检测个体差异。荷德斯、库克和朗格在 1985 年提出了有较高心律的被试比有较低心律的被试更容易获得习得性恐惧的观点。抑郁的被试心律也会提高（Henriques & Davidson，1989）。对于实验室的应激源有较强交感活动的个体，也有较高水平的皮质醇（与压力相关的荷尔蒙），以及某些免疫水平的下降（Cacioppo，1994）。这有助于解释有关压力影响机制，压力可能对某些特别脆弱的个体的健康造成伤害。

（三）脑电活动测量

脑电活动测量很适合人格研究，因为它可以提供关于人格中枢神经系统基础的潜在相关信息，而且它是非植入性的研究，相对容易记录。自发脑活动（EEG）与事件相关电位（ERPs）或诱发电位（EPs）都用于人格研究。EEG 是脑的进行性背景活动，通常是在休息状态下测量的；ERPs 是对外在事件发生的具体时间锁定的脑活动。EPs 通常是在呈现刺激后的一段很短的时间内所测量的平均脑电活动。

在人格研究领域中，ERPs 测量的早期应用是对“增加/减少”个体差异的研究。“增加/减少”是个体倾向于感受到增加或减少的感觉刺激。皮特里（1978）在她的关于疼痛反应性的个体差异研究中首次描述了这个人格维度。虽然皮特里没有运用 ERPs 测量“增加/减少”的程度，但她描述了一些组间很奇特的差异。测量的方法是让被试通过手指触摸木料的宽度。“减少者”认为木料比实际的要窄，而“增加者”认为比实际的要宽。她发现属于“减少者”的被试对疼痛的忍耐力较好，而对感觉单调的忍耐力则较差。在实验中，皮特里也报告了用于减少疼痛的药物，如阿司匹林，会使“增加者”与“减少者”更接近。运用 ERPs 估计“增加/减少”背后的逻辑很简单，如果被试对一个强度增加的刺激表现出唤起反应的幅度增加，就认为他是“增加者”。相对地，被试对相同的唤起反应表现出较少变化或减少的反应幅度，那就是“减少者”。布其斯理和斯武曼（1968）较早用这种方法评估“增加/减少”。他们随机地向被试呈现不同强度的视觉刺激，同时从头皮的不同位置记录被试的脑电活动，从每个强度水平的闪光得出独立的 ERPs。他们计算每个被试“幅度/强度”功能的斜率，这个斜率反映了刺激强度增加的函数，即反应变化的幅度有多大。有较大斜率的被试被看做是“增加者”，较小斜率或负斜率的被看作是“减少者”。研究者对他们估计“增加/减少”的诱发电位法与皮特里用的行为过程法做了相关，得出的相关系数是0.63。除此之外，“增加/减少”与感觉寻求有联系，“增加者”比“减少者”有更高的感觉寻求。

（四）其他生物测量

除了上面所描述的心理生理测量，在个体差异的研究中也有许多其他类型的生物测量，如正电子发射断层扫描技术（PET）与核磁共振脑成像技术（FMRI）。PET提供了生化过程中整个脑的图像，具体的生化过程是由提供给被试的示踪器所决定的，示踪器是由放射性追踪器标记的分子，放射性标记分子的分布由PET观察器制成图像。两种最常用的PET示踪器可以制成血糖新陈代谢与血流量的图像。血糖是脑的主要养分，当神经元活跃时消耗较多血糖。抑郁的个体在左脑前额皮质区显现出较低血糖新陈代谢水平。血流量通常与血糖新陈代谢率有较高的相关，当神经元活跃时，需要更多氧气，氧气由增加通过该区域的血流量获得。一些示踪器对血液量及局部变化很敏感。PET的独特之处是除了用于反映激活性（如血糖新陈代谢率与血流量），还可使神经递质成像，实施示踪器与特定的感受器联结，提供对脑的特殊神经递质感受器密度的数量估计。方德和他的同事（1997）在“社交回避”的纸笔测验中运用了这种技术。“社交回避”反映个体避免与其他人接触的倾向，实验中个体在社交回避中得高分的，其基底神经节的多巴胺－2受体有较低的密度，基底神经节是与动机性活动相关的脑区域。他们所报告的感受器密度的PET测量与人格量表有较高的相关系数（$r=-0.68$），表明社交回避性与这一具体脑区多巴胺感受器密度较低有密切联系。

达文森和伊文（1999）记录了现在FMRI的一些方法。FMRI用以推断特殊神经回路中激活模式的个人差异。研究发现，这些个人差异与行为及人格自我报告有紧密联系。除了评估区域脑激活的方法外，其他生化方法——包括血液或唾液成分的分析化验，都在个体差异的研究中被使用，通过一些不同的生化手段研究个体差异。例如，一些实验研究测查个体的单胺氧化酶（MAO）与抑制的关系。MAO在大脑里控制一些神经递质，从而影响脑的生理活动，进而导致心理上的变化。有研究表明，在唾液的皮质醇水平测试上，对比非抑郁的儿童，抑郁及敏感的儿童的唾液皮质醇水平高（Kagan，1988）。

四、脑的不对称性及其个体差异

近20年来，随着脑科学的发展，研究者使用大量新的方法和技术，如脑区活动的电生理学和血流动力学技术（PET和FMRI），与自我报告和行为指标测试相结合，取得了重大的研究进展。研究者发现了大脑情绪功能的不对称性（或称为单侧性）：大脑左右半球的活动在情绪体验中扮演不同的角色，右半球后部对情绪信息有特殊的知觉能力，大脑两半球前部对于一些消极与积极情绪经验和自发印象有不同功能，左脑活动水平与积极情绪相联系，而右脑活动水平与消极情绪相联系。

有来自各方面的证据支持情绪与脑不对称性关系这个结论。有关研究表明，相对于右半球受损，左半球前部受损更可能导致抑郁症状。在一项早期的系统研究中，对比左脑与右脑受损所出现的情绪现象，盖洛特（1972）在报告中指出，左脑损毁的病人比右脑损毁的病人表现出更多消极情感与抑郁症状，一些后继的研究也支持这个结论。在一项研究中，研究者使用脑电图测量被试的左右脑半球的活动水平，并让他们看可以唤起情绪的电影短片。当被试表露出快乐的表情时，其大脑左半球的活动水平高；当被试显出厌恶的表情时，他们的大脑右半球活动更为活跃。在不到 1 岁的婴儿中也发现了类似的大脑活动形式。例如，在一项以 10 个月婴儿为被试的研究中，微笑与大脑左半球活动水平的增高相关，而哭泣则与大脑右半球活动水平的增高相联系。在后继的同类研究中，都发现婴儿体验到积极情绪时，他们的大脑左半球相对于右半球来说都更活跃。由于这一研究结果是以不到 1 岁的婴儿做被试所得出的，一些研究者认为，这种大脑不对称性与情绪之间的联系是先天遗传的，而不是后天习得的。

近期的研究进一步表明这种大脑不对称性具有个体差异。研究者发现，在无情绪反应的休息状态下，也存在个体大脑的一个半球比另一个半球的活动水平更高的现象，并且，有的人大脑左半球的活动水平更高，而另一些人右半球脑的活动水平更高。这种个体差异在时间上具有稳定性。由于大脑左右半球的活动与积极情绪和消极情绪有关，这样，我们可以根据个体大脑两半球活动不对称性的情况来预测，他更可能体验到积极情绪或是消极情绪。

有研究报告指出，大脑左额活跃的被试比起右额活跃者更多倾向于气质性的积极情感，而较少倾向于气质性的消极情感。在一项研究中，在静息状态下测定被试大脑两半球活动水平，然后让被试看一场可以引发快乐和恐惧情绪的电影。正如研究者预测的一样，那些在休息状态下表现出左半球活动水平更高的被试更容易对能引起积极情绪的电影情节做出反应，而那些大脑右半球活动水平更高的被试更容易对产生消极情绪的电影情节做出反应。苏顿和达文森（1997）也证实了前额活动不对称性与行为抑制性和活动性的纸笔测验分数存在显著的相关。行为活动性反映了个体遇到积极事件时，个人表现出较高积极情感或积极行为的倾向；行为抑制性反映个体察觉威胁时，经历强烈消极情感或抑制的倾向。大脑左侧前额激活性高的被试与行为活动性联系更多，而大脑右侧前额激活性高的被试与抑制性联系较多。

对儿童的研究表明，在一岁时就能观察到婴儿这种前额激活不对称性的个体差异，并能预测与年龄相应的情绪反应。达文森和福克斯（1989）对 14 名 10 个月大的女婴进行了静息 EEG 不对称性测量，测量是在与母亲短暂分离阶段之前进行的，本阶段持续 60 s。实验者在认为婴儿非常沮丧的时候，终止该阶段。通过这部分的录像记录，将婴儿对母亲分离的反应进行了编码。对这些反应的检测显示出，7 个婴儿哭闹而另外的 7 个没有哭闹的行为。与之前预测一致，对母亲分离表现出不安的婴儿在 EEG 评估基线阶段显示出更多的右额活动。这个结果表明，实际上在静息状态时，与母亲分离而哭闹的婴儿比不哭闹者表现出更多的右额活动与较少的左额活动。

如何解释这些发现呢？达文森和汤马克（1989）采用了情感反应阈限差异来说明这种差异。右脑前部活跃的个体只需要较小强度的刺激便可引出消极情感，而左额活跃者则需要更大强度的刺激才能引出同等的消极情绪。另外，如果要产生同等水平的积极情绪，左额活跃的个体比起右额活跃的个体需要较小强度的积极刺激。换句话说，右脑前部活动水平高的人只需要很小的消极事件就可以引发恐惧、焦虑等消极情绪，他们对消极刺激做出消极反应的临界点很低；而那些右脑前部活动水平低（或对消极事件反应临界点高）的人，对较强的消极刺激或事件才做出消极的情绪反应；而那些左脑前部活动水平高的人，只需要很小的积极刺激就能引起他们的快乐情绪。这表明，管理情绪重要方面的神经结构的反应阈限是一个关键的因素。当然，也有可能是前额不对称性的个人差异与情感反应的持续性有关系，比如左前额活动性较强的被试对积极刺激表现出较长的反应持续性。这种反应持续性的差异可以决定个体情绪和人格的差异。

五、人格特质的神经生物学基础

美国康奈尔大学理查德·德皮教授（1996）对人格特质理论和来自人类与动物研究中的大量实验数据进行了综合研究后，假设存在着三种神经生物学系统，这三种系统与三因素和五因素模型里的人格特质有大致的对应关系。这些人格特质在艾森克那里是外倾性、精神质与神经质，在大五因素人格模型中则是外倾性、开放性、尽责性与宜人性的结合体，以及神经质。

第一个神经生物学系统是行为助长系统（behavioral facilitation system，BFS），它是由奖赏信号激活的。BFS 控制着诱因驱动或目标导向的行为，以及与保护食物、性伴侣、巢穴和寻找其他重要目标与奖赏联系在一起的那些活动。有时它也会被称为神经生物学奖赏系统（neurobiological reward system）。BFS 包括间脑边缘的多巴胺通路，该通路位于中脑的腹侧外皮区，并投射于杏仁核、海马以及边缘系统的依伏神经核。奖赏系统还包括中脑的多巴胺通路，该通路源于皮质层的腹侧外皮区并投射在它的各个区域。BFS 活跃的个体受追求目标的诱因和奖赏的强烈驱动。在人格特质模型中，BFS 正是对应于外倾性。高活动水平的 BFS 跟外倾性有关，而低活动水平的 BFS 与内倾性有关。

第二个系统是制约系统（constraint system），相当于大五因素人格模型中严谨性与宜人性的结合体，以及艾森克神经质量表的低分段。该系统抑制了大脑中信息的流转，包括了 5－羟色胺的上行通路，也正是这个通路提供了一个脑内神经支配的大范围弥散模式。它能与 BFS 产生互动，并据此调整奖赏的寻求。当某个地方的制约系统非常活跃（且 5－羟色胺水平较高）时，它就会抑制 BFS 的活动，因此，要想引发目标导向行为，就必须有更强烈的诱因。在这种情况下，目标导向行为是拘谨而谨慎的。当某个地方的制约系统没那么活跃（且 5－羟色胺水平较低）时，它就会抑制 BFS（包括 5－羟色胺）的活动，因此，即使是很小的诱因也能引发强烈的目标导向行为。在这种情况下，目标导向行为就会变得不稳定、反复无常、易激怒和暴烈或自我毁灭，追求长期目标和一个稳定的人生计划的能力也就会遭到严重破坏。反社会人格障碍或边缘人格障碍的人，他们的多巴胺水平通常较低，也容易导致攻击性和冲动性自杀。

第三个系统相当于神经质这种特质。它的功能是区分威胁刺激与无威胁刺激，组织或停止可能引起惩罚经验的潜在威胁或危险活动。它以去甲肾上腺素的投射为基础，这种投射始于蓝斑且拥有一个遍及许多脑区的不同神经支配模式。去甲肾上腺素的减少，跟选择性注意和威胁刺激、无威胁刺激的区分能力之损坏有关，也与蓝斑中的去甲肾上腺素系统的长期过度活动有关，如长期的不确定性、担忧、害怕和唤醒过度。

具有高度的外倾性、情绪稳定性、严谨性与宜人性的人，会有高的 BFS 活动水平、中等活动水平的制约系统和普通活动水平的、以去甲肾上腺素为基础的第三个系统。当然，这些假说还需要进行严格的研究。

在过去几十年中，人格的生物基础研究取得了令人瞩目的进展。特别令人兴奋的是功能脑成像技术的应用，这项新技术应用于人格的生物基础研究，在不久的将来会取得更大的突破。人格的生物学范式为人格心理学与生物科学架起了一座桥梁，为人类揭示人格之谜提供了一个新的途径。过去，人们常常强调环境教育对个体发展的重要意义，而忽视了遗传进化的作用。事实上，人生下来并非一张“白板”，人类长期的进化和遗传为孩子提供了丰富的宝藏，奠定了发展的基础与方向。孩子从遗传中所获得的生物差异，限制了他的发展可能性。一个生下来就内向的孩子，父母、老师很难将其培养成一个外向者。一个左脑前部活跃的孩子在其人生过程中更有可能获得积极、幸福的情绪体验。当然，对于人的心理与行为，生物因素的作用不是唯一的和决定一切的，它的作用在很大程度上是制约发展的潜力与可能性。

复习与思考

一、概念

情结、个体潜意识、集体潜意识、原型、人格面具、阴影、心理能、心理类型学、个性化、大三人格维度、神经质、精神质、皮层唤醒水平、行为遗传学、遗传性、感觉寻求倾向、害羞气质、EAS 气质模型、进化心理学、生物测量、脑不对称性、行为助长系统、制约系统

二、问题

1. 阐述荣格的集体潜意识理论及其理论意义。
2. 试析艾森克的大三人格维度及其生物基础。
3. 阐述 EAS 气质模型。
4. 当代一些人格理论能帮助发现基因对人格特质的影响吗?
5. 阐述进化心理学的基本观点。
6. 描述人格研究中生物测量最常用的三种方法。
7. 请解释生理测量作为特质的基质或作为相关是指什么。
8. 大脑不对称性概念的含义是什么？它与个体的情感是如何联系的?
9. 阐述德皮关于三种神经生物学系统的假设。

第六章　行为主义学习论

- 经典条件反射与学习联结观
- 行为主义与环境决定论
- 操作性条件反射与强化原理
- 刺激反应论与内部精神现象
- 观察学习与自我效能感
- 行为测量与行为治疗

与人格的生物学学派不同，华生开创的行为主义学习论忽视遗传因素对人格形成的作用，而强调后天环境影响对人格的决定意义。该学派还有几个基本特点：第一，强调心理学应该研究动物和人的行为。早期的行为主义者重视研究动物外显的和客观的行为，后期的行为主义者更加重视人的内隐认知和社会行为。第二，行为主义学习论着重从后天学习的角度探讨人格的形成机制。第三，行为主义学习论在研究方法上强调客观性和科学性，一般采用严谨的实验研究方法。早期学习论的开创者有巴甫洛夫、桑代克和华生，后期学习论的代表人物有斯金纳、班杜拉、多拉德和米德等人。本章将介绍这些代表人物有关人格的理论与研究。

第一节　行为主义学习论的兴起

在行为主义心理学的发生史上，巴甫洛夫（1849—1936）和桑代克（1874—1949）功不可没。他们分别开创了经典条件反射和工具性条件反射的学习理论与研究，为行为主义学习论的产生打下了坚实的理论与方法基础。

巴甫洛夫认为，反射是有机体对作用于感受器的外界刺激通过中枢神经系统所发生的规律性反应。反射分为非条件反射和条件反射，前者是指有机体生来固有的对保存生命有重要意义的反射；后者是指有机体在非条件反射基础上后天习得的反射，它是通过在有机体大脑皮质上建立起暂时的神经联系而产生的。经典条件反射是巴甫洛夫以狗作为实验对象而发现的一种行为规律，它揭示了一个原本不能引起特定行为反应的无关刺激是如何通过学习变成能够引起反应的信号刺激的。巴甫洛夫发现：当狗吃到食物时会分泌唾液，而铃声则不会引起分泌唾液，这是本能的非条件反射，不学自会；但如果每次给狗吃食物之前或同时都让它听到铃声，那么狗就学会一听到铃声就开始分泌唾液，即通过经典条件反射的建立，铃声这种无关刺激也能引起特定的行为反应，铃声具有了信号意义。可见，狗通过经典条件反射机制能够学会对一些具有信号意义的刺激做出应答性行为来适应环境。

巴甫洛夫的条件反射学说又称为信号系统学说。巴甫洛夫指出，一切刺激物（如声、光、电等）作为非条件的刺激信号所引起的条件反射称为第一信号系统的条件反射，它是人和动物共有的。由具有抽象概括性质的言语信号作为条件刺激物形成的条件反射称为第二信号系统的条件反射，这种条件反射是人所独有的。第二信号系统把第一信号系统信号化，比如“望梅止渴”这个活动就引起了第二信号系统的活动。这种突出人类语言的特点的第二信号系统条件反射学说对于进一步探讨人类思维等复杂行为的规律具有很重要的科学意义。

桑代克是美国动物心理学实验的创始人，他认为学习的过程是盲目的尝试与错误的渐进过程，学习的实质在于形成刺激—反应联结，行为受奖励后能形成刺激—反应联结；准备率、练习率和效果率是三条重要的学习原则，人和动物都遵循同样的学习律。桑代克首先研究了与经典条件反射不同的工具性条件反射。工具性条件反射指出了动物是如何学会一种适宜于环境的自主行为的。譬如，桑代克把一只猫放在一个特制的笼子里，笼中有一个机关，如果猫踏着这个机关，门就能打开，它就可以吃到放在笼外的鱼。开始时猫在笼中乱跑，偶尔能碰到机关，经过多次重复后，猫学会了一被放进笼中就去踏机关，说明了猫形成了工具性条件反射。动物正是通过这种条件反射，学会从众多行为方式中选择一种操作性的自主行为，能够借此为工具来改变环境。

巴甫洛夫和桑代克各自花了数十年的时间来研究经典条件反射和工具性条件反射的建立、改变、消退等。毫无疑问，这些发现和研究成果对于解释行为和行为模式的学习与矫正具有深远的影响，对于行为主义心理学流派的产生具有重要意义，他们的条件反射论与学习联结观为华生的行为主义及后来的新行为主义提供了理论的雏形。令人不解的是，巴甫洛夫这位聪明而执着的生理学家，一生都讨厌别人把他和他的研究成果与心理学扯上关系；而桑代克这位聪明而执着的心理学家，也一生都不愿意别人把他和他的研究成果与任何一个心理学流派扯上关系。

从行为主义心理学的首倡者华生（J. B. Watson，1878—1958）的求学生涯来看，行为主义心理学流派的产生至少可以间接地归功于我们所熟知的达尔文。达尔文的进化论受到美国心理学家的热情欢迎，他们以之为理论核心形成了第一个美国心理学流派——机能主义的芝加哥学派，以杜威、安吉尔和卡尔为核心代表。机能主义者关注的重点是心理过程是如何与生存环境相联系的，人类的行为和认知是如何在增进人类对环境的适应中发挥作用的。华生正是在芝加哥大学师从安吉尔学习机能主义，并留校任教。后来，他继承并发扬了机能主义的思想，于 1912 年正式而明确地提出了他的行为主义的主张，成为行为主义心理学流派的开山之人。

华生主张心理学是自然科学，因此，只能用客观的方法来进行研究，那些依靠内省和精神诠释来推测人的心理活动、意识内容、精神现象以及认识过程的研究不仅是靠不住的，而且会使心理学陷入众说纷纭、莫衷一是的困境。相应地，他认为心理学研究的应该是行为，而不是意识。因为行为是外显的、客观的，能够直接观测的，而意识却是隐蔽的、不可捉摸的，只能从行为间接地推知。“心理学必须抛弃所有意识方面的时机似乎已经到来了，它不再需要以为它是在把精神状态当做观察的对象而自欺欺人了。”① 就这样，心理学首先在达尔文那里失去了灵魂，现在又在华生这里失去了思想。

图 6－1　华生

在华生看来，人格不过是个体一切行为的总和，是各种行为习惯的产物。一个人在某一时刻的人格就是这个人的动作流在这一时刻的横切面。人格虽然是由一切动作所构成的，但其中有一些占优势的习惯系统。因此，人们可以通过对一个人的行为观察，发现其占优势的习惯系统或行为模式，从而确定其主要的人格特征，并对其人格进行分类。

华生主张要全面、精确地研究人格，必须从以下几个方面去观察和收集行为资料：第一，一个人受教育的情况；第二，一个人的学习或工作成绩；第三，应用心理学的各种测验；第四，一个人在休闲娱乐时的情况；第五，一个人在日常生活中的情绪表现。

基于机能主义环境适应的思想，华生认为人格在个人适应环境上可以有两个方面的作用，一是积极的促进作用，二是消极的阻碍作用。在他看来，前者是一个人的“资产”，后者是一个人的“债务”，人格就是指一个人在行为反应中的全部资产和债务。

在关于人格的形成和改变问题上，华生是一个极端的环境决定论者，他把后天环境的作用提到绝对化的高度，认为除了如达尔文所指出的某些基本情绪和本能是通过遗传得来的之外，其他各种行为模式都要从与环境相适应的经验中经由学习而获得。他指出，要改变一个人的人格，必须一方面将其所学的东西取消，使旧的行为逐渐消退；另一方面就是要学习新的东西，获得新的行为。要完全改变一个人的人格，唯一的方法就是要将其所处环境完全改变，使他不得不去养成新的行为习惯来适应改变了的新环境。环境改变程度越高，则人格改变的程度也就越大。他甚至认为通过控制环境，可以随心所欲地塑造出任何一种人来。下面这段话可算是华生的经典名言：

> 给我一打健康和天资完善的婴儿，并在我自己设置的特定环境中教育他们，那我可以保证，任意挑选一个婴儿，不管他的才能、嗜好、趋向、能力、天资和他们祖先的种族如何，我都可以把他训练成我所选定的任何一种专家：医生、律师、艺术家、商界首领乃至乞丐和盗贼。②

---

① 华生．一个行为主义者眼中的心理学［J］．心理学评论．1913.
② 赫根汉．人格心理学导论［M］．何瑾，冯增俊，译．海口：海南人民出版社，1986：256.

巴甫洛夫的研究为华生的行为主义立场提供了实验方法上的指导。1920年，华生和他的女学生、助手罗萨莉·雷纳用小阿尔伯特与白鼠的实验证明了环境刺激是如何通过经典条件反射机制使个体学会某种情绪行为的。

11个月大的小阿尔伯特刚开始和一只小白鼠一起玩耍时并不害怕它，但是，如果每一次小白鼠出现时便同时传入一声巨响，几次之后，小阿尔伯特一见小白鼠就会出现害怕的反应，甚至看见其他毛茸茸的东西也会害怕。基于这个实验，华生认为，各种恐惧症都是条件化的情绪反应，是通过条件反射学习而来的，并对精神分析的观点提出了尖锐的批评和嘲笑。他说，除非弗洛伊德的信徒改变他们的假设，否则过了20年，他们来分析阿尔伯特为什么怕皮毛大衣时很可能会请他说个梦，然后分析梦，结果说是因为阿尔伯特小时候曾经因玩他母亲的阴毛而遭到父亲的一顿痛打，最终形成了神经性的恐惧症。

华生研究了恐惧的形成，在他的建议下，钟斯（1924）通过实验证明，这种学习得来的恐惧是可以再通过行为学习的方式逐渐消除的。钟斯对另一个叫彼特的3岁小男孩进行了实验研究，这个小孩害怕几乎所有皮毛的东西，如小白鼠、兔子、毛大衣等。钟斯消除这个小孩这种恐惧的方法是，将彼特放在高背椅中坐着，给他吃东西，随后将一个装着白兔的笼子慢慢提进房里，直到他显示出恐惧不安，然后停止前进，且后退一点。如此反复，兔子越放越近，最终彼特可以一边吃东西，一边与兔子玩了。钟斯的这种方法就是今天行为治疗中的一种常用的方法，即系统脱敏法。

总之，华生等人关于恐惧情绪形成与消退的研究以科学、实证的方式有力地支持了行为学习观，被行为主义者奉为经典。遗憾的是，华生和他的女学生之间的暧昧关系迅速地给他如日中天的心理学研究事业画上了句号。1920年，华生被迫辞职，带着满肚子的心理学学问去做了一名广告策划人，并取得了巨大成功。

在此之后，华生所倡导的行为学习观不断成长壮大，几乎成了从20世纪20年代至60年代美国心理学界执掌牛耳的统治力量和研究范式。它的影响遍及世界各地，使客观心理学运动漫布心理学界的每一间实验室。尽管后来的新行为主义者们不再完全赞同他的过于简单化、绝对化的S－R联结论，但行为主义所强调的客观、实证、自然科学式的实验研究范式仍然是现代心理学研究的基本原则。

在行为主义学习论的发展史上，赫尔（C. L. Hull，1884—1952）是一个里程碑式的人物。他用一整套数学公式对行为、行为习惯、驱力水平、强化效果等作了精细而严密的理论演绎和推论，建立起一个庞大的理论系统来完成“按自然科学来建立新行为主义”的理想。这套理论在二十世纪四五十年代备受推崇，几乎可以看成是行为主义在这一时期的集大成者。然而他的理论终因过于庞大复杂，在二十世纪六七十年代渐渐衰弱下去。行为主义学习论的生命力并没有就此结束，以斯金纳、多拉德、米勒、罗特和班杜拉为代表的心理学家们不仅建立了各具特色的行为主义学习理论，而且为人格和行为的训练、矫正、治疗等实践领域开辟了新的思路。

第二节　操作性条件反射论

图 6－2　斯金纳

斯金纳，1904 年出生于宾夕法尼亚州的一个小镇，父亲是一位律师。斯金纳从小善于制造各种各样的机械装置，如小雪橇、喷枪等。天生灵巧的双手为他以后的研究事业制造出许多灵巧的实验装置，包括著名的斯金纳箱。斯金纳在大学时主修英文，希望成为作家。可是经过两年的尝试之后，他终于发现自己“没有什么重要的话要讲”。他因为偶尔读到华生和巴甫洛夫的书而对心理学产生兴趣，于是从未学习过心理学的斯金纳来到哈佛大学心理学研究所，以每天不列入作息表的时间不超过 15 分钟的高度自律和勤奋开始了他成为世界一流心理学家的生涯。他是操作性条件反射理论的创立人，新行为主义的主要代表。斯金纳一生著述颇丰，其中《有机体的行为》（1938）、《沃尔登第二》（1948）、《科学和人类行为》（1953）、《强化的程序》（1957）、《超越自由与尊严》（1971）、《关于行为主义》（1974）等都是影响颇大的力作。斯金纳殊荣不断的辉煌人生终止于 1990 年 8 月。

与当时大多数行为主义者一样，斯金纳对有机体内部机制的研究没有兴趣，而是致力于研究环境刺激与行为学习之间的联系。斯金纳一生都是一个忠实的操作主义者，他对操作性条件反射，尤其是对强化的深入而精细的研究是他最为突出的贡献。

一、操作性条件反射与人类行为的学习

斯金纳设计制作了一些比桑代克的猫笼更为灵巧的箱子，即后来被广为称道的斯金纳箱。在一只舒适的鼠箱的箱壁上安装一根能活动的横竿，它的下面正对着一个小食盘和喷水口。这样，只要小鼠的前爪有意或无意地搭在横竿上，一粒食丸就会自动落入食盘中。同时，连接在笼外的一些设备就会画出一条线来，一分钟一分钟地记录小鼠按下横竿的次数。这个自动化的装置不仅能更方便、有效地收集数据，而且不需要人专门去看着实验小鼠，不用看着它何时按横竿，并适时地送上食丸或水。由于可以免去实验人员的陪同，小鼠按横竿的频率和时间间距完全由它自己来决定，同时，如果需要的话，实验者也可以很方便地控制给予食丸或水的频率或时间间距。这样，斯金纳顺理成章地将他的行为学习的原理建立在“反应概率”的基础之上。

据此，斯金纳给了“学习”一个行为主义的定义：学习即行为反应概率的变化。斯金纳认为，一切行为都是由反射构成的，而反射的基本要素是刺激 S 和反应 R。行为主义学习理论所面临的任务，就是指出引起行为反应概率变化的条件，并提出一种分析

各种环境刺激的功能的方法，以决定和预测有机体的行为如何习得、改变和消退等。

斯金纳把有机体的反应分为两类：一类是应答性反应。这类反应是由已知的、先行的刺激（S）引发的，正如巴甫洛夫的经典条件反射实验所描述的那样，实验狗分泌唾液的应答性行为往往是随意的和本能性的行为，狗对无条件或条件刺激被动地做出反应，没有先行的刺激就没有后继的反应。另一类是操作性反应。这类反应可以利用安排结果性的、后继的刺激——斯金纳称为强化物、强化刺激——而得到巩固或消退，这正是他的操作性条件反射理论所关注的核心。这种反应大多是随意的或有目的的行为，有机体能以自己的某种操作行为主动地作用于环境以达到对环境的有效适应。他进一步认为，经典条件反射理论在解释应答性行为时是确切的，但是人和动物的许多行为反应并不是由明显的刺激引发的，人类的绝大多数有意义的行为都是操作性的，我们完全可以通过研究强化物的作用机制、呈现方式来观察有机体反应概率的变化，探讨人类行为学习的条件和规律。

斯金纳很少提到人格、行为风格，在他看来，人格仅仅是通过操作性条件反射的强化而形成的一种惯常性的行为方式。如果我们能认识、操纵、预测人的行为，那么也就没有什么人格问题是不能解释和解决的。

二、强化与强化的原理

强化在斯金纳的行为学习理论中占有极其重要的地位，是其理论的核心概念之一。在斯金纳的实验中，刺激往往是在动物做出某一种操作行为之后出现的。例如，食丸是白鼠按压横竿之后落入箱中的，是该操作行为带来的“结果”。如果某一结果性的刺激使这一操作行为发生的概率增加，那么这一刺激就是这一操作行为的强化物（或称强化刺激），利用强化物诱使某一操作行为的概率增加的过程就叫做强化。强化物在相应的操作反应行为之后出现一次，我们就说这一操作反应行为得到了一次强化。

基于实验可以看出：首先，强化是针对行为反应而言的，而不是针对机体而言的，我们可以说食丸强化了小鼠按横竿的反应行为，而不能说食丸对小鼠进行了强化。明白这一点在个体的行为教导中具有现实的意义。我们在生活中经常听到这样的话：“这是奖给你的！”“打的就是你！”好像我们给予奖励和惩罚不是因为对方的行为值得嘉奖或惩戒，而仅仅因为他是他自己所以他就应该得到嘉奖或惩戒一样。这种“对人不对事”而不是“对事不对人”的强化方针不仅不利于被强化者明确地意识到自己的行为与其后果之间的直接联系，而且容易导致偏见的产生，以及自傲或自卑心理的形成。其次，强化物并不一定是令人愉快的刺激。强化物的作用只在于提高有机体某项行为反应的概率，与它是不是令人愉快并没有必然联系。赞扬一个人助人为乐的行为可以促使他下一次继续帮助别人，责备他见死不救也可能促使他下一次主动帮助别人，被责备显然不是什么愉快刺激。

由于强化能够提高特定行为反应的强度，斯金纳认为，形成操作性条件反射的关键就在于强化。例如，艾伦等人（1964）报告了这样一个案例：一个四岁的小女孩，聪明而讨人喜欢，但具有不合群的性格特征。进入幼儿园后，她的不合群受到老师的特别关注。这种关注不经意间强化着她的不合群行为，并形成了恶性循环。后来，老师改变了强化对象，强化她的合群行为，只在她和小朋友们一起时才关注她，当她离开小朋友想和老师接触时，老师就停止对她的关注。这样一来，她与别的小朋友一起的时间明显增加。12 天后，老师再次强化她的不合群行为，她的孤独行为再次出现。在第十七天，又强化她的合群行为，她又开始接触小朋友们。后来，她的合群行为保持在一个相对稳定的水平上。可见强化决定了人机体行为方式的形成、转化和消退的过程，也决定了行为学习的进程和效果。只要合理地控制强化，就能达到控制行为、塑造行为的目的。斯金纳对强化的原理做了广泛而精细的研究，提出了建立操作性条件反射的原则，探讨了强化的类型、来源、方式等与人机体学习活动的关系。

（一）建立操作性条件反射的原则

斯金纳提出了两条原则：①任何反应若有强化刺激随后呈现，都会具有重复出现的倾向。②强化刺激可以是增强操作反应的概率的任何刺激物。他进一步指出，这两条原则可以用来解释人类学习的许多现象。比如，孩子学会各种称谓，是因为他偶尔的一次正确的称呼得到了强化；要矫正个体的不良行为，可以通过待他出现理想行为时给予适宜的强化物来完成。个人的性格、社会规范、价值观实际上是由被社会强化了的个人特征、行为方式和观念积淀而成的。

格林斯朋（Greenspoon，1955）用他的一些实验证明，上述两个原则在人类的行为学习中同样适用，而且被试在整个学习过程中几乎意识不到它们在发生作用。他设置了一种情境：当被试在与他进行轻松自如的交谈中说出一个复数名词时，他就发出“嗯——哼”的应答声。结果表明，这种方式提高了被试说出复数名词的频率，虽然没有一个被试意识到自己的讲话行为正在发生改变。可见，即使是像“嗯——哼”这样的声音也可以是一种有效的强化刺激。

（二）强化的类型

斯金纳按照强化的性质将强化分为正强化和负强化两种类型。在建立操作反应时，如果呈现某一后继的刺激物，有机体的操作反应概率增加，那么该刺激物就是这一反应的正强化物；如果撤去某一刺激物，有机体的反应概率增加，那么该刺激物就是这一反应的负强化物。比如，在小鼠形成按横竿的操作条件反射中，食丸就可以作为正强化物，而电击则可以是负强化物。呈现正强化物和撤去负强化物都可以增加按横竿的反应的概率，因而这两种情况都是在对操作行为进行强化，前者称为正强化，后者称为负强化。另外，撤去正强化物和呈现负强化物都可能会导致某一操作行为概率下降，因而它们是对该行为进行惩罚的过程。

正强化和负强化在人类行为学习中都是经常被运用的方法。比如，给予微笑、赞扬、奖品，允许参加个体所喜爱的活动等，都是在对希望个体学会的某种行为或个性品质进行正强化，而收回批评、停止打骂、取消个体参加某种讨厌的活动的义务等，都是在对上述行为或个性品质进行负强化。

负强化和惩罚是两个截然不同的概念。负强化会导致反应概率的提高，而惩罚则导致反应概率的降低。斯金纳在对惩罚进行实验研究的基础上指出，一般而言，尽管惩罚在矫正不良行为方面可能也是一种有效的方法，但是它在塑造行为中的效果不如强化好，而且可能会带有很多消极的影响，因此，应该有条件地使用。

（三）强化物的来源

斯金纳按强化物的来源，把它们分为一级强化物和二级强化物。一级强化物是指那些不需学习也能起强化作用的刺激，如食物、水等满足基本生理需要的物品；二级强化物是指那些开始时不具有强化作用，但后来由于经常与一级强化物或其他强化物联系在一起而具有了强化作用的刺激物，对于人类个体而言，诸如特权、财富、名声、地位、分数、认可、表扬、关注等都可能是二级强化物。那些与许多一级强化物联系在一起的二级强化物叫做概括化的强化物，金钱和母亲就是如此。二级强化物在特定的社会文化中起作用，对人的行为有着极大的影响力。斯金纳曾指出，一个守财奴被金钱强化得如此之深，以致他情愿饿死也不愿花去一分钱。可见，在人类的行为学习中，强化物不仅作为特殊的反馈信息控制着个体对自己行为和个性品质的认识与评价，也是直接调动个体的行为动机的重要激励因素。

事实上，能够作为强化物的刺激是多种多样的，同样的强化刺激对于不同的个体和不同行为反应而言，其强化的效果也是不尽相同的。在行为塑造和行为矫正的过程中，选择适当的、有效的强化物是一门学问，也是一门艺术。比如，一位体育老师的女儿从小跟随父亲每天早晨训练跑步，已经养成了习惯，一天不跑就会若有所失，并多次在各种运动会上取得名次。她刚上初中时，由于不爱记单词，英语成绩不太好。她的父母和她一起订下学习计划，每天晚上如果记不下当天的单词，第二天就不能和父亲一起去跑步，而必须在家学英语。经过一个月的实践，她的英语成绩很快好了起来。很显然，不能去跑步作为一种特殊的强化刺激，对于其他许多孩子而言，可能不仅不是惩罚，反而是一种有效的奖励。

（四）强化的安排

斯金纳将强化按间隔时间和频率特征分为两大类：一是连续强化，即每一次正确反应后都给予一次强化；二是间歇强化。在实际的生活中，连续强化的情况是比较少的，绝大多数时候我们遇到的都是间歇强化。正如斯金纳提到的那样，当我们去溜冰或滑雪时，我们并不是总能找到好的冰地或雪地……当我们打电话给朋友时，朋友并不是总在家……因此，在工业和教育方面，几乎总是以间歇强化为其特征的，斯金纳于是对间歇强化做了更为详细的研究。

间歇强化又可以有两种安排方式：根据反应次数决定的比例强化和根据反应时间间隔决定的时间间隔强化。

在比例强化中，可以按固定比例进行强化，比如，每 10 次正确反应后给一次强化。计件取酬就是固定比例的强化，要想取得更多的酬金，就必须努力多干活，而且个体能够根据自己所完成的任务明确地知道自己可以得到多少酬金；规定孩子把钢琴曲每弹奏

5遍就可以去玩10分钟，也是固定比例的强化，如果孩子想去玩，就得尽快完成弹奏任务。

比例强化也可以按变化的比例进行强化，比如，每100次正确反应中随机安排10次强化。在这种强化安排方式中，个体不是每10次正确反应都会有一次强化，而是平均每10次反应能够得到1次强化。因此，正如赌博机或推销员一样，有时两次强化之间的反应次数可能很少，能连续地赚钱或成交；而另一些时候两次强化之间的反应次数可能很多，要连续地输钱或失败。不过，在这种强化方式下，个体反应频率越高，可能得到的强化就会越多。赌徒和推销员都深谙此道，因此，他们表现出如上足了发条一般的狂热和痴迷也就不足为奇。可见，这种强化方式产生的反应速度非常快。

在按时间间隔进行强化时，可以按固定时间间隔进行强化，比如，每隔10分钟进行一次强化。计时取酬，如每月10号领取月薪；定期考试，如期中、期末考试；限时任务，如规定孩子把钢琴曲每弹奏30分钟就可以去玩10分钟。这些都是固定时距的强化。这种强化方式很快就导致个体出现“平时不烧香，临时抱佛脚”的反应风格：到临近强化出现的时间时“发疯似的工作”，一旦强化获得，工作热情一落千丈，要等下一次强化快来之前才会重新打起精神。

按时间间隔强化也可以是按变化的时间间隔进行强化，比如，每60分钟内随机安排6次强化。老板每隔或长或短的一段时间给工人发些奖金，教师时不时提醒一下不守纪律的学生，规定孩子每弹奏30分钟钢琴曲中一共可以出去玩3次、每次5分钟等，都是变化时距的强化。与固定时距的强化相比，变化时距的强化能使行为反应保持得更久。比如，每周一评就是一种固定时距的强化模式，学生在一周开始时懒散松懈，自律行为减少，而到周末时表现积极，自律行为明显增加，而如果采用随时点评的方式则会保持较长时间的自律。

可见，上述这些不同的强化方式所导致的行为习得的速度、反应的强度和行为消退的速度是不同的。一般而言，连续强化比间隔强化习得行为的速度要快；固定强化方式中的动物每得到一次强化后反应的速度都会下降，此后逐渐加快反应速度，直到下一次强化到来；相比固定的强化方式而言，变化的强化方式安排下行为消退得更慢。我们可以根据控制学习过程的实际要求来选择强化类型和决定何时、怎样给予强化，即将上述的强化方式组合起来使用。因此，建立某一操作反应的最佳的训练组合可能是：最初使用连续强化，然后是固定时间间隔的强化，最后是变化比例强化。

（五）行为的消退、自然恢复、类化与分化

斯金纳发现，当小鼠通过食丸强化学会按横竿后，拆除小食盘，使小鼠按横竿后不再有食丸出现，则小鼠按横竿的行为逐渐消退成学习之前的偶然行为。这种现象就是行为的消退，即如果操作性条件反射被一种随后出现的强化物所强化，那么，将该强化物撤除，此操作性反应就会随之消退，直到恢复到最初未被强化时的水平。

1. 行为的消退

行为的消退和行为的建立是相反的过程。斯金纳十分重视消退的作用。按照他的观点，行为建立和行为消退能够说明我们的许多人格现象的共同规律：受到强化的行为得

到建立和保持，没有得到强化的行为自行消失。那么对于改变行为的任务而言，其基本原则就是：强化所期望的行为，忽视所不期望的行为。斯金纳认为，对待我们所不期望的行为的合适的方法是消退，而不是惩罚。因为惩罚无论对于被处罚者的不良行为而言，还是对于惩罚实施者的“生气、发怒”的行为而言，都是一种强化，很可能会导致双方不良行为的恶性循环。一个孩子因为在超市偷了糖果而挨父母打骂，对于孩子而言，他固然可能不敢再在超市偷糖果了，可他也可能会在下一次偷糖果时选择父母不在身边或采用更为巧妙的手段不让父母发现，尤其是在父母向他咆哮着宣称“下一次再让我看见了，看我不打断你的手”之后；对于父母而言，这一次表面上有效的打骂只会增加下一次使用更为严厉的打骂的概率。也就是说，实际上在行为学习和改变的过程中，双方在相互强化，同时相互学习，一起改变。正如斯金纳在一幅漫画中表明的那样：一只学会了按横竿的小鼠不无得意地对另一只小鼠说：“伙计，我已经使这根横竿形成了条件反射！我每按它一下，它就掉下一粒食丸。”[①] 顽劣的孩子利用老师爱生气的特点成心去捉弄和惹怒老师，然后在小伙伴面前自鸣得意，就是这种情况的反映。

2. 行为的自然恢复

一个已经消退的行为反应经过一段时间的休息，可能会在没有经过任何再一次强化学习之后重新出现，这就是自然恢复现象。斯金纳发现：将一只由于不再给予食丸而不再按横竿的小鼠放到一边待上几个小时，再把它放回箱中时，尽管没有任何训练，它又开始按横竿。自然恢复现象表明，行为消退不是一次就能完成的。当然，经由自然恢复所能达到的反应强度是有限的，一般最多只能达到原强度的一半左右。研究发现，一种反应行为只有在经过几次消退之后才会真正消失，即不再出现自然恢复现象。在实际的行为训练和矫正活动中，教师和父母常常会发现自己好不容易才使孩子去掉的坏毛病过一阵子又死灰复燃了，在失望、伤心、惊讶和怀疑之后，也应该想到这可能只是一种自然恢复现象，不必以为自己前功尽弃而丧失信心。

3. 行为的类化

类化又称为概括化、泛化，指的是一种条件反射建立之后，个体可能不仅对条件刺激做出相应的行为反应，而且对与条件刺激相似的其他刺激也做出相应的行为反应。本章第一节所提到的华生所做的小阿尔伯特的实验中就出现了类化现象。小阿尔伯特不仅对小白鼠产生恐惧的反应，对小白兔、狗、毛大衣，甚至毛茸茸的大胡子都产生恐惧的反应。当然，类化的范围也是有限的。一般而言，新刺激与原来的刺激越相似，发生类化的可能性越大；如果两个刺激之间差异很大，类化就很难发生。我们在实际的行为学习中举一反三、触类旁通、闻一知十都是类化的表现。

4. 行为的分化

分化又称为辨别化，是一种与类化相反的现象，指的是个体能对不同的刺激做出不同的行为反应。在斯金纳箱内特意装上一只电灯，强化的方式设计成：灯亮时，小鼠如果按横竿，就给予强化；灯不亮时，小鼠按横竿则没有强化。在这种情形下，小鼠在灯亮时按横竿的反应概率比灯不亮时高得多。此时，灯亮是按横竿的辨别性刺激，它是一

① 赫根汉．人格心理学导论［M］．何瑾，冯增俊，译．海口：海南人民出版社，1986：284.

种信号，又称为诱因。与经典条件反射不同的是：此处的诱因不能单独引起强化，必须有紧跟其后的行为反应才能得到强化；诱因也不能单独引起行为反应，必须同时进行选择性强化才能学会辨别性的反应。可见，在形成辨别性行为反应中，辨别性刺激或称诱因和选择性强化方式是必不可少的两个条件。

许多人格特征的形成都与分化有关，比如礼貌、机智、有分寸等。分化使个体学会辨别行为发生的前提条件，在合适的时间和情境下做出合适的行为反应，避免做出不适当的行为。比如，好心办坏事，常常是因为把一个“好”的行为用在了一个不适当的情境中。分化也是连锁反应的基础：发生下一个行为反应的前提条件是完成了上一个行为反应。两个人聊天，你说一句我说一句，对方说完了你不接腔，或者对方没说完你就插话，都是不礼貌的连锁行为反应。

三、行为的塑造和矫正

面对较为复杂的行为，斯金纳提出了“强化相倚原理”，认为只要我们把复杂行为分解成一系列小的循序渐进的步骤，精确地安排强化的组合方式，使有机体逐步向目标逼近，学习的过程总会达到成功。

比如，斯金纳是这样教一只鸽子学会啄一只彩色小圆盘的：先是在鸽子从箱子中的任何地方朝盘子的方向稍稍转身时就给它喂食，等它学会这个之后，不再强化这个动作，而是只有当它越来越靠近盘子时才喂食，然后只在它走近之后将头向盘子转动时才喂食，最后只在它啄到盘子时才喂食。正是斯金纳发明的这种建立连锁动作的方法使我们看到了许多精彩的动物表演。

斯金纳认为，人类个体的行为也可以照此训练。事实上，这个过程在教育和儿童抚养中十分常见。当然，并不是每一个教育者都用它来训练孩子们的良好行为方式。斯金纳举了一个例子来说明一个母亲是如何不知不觉地在孩子身上塑造出不良行为来的：

做母亲的总是并不情愿地在促进着她所不喜欢的行为的发展。例如，当她很忙时，她可能对温和的呼唤或要求置之不理。她可能只会在孩子提高嗓门叫喊时才会做出反应。孩子的声调的平均高度可能由此上升一级……最后，母亲可能就逐渐习惯了这个水平，于是，下一次只有更高声的叫喊才能引起母亲的关注，这种恶性循环导致了越来越响的叫喊行为……这位母亲所做的实际上就像一直在履行一项教会孩子惹人恼怒的任务一样。

斯金纳利用强化相倚的原理发展出程序教学的思想，并亲自制造了程序教学机器。同时，他还和他的两位研究生尝试把这个原理运用到精神和情感疾病的治疗中去，这就是行为疗法，其中一种叫代币疗法的颇受称道。所谓代币就是一些塑料卡。病人每完成一些规定的行为或任务，就发给一定数量的代币，当病人积累的代币达到一定量时，他就可以拿这些代币换取一些实物奖励或参加某种活动，如游泳、看电影等。事实证明，代币治疗不仅对于精神病患者的行为矫正有一定的疗效，而且对于正常人的不良行为的矫治也是有效的。当然，有些心理学家认为，这种治疗方法可能存在着治标不治本，短效良好、长效不佳的问题。

第三节　刺激—反应论

约翰·多拉德，1900 年 8 月出生于美国威斯康星州的密尼沙。1932 年他从芝加哥大学获哲学博士学位后任耶鲁大学人类学副教授，一年后赫尔在耶鲁大学组建人类关系研究所，多拉德加盟其中直到退休。尼尔·E. 米勒，于 1909 年出生于美国威斯康星州的密尔奥奇。1935 年获耶鲁大学哲学博士学位，1936 年也加盟赫尔的人类关系研究所，在那里，多拉德和米勒开始了他们硕果累累的合作，以至于他俩的名字常常是不可分离地出现在心理学的发展史上。多拉德和米勒对赫尔的严谨的学习理论和弗洛伊德的生动的精神分析有着共同的兴趣，他俩最杰出的贡献就是在严格的实验研究的基础上将这两大理论体系结合起来，从而创造出一个更为广博和实用的理论结构。他们的共同结晶有：《挫折和攻击》（1939）、《社会学习和模仿》（1941）、《人格和心理治疗：关于学习、思维、文化的分析》（1950）。

（a）多拉德

（b）米勒

图 6 – 3　多拉德和米勒

同斯金纳一样，多拉德和米勒认为，人类的大多数行为是习得的。不同的是，他们认为，不但那些简单的、外显的行为是习得的，语言以及弗洛伊德所说的压抑、移置和冲突等复杂的机制也是习得的。斯金纳也讨论语言行为，但他只是把语言作为一种和按横竿没什么两样的外显行为来看。多拉德和米勒则认为，语言有其内部的认知功能。很显然，开始时他们更加注重行为学习的内部心理机制的研究。和斯金纳一样，他们也用小鼠作为实验的对象。不同的是，他们明确表示，动物研究只是一种提供客观资料的来源，它对于人类行为的有效性还有待以人类为被试来验证。

一、学习的四个要素

多拉德和米勒认为，学习的发生离不开四个要素，它们是内驱力、线索、反应和强化。这四个概念在赫尔的理论中都已存在，多拉德和米勒对它们的理解如下：

（一）内驱力

内驱力是指迫使有机体行动的任何一种强烈的刺激。它们可以是与生俱来的，如饥饿、干渴、疼痛、性、排泄等，它们叫做原生内驱力，又称为一级内驱力，关系到个体的生存与否；也可以是后天习得的，如焦虑、成就、荣誉、金钱等，叫做二级内驱力。它们可以是内部的，如饥饿、恐惧等；也可以是外部的，如炎热、吵闹等。正如弗洛伊德认为本能是一切行为的基础和原动力一样，多拉德和米勒认为，一级内驱力是建构人格的基石，是所有习得的内驱力的基础和条件。二级内驱力一般是由社会文化决定的，但它们和一级内驱力具有同等程度的动力作用。很显然，内驱力是一个动机概念，是人格的能量源泉。作为内驱力的刺激强度越大，内驱力越强烈，动机也越强烈。正如他们所提到的一样："远处低弱的音乐声几乎不能诱发一级内驱力，邻居家半导体的高声吼叫却相当惹人注意。"

（二）线索

线索是一种指导有机体选择行为的方向的刺激，也就是斯金纳所说的诱因、辨别性刺激。线索决定有机体在内驱力的驱动下于何时、何地做出何种行为反应。线索可以是内在的，如对上一次去某餐馆的路线的记忆；也可以是外在的，如前面的交通指示灯的颜色。任何一个刺激，只要有机体能把它与其他刺激辨别开来，它就有可能成为线索。

（三）反应

反应是由内驱力和线索诱发出来的，用以降低或消除内驱力的行为或心理活动。比如，一个饥饿（内驱力）的人，看见一个餐馆（线索），就会发起前去就餐（反应）的行为，这个行为的目的是消除饥饿（吃饱）或降低饥饿的程度（充饥）。在斯金纳的理论中，反应都是外显的，而在多拉德和米勒的理论中，反应既可能是外显的动作或行为，也可能是内部的心理活动，如思维、计划和推理等。他们将这些内部的心理活动称为线索性反应，因为这些心理活动通常决定随后的反应是什么。

（四）强化

多拉德和米勒对强化的理解与斯金纳的角度不同。他们认为，强化也就是内驱力的降低，任何能够导致内驱力降低的刺激都是一种强化物。强化物可以是原生的，如满足与生理和生存需要有关的刺激；也可能是二级的，由那些经常和原生的强化刺激配对出现的中性刺激转化而成，如母亲。

二、学习

多拉德和米勒认为，只有同时具备了上述四个要素，学习才能够发生。用他们的话来说就是："只有当一个人想要些什么（内驱力）、注意些什么（线索）、做些什么（反应）以及获得些什么（强化）时，学习才能发生。"

具备这四个要素只是学习的前提条件，究竟学习的实质是什么呢？多拉德和米勒对此有不同于斯金纳的看法。这就涉及他们对习惯的研究。

如果一个线索导致一个反应，这个反应又能导致强化作用，线索与反应之间的联系就会加强，最后则会形成牢固的习惯。在习惯的形成过程中，一种线索可能会同时引起多种反应，其中某些反应可能是最能够导致内驱力降低的，它们是优先反应，而另一些则只有当那些优先反应被阻碍时才得以被选择表现出来。根据这些不同反应发生的概率，可以组成一个习惯族系等级。比如，当危险出现时，一个五岁的小女孩可能最先跑去找父亲，这是优先反应；只有父亲不在家时才去找母亲；父亲和母亲都不在家时才去找哥哥；如果他们全都找不着，她就只好去抱紧自己的洋娃娃。

人类的个体在出生之初，由于遗传模式的规定会拥有一些先天性反应级，如在饥饿内驱力的作用之下，婴儿先是烦躁不安，然后是啼哭，然后猛烈地扭动自己的身体，并发出尖叫等。这些先天性反应级一般只保留很短时间，很快，这些反应的优先等级就会因抚养者在社会文化及规范的要求之下进行选择性强化而发生改变。因此我们很少看见成人肚子一饿就哭，扭动身体，或者尖叫。这些原本是要优先发生的反应现在几乎成了排在最后，甚至不可能发生的反应。这说明，当已有的习惯反应等级不能适应新的条件，或旧的条件发生改变时，各种反应的优先级就会发生相对变化，某些反应的发生概率相对上升，另一些反应的发生概率相对下降。多拉德和米勒将这种变化称为学习。因此，学习就是在各种习惯族系等级系统中反应等级不断重新组合的过程。

可见，学习的发生是以原有的反应等级不能适应当前的新的情境为前提的。如果在一个等级反应族系中，优势反应总是能够有效地降低内驱力，那么，旧行为习惯的强度就会越来越牢固，而学习将不会发生。多拉德和米勒将原有反应等级不能解决当前问题的情况叫做学习困境。没有学习困境，就没有学习；没有失败，就没有学习。学习困境的概念在实际生活中有着广泛的运用。孩子学说话迟钝可能是因为他有一个过于善解他的手势和表情的母亲，因此促使他学习说话的最合理的办法也许正是那最不合理的办法：让母亲对他的手势和表情视而不见、装聋作哑。为什么把一种新东西教给一个成功人士难之又难？是因为成功人士有太多曾经导致成功的经历和经验，所以骄傲之后常常紧跟着自满。"一旦那种习惯了的奖赏被诸如革命等不寻常的环境取消时，各种新的反应就可能发生……俄国的伯爵可以学会驾驶汽车，伯爵夫人可以成为厨工。"①

① 赫根汉．人格心理学导论［M］．何瑾，冯增俊，译．海口：海南人民出版社，1986：317.

三、内部精神现象与学习

多拉德和米勒认为，不仅外部的行为可以通过学习获得，而且某些内部的心理现象也是学习的结果。他们还用小鼠的实验来研究这些精神现象与学习之间的关系，并试图验证弗洛伊德所提出的相应的理论观点。

（一）恐惧——一种获得性的内驱力

1948年，米勒做了一个著名的获得性恐惧的实验。他在实验箱中设置了黑色和白色两个隔间，用电击的方法使一只小鼠学会了从白色隔间跑进黑色隔间以避免电击。在停止电击后，米勒发现，只要将小鼠放进白色隔间，它就出现好像被电击了一样的反应：撒尿、排便、蜷成一团，然后跑进黑色隔间。这说明小鼠已经学会了对白色隔间的恐惧。随后，米勒让这只小鼠只有在先转动一只小飞轮时才能从白色隔间中跑入黑色隔间，即使没有电击，小鼠也很快学会了转飞轮；最后，米勒用杠杆代替小飞轮，在依然没有电击的情况下，小鼠转飞轮的动作迅速消退，它很快学会了新的按杠杆的动作。这个实验证明：①恐惧是可以学会的；②恐惧本身就是一种强有力的内驱力，在它的作用下，小鼠能学会许多可能导致恐惧降低的行为。而且恐惧这种反应具有很强的抗消退性，它一旦产生就很不容易消失。

如此看来，恐惧、焦虑和其他非理性的惧怕反应，都可能是由于类似的经验而产生的。如果一个人童年时期曾经由于一次攻击性行为或性行为受到过粗暴的体罚，他就可能对攻击性行为或性行为和观念产生厌恶、焦虑和恐惧，甚至只要接近类似的行为、情境，乃至想法，就会引起强烈的恐惧，进而发展出一些不合常情的回避或逃离行为。这种恐惧可能十分强烈，以致个体无法拥有足够的时间来学会一种正确的处理方式。因此，对待这种恐惧反应的办法就是提供一种情境，使病人能在不受惩罚的条件下体验那些可怕的经验。这和弗洛伊德用自由联想和释梦来帮助病人发现并消除那些被压抑的观念是一致的。

（二）语言和二级泛化

多拉德和米勒同意巴甫洛夫对语言的理解：语言是实际事物的符号，有了语言这种符号系统，个体就能够通过经验来学习、思考，而不必身临其境。内部言语活动作为学习中发生的特殊的内在反应，有两种表现形式：一是推理，即用言语和思维活动解决即时问题；二是计划，即用言语和思维活动去解决未来的问题。人们在计划和推理时，总是会对自己将在何时何地做出何种行为做出较为系统的分析和思考，这些思考在规定着行为的同时，也规定着它所对应的线索。这种心理上的学习和反应比直接依靠外显的行为来尝试寻找降低内驱力的方式要迅速有效得多。

多拉德和米勒与斯金纳一样，也承认习得的行为反应会发生泛化和分化的现象。一个人学会了怕蛇，可能也会因为恐惧的泛化而害怕井绳；一个女孩子讨厌她的一位长着长胡子的伯伯，可能会因为泛化而讨厌长着长胡子的所有的人。但正常人在一段时间之后，随着经验的增长，会对恐惧和讨厌等习得的反应产生合理的分化：认识到一条特定种类的蛇可能是值得害怕的，但井绳却肯定是不必害怕的；自己的那位长胡子伯伯可能是讨厌的，但别的长胡子伯伯并不一定令人讨厌。而对于某些精神病患者而言，他们习得的这些非理性的情绪反应常常是过度泛化而不能合理分化。

多拉德和米勒区别了两种不同类型的泛化：那些建立在刺激之间物理特征的相似性上的泛化是一级泛化，这是天生的。两个刺激间的物理属性越相似，它们产生相同反应的可能性就越大。那些建立在言语符号的基础之上的泛化叫做二级泛化。我们对于那些被认为是“好孩子”的学生会有一套区别于对待“坏孩子”的反应，只要别人告诉我们谁是一个好孩子，我们就会用好孩子才能享受的特殊待遇如赞赏、微笑、温和等来对待他。可见，二级泛化有时能够具有比一级泛化更为强大的效力。这也是为什么有些人对某种东西的恐惧能够达到“谈虎色变”“闻风丧胆”的程度。

（三）冲突

冲突也是弗洛伊德研究过的一种现象。当同时存在两种或两种以上的不相容的反应趋向相互竞争时，冲突就会出现。

1. 冲突的种类

多拉德和米勒认为人类的反应趋向有两类：一个是接近趋向，即个体希望能够积极参与的趋向；另一个是回避趋向，即个体希望回避的趋向。据此，他们将冲突分为四类：接近—接近冲突、回避—回避冲突、接近—回避冲突、双重接近—回避冲突。

接近—接近冲突是指两个目标具有同等的诱惑力，都是诱发接近趋向的目标时所发生的冲突。两个你都喜欢的女孩同时向你发出约会的邀请；鱼与熊掌不能兼得；母亲和妻子同时落水等都是接近—接近冲突的例子。解决接近—接近冲突最好的方法是创造条件以求兼收并蓄，比如到可以娶四个夫人的阿拉伯国家去，把两个心仪的女孩都娶过来；先想办法得到两条鱼，再用一条鱼去换回一只熊掌；请一个人帮忙把母亲和妻子都救上来等。最不好的结果是两头都没顾上，正如贪吃的驴子饿死在两个都想吃的草料桶边。

回避—回避冲突是指一个人必须在两个否定目标中选择其一，即同时面对的两个目标都只能诱发回避趋向时所发生的冲突。一个战士前临悬崖、后有追兵；一个孩子必须吃下她所讨厌的菠菜，否则就被挨打；一个贪官公正地断案就会得罪向他行贿的人，不公正地断案就会犯下渎职罪等都是回避—回避冲突的例子。回避—回避冲突的解决常常以选择个体认为危害更小的目标为准则，比如战士如果认为大丈夫应舍生取义，那么就跳下悬崖；如果认为保命要紧，则会选择投降。可回避—回避冲突也可能导致两种不能解决的后果：一是犹豫不决、优柔寡断，二是逃避。逃避既可能是行动上的，如拖延时间、离开冲突情境等；也可能是心理上的，如做白日梦、强迫自己去关注其他事情等。

接近—回避冲突是指个体面临的目标既诱发了接近趋向，又诱发了回避趋向，即必须选择的那件事有利又有弊。一种职业可以赚来很多钱，可它是不正当的；一个小孩既想吃糖，又怕长虫牙；一对年轻夫妇既渴望享受做父母的乐趣，又害怕面对孩子的尿布、逃学和无限期的操心。米勒对接近—回避冲突做了深入的研究，他发现，面临接近—回避冲突的人常常表现出在接近目标和回避目标之间摇摆不定。越是接近目标，接近的内驱力越低，而回避的内驱力则变得强烈，于是个体转而远离目标。随着目标越来越远，回避的内驱力得到有效的降低，而接近的内驱力又占了上风，个体于是又转而接近目标，如此反复，或者在一个接近内驱力和回避内驱力大致相当的状态下首鼠两端、犹豫不决。正如一对关系紧张的夫妻或母子，不在一起时，记得的多是对方的好处，于是盼望能相聚；真到了一起时，双方又争吵不断，一分钟都不能相互忍受，于是只好又分开，这正是俗语“见不得，离不得”所形容的情况。

双重接近—回避冲突是指个体面临在两个都带来接近—回避冲突的目标中选择其一时产生的冲突。比如，求职时找到两个可以接受你的职位：一个是做山村教师，一个是某大公司门卫。你可能会觉得山村教师清贫、远离大城市，但是悠闲散淡，受人尊重；而大公司门卫单调卑微，可是能留在繁华的大城市，见多识广。双重接近—回避冲突可以用来解释弗洛伊德所说的小女孩对父母的矛盾心情：对父亲既敬慕又嫉恨，对母亲既依赖又排斥。

2. 移置作用

移置作用也是弗洛伊德的一个重要概念。当某一内驱力的降低受到挫折时，它不会自行消失，或者是被压抑，或者是以伪装的形式出现，并要求得到满足，后者就是弗洛伊德所说的移置作用。移置作用既包括替代，即以其他不具危险性的对象代替原来的导致挫折的对象，也包括升华，即将力比多投放到社会接受和赞同的创造性活动中去并要求获得成功。多拉德和米勒以实验证实了移置作用的发生。

米勒（1948）在一个装置里放进两只小鼠，用电击的方式让它们学会打架，以逃避电击。随后在装置中放入一只玩具娃娃，电击小鼠，它们立即开始打架，并没有注意到玩具娃娃。最后在放有娃娃的装置中只放入其中一只小鼠，当电击它时，它就攻击玩具娃娃。显然，当这只小鼠找不到它的攻击对象时，它就去攻击一个替代物，而这也正是移置攻击作用现象。

米勒经过研究发现，如果移置作用因冲突而发生，那么，因冲突而引起的恐惧的强度对于移置作用所选择的替代对象与原对象之间的相似程度有着重要的影响。一般而言，个体的移置作用有如下特点：

（1）当个体不可能对一个期待刺激物进行反应时，他将对与该刺激最相似的替代刺激物做出反应，表现为刺激的泛化。例如，一个女子由于她心爱的男子去世而不能同他完婚，那她迟早会倾向于同那男子很相似的人结婚。

（2）导致弱恐惧的冲突引起的移置作用则会倾向于发生在与原对象十分相似的替代对象上。例如，如果一个姑娘同她的男朋友吵架后分手了，那她的第二个男朋友倾向于同她原来的男朋友相似，然而还是会有差异；一个有点害怕班长的小学生被班长批评之后，可能会去攻击班上一个很像班长的小组长。

（3）导致强恐惧的冲突引起的移置作用倾向于发生在与原对象极不相像的替代对象身上。例如，如果一个姑娘原先的恋爱史是很不好的，那她的第二个情人将与第一个有很大差异；而一个十分害怕老师的小学生被老师罚站之后，只敢拿学校的小树枝出气。

3. 挫折和攻击

挫折和攻击也是弗洛伊德学说中的重要问题。多拉德和米勒认识到，尽管挫折和攻击之间的关系并不一定是直接的、必然的，但挫折是引起攻击行为的一个必要前提，而攻击也是挫折所带来的诸多后果中备受关注的一种。

挫折是指目的性行为遭受阻碍时的一种伴随状态，攻击则是指以伤害某一有机体为反应目标的行为。可以想见，挫折引起的攻击行为总是指向阻碍达到目的的人或其他对象，攻击的强度取决于受到挫折的程度。因此，下列因素会决定一次挫折会在多大程度上引起攻击行为：①支配目的行为的内驱力水平。一个人的行为动机越强烈，受挫折后越容易引起攻击性行为。杀父之仇就比偷鸡之恼更易于引发武力报复。②挫折的完整性，是指目的行为是部分受阻还是整体受挫。虽有几次平时考试成绩不佳，但最终考上了大学的人，一般都不会有什么攻击性的行为。③较小挫折的累积作用。兴致勃勃地带一群朋友想去某饭馆吃饭，出门不久就发现带钱不够；取回钱来却苦等不来公共汽车；坐上出租车又遇上交通阻塞；好不容易到达目的地，发现饭馆正在全面装修，暂停营业。可以想见，这种挫折感就比顺顺利利到了饭馆而发现饭馆暂停营业大出许多。

当然，正如在上文讲到移置作用时所提出的那样，攻击性行为也不一定都会直接指向阻碍物本身，如果直接的攻击受到惩罚的威胁，则可能移置于其他的替代对象上，而且对直接攻击行为的抑制程度越高，出现间接的替代攻击性行为的可能性就越大。

（四）潜意识、神经症与精神治疗

多拉德和米勒也关注弗洛伊德理论中的核心概念——潜意识。和弗洛伊德一样，他们也认为潜意识在决定行为中起着重要的作用。他们也认为，个体的潜意识主要有两部分内容：一个是非文字符号化的经验，另一个是被压抑的经验。

非文字符号化的经验主要指个体在童年时期学会语言文字之前的经验。由于没有语言文字的帮助，我们成年后无法回忆起这个时期所习得的一切：性格特征、情绪反应、习惯性行为等。“不过”，多拉德和米勒讲道：“它通过行为记载的那部分得以存留下来。习得的反应存在着，的确，它可以在整个一生中与之相类似的情境下再次出现。它们被非符号化的线索诱发出来，不声不响地混合到意识生活的结构之中。”①

被压抑的经验同大多数精神病患者的行为有因果关系。有些想法和观点是令人不快、羞愧、厌恶、焦虑或恐惧的，比如想到一起发生在亲人身上的车祸、爱上朋友的爱人等。前文讲过，这些非理性的不良情绪本身就是一种习得性的内驱力，像口渴、饥饿一样要求迅速解除。因此，凡是能够制止触发这些不良情绪的想法、活动和过程，都会很容易地因为得到强化而形成牢固的习惯。对这些引起不良情绪的想法的制止一般有两种方式。一种是在意识水平上的抑制，这很类似我们常说的“忍”。当一个不正当的想法已经出现在我们的意识中时，我们强迫自己不去想它，尽管我们明知道它就在我们的脑子里，随时都可能跳出来。另一种是在潜意识水平上的压抑，即弗洛伊德所说的在这些想法进入意识之前就把它打发回潜意识中去。如果我们深恐自己对某一念头忍不住或

---

① 赫根汉．人格心理学导论［M］．何瑾，冯增俊，译．海口：海南人民出版社，1986：333.

忍无可忍会带来更多的烦恼或危险，就会希望这个念头从来没有过一样离我们越远越好，于是压抑便会发生。而任何试图将之引入意识的活动，如自由联想、心理分析等都可能会遭到强烈的抵抗，正如我们在心理治疗中常常见到的一样。

神经症就是由于潜意识中的冲突被压抑而导致的。由于那些被压抑的心理冲突根本就没有进入意识，我们自然也就意识不到它的存在，于是便不会产生焦虑、不安等非理性的情绪反应。但同时，压抑也使那些想法和观点因为无法进入意识而得不到理性的思考和合理的解决，与之有关的一些行为便显得荒唐可笑。多拉德和米勒引用了艾女士的症状作为例子：艾女士是个孤儿，她的养父母给了她一种十分压抑的性教育，虽然她有正常的性要求，可她又认为性是可耻的。当她独自上街时，她对性诱惑的恐惧增强，于是会出现心悸，数数就成了一种全神贯注的行为，可以将其他一切念头挤出脑子。就这样，在消除焦虑的强化之下，她养成了数数的毛病。可见，神经症症状的形成是因为它们能够降低恐惧或焦虑。虽然它们并不能从根本上解决问题，但毕竟会使目前的状态变得好受一点。

多拉德和米勒认为，既然神经症的症状是习得的，那么，也就能够用行为学习的方式让它消失。因此，精神治疗的办法就是建立一套能够让病人忘掉病态行为习惯，学会正常行为习惯的强化条件。他们提出一种连续接近的方法，实际上就是我们现在常常运用的系统脱敏法。比如一位患者对他的母亲十分恐惧，不能谈论与她直接有关的任何事情。治疗者可以在毫无惧怕的情境中，从那些与他母亲间接地有一点点联系的事情谈起，使患者学会对这些刺激不害怕；然后在保证安全的情况下把话题引到稍稍直接接近他母亲的问题上，使之学会这也是不用怕的；如此多次会谈之后，使患者最终学会不再惧怕并能正常地谈论他的母亲。在这种治疗过程中，冲突、消退、泛化和移置作用是其中常常会发生的现象。

默里和伯克恩（1955）的实验证明了这种方法的可行性。他们先用喂食和电击的方法在小鼠身上建立起接近—回避冲突，即当小鼠跑近喂食箱时给它电击。然后将在白色跑道中遭遇此冲突的小鼠放入一个依次设有黑色、中灰色和白色三条跑道的装置中，这三条跑道都能通向食物箱，并且相互之间各有三个小门相通，可供小鼠在距离目标箱远、中、近处随意窜行。小鼠每次开始时都被放入白色通道的起点。尽管已经去除电击，它在前两三次还是会转入黑色或中灰色通道中跑向目标箱，然后尝试了一次从黑色和中灰色通道又转入白色通道的跑法，经过这前几次的尝试之后，小鼠在第五次时就学会了直接从白色通道跑到目标箱处。可见，小鼠以前学会的、由于接近—回避冲突而导致的对白色通道的恐惧已经完全消除。

（五）童年时代的四个关键训练期

由于赞成弗洛伊德关于童年经验对于神经症形成有重要影响作用的观点，多拉德和米勒也主张，在小孩童年时期，成人要特别关注喂食、排泄、性和激怒—焦虑冲突这四个关键的训练期，以期对他们长大后的人格发展带来良好的影响。

（1）喂食情境。母亲应该以仁爱、温和和积极的情绪给孩子喂食，给孩子提供充分的安全、信任和主动的心理氛围。多拉德和米勒相信，如果孩子在饥饿时被单独丢在一边，他以后会非常害怕孤独；如果母亲总在喂食时严厉地对待孩子或惩罚孩子，他长大后可能会讨厌别人，回避与人相处；如果孩子的饥饿是在不可预期的时候得到消除的，他长大后可能会认为这个世界是不可测和不可靠的。这些都和弗洛伊德等人的论述一致。

（2）排泄训练。如果父母对孩子不能控制大小便总是做出否定的反应，孩子会弄不明白父母是讨厌他们还是讨厌他们的排泄物，他长大后可能不能区分别人对他们的态度是不赞成他们的某些言行，还是不喜欢他们本人，这容易导致他们产生可耻、低微、绝望和邪恶的情感。

（3）早期的性教育。早期性教育对儿童人格的健康发展是十分重要的，这方面弗洛伊德等人已做出了艰苦卓绝的贡献。多拉德和米勒也认为，应该让儿童学会坦然的性观念和性行为。对儿童所做出的一些带有性色彩的活动一概给予严惩的传统做法无疑应该画上句号了。性的内驱力是天赋的，但对性观念和性活动的恐惧和过分的羞耻感则是童年时期学会的。

（4）激怒—焦虑冲突。孩子遭受到挫折几乎是不可避免的。挫折会带来攻击性的观念和行为，但某些攻击性的观念和行为却会遭到成人的反对和惩罚，于是孩子的攻击性观念和行为就面临着一个接近—回避冲突以及它所导致的焦虑。过分地抑制自己的攻击欲，可能会妨碍他们长大之后学会在社会允许的范围内表达和使用自己的愤怒，那么他可能成为一个过于逆来顺受的人而遭到别人的嘲弄和欺辱。事实上，在现实的生活中，一个人完全丧失愤怒的能力，可能既是可怜的，也是危险的，因为某些愤怒是创造性的人生所必不可少的因素。

第四节　社会学习论

阿尔伯特·班杜拉，1925 年生于加拿大一个叫阿尔贝它的小镇上。1949 年获得英属哥伦比亚大学学士学位，1952 年获爱荷华大学博士学位。他在一个心理辅导中心工作一段时间后转入斯坦福大学任教至今。班杜拉在斯坦福大学的工作涉及心理治疗、儿童的攻击性行为、行为的观察学习以及自我效能感等多个方面，成果卓著，享誉全球。班杜拉是观察学习理论的创立者，也是社会学习理论的主要代表人之一。他的观察学习被认为是行为学习的三大原理之一，是对学习理论的重大的、突破性的贡献。班杜拉著作颇丰，其中最有影响力的有：《青少年的攻击》（1959）、《社会学习与人格发展》（1963）、与华特斯合著的《行为改变之原则》（1969）、《攻击：一种社会学习的分析》（1973）、《社会学习理论》（1977）、《思考与行为的社会基础：一种社会认知理论》（1986）等。

图 6－4　班杜拉

班杜拉的理论要解决人的非本能行为是如何在社会

环境中被有效地习得的问题。虽然班杜拉也认为行为是个人因素和环境因素交互作用的结果，但班杜拉所强调的交互作用并不仅仅是指行为是个人因素和环境因素的共同结果，而是包含着个人因素、环境因素和行为三方都彼此相互作用的意义。也就是说，行为并不总是扮演一个被决定的角色，而是会反过来影响个人因素和环境因素。比如，和人竞争的行为本身就能够刺激更高的竞争欲望，同时也会促使个体选择更富有竞争性的环境。另外，与其他行为学习论者不同的是，班杜拉并不认为强化在行为学习中是必不可少的。事实上，我们可能仅仅是通过观察别人的行为就能学会很多行为。但是，这些行为是否会表现出来，则决定于有无强化作为诱因。这些正是班杜拉在他的观察学习、替代强化、自我效能感等研究中所得出的结论。

一、观察学习

观察学习是班杜拉的社会学习理论的核心。虽然观察学习的概念最先是由米德于1934年提出的，后来多拉德和米勒也对此做过研究，但毫无疑问，班杜拉是对此最有发言权的人。

（一）观察学习的概念

观察学习是指人们仅仅通过观察别人（榜样）的行为就能学会某种行为，又称为替代学习、模仿学习。这显然和传统的条件反射式的学习很不一样。首先，观察学习效率高、错误率低。如果我们的每一种行为都必须按照斯金纳的强化相倚原则一小步一小步地强化、一小步一小步地学习的话，行为的学习将会是个十分低效且高错误率的过程。这与我们在实际生活中的经验是不相符合的。当然，那种尝试错误式的行为学习也是有的，但大多数的行为我们可以通过观察别人的行为又快又好地学会。比如，看过母亲化妆的小女孩会很快学会给自己的玩具娃娃化妆，可能化得不一定很美，但一般也不会犯常识性的错误，如用口红去涂眼睫毛等。其次，观察学习是一种间接的学习。我们不必亲自去做出某种行为，然后根据其后出现的强化是积极的还是消极的来确定自己做的是对还是错，只需看着别人是怎样做的，做过之后带来何种后果，便可以知道自己该如何做。如果已经看见别的小朋友因上课时讲话被老师罚站了，自然不必以身试法之后才明白上课时不能讲话，直接从榜样人物的教训中吸取经验就可以了。这种间接的学习扩大了个体的直接经验，避免了许多不必要的错误。

个体通过观察学习不仅仅是学会简单地模仿榜样的行为，把榜样的行为照搬到自己身上来，而是还能从许多个榜样和事例中总结出自己独特的行为法则，形成自己的行为风格。因此，我们会很难说是哪一个榜样教会了观察学习者哪一个行为，而是能从一个人的身上看到多个人的影子，甚至是根本就看不见哪一个人的影响。尤其是在一个团体中，成员之间互相学习，很难说是谁在向谁学习，谁在影响谁。

（二）一个经典的观察学习的实验研究

1965年，班杜拉做了一个儿童攻击性行为的观察学习实验，该实验能够帮助我们更加深刻全面地理解观察学习。该实验以66名托儿所的小朋友为被试，男女各半。榜样行为用一段录像呈现，班杜拉对这影片的描述是：

影片一开始，示范者走向一具成人大小的塑料玩具（娃娃），命令它走开。在注视对方片刻之后，示范者表现出四种不常见的攻击反应，每种反应都伴随着清楚的言语。首先，该示范者把玩具推倒，坐在它身上，一面打它的鼻子，一面说："碰，对准鼻子，碰、碰。"接着抬起玩具，并用一支球棍打它的头，每个反应还伴随着以下的话语："给我躺下。"在用球棍攻击后，继之以脚踢玩具，每踢一次就喊："碰。"此套身体和语言攻击行为重复出现两次。

看完这段示范者对玩具的攻击之后，被试分成了三组。第一组被试看见的是：示范者攻击玩具后没有任何事情发生，这是控制组。第二组被试看见了下面的情节：

第二个成人出现，带着许多糖果和饮料，并宣称示范者是个"强壮的冠军"，而且他的优异攻击表现值得奖励。接着便倒给榜样一大杯七喜汽水，再给予补充精力的营养品，如巧克力棒、爆米花和糖果等。当示范者大快朵颐之际，崇拜者象征性地重复前者的攻击反应，并做出相当肯定的社会强化。

第三组被试看到如下影片：强化给予者出现，威吓地摇着手指并说："嘿，你这恶棍，立刻停止，我不允许你再这样做。"当示范者后退时跌了一跤，另一名成人坐在他身上，用卷起的杂志打他屁股，并提醒他所做的攻击性行为。当示范者畏缩逃跑时，对方警告他："你这大坏蛋，下次再让我看到你这样，我会好好打你一顿，你最好别再这样做！"

每个被试看完自己的影片后都被带入一间放有许多玩具的游戏室，先让他们自己在里面玩耍，过一段时间后实验者进入游戏室，对他们所做出的每一次攻击行为给予果汁和贴纸作奖赏，然后离开游戏室让他们自己再玩耍一段时间。主试通过单向玻璃观察和记录孩子的各种攻击性和非攻击性的行为。对所有被试观察学习之后的行为表现的测评也分为两个阶段：一是孩子刚被带入房间，还没有给予任何攻击奖赏时的自发的攻击性表现；二是实验者奖赏了他们的攻击性行为之后的攻击性表现。这两个阶段的记录可以反映强化对观察学习后的行为表现的影响。实验结果见图6－5。

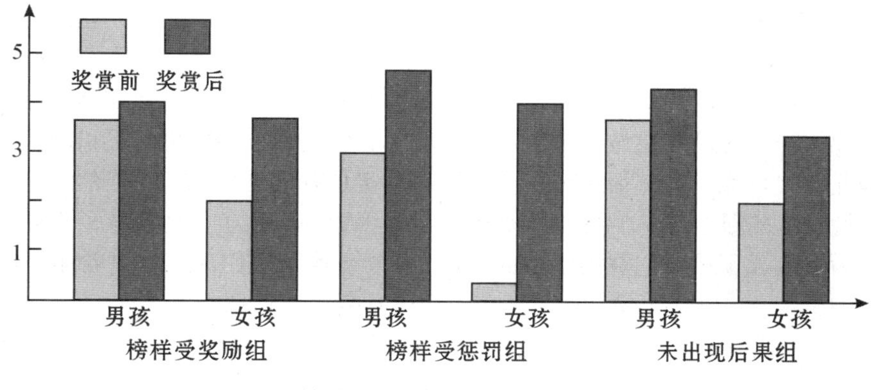

图6－5　榜样受奖励与儿童攻击性行为的关系

（三）行为习得与行为表现

上述的实验能很好地帮助我们区别在观察学习中行为习得与行为表现这两个不同的概念。从上面的结果可以明显地发现，每组儿童在自己的攻击性模仿行为受到奖赏之后，都比受奖赏之前有所增加，尤其是榜样受惩罚组的女孩，在自己受奖赏之前，几乎不表现出多少攻击性的行为，而一旦受到奖赏，则她们表现出的攻击性行为与其他组的女孩毫无二致。这些在奖赏之后才表现出来的攻击性行为显然不是在受到奖赏的那一瞬间学会的，而是在受奖赏之前就已经习得，只不过没有表现出来而已。从这一点可以看出，在观察学习中，习得的榜样行为可能比实际表现出来的榜样行为多得多。

如果我们将上面实验结果中受奖赏之前各组被试的攻击性行为看做是“表现”出来的榜样行为，而把受奖赏之后表现出来的攻击性行为近似地看做是受奖赏之前就已经“习得的”榜样行为的话，事实上，被试从观察学习习得的行为比受奖赏之后表现出的行为只多不少——不难发现，三组被试“习得”的行为几乎没有什么差异。也就是说，示范者在做出榜样行为时是受到奖励，还是受到惩罚，还是没有受到任何外来的强化结果，并不影响学习者学会榜样行为。简而言之，直接的外在强化在观察学习的行为学习过程中并不是必要条件。这正是班杜拉的观察学习理论与传统的行为学习理论的一个重大区别，我们知道，传统的行为学习理论无一例外地认为直接的外在强化是行为学习的一个必要条件。

但是，个体自己做出被模仿的行为后是否受到强化（奖赏）却是决定模仿行为是否表现出来的重要条件。这从那些学会的行为在受奖赏之前没有表现出来，而一受到奖赏就表现出来这一点可以得到证实。

可见，榜样行为是否习得与它是否表现出来所依赖的条件是不同的：直接的外在强化在榜样行为是否习得的过程中并不是必要条件，而在模仿行为是否表现出来的过程中的意义却是举足轻重。

直接的外在的强化在榜样行为的学习过程中并不是必要条件这一发现，对于人格和行为的发展与教导有重大的实践意义，它同时也再一次印证了：惩罚，尤其是体罚，可能有其不可忽视的副作用。让我们来看一看下面的例子：三岁的珊珊究竟是怎样学会讲“看我不把你揍扁”的？这当然不会是先天的和遗传的，自然也不会是父母和老师用斯金纳的办法训练出来的，最有可能是观察学习得来的。做父母的只能控制自己不成为她的学习榜样，却不能控制在她的整个成长环境中，包括影视传媒里，不出现不良的行为榜样。因此，昔日孟母择邻而居，三易其址，确实是有远见卓识的。当然，一般人也不会故意去教别人的孩子学坏。父母常常想吓唬和惩罚一下孩子，往往孩子没被吓着，吓唬人的行为反倒成了孩子们观察学习的榜样，“教”给孩子们的不仅是希望吓唬他们不要去学习的行为（参见多拉德和米勒），而且还有吓唬和惩罚行为本身，更可怕的是这样的教导一旦引起了孩子的关注，它几乎就不需要第二次。这就是为什么有些用打骂的办法来教育孩子不许打架、骂人的家长，常常会发现自己对孩子打骂的次数越多，惩罚的力度越大，孩子在外面打架、骂人的“本领”越高强，“成果”越丰硕。

（四）替代强化

前面讲到，班杜拉的实验表明，榜样的行为是否受到强化，受到什么样的强化，并不一定影响模仿者的行为学习。这时候的强化对于榜样而言，是一种直接强化，而对于观察学习者而言，则是一种间接强化，又称为替代强化。如前所述，替代强化常常对于我们是否将已经学会的行为在同等的情境下表现出来起着重要的影响作用。比如，我看到同桌为老师擦黑板受到老师表扬，下一次如果我也想得到老师表扬，我可能也会去为老师擦黑板。而如果我看见一个人偷了东西被失主抓住痛打一顿，我也就学会了不能去偷窃。

立榜样、树标兵和杀一儆百、杀鸡儆猴都是利用替代强化来对观察习得的行为表现实施社会影响的常用办法。甚至条件反射式的行为也能够经观察学习和替代强化而获得，这时我们把它叫做替代性条件反射。比如，一个人通过经典条件反射能在以电击——害怕的非条件反射的基础上学会对一种嗡嗡声产生害怕的反应，如果有另一个人在旁边看着这个过程的发生，那么，观察者尽管没有遭受电击，也会很容易学会害怕嗡嗡声。可见，我们的各种恐惧并非都是亲身经历学会的，而是可以从别人的经历中替代性地学会。

（五）榜样行为的呈现方式——身教和言传

树立榜样行为的方式有许多种，其中最为常用的有两种：一是提供一个模式行为，即有一个示范者将榜样行为实际地展示给模仿者。这种展示可以是由一个真实的人来做给学习者看，比如体育课老师的动作示范、父母亲的实际行动等，榜样可以对观察学习者手把手地传授，也就是实施典型意义上的身教；也可以是一段影片，由一个代表来演示给大家看，如看电影、看英雄人物的纪录片等，这也是一种广泛意义上的身教。二是提供一个模式行为的言语指令或描述，告诉学习者该如何去做，也即我们常说的言传。

身教的效果要好于言传，这个经验之谈得到了布赖恩（1970）的实验支持。他在用观察学习的方式研究分享行为的学习时发现，如果成人有分享行为，无论他的劝说是利他主义的还是利己主义的，孩子都会学习分享行为。简单的说教和训诫几乎不起作用，远远不如身教的效果好。当然，命令和大发雷霆式的说教会起作用，但是怀特（1972）的实验表明，在强令的情况下学会的榜样行为可能会出现反复。因此，从长远来看，身教的效果对于塑造儿童的良好行为来说更为有效。

（六）观察学习的过程

班杜拉不仅注意到行为学习过程中的一些认知现象，如预期、自我强化、行为学习与行为表现之间的差异，而且直接对观察学习的全过程做了详细的描述，对于其中的内部心理活动和过程更是给予了高度的重视。他将观察学习的全过程分为四个阶段：

1. 注意过程

个体身边每时每刻都会发生很多行为，这些都可以作为他们学习的榜样行为，但实际上没有谁会把所有的行为都学来。别人的行为要成为个体模仿的对象，首先必须引起个体的注意。

哪些行为会引起注意呢？班杜拉认为，凡是具有一定的特色的行为模式都能引起个体的注意。时髦的、流行的、前卫的、奇异的行为、用语、装束、生活方式、价值观念等都很容易成为年轻人的追随热点。具有成功威望和权力等特点的人物的行为模式也容易成为注意的对象。父母、老师、自己所崇拜的邻居家的小哥哥、领袖人物、体坛新秀、影视歌星等也都是许多人有意无意注意和模仿的对象。经常能够接触到的榜样行为可能被无意注意而成为观察学习的对象。如果一种行为从来没有机会被看到，它很难被模仿。一个孩子很少接触有读书、看报和主动学习习惯的成人，他也很难自然而然地养成读书、看报和主动学习的习惯。而自己身边的父母、老师的行为之所以对孩子和学生们影响至深，除了他们具有权威之外，也与他们和孩子们朝夕相处、息息相关不无关系。具有迷人魅力或人际吸引力的人、能干的人的行为也易于成为模仿的对象。当我们为某人高超的技巧、迷人的风度所吸引时，也同时会情不自禁地把他（她）的口头禅挂在自己的嘴边。观察学习者自己的内在兴趣和需要也是影响注意对象的重要因素。卡通娃娃的恶作剧很容易被小孩子模仿，可是一般很少能吸引成人的注意力。

2. 保持过程

如果人们不能记住示范行为，观察对于行为学习是没有什么意义的。因此，观察学习的第二个阶段是将注意到的示范行为保持在自己的记忆中。对于语言能力不强的儿童而言，他们只能借助动作表象来保持对示范行为的记忆。动作表象的生动性虽然很好，但它的稳定性不高，容易模糊和遗忘，不利于长期保持。因此，应该尽可能将动作表象转化为语言描述，利用语言符号的精确性、稳定性来保持示范动作。在成人的模仿学习中，语言符号的参与对动作表象的保持几乎起着主导的作用，人们在观察的同时就将示范动作组织成了言语信息，与动作表象一起保持起来。

在保持的阶段，动作表象并不是静止不动的，模仿学习者会主动地多次在脑海中提取尚未消退的动作表象，或者提取出言语描述，在言语描述的指导下再生出动作表象进行重复回忆，在脑子里进行操练。比如，我们在体育课上自由练习的时间里，会一遍一遍地回想体育教师做的示范动作，自己按照老师教给的动作要领回想示范动作的每个细节，以指导自己做出标准的动作；看过一部好看的影片之后，好些天满脑子里都会萦绕着自己喜欢的动作片段或精彩对白。

3. 动作再现过程

在需要表现出模仿学习的行为时，要能将脑海中的动作表象再现到实际的生活情境中来。虽然动作再现过程只是完成一个将在脑子中操练过的动作用自己的肌肉、运动技能复现出来的任务，但这也不是一项简单的工作。如果个体的运动技能不佳，或者其他条件不具备，脑子中的动作可能一旦出了脑子就会走样。比如，我们每个人可能都有这样的体验：当我们看着别人简单几笔就画出个小猫、小狗时，觉得那几个动作真的不复杂，也不难学会，相信自己在心里默画几遍，也能栩栩如生。可是真等到我们竭力地依样画一个小猫、小狗出来时，才知道小猫、小狗的简笔画也不是光想不练就能一挥而就的。至于想象中能把汽车驾驶技术练得滚瓜烂熟，实际上连方向盘都转不动的小孩子，也是无法使榜样动作顺利地再现的。因此，要使一个榜样动作能够成功地再现，与该动作相应的运动技能是必不可少的。

4. 强化和动机过程

模仿学习的动机会影响对榜样行为的注意和选择。一个想得到老师关注的学生更有可能注意和选择被老师关注的学生的行为去模仿。另外，观察学习者通过模仿学会的行为可能会表现出来，也可能不会表现出来，这就取决于表现的动机强度。

虽然观察学习对于学习者的直接的外在强化并没有必然的要求，但这并不是说任何强化对于观察学习都是毫无意义的。事实上，强化和动机在观察学习行为的表现中起着决定性的作用。对榜样行为的直接强化会直接影响模仿者的自发的行为表现，被奖赏的榜样行为会得到更多的表现，而被惩罚的榜样行为则更少得到表现。对于模仿学习者本人的直接强化更会直接刺激学习者表现或回避榜样行为的动机。

二、自我效能感

自我效能感是一个与自我强化相关的概念。

替代强化的概念似乎说明，归根结底，人们的行为学习和表现，还是离不开直接的、外在的强化，只不过在传统的行为学习中它作用于学习者本人，而在观察学习中它作用于学习者的榜样。班杜拉认为，强化并不总是外在的，还有一种叫做自我强化的内在强化。自我强化是指我们的行为不但受到外部的酬赏与处罚的管理，还要受到自己给自己制定的内在标准的管理。如果我们的行为可超过内在标准，不必要有外在的奖赏，如奖品、赞美等，我们也会以此为乐、以此为荣，这种对我们的行为的自我肯定就是一种自我奖赏；相反，如果我们没有达到自己的内部目标，或者做了违反自我规定的行为，没必要受到外在的惩罚，如罚款、挨打等，我们也会以此为哀、以此为耻，这种对自己行为的自我否定也就是一种自我惩罚。做了错事的小孩，不等成人教训自己就开始流泪、害怕，就是自我强化的结果。自我强化以一种更为稳定的力量影响着模仿者的行为表现，并且是行为动机的重要组成成分。

用做自我强化的依据的内在标准可能是由来自权威人士（如父母、老师等）的奖赏和惩罚直接学会的，也有可能是从榜样身上替代学习而得来的。例如，一个孩子看见班上一个同学才考了 70 分就得到了老师的表扬，他也可能把自己的学习成绩标准降下来。

所谓自我效能感，即指个体相信自己能成功地做出某种行为的主观体验。这是一个与罗特的预期很相近的概念。自我效能感影响个体的行为取向和情绪。如果一个人对某行为或某任务的自我效能感较高，则会情绪饱满、充满自信地去执行这种行为，完成这种任务，相反则会回避这种行为和任务。同时，高自我效能感可能导致更为勤奋、忍耐、持久的努力，从而增加成功的可能性，为自我效能感带来更多积极的回报，形成良性循环；相反，低自我效能感可能带来更多的不利因素从而加剧失败，导致更低的自我效能感。自我效能感在教育心理学领域对教师心理的研究和学习动机的研究中颇受关注。已经有一些实验研究的结果证明，教师的自我效能感是影响他们的教学行为的重要因素。关于自我效能感的其他心理学价值还需要更多的研究。

三、行为适应与治疗

与罗特一样，班杜拉认为，在考察人格发展、行为适应和适应不良等问题上，应该重视个人的预期、行为目标以及环境因素的影响。他认为，在人格发展和行为不适应中，自我效能感的水平值得给予特别的关注。一个人预期自己的某种行为会带来负面影响，或者自我效能感太低，都有可能是产生不合理的防卫反应或逃避反应的原因。而这些不良行为反应最恶劣的后果是使个体失去与正常的适应良好的行为模式接触的机会，失去了广泛地观察学习和自我改进的可能，以至于问题只会越来越糟。因此，那种总是用“你真笨”“傻瓜”“蠢材”等负性的评价来增进学生的负性的自我印象的教育方式，以及总是让孩子处于失败的状态的“严厉”的教养方式应该有条件地使用。

班杜拉认为，个体的适应不良行为可能产生于直接的学习，也可能产生于观察学习的过程。同样，有些不良的行为反应也可以用观察学习的方式加以治疗。班杜拉最著名的行为治疗是对恐惧症的治疗。他曾经和一些同事做了一些治疗恐蛇症的成功尝试：让患者通过观察玩蛇人的行为，并逐步——比如，先戴着手套做，然后光着手做——让自己亲自去模仿和尝试一些轻微的、毫无危险的碰触蛇的行为任务，最后完全消除对蛇的不正常的恐惧。当然，在这个恐惧逐渐消除的过程中，也伴随着自我效能感的逐渐提高。

第五节　行为主义学习论的研究与应用

一、行为测量

行为主义强调研究客观的行为，因而在心理测量方面，他们一般不采用特质论所强调的自我报告式的问卷测量方法和精神分析的投射测验技术，而采用行为测量技术。与问卷测量和投射技术不同，行为测量技术有如下特点。

首先，行为测量的方法重视的是收集客观、可靠的具体行为指标。它关心的仅仅是行为本身，并不像投射技术、自陈问卷那样假定这些行为反映了某些构想概念或特质。前者认为不存在人格维度或层次，人格只是一整套由环境变量决定的行为模式，测定一个人的人格就是要弄清楚他在具体环境下的具体行为模式；而后两者认为人格是有结构的，是个体把自己内在结构强加于外界环境的一种过程，具体行为只能在整体上去把握。

其次，行为测量同投射技术一样，也重视个体行为的独特性。但它认为行为是外部刺激作用的结果，不同的刺激会引起不同的行为。而后两者认为行为是由复杂的内部力量（如动机、驱力、需要和冲突）相互作用决定的。行为测量法和自陈问卷一样都涉及个体的具体行为，但行为测量法是以客观观察为基础的，由他人对个体的行为做出评价，而不是由受测者本人对测验项目做出反应。自陈问卷希望从受测者对一般问题的回答中得出结论，并推广到具体行为中去；而行为测量法是从具体情境入手，希望把受测者的反应推广到不同情境中，刻画个体的一般行为特征。

最后一点区别在于行为测量法是试图以情境控制行为和引发行为；而投射测验和问卷是试图发掘个体的内在力量或人格特征，预测个体在不同情境中的“共性”行为。

行为测量法要求对个体的行为进行客观的观察与评价，这种行为观察有两种类型：一种为自然行为的“非控制观察”，也叫自然观察。这种自然观察不把人的行为限制在某种特定情境和条件之下，而是对自然情境下受测者的行为进行直接观察、记录和分析，例如，观察正在操场上游戏的儿童的行为，行为评定就是这种观察的变式。另一种是与自然观察相对应的控制的观察法，它需要在经过预先安排和设计的情境下进行，以决定受测者在这种特定情境下将会产生什么反应。例如，一个发展心理学家就可以在实验室内透过单向玻璃，观察不同年龄、人数与刺激条件下，母亲和婴儿的互动行为。

（一）情境测验

情境测验是指在控制情境下观察受测者行为的评估方法。最早对人格进行情境测验的工作是从 1928 年哈特肖内等人开始的，当时它是作为性格教育调查的一部分。在这项调查中，实验者布置了一种能引诱受测者做出违反社会道德标准的行为的情境。实验者准备了一些看上去是一样的盒子，里面装有钱，让受测者按某种要求摆弄这些盒子，并记住自己的操作成绩，他们并不晓得盒子上全都标有记号。结果在还回盒子时，有的受测者将某些钱装进了自己的钱包。当然，实验时的情境一定要使受测者明确意识到他们的越轨行为是不可能被发现的。实验者的观察内容包括：测验中的欺骗行为，报告操作成绩是否属实，在家里是否诚实，以及其他与诚实有关的行为。用这种测验，调查者们获得了数量化的、客观的某种人格特征指标。

在情境测验中，观察者和被观察者之间的关系通常有两种：一种是参与观察法，另一种是非参与观察法。这两种方式的区别在于观察者是否参与被观察者的活动。前者中，观察者成为观察情境的一部分，这有可能导致观察者自己的行为影响情境里的人的反应。但是，主动参与到情境中去，能对被观察者的行为有更深刻的了解，这是其他方法难以做到的。但应注意的是，实验者在观察时应尽可能地不引起注意或冲突，因为无论在什么情况下，受测者一旦意识到自己处于被观察的地位，他的行为便不自然，就会产生角色扮演现象。

情境测验中，观察者可以操纵情境并诱发受测者自由地表现他的个性特征。这比在实际生活情境中的观察效果更好，操作更方便。因此，情境测验多用于军事和人事选拔中。

1. 军事情境测验

它在“二战”中由德国人首创，后由英、美的军事机构加以应用。美国战略勤务处多采用此种情境测验选拔派赴海外的特工和情报人员。其中之一是障碍问题情境测验，该情境的任务是要求一组受测者通过一段“峡谷”。真正的受测者并不知道，安排来帮助他的都是些主试人员，其中一个专门扮演“捣蛋鬼”，尽提供一些不切实际的建议或制造麻烦；另外一人则专门扮演那种不理解任务或消极抵抗候选人领导的角色。真正的受测者要在这些挫折的情境中去努力完成任务，从而得到主试的肯定。

2. 无领导团体讨论

在此情境中，安排数名互不相识的受测者讨论某一个问题，主试观察每个受测者在讨论中的表现但不参与到讨论中去。由于不安排领导，则该情境可以测量三方面的内容：个人特点（自信心、挑战性、主动性、主动寻求他人同意和赞赏），观察达到目标的工作效率（达成的协议是什么、谁最能综合大家的意见、谁领导小组的讨论等），以及社交能力等。

情境测验所控制的情境都不可能与真实生活完全相同，尤其是设计的情境中，让受测者意识不到自己正被观察是不大容易的，此外费用也很高。

（二）人格的行为评定

解决情境测验的上述不足一般是请一位熟悉受测者的人（如父母）来做行为评定。所谓熟悉的人不仅是指那些对受测者的情况知道很多的人，也包括那些在不同情境下都能够观察受测者的人。它假定一个人的人格特征可以从周围的人对他的评价反映出来。

评定法在形式上与问卷法有些类似，都是要对给定的行为项目进行回答，但问卷由评定者对自己的心理、行为做出评价，而评定法则是由评定者就受测者的特征进行评估。

应用评定法时，评定者的选择很重要。评定者除了必须受过专业训练外，还应知道问卷中所有题目所涉及方面的含义，而且对受测者应有相当程度的了解。所以我们说，评定法并不是一种严格的心理测验，而是观察法的一种变式。

进行行为评定应首先准备或设计一个评定量表。评定量表包括一组用以描述个体的特征或特质的词或句子，要求评定者在一个多重类别的连续体上对他人的行为和特质做出评价、判断。评定量表最早是由高尔顿创制的。一般认为，评定量表没有人格问卷准确，又比投射技术肤浅。但评定法还是频繁用于行为和人格特征的评估。它现已广泛流行于企业、事业和军事等各个领域。

评定量表有很多不同形式，但绝大多数可归属于以下三种形式之一：

1. 数字评定量表

在数字评定量表中，评定者根据被评定的某种属性（例如领导能力、人际交往能力等）在受测者身上的表现做出判断并分派给数值。所有这些评定都要求在一个连续体及其不同位置上分派不同的价值，分别代表不同的属性程度。我们以一个“大学课程和教师评估表”来加以说明，在该表中共有10个量表（见下表）。

大学课程和教师评估表

课程__________ 教师__________

请您在下述每句话后的数字上画圈，以表示您对这句话是否赞同。其中："1"表示不同意；"2"表示稍不同意；"3"表示中性；"4"表示稍同意；"5"表示同意。如果那句话对该门课程不适用，请在其后面画圈。

1. 课程组织得好。	1	2	3	4	5
2. 课程目标明确而且已经达到。	1	2	3	4	5
3. 教材和阅读材料适合教学内容。	1	2	3	4	5
4. 测验和考核合理公正。	1	2	3	4	5
5. 教师对课程内容熟悉，专业知识扎实。	1	2	3	4	5
6. 教师对教学有兴趣而且有热情。	1	2	3	4	5
7. 教师能了解学生的问题和要求。	1	2	3	4	5
8. 教师鼓励学生表达不同的意见。	1	2	3	4	5
9. 总的来说，这是一位好老师。	1	2	3	4	5
10. 总的来说，这门课程教授得很好。	1	2	3	4	5

2. 标准评定量表

在评定量表中，评定者将受测者与标准进行比较，从而获得某种特质的估计。例如一种人—人对应量表，比较的标准就是具有不同特质水平的人。如果一个受测者的某种属性与某一标准的水平相符合，则该受测者的特质水平就可评定出来。

3. 强迫选择评定量表

在该类量表中，每道题目有两个在社会赞许上等值的句子，要求评定者标出与被评定者最为相似和最不相似的句子。有些情况下还可采用四个句子，选择其中最相似和最不相似的两个句子。例如：

——勇于承担责任。

——不懂得自己的权力范围。

——有许多建设性意见。

——不听他人的建议。

评定量表的主要缺点在于在评定时主试自身的因素会影响整个评定，如主试本身的人格、"月晕"效应、肯定定势和中庸定势（中庸定势是指评定者趋向于将被评定者评为中间水平）。所有这些误差都会影响评定的信度和效度。要提高评定结果的信度和效度，首先评定者应该接受一定的训练，使之对所评定的特质和人都有相当的了解。而且如有可能，应请多人进行评定，将各人评分的平均分作为最终结果。

现在，行为或特质评定的方法已得到广泛应用。在管理心理学中，"评估中心"的人才评测和培训受到工商企业界和各种行政机构的重视。由于这种技术属于模拟测验，人们通过受测者在模拟情况下的多种表现进行观察和评定，以选拔或培训人才，因此常常用许多行为评估技术，包括评定的各种方法。

二、行为治疗

根据行为学习论的原理，行为心理学家创造了行为疗法。行为疗法主要包括系统脱敏疗法、满灌疗法、厌恶疗法、阳性强化疗法、发泄疗法、逆转意图疗法、阴性强化疗法、模仿疗法、生物反馈疗法等。它们的共同点是：

第一，治疗只能针对与当前来访者有关的问题进行，至于解释问题的历史根源、自知力或领悟，通常被认为是无关紧要的。

第二，治疗以特殊的行为为目标，这种行为可以是外显的，也可以是内隐的。那些要改变的行为常被看做是心理症状的表现。

第三，治疗的技术通常都是从实验中发展而来的，即以实验为基础的。

第四，对于每个求治者，施治者根据其问题和该求治者的有关情况，采用适当的行为治疗技术。

行为疗法治疗的症状主要有：

（1）恐怖症、强迫症和焦虑症等；

（2）职业肌肉痉挛、抽动症、口吃、咬手指、遗尿症、暴露发作症等；

（3）肥胖症、神经性厌食、慢性便秘、烟酒及药物成瘾等；

（4）阳痿、早泄、阴道痉挛与性乐缺乏、手淫等；

（5）恋物癖、窥阴癖、露阴癖、异装癖、同性恋等；

（6）考试综合征、学习障碍、电视迷综合征、电子游艺综合征、办公室心理综合征等；

（7）高血压、心律不齐等。

（一）系统脱敏疗法

系统脱敏疗法又称为交互抑制法，利用这种方法主要是诱导求治者缓慢地暴露出导致焦虑或恐怖的情境，并通过心理的放松状态来对抗这种焦虑或恐怖情绪，从而达到消除焦虑恐怖反应的目的。系统脱敏疗法是由美国学者沃尔帕创立和发展的。

系统脱敏疗法主要包括三个步骤：

（1）放松训练：在对求治者进行系统脱敏治疗之前，必须教会求治者如何进行肌肉放松。

（2）建立恐怖或焦虑的等级层次：这是进行系统脱敏疗法的依据和主攻方向，找出所有使求治者感到恐怖或焦虑的事件，按照他的恐怖或焦虑的主观程度从大到小地顺次排列。

（3）分级脱敏练习：由施治者作口头描述，要求求治者在放松的情况下，按某一恐怖或焦虑的等级层次进行想象、忍耐和适应。一般从最低等级的恐惧、焦虑事件开始，逐步达到最高等级的恐怖事件。

（二）满灌疗法

满灌疗法又称为暴露疗法或冲击疗法，运用满灌疗法在治疗一开始时就应让求治者进入最使他恐惧的情境中，一般采用想象的方式，鼓励病人想象最使他恐惧的场面，或者心理医生在旁边反复地，甚至不厌其烦地讲述他最感恐惧的情境的重要细节，或者使用录像、幻灯片放映最使求治者恐惧的情境，以加深求治者的焦虑程度，同时不允许求治者采取闭眼睛、哭喊、堵耳朵等逃避行为。在反复的恐惧刺激下，即使求治者因焦虑紧张而出现心跳加快、呼吸困难、面色苍白、四肢发冷等植物性神经反应，但求治者最担心的可怕灾难却没有发生，这样焦虑反应也就相应地消退了。“习能镇惊”是满灌疗法治疗的要诀。满灌疗法常被用来治疗焦虑和恐怖症。

在治疗方法上满灌疗法与系统脱敏疗法正好相反。系统脱敏疗法效果好，设计合理，不足之处却是治疗时间较长，方法比较繁复，而且需要求治者高度配合和耐心。而满灌治疗是一种快速脱敏疗法，如果求治者合作，可以在几天或几周内，至多两个月内取得明显疗效。满灌疗法的治疗步骤是：

（1）确立主要治疗目标。要找出引起求治者恐怖或焦虑的事物或场景，以便安排系统的主攻方向。

（2）向求治者讲明治疗的意义、目的、方法和注意事项，要求高度配合，树立坚强的信心和决心。尤其要求求治者暴露在恐怖情境时不能有丝毫回避的想法和行为，而且最好取得家属的配合。

（3）治疗期间应布置“家庭作业”，不断训练，巩固治疗效果。

（4）施治者可采用示范法，必要时随求治者共同进行治疗训练，鼓励求治者建立自信，大胆治疗，促进暴露。

（5）学会系统肌肉放松训练方法，在做好充分思想准备的情况下进行满灌治疗。

（三）厌恶疗法

厌恶疗法又称为“对抗性条件反射疗法”，它是应用惩罚的厌恶性刺激，以消除或减少某种适应不良行为的方法。其特点是治疗期较短，效果较好。它的一般原理是：利用回避学习的原则，把令人厌恶的刺激，如电击、呕吐、语言责备、想象等，与求治者的不良行为结合，形成一种新条件反射，以对抗和消除原来的不良行为。厌恶疗法适用于治疗酒癖、烟癖、药癖、性变态、强迫观念、儿童不良习惯和行为矫治等。

厌恶疗法的形式主要有：

（1）电击厌恶疗法：把求治者的不良行为反应与电击连在一起。

（2）药物厌恶疗法：当求治者出现不良反应时，让他服呕吐药，产生呕吐反应，从而使其不良行为反应逐渐消失。

（3）想象厌恶疗法：将求治者的不良行为反应与某些引起厌恶情绪的想象联系在一起。

（四）模仿学习疗法

模仿学习疗法又称为示范疗法，它是利用人类通过模仿学习获得新的行为反应倾向，来帮助某些有不良行为的人，以适当的行为来替代不适当的行为，或帮助某些缺乏某种行为的人学习这种行为。

模仿学习疗法的心理学原理是社会学习理论。社会学习理论认为，人类的学习大部分是通过模仿而获得的。社会学习理论的创始者班杜拉建立了这个治疗方法，主要用于儿童的行为治疗，特别适用于集体治疗。

在进行心理治疗时，施治者常常运用模仿学习治疗恐怖症、与焦虑情绪有关的行为问题，以及其他类型的行为障碍。

（五）强化疗法

强化疗法又称为操作条件疗法，它是指系统地应用强化手段去增强某些适应性行为，以减弱或消除某些不适应行为的治疗方法。强化疗法是建立在操作学习理论的基础之上的，操作学习理论认为，个体活动的结果会影响其行为在以后发生的概率，如果行为的结果是积极的，那么就会形成条件反射，这种行为在以后就会发生；如果行为的结果是消极的，那么就只会产生消退作用，个体在以后就不会再出现这种行为。因此，依据操作学习原理，强化可以分为四种类型：正强化，即给予一个好刺激；负强化，即去掉一个坏刺激；正惩罚，施加一个坏刺激；负惩罚，去掉一个好刺激。强化疗法可以有以下治疗技术。

1. 行为塑造技术

通过强化手段，塑造人的行为。在行为塑造过程中，多采用正强化的手段，即一旦所需的行为出现，就立即给予强化，这是行为疗法中最常用的技术之一。可用于很多行为领域，例如，学生学习社交行为和运动行为，尤其在用于单一行为方式的建立时，更为有效。

2. 渐隐技术

渐隐技术是先利用线索，帮助形成正确的反应，然后逐渐消退这些线索使它们达到与自然环境相同的水平，再让行为者利用这些自然线索做出正确的反应。

3. 提示技术

提示技术是一种利用明显线索来改变非适应性行为、建立新的适应性行为的方法。提示技术是指用提示的方式将求治者的注意导向那些将要被学习的人物及其要求上，以利于学习。如果母亲希望孩子今天穿上某件特定的衣服，可以采取这种提示，她可以对孩子说："我把你的衣服放到床边了，你把它穿上。"她这样做，要比口头说更可能达到目的。

4. 正强化技术

正强化技术又称为阳性强化法，是一种采用奖励的办法，训练和建立某种良好行为的治疗技术。具有奖励效用的强化物称为正强化物，如食物、金钱、性活动、赞扬、同情等。正强化技术的效用是非常明显的。在进行心理治疗时，正强化技术常常被用于矫正精神病人的不良行为、神经性厌食、降低焦虑，以及矫正儿童的不良行为和治疗性变态等。

5. 代币强化技术

代币强化技术适用于病房环境中，是一种利用代币作强化刺激，以矫正不良行为习惯、建立良好反应的行为治疗技术。代币指的是可以在某一范围内兑换物品的证券，它可以有许多形式，通常用来奖励人们所希望的行为，使这种行为不断强化并逐渐巩固下来，从而帮助病人养成良好的行为习惯。

6. 内隐强化技术

内隐强化技术是指一种启发和指导求治者在头脑中想象自己做了某种反应，且想象自己的反应受到了奖励或惩罚，从而达到治疗目的的行为治疗技术。内隐强化技术可以分为内隐正强化技术和内隐致敏技术。内隐正强化技术是让求治者在头脑中想象自己做了某种反应，并由此得到了奖赏的技术。此技术能成功地治疗恐怖症、强迫症、同性恋和肥胖症。内隐致敏技术则在想象中主动呈现厌恶景象与某种不良行为相结合，以达到治疗的目的。

7. 负强化技术

负强化技术是一种通过取消厌恶刺激，以增强求治者进行某种行为的可能性的行为治疗技术。

8. 消退技术

消退技术是指停止对某种行为的强化，从而使该行为逐渐消失的一种行为治疗技术。

（六）放松疗法

放松疗法又称为松弛疗法、放松训练，是一种通过训练有意识地控制自身的心理、生理活动，降低唤醒水平、改善机体紊乱功能的心理治疗方法。像我国的气功、印度的瑜伽术、日本的坐禅、德国的自主训练、美国的渐进松弛训练等都属于这类疗法。

（七）思维阻断疗法

思维阻断疗法又称为思维停止疗法、思维控制疗法，是一种治疗强迫性思维等症状的技术，是在求治者想象其强迫症状的思维过程中，通过外部控制的手段，人为地抑制并中断其思维，经过多次重复促使不良症状消失的一种心理治疗方法。

以下是一个用满灌疗法治疗的案例：

求治者是一个男性职员，40 岁，因怕被狗屎污染而不敢出门，已经半年不去上班。寄来的邮件也怕有狗屎污染，每日洗手 20 次以上。他的子女从学校回来，他要求其必须更换衣服后才与之接触。与上级及同事关系不好，病程已三年。

治疗者：请听我解释以下这种治疗方法，让我举一个实例，假如你看一场惊险的电影，看完后还有一些害怕。要消除恐惧心理，最好再去看看这影片。多看几次，就不害怕了，现在以同样的道理治疗你的恐怖症。你要像演员一样，闭上眼睛，尽可能回忆或是想象一些场面，想象得越生动、描述得越清晰越好。要你想象的情境可能会使你厌恶，感到很不愉快，但请你不要拒绝，也不要控制你的情绪反应。你还有什么问题吗？

患者：没有。

治疗者：现在开始治疗。请你闭上眼睛，想象你坐在家里的一张舒适的沙发上，你看到了一些东西。请你告诉我，你看到了什么？

患者：我房间西边靠墙是我的书架，书架上摆了很多书，墙壁是白色的，我看到了一张书桌，还有电视机。

治疗者：看得清晰吗？电视机屏幕上有图像吗？

患者：是的，很清晰，电视机屏幕上有图像。

治疗者：你妻子在家吗？

患者：不在。

治疗者：现在要你想象你的妻子进来了，看清她的面容，看清她穿的是什么衣服，请你详细告诉我你看到了什么？

患者：她身材高大，戴眼镜，上身穿的是蓝色毛衣，下身穿的是黑裤子。

治疗者：看看她的脸色，她正在为你的病而苦恼，并且说了两句埋怨你的话，告诉我你看到了什么？

患者：她埋怨我不出门、不上班，我感到有些气愤。

治疗者：体验这种情绪——她不理解你的病，用没道理的话刺激你，你很不高兴。现在看见她打开了门，一条狗进来了！现在看到它在你房里拉屎，蹲下屁股在拉屎，你有什么感觉？

患者：很讨厌，很恼火。

治疗者：继续闭着眼睛想象，又有一条狗进来了，正在你屋里拉屎。狗在房子里到处走！狗脚踩在屎上了，把屎弄得满地都是！它用后脚把屎弹了出来，桌上、椅子上、床上都有狗屎了！你拿起棍子打算把狗打出去。那条狗很凶，它咬你的裤脚，你退了几步，棍子掉到了地上，你赶快拾起棍子来。棍子上有狗屎，你脚上有狗屎，你手上也有狗屎。脸上也沾了一点狗屎，你闻到了狗屎的臭味了，你用手去抹脸，结果一脸都是屎。你躺在地上不能动了，身上有狗屎也不能动了，只闻到狗屎的臭味，看到身上到处都是狗屎。两手都是狗屎，脸上也有狗屎。又进来一只大母狗，它是不咬人的，行动缓慢，它向你走来了，它把屁股对着你，就要在你头上拉屎了，看得清清楚楚的，肛门张开了，屎慢慢出来了，黄色的东西冒着热气掉下来了，掉到你的脸上，脸上又有了一些稀狗屎，耳朵里、眼睛里、口里都流进了狗屎。屎流进喉头里了，又酸又苦，你完全泡在狗屎堆里了。好，睁开眼睛吧！这次治疗结束了。

满灌疗法常用来治疗焦虑症、恐怖症和强迫症。行为治疗并没有形成一种单一的体系，它是由一系列有关的原理和技术构成的。行为治疗、行为矫正以及操作条件反射，三者并没有截然的区别。行为治疗的体系从巴甫洛夫和华生开始，其理论和体系经历了不断的发展和变化，而且今天这种变化仍未停止。行为治疗能对各种不同背景、有不同问题的患者提供广泛的咨询和治疗技术。这些治疗技术的效果会受到很多因素的影响，包括治疗者的知识、训练和技巧以及病人的动机、期望与合作等。行为治疗的过程也已经由过去简单的、结构性的、完全由治疗者控制的活动逐渐演变为一种旨在促进患者成长的协作、咨询和推动过程，而且行为主义的研究结果也极大地支持了行为治疗的理论和技术的发展。

总的说来，行为主义学习论者们所作的研究从其关注的内容上看，是十分丰富的，从小鼠的操作行为到狗的习得性无助，从吸烟、攻击性行为、适应不良到利他、自我规范和人际信任，他们对自己的理论做了广泛而深入的论证工作。从研究方法来看，行为主义是一个以倡导心理学的研究要像自然科学研究一样讲求客观、实证为主旨的理论流派，因此，从行为主义的开创者华生，新行为主义的杰出代表斯金纳、多拉德和米勒，到社会学习论者罗特和班杜拉，实验法都是他们最为倚重的研究方法。除此之外，他们和他们的合作者、追随者也采用自然观察与实验、心理测量、问卷调查、个案研究等多种方法来进行他们的研究。事实上，行为主义学习流派的心理学家们不仅用自己在临床上的观察和实验来检验自己的理论与观点，而且还发展出多种行为治疗的具体方法。在现在的心理和行为治疗领域，包括系统脱敏疗法、代币法、模仿疗法、厌恶疗法、自我反馈疗法等在内的行为疗法已经是一大类广为人知、广为人用的方法。但是，我们要看到行为主义的人格论偏重外显行为，而忽视了对人的内部心理过程的研究；他们的研究方法注重客观性与元素分析，但忽视了人的主观性与整体性，因而他们的人格理论与研究方法遭到人本主义与认知主义心理学家的严厉批判。

复习与思考

一、概念

经典条件反射、操作性条件反射、行为主义、强化、负强化、类化、分化、内驱力、习惯族系等级、冲突、移置作用、观察学习、替代强化、自我效能感、情境测验、行为评定、系统脱敏疗法、强化疗法

二、问题

1. 阐述华生行为主义的人格论。
2. 分析比较经典条件反射与操作性条件反射的异同。
3. 说明强化、负强化与惩罚的区别。
4. 试用强化的原理解释迷信和赌博行为。
5. 阐述学习的四要素在一个具体的学习活动中所起的作用。
6. 用现实生活中的实例阐述班杜拉的社会学习原理。
7. 如何提高自我效能感？
8. 行为测量法与问卷测量和投射测量有何不同？
9. 根据强化原理，设计一个矫正不良行为的治疗方案。

第七章 人本主义心理学

- 人本主义心理学的起源
- 需要与需要的层次
- 自我实现及其实现的途径
- 现象学与自我概念
- 自我实现倾向与积极看待
- 存在与存在论
- 人格论与原始生命力
- 人本主义心理学的研究
- 个人中心疗法

人本主义心理学（humanistic psychology），或称心理学中的“第三势力”，是由许多具有类似观点的心理学家共同发起的一种心理学界的革新运动。该运动以反抗行为主义和精神分析的姿态出现。在人本主义心理学阵营中，有许多著名的、有特色的人格理论家，其中有人本主义心理学家的领袖人物马斯洛、罗杰斯、罗洛·梅。除此之外，一些著名的心理学家如戈尔德施泰因、奥尔波特等人也与人本主义心理学有密切的关系。本章主要介绍人本主义心理学的起源及其理论与方法特色，以及马斯洛、罗杰斯和罗洛·梅的人格心理学理论。

第一节 人本主义心理学的起源

人本主义心理学的兴起有一个较长的酝酿过程，有着广阔的历史背景。在人本主义心理学出现之前，行为主义和精神分析几乎平分了现代西方心理学世界。人本主义心理学是在反对当时西方心理学界最主要的两大势力即行为主义和精神分析中形成的。他们把自己的理论体系称为“第三势力”，企图取代行为主义和精神分析。

华生所开创的行为主义心理学在西方心理学界盛行了半个世纪。行为主义主张人的思想、感情、价值与理想等主观世界在科学中没有地位，作为科学的心理学不能研究主观的东西，而只能研究人的外显行为即客观的刺激与反应。行为主义在心理学科学化方面作出了一定的贡献，但是它忽视了人的主观方面，这种理论使人丧失了人性，把人降低为“一只较大的试验白鼠或一台较慢的计算机”。行为主义者把人格看成是一套由环境决定的行为模式，实质上是一种机械的决定论和还原论。

人本主义心理学家也强烈反对弗洛伊德的精神分析贬低人的意识经验的作用，强调本我的原始欲望与人的消极方面，把人类视为动物本能和文化两者冲突的牺牲品。马斯洛指出：“如果一个人只潜心研究精神错乱者、神经症患者、心理变态者、罪犯、越轨者和精神衰弱者，那么，他对人类的信心势必越来越小，他会变得越来越现实，尺度越放越低，对人的指望也越来越小……因此，对畸形的、发育不全的、不成熟的和不健康的人进行研究，就只能产生畸形的心理学和哲学。”① 他们认为，弗洛伊德的精神分析突出了对心理残缺不全个体的研究，忽视了人类本性中最基本的东西，这样的心理学只能称为“残缺的”心理学。弗洛伊德把人看成是非理性的、无意识冲动所主宰的、缺乏自我选择和创造性的个体，这使得他的人格理论打上了性恶论和悲观主义的烙印。

基于对古典精神分析与行为主义的批判，人本主义心理学家主张把研究的重点放在健康人身上，而不是动物或精神变态者身上，着重研究人的主观世界，突出人所特有的选择性、创造性、自我实现等，恢复人的价值和尊严。在心理学的基本理论和方法论方面，人本主义心理学家继承了19世纪末20世纪初W. 狄尔泰和M. 韦特海默的传统，反对行为主义用物理学和动物心理学的原理与方法研究人类心理，主张以整体论取代还原论。

人本主义心理学虽然产生于心理学内部，但它与整个西方思想、社会文化有密切联系，其产生有深厚的哲学思想根源与社会文化背景。

人本主义心理学是一种古老的哲学传统，即人本主义在当代心理学中的反映。人本主义哲学传统发源于古希腊哲学，它不是一种固定的理念，在不同的历史时期有不同的表现形式。弗洛姆曾指出，每当人们感到某种体制形成权威（政治的、道德的或思想的）暗中损害人类的尊严或人类个体时，它就出现了。人本主义思潮兴起于文艺复兴时期的意大利，以后辗转传播到欧洲各国，其主要思想倾向是重视人的价值，维护人的尊严和权利，解放个性，使人得到充分的自由发展，实现现实生活的个人幸福。人本主义者直接反对宗教教义对人的精神的强制，例如，英国的思想家摩尔就抗议教会要求人们盲目信从宗教教义，剥夺人自由思想的权利，损害人的尊严。英国哲学家洛克猛烈批判了宗教对人的束缚，反对宗教和某些政治家所主张的人本性恶、必须压制的观点。

从哲学基础上讲，人本主义心理学家在深受存在主义哲学影响的同时，还接受胡塞尔的现象学理论的影响。马斯洛在他的《存在心理学探索》中说：“‘第三势力’深受存在主义的影响，而存在主义是以现象学为基础的，它把个人的主观经验看做是一切知识构成的源泉。”② 在现象学的影响之下，人本主义心理学以一种生活哲学的形式出现，强调个人价值和经验独特性，把人视为一种自由的力量，认为人具有实现自己的潜能、不断超越自我的能力；他们把研究重心放在了整体的人上，坚持人类本质的完善和

① 戈布尔．第三思潮——马斯洛心理学［M］．吕明，陈红雯，译．上海：上海译文出版社，1987：14.

② MASLOW. Toward a psychology of being：2nd ed.［M］. Princeton. NJ：Van Nostrand，1968：5.

完整。

在某种程度上，人本主义心理学是西方当代对后工业社会的反人性的反思，以及反战和反主流文化的产物。第二次世界大战之后，随着科学技术的飞速发展，后工业时代的来临带来了经济的繁荣发展，人们物质生活空前富足，但另一方面社会压力的增大，人性异化的加剧，导致十分严重的精神危机，包括价值观的危机、孤独感的增强、自我和社会认同的缺失，以及生活的无意义感的增强和对权威的抗拒等，以探索人类主观世界为己任的人本主义心理学家正是适应改变这一后工业社会反人性趋向的需要应运而生的。人本主义心理学的兴起也与反战运动的发展有关。第二次世界大战给世界带来巨大的灾难，战后，战争的威胁并未解决，国际军备竞赛、越南战争仍然在进行，核大战的威胁在加大，人本主义心理学的产生正是对蔑视个人尊严、价值，使人卷入战争的反思和反抗。同时，人本主义心理学的产生，还与美国反主流文化运动的影响有直接关系，西方青年人反主流文化的运动不仅改变了人们的服饰和发型，而且他们的反对传统价值观、坚持人的独特性、重视自我展示、强调个人的体验，以及非理性主义等都深刻地影响了西方文化和人本主义心理学家。

第一批系统讨论人本主义心理学的代表作是在二十世纪四五十年代陆续发表的，其中主要有：马斯洛的《人类动机论》（1943）、《动机和人格》（1954）；罗杰斯的《患者中心疗法》（1951）、《论人的成长》（1961）；罗洛·梅主编的《存在：精神病学和心理学中的新角度》（1959）。具有人本主义思想的心理学家们认为，心理学应着重研究人的价值和人格发展。作为一种学术运动，这一阵营中还应该把其他一些心理学派的学者计入其中，如新精神分析学家弗洛姆、机体论者戈尔德施泰因、发展心理学家比勒与布根塔尔等。

以马斯洛为首的一些心理学家意图创立一门研究人类的积极本性的心理学——人本主义心理学派。他们把心理学研究的注意力集中在许多年来一直被忽视了的领域，这一领域是研究心理健康的、机能健全的人类有机体。他们组建了美国人本主义心理学学会，该学会的几项工作原则是：①心理学首要研究对象是具有经验的人；②人本主义心理学家研究关心的是个人的创造性和自我实现；③研究对个人和社会有意义的问题；④人的尊严和价值的提高应成为心理学主要工作范围。

几乎每一位人本主义心理学家都看重人性中的积极面，大都同意柏拉图和卢梭的“人性本善”的理想主义观点，注重使人类获得他们充分发挥潜力的条件。他们认为，这既是人类应当追求的价值目标，也是生物进化所赋予人的本性充分发展时所能达到的境界，人类理想的社会是可以实现的。就如同人本主义心理学名称所暗示的，这种心理学“第三势力”得以发展就是为了研究“人”的本质。

20世纪80年代以来，人本主义运动进一步深化。以罗杰斯为首的自我实现论学派和以罗洛·梅等存在主义心理学家为首的自我选择论学派，在人性问题上开始了公开辩论。此外，代表人本主义心理学主流的自我实现理论也有不同的发展趋向。罗杰斯一派仍坚持以个体心理为中心的研究，但另一些人已开始研究超个人的心理学等其他领域。在方法论方面，以J. 里奇拉克为代表的人本主义心理学家在20世纪70年代末已开始尝试以辩证逻辑的方法增强人本主义心理学。

美国心理学家沙弗曾概括了人本主义心理学的五个中心论点：

（1）人本主义心理学具有强烈的现象学倾向，他们强调人的主观体验，对人主观世界的心理内容有强烈的兴趣，且超越了当代心理学家的逻辑实证主义倾向。但是，不应当因人本心理学关心人的主观性就认为它否认科学研究的精确性。

（2）人本主义心理学坚持人类本质的统一与完善。在这方面它吸收了格式塔心理学的优点并对其进一步深化。

（3）人本主义心理学在承认人发展限制的同时，认为人类有一种不可缺少的自由选择和自主倾向，人能够努力克服自身条件的限制。

（4）人本主义心理学反对心理学中的还原论，主张按照意识的本来面貌来看待意识经验，反对像精神分析那样把意识自我贬低为无意识本我所驱使的“奴仆”，也反对行为主义把意识自我看成是行为的副产品。

（5）人本主义心理学相信不可能对人性进行穷尽的解释，人的人格有无限发展的可能性，人有实现自己潜能、不断超越自我的能力。①

今天，作为一个学术运动的人本主义心理学已经消失了，但是人本主义心理学的某些思想和理论已经渗透进了人格心理学之中，成为其不可缺少的一个部分。

第二节　马斯洛的需要论与自我实现论

在人本主义心理学阵营中有许多杰出的心理学家，但亚伯拉罕·马斯洛不同于其他人，他是作为人本主义心理学代言人出现的，对人本主义心理学的发展有着别人无法比拟的贡献。1908 年马斯洛生于美国纽约州，1970 年去世。他曾学过法学、文学，后转入实验心理学，1934 年获博士学位，1967 年被选为美国心理学会主席。

马斯洛学术思想的发展曾受到多方面影响，最先吸引马斯洛走上心理学道路的是华生的行为主义心理学，他最早从事的研究是关于动物攻击性行为的研究。此后他曾随比较心理学家 F. 哈洛进行类人猿行为的研究，这为他理解人性的生物进化过程打下了基础。随着马斯洛的研究不断深入，他开始对正常人的“支配性”特点有兴趣，进而转向人类动机和人格心理问题的研究。在此过程中，他感到他的行为主义训练成了他理解人的积极品质的障碍。随后，他探讨过实验心理学、比较心理学、神经心理学和社会心理学，跟考夫卡学习过完形论。阿德勒和新精神分析关于人格的社会文化说对他理解弗洛伊德学说的缺陷有很大帮助。戈尔德施泰因的机体论对他的动机论的形成有深

图 7－1　马斯洛

① 扎姆菲尔．人本心理学派述评［J］．国外社会科学，1982（4）．

刻影响。

马斯洛在大学时代就认为，过去的心理学过于看重人性的阴暗面和动物性方面，忽略了对人性积极力量的思考，因此，他立志对健康人的心理进行研究。在“珍珠港事件”后，一次目睹市民游行的经历使他深感震动，他意识到提高人类认识、战胜仇恨和毁灭是心理学家最崇高的责任，而要完成这样的任务必须研究心理上最健康的人。他认为早年学过的整体论和动力论及对文化因素的强调三者有本质的联系，可结合起来构成一种比较全面的人格理论，而机体论是连接整体论和动力论的桥梁。马斯洛的主要理论是需要层次论和自我实现论，代表作有《人类动机论》《动机和人格》《科学心理学》《存在心理学探索》，以及《人性能达的境界》等。

一、需要层次论

马斯洛人格理论的中心是动机理论，也就是需要层次论。这一理论是在20世纪40年代中期形成的。他把人类的动机称为需要，人类价值体系中有两类需要：一是沿生物进化逐渐变弱的本能需求，称为低级需要或生理需要；二是随生物的进化逐渐显示出来的潜能，称为高级需要或心理需要。这两类需要分七个层次，以金字塔的结构形式排列。金字塔的最底部是生理需要，以上分别是安全需要、归属和爱的需要、尊重需要、认知需要、审美需要，最顶端是自我实现需要。

（一）动机理论的基本假设

马斯洛认为，任何一个完善的动机理论都有其必不可少的基本设想。

（1）马斯洛认为个人是一个统一的、有组织的整体，主张以整体动力观揭示动机的性质。在他看来，人是作为整体而不仅仅是一部分受到动机的驱使，人的绝大多数欲望和冲动是互相关联的。他曾经说过，当一个人饿了，不仅仅是他的胃的问题，而是作为整体的他需要食物。

（2）人类的需要是一种似本能的需要。马斯洛一方面批判弗洛伊德的动机论，因为弗洛伊德把人类的动机归结为性或攻击等动物的本能，过分强调了人与动物的连续性，而忽视了人与动物的区别。另一方面，马斯洛也批判行为主义完全否定本能的观点，认为行为主义反本能论完全排斥了人的主观能动性，把人变成受环境刺激作用而反应的机械装置。本能论与反本能论的错误都在于非此即彼的片面性。人类的需要在某种程度上是由人种遗传决定的，但它们的表现和发展却是后天的。人的内在需要有其先天遗传的基础，但不如动物本能那样强大，很容易受环境教育的作用而改变。

（3）人类动机的终极目标是基本需要。马斯洛认为，要想充分理解人类动机，就必须着重研究结果，而不是研究达到这种目的的手段。因为不同文化背景中的人们用来达到目的的手段多种多样，但最终的目的似乎都是若干始终不变的、遗传的、似本能的需要。马斯洛需要层次中的基本需要是如何确定的呢？他指出，如果我们仔细观察日常生活中的普通欲望，就会发现它们至少有一个重要特点，即它们通常是达到目的的手段而不是目的本身。我们需要钱，目的是买一辆汽车。这是因为邻居有汽车而我们不愿意低人一等，因此，我们需要一辆汽车，这样就可以维护自尊心并得到别人的尊重。这样不断追溯下去，就会发现一些不能再追溯的需要，这些就是基本需要。

（二）基本需要

1. 生理需要

这是人的需要中最基本、最强烈、最具有优势的一种，是对生存基本条件的需求。生理需要有很多，除了衣食住行外，各种感官快乐，如品尝、嗅闻、抚摸等，都可以被包括在内。如果基本生理需要没有满足，如极度饥饿，那么，除了食物外，一个人对其他东西会毫无兴趣。另外，生理需要和高级需要不应该被当做互不相关的孤立现象来对待。一个自以为饥饿的人，实际上很可能缺乏爱、安全感。生理需要对人的行为只限于生理需要没得到满足时才会有强有力的影响。

2. 安全需要

一旦生理需要得到了充分的满足，就会出现安全需要。安全需要表现在人们对秩序、稳定、工作与生活保障的需要，如进行储蓄、保险。这一点可以在儿童身上清楚地观察到，例如，儿童对陌生环境感到害怕，失去父母或家庭环境不安定的儿童往往易受惊吓，缺乏安全感。成年人也有这种表现，比如，许多人宁愿继续做自己不情愿的工作，也不想换自己喜欢但是没有把握的新工作，人们要求稳定的社会秩序。

3. 归属和爱的需要

当生理和安全的需要得到满足时，对爱和归属的需要就出现了。马斯洛认为，爱是一种人与人之间健康的、亲热的关系，包括互相信赖。人们渴望在生活圈子里有一个位置，自己能属于某个团体或组织，此时，人们会把这个看得高于世界上任何别的东西，甚至会忘了当初他饥肠辘辘时认为爱是多么不切实际、多么不屑一顾。

马斯洛认为，弗洛伊德把爱情简化为性欲是个极大的错误。他发现，爱的需要没有得到满足会抑制儿童成长。爱的需要受到挫折是心理失调的主要原因，爱就像盐或维生素一样不可缺少。现代社会中，由于工作繁忙、人口流动、家庭易破裂等，人际间逐渐疏远，因此，人们对爱、亲密、接触的需要更为迫切。

4. 尊重需要

归属和爱的需要的上一层次便是尊重需要。这类需要包括两方面：自尊和来自他人的尊重。自尊包括对获得信心、能力、成就和自由等的愿望，另一方面要求来自他人的尊重，包括这样一些概念：威信、承认、地位、名誉和赏识。马斯洛认为，最稳定和健康的自尊是建立在当之无愧的来自他人的尊敬之上，而不是建立在外在的名气、声望以及虚夸的奉承之上。

5. 认知需要

马斯洛认为，人生来就有满足自身好奇心的冲动，喜欢探索周围陌生的世界，尝试了解和理解，成年人会发展这种好奇心的力量，推动自己分析，建立自己的意义结构，如果这个需要不能被满足，我们就不能获得安全感、爱、尊重以及得到自我实现，因此，这种需要也是获得基本安全的一种方法，也是全面发展人类潜能的一个前提。

6. 审美需要

审美需要是指对秩序、对称、闭合、结构以及存在于大多数儿童和某些成人身上的对行为完满的需要。审美需要常常与认知需要有重叠的地方。审美的需要对人的健康成长十分重要，它可以丰富人生、陶冶情操，使生活充满乐趣。

7. 自我实现需要

自我实现需要位于需要层次之巅，是人类需要发展的高峰。健康的人满足了前面那些基本需要后，就会被自我实现的愿望推动着。所谓“自我实现”就是要求充分发挥个人的潜力和才能，对自身内在本性有更充分的把握和认可，是朝向个人自身中的统一、完整和协调的一种倾向。简而言之，就是一个人自我进步的愿望，一种想要变得越来越像人的本来样子、实现人的全部潜力的欲望。马斯洛指出，自我实现的特殊形式可因人而异，自我实现需要并非必须在重大发明和艺术创造的形式下才能实现，学生、工人、保姆等只要尽自己的努力，就可以实现潜能。在七种需要层次中，自我实现这一层次中的个别差异也是最为明显的。

“基本需要”与“动机”这两个概念的区别是：基本需要是先天的，是一种潜能，而动机是在先天基本需要基础上，受后天环境的影响而形成的。马斯洛在他的《动机和人格》一书中对基本需要做了解释和顺序排列。他后来在《通向一种关于存在的心理学》一书中对基本需要理论做了进一步的扩展和阐述。他认为人的一系列基本需要得到满足后，就会走向更高的层次。马斯洛还把认知需要、审美需要与自我实现需要统称为成长需要（图 7 – 2）。

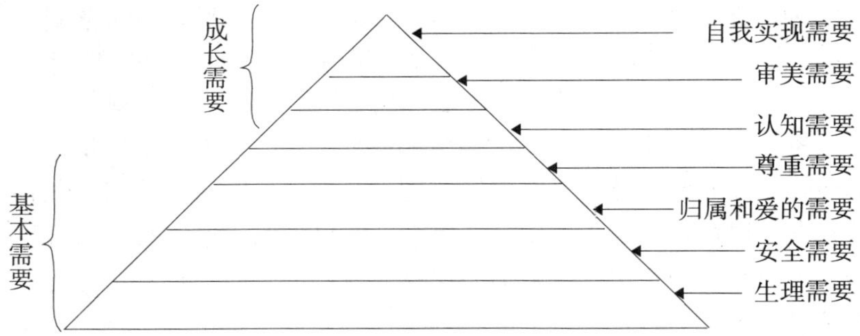

图 7 – 2　马斯洛需要层次模型①

（三）需要各层次之间的关系

基本需要一般会呈现出前面所列出的那种顺序。一般说来，力量较强的低层次需要一经满足，力量较弱的高级需要就会出现。一种需要满足后，下一个更高层次的需要继而主宰这个人，其结果是他不断为各种需要所烦扰，但是有很多例外。高级需要优势并不是在低级需要完全满足之后才出现的，而是在强行或有意剥夺、放弃，以及压抑低级

① 车文博. 人本主义心理学［M］. 杭州：浙江教育出版社，2003：124.

需要及其满足之后出现。虽然一个长期贫困潦倒的人可能会失去或者减少对高级需要的欲望，但也有不少人无视自己的基本需要而成了某种理想的殉道者。人类需要由低到高发展不像爬楼梯那样，低一层次需要完全满足之后，才能升上高一层次需要。马斯洛指出，需要的发展是连续的、重叠的和波浪式地向前推进的（图7－3）。

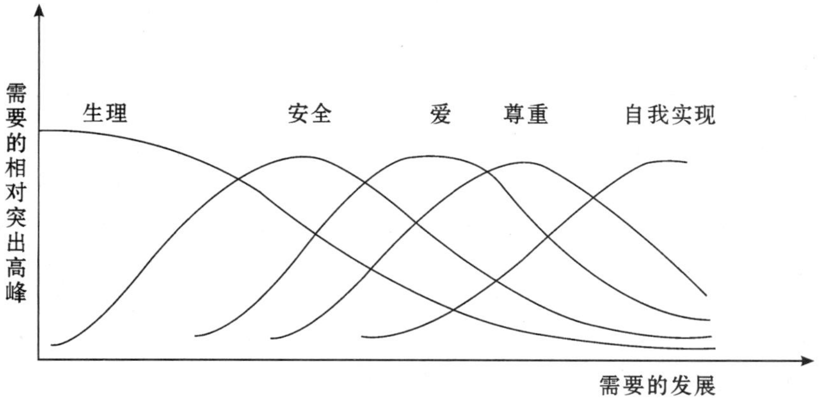

图7－3　需要层次的演进①

马斯洛指出，与低级需要相比较，高级需要具有以下一些特点：

（1）高级需要是一种在进化上发展较迟的产物，越是高级的需要，就越为人类所特有。

（2）高级需要是个体发育过程中较迟的产物。儿童几个月后才表现出对爱的需要，之后才表现出对独立、自主、成就的要求。至于自我实现，甚至贝多芬式的人物也要等到三四十岁。

（3）越是高级的需要，对于维持纯粹的生存也就越不迫切，剥夺高级需要不像剥夺低级需要那样引起如此疯狂的抵御和紧急的反应，其满足也就越能更长久地推迟，这种需要也就越容易消失。

（4）生活在高级需要的水平上，意味着更大的生物效能、更长的寿命、更少的疾病、更好的睡眠、更好的胃口等，简言之，更健康。

（5）从主观上讲，高级需要不像其他需要一样迫切，较不容易被察觉，容易由于暗示、模仿或者错误的信念和习惯而与其他需要混淆。

（6）如果人的低级需要和高级需要都得到满足，人们往往认为高级需要的满足具有更大的价值，它们才能令人产生更深刻的幸福感和精神生活的充实感。安全需要的满足最多只产生一种如释重负的感觉，无论如何它们不能带来爱的满足那样的幸福感。

（7）高级需要的满足有更多的前提条件。人们通常认为高级需要具有重大的价值，他们愿为高级需要的满足牺牲更多东西，而且更容易忍受低级需要满足的丧失。对两种需要都熟悉的人，普遍认为高级需要更重要。

① 车文博．人本主义心理学［M］．杭州：浙江教育出版社，2003：129．

（8）需要的层次越高，爱的趋同范围就越广，其社会价值也越大，自私成分越少。

（四）满足基本需要的条件与后果

良好的环境条件有利于促进自我实现，在自然、社会以及生理等诸多方面的条件也促进基本需要的满足，因为基本需要的满足是发展高级需要、完善人格和走向自我实现的必由之路。马斯洛指出，人类如果过去和现在都生活在良好的环境条件下，那么他们就可以保持“善”的本性，也就是通常所讲的符合伦理的、有道德的、正直的本性。那些发展高度完善的人、那些发展充分的人和由于良好的环境而表现出高级本性的人，从事任何事业都更容易脱颖而出。

社会因素不可避免地会影响心理因素，因为基本需要的满足必须以人际关系以及更广泛的社会环境为基础。这意味着“美好社会”可以定义为“能够满足社会成员基本需要的社会”，即能够为社会成员提供自我实现的条件的社会。基本需要的性质虽然是人类本能性的，在很大程度上是由遗传决定的，但它与单纯的先天本能不同，容易被后天的环境所压制、所改变。

任何需要的满足所产生的最直接的后果就是，这一需要被平息下去，一个新的更高级的需要出现。另外，还有一些附带的后果：①人的价值评价发生了变化，开始注重迄今为止一直被忽视、只是偶尔被需要的新的满足物和目的物；低估和贬低已经满足的需要的满足物，贬低这些需要的力量。②认识能力也发生了变化，新的兴趣和价值观，注意力、记忆、思想等，也在一定范围内被改变了。③任何需要的满足，只要是基本需要真正的满足，而不是精神病需要或虚假需要的满足，就会有助于人格的形成，有助于个人的健康发展。④一些特殊的后果。例如，在其他因素不变的情况下，安全需要的满足会产生一种主观上的安全感，使人更大胆、勇敢等。

需要满足与健康的关系是：在其他因素相同的条件下，一个安全、归属、爱的需要得到满足的人会比安全和归属需要得到了满足，但在爱的感情上遭到拒绝、受到挫折的人健康。假如除此之外，他又获得了尊重和倾慕，并因此维护了自尊心，那么他就更健康了。马斯洛假定机体内有一种向更全面的方向发展的积极倾向，如果一个健康机体的需要得到了满足，它摆脱了束缚，就会去追求自我实现。

二、自我实现的理论

自我实现是马斯洛的一个重要理论，它包含自我实现的本质、类型，自我实现者的特征、自我实现的途径等方面的内容。

（一）自我实现的概念

我们必须清楚地区分马斯洛自我实现概念的两层含义：一是作为一种人格的自我实现，二是作为一种基本需要或动力的自我实现。人格是指一个人长期稳定的心理特征的总和，因此作为一种人格的自我实现，只有少数的人才能够做到，这种人可以称为自我实现的人。但是作为一种基本需要或动力的自我实现，是人潜能的实现，是人的高级需要，包括认知、审美和创造需要，任何人都有可能体验到。

自我实现的过程意味着发展真实的自我，发展现有的或潜在的能力。自我实现并不是一种终结状态，它是实现潜能的过程，没有时间和质量限制。它意味着充分地、生动地、全神贯注地、没有自我意识地体验，形成一体化的、和谐的人格，使自己成为一个整体。成为你自己就是自我实现的实质含义。从事充分实现自己潜能的实践活动是自我实现，无论在什么时刻体现的真诚、和谐、诚实是自我实现，当你感受到极为幸福的高峰体验也是自我实现。

从人格的角度看，马斯洛认为自我实现只能出现在年龄大一些的人身上。自我实现往往被视为终极状态，被视为远大的目标，是一种存在，而不是一种演变。在马斯洛看来，自我实现的人通常都在60岁以上。

（二）自我实现者的类型与特征

马斯洛基于对自己两位导师韦特海默和本尼迪克特的崇拜，发现其共有的人格模式，进而选取48位杰出人士做研究，他发现了自我实现者的两种类型以及自我实现者的15种普遍特征。

务实型自我实现者。这种自我实现者的主要特征是务实和能干，他们是入世主义者，以现实的态度待人接物和处理问题。他们往往是实干家，而不是思想家。马斯洛列举了罗斯福、杜鲁门和艾森豪威尔等美国总统作为这一类型的代表。

超越型自我实现者。这种类型的自我实现者常常意识到内在精神价值，具有丰富的超越自我的体验，他们感受到超越自我、超越人我之间的分歧和超越人与宇宙的对立，他们是出世主义者，在哲学家、宗教家与科学家和艺术家中较为常见。

经过观察与整体分析，马斯洛概括出自我实现者以下15种共同的人格特征：

（1）准确地认识现实。自我实现者能够采用客观的态度去认识自己、认识他人、认识周围世界，因而他们不带任何主观偏见地去看待现实，能够按照事物的本来面目来认识，更能发现事实真相。这是由于自我实现者的认识主要受成长动机所驱动，这就是存在认知（being cognition），简称B－认知，而不是受缺失动机所驱动，即缺失认知（deficiency cognition），简称D－认知。当我们缺少某种东西时，我们的认知活动就定向于这种东西，而难以顾及其他事物，因而不能客观地和全面地把握周围世界。相反，自我实现者主要是受求知、自我实现等存在需要所驱动，因而能够客观地把握现实，不受主观需要的干扰。

（2）宽容和悦纳自己、他人与周围世界。自我实现者能够承认和接受任何事物都具有积极与消极两个方面的事实，他们不否认任何人和事物的消极面，并且对此有较大的宽容性。他们知道自己的长处，也承认自己的不足，因而能够悦纳自己。

（3）自发性、单纯性和自然性。自我实现者坦率、自然，倾向于真实地表达自己的思想与感情，行为具有自发性。他们有什么想法，就讲什么；他们有什么感情，就表达什么；他们想做什么，就做什么。他们不矫揉造作，完全按照自己的本性行事。

（4）以问题为中心，而不是以自我为中心。自我实现者不以自我为中心，而以问题为中心。他们一般不关注个人，而以工作、事业为重，能够全力以赴解决问题，实现自己的目标。对他们来说，工作不是为了金钱、名誉和权力，而是工作本身就是享受，能够实现自己的潜能。

（5）具有超然于世的品质和独处的需要。自我实现者是自我决定、自我负责的自由个体，他们不依赖他人，不害怕孤独，常常主动追求独处的环境。

（6）有较强的自主性和独立性，超越环境和文化的束缚。自我实现者更多受成长动机驱动，而非缺失动机所驱动，因而能够摆脱对外界环境和他人的依赖，独立自主地选择自己的目标，并实现自己的目标。

（7）具有永不衰退的欣赏力。自我实现者具有奇妙的和反复欣赏的能力，在他们眼里，每一次朝阳都是那么灿烂，每一个婴儿都是那么令人惊奇，每一朵花都是那么美丽馥郁。他们带着好奇、敬畏、喜悦和天真无邪的心理去欣赏和体验对他人来说是陈旧的东西和公式般日常生活。

（8）经常能够产生神秘体验或高峰体验。自我实现者通常都有过强烈的神秘体验，一种狂喜、惊奇、敬畏，以及失去时空的情绪体验，马斯洛称为高峰体验。这种体验并不是自我实现者所独有的，所有人都有享受高峰体验的潜能，但只有自我实现者才能经历更高频率、强度更大的、更充分的高峰体验。

（9）对人类的认同、同情与关爱。自我实现者对所有人都有强烈而深刻的认同感、同情心和慈爱心。他们的关爱不仅仅限于自己的亲戚朋友，而且包括了不同种族、不同文化、不同社会阶层的所有人。

（10）具有深厚的个人友谊。自我实现者比一般人具有更融洽、更崇高和更深厚的朋友关系。由于交往需要占用时间，他们的朋友圈子比较小，更倾向于寻找其他自我实现者作为亲密朋友。由于以共同的价值观和共同的人格特征为基础，他们的朋友虽然不多，但感情却非常深厚。

（11）具有强烈的民主精神。自我实现者具有民主思想和民主的行为风格，他们尊重一切人，不管他们的种族、地位、宗教、阶级和教育程度如何。他们能平等待人，极少带有偏见，尊重别人的意见，随时倾听别人，虚心向别人学习。

（12）具有强烈的道德感。自我实现者有明确的道德观念，能够明辨是非，遵循自己认可的内在道德标准行事，只做自己认为正确的事情。

（13）具有哲理的和善意的幽默感。自我实现者具有很强的幽默感，他们常常会开一些有哲理的玩笑，但不愿意开一些庸俗的和伤害他人的玩笑。他们可以取笑自己，甚至取笑人类的愚蠢。

（14）富于创造性。自我实现者的一个突出特点就是具有很强的创造性，他们的创造性与儿童天真的、异想天开的创造潜力一脉相承。我们一般人在社会适应过程中逐渐丧失了这种与生俱来的潜力，而自我实现者却能够保持开放、新鲜、纯粹和直率的眼光来看待生活与世界，因而能够破除陈规，使自己在生活、工作各个方面显示出创意和独特性来。

（15）具有抵制和评判现存社会文化的精神。自我实现者不墨守成规，不随波逐流，他们自主独立，能够抵制和评判现存不合理和不完善的社会文化，突破这些社会文化的限制与包围，其思想和行为遵循自己内心的价值与规范。

自我实现者也并非十全十美的完人，他们也会厌烦、激动、固执己见，甚至不能摆脱肤浅的虚荣、骄傲，发脾气的也并不少见，偶然还会表现出令人吃惊的冷酷，也就是说，自我实现者有时也会表现出非自我实现的特征。

（三）自我实现的条件与障碍

马斯洛认为，我们每个人都有自我实现的潜能，但要充分实现自我，成为自我实现者的人却非常稀少，在人口中所占的比例不到1%。为什么会是这样的呢？他认为，许多人之所以不能成为自我实现者，是因为他们受到各种主客观条件和因素的限制。

从外部条件来看，自我实现是最高层次的需要，一个人要登上这一需要层次的顶峰，需要良好的外部环境和条件来满足其较低层次的基本需要。马斯洛指出，自我实现的一些先决条件是言论自由，在不损害他人的前提下可以随心所欲，保卫自由、正义、公平及秩序。一旦危及这些先决条件，人就会做出类似基本需要受到威胁时的那种反应。这些先决条件本身虽不是目的，但因为它们跟那些本身就是目的的基本需要联系密切，以致这些条件也几乎成了目的。没有了它们，基本需要的满足就无从谈起，或至少受到严重的威胁。马斯洛估计，即使在社会经济比较发达的美国，一般美国人中，也只有85%的生理需要、70%的安全需要、50%的归属和爱的需要、40%的尊重需要、10%的自我实现需要得到了满足。对于其他社会经济发展相对落后的国家和地区，更难为人们的自我实现提供所需要的资源和先决条件。因此，如此少的人成为自我实现者是可以理解的。

从个人主观内部条件来看，许多人之所以不能够自我实现，在很大程度上是由自身主观的问题与缺陷导致的。

（1）我们没有发展得更好的一个原因是我们自我概念的缩减，即我们可能对自己是谁以及自己的潜力看法比较保守。在一定程度上来说，我们就是自己想象的样子，而许多人对自己的想象非常不充分。因此，人格教育和心理疗法的一个基本目标就是让人关注和提高自我概念，并且悦纳、赞扬自己，激励人们敬畏、尊重自己，以及认识到自己在宇宙中所处的位置。当这些人越多地了解自己，他们成功与发展的机会就越多，这些成功又会进一步提高他们的自我概念。

（2）我们不能充分发展自己的第二个原因是我们固执于现有的自我概念。我们认为“我一直是这样”。我们总是认为自己只能按现在的模样而不是其他模样生活。在这种条件下，个人的成长和自我实现让位于“命中注定”。

（3）自我实现的第三个主观上的障碍就是我们自己不愿意离开安全的地方。马斯洛认为，我们每个人不仅有自我实现的需求，而且还有安全需求。这两种需要的相互牵制和冲突会阻碍个人的发展（图7－4）。

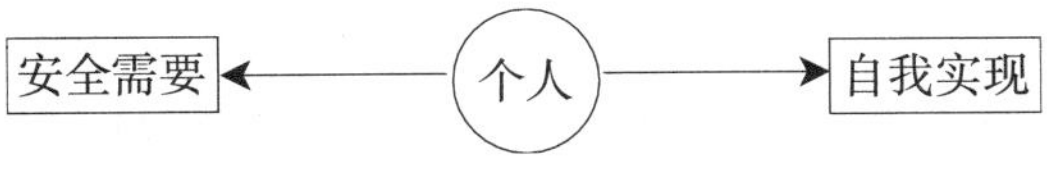

图7－4　个人的安全需要和自我实现需要的冲突

我们每个人心中都有一种力量指向安全和保护，它倾向于追溯过去，害怕失去与母亲通过子宫和胸脯而建立的最初联系，害怕尝试，固守现状，害怕独立、自由和分离。我们内心的另一种力量推动我们去追求自我的完善、独立、各种潜能的充分发挥，自信地面对外部世界，同时，接受深层的、真实的、无意识的自我。马斯洛认为，安全和成长对于个人而言都同时存在吸引和排斥两种力量。当对安全的排斥和成长的吸引超过对安全的吸引和成长的排斥时，个人就会成长。父母、教师和咨询者有时可以改变这两种矢量的权重。当我们的自我概念提高后，安全的吸引力和必需性就会降低，而成长则会变得更有吸引力，甚至难以抵制。

(4) 自我实现的第四种阻力是成功恐惧。我们不少人不能自我实现的一个原因是我们害怕成功，因为成功后会失去自己熟悉的东西，带来许多未知的变化，而我们天生对未知的东西有一种畏惧心理。我们往往安于现状，即便是我们不喜欢的或不舒适的现状，但最起码是我们熟悉的，我们不愿冒着失去现有一切的危险来追求成功后有可能更差或更少的东西。另外，我们还担心成功后会给我们带来更多的责任、压力和麻烦。因为如果我们取得了成功，别人对我们的期望会更高，而我们会怀疑自己是否具有实现他人更大期望的能力。我们自己告诫自己“爬得越高，摔得越重”。因此，不要追求太高可能是最好的。

这种对成功的恐惧心理还包含马斯洛所说的“约拿情结”（Jonah Complex）。马斯洛认为，当特殊的人，如圣洁的人、天才和美人等出现时，一般人会感到不自在、嫉妒或者自卑，这样人们就有可能诋毁他们的优秀品质，甚至对他们进行人身迫害。因此，天才常陷于一种内心冲突：一方面他像每个正常的人一样愿意表达自我，发挥自己全部的潜能；另一方面，他又发现自己要学会像圣经中的约拿一样掩饰自己，贬低自己，来避免他人的攻击。这种内心深处的矛盾冲突就是约拿情结。马斯洛认为，只有当我们更加喜爱别人身上的优秀品质时，我们才能够更好地在自己身上发现、喜爱并培养这些品质。

（四）自我实现的途径

自我实现的途径主要有两条：第一条是个人成长和自我实现的途径，这条路强调自我修养，关注个人潜能的发挥，培养健全的人格，使个人生活完满幸福。这是一条个人内在发展的途径。第二条途径强调改变社会环境，为自我实现创造更好的外部环境，为多数的成长提供所需的资源。这是一条通过寻求改变社会来改善所有人的生活环境，促进共同发展的途径。马斯洛认为，虽然机体是根据内在发展倾向从内部发展的，但它更大程度上是由环境的性质而不是由自身的内在本质塑造的。环境是达到自我实现的手段，完美的健康需要一个完美的世界。有人批评第一条路径为“自恋”的途径，只考虑个人成长，是自私的，最好的途径是走第二条路，通过改变整个社会来使更多的人自我实现。也有人认为要改造世界，实现社会的共同进步，首先要使自己成为更好、更充分发展的人。那些连自己都不尊重、不爱护，没有充分发展的人，怎么去关心帮助他人呢？其实，两条途径并不是对立的，可以统一起来，一个人在追求个人成长的同时，也应该关注环境、影响环境和改造环境。这样，环境的改善可以促进个人的自我实现，而个人的自我实现又会反过来要求社会环境的改善。虽然不太可能有完美的环境条件，但是，在我们的社会中的确有可能找到我们所设想的完美的人。之所以有这种可能，主要是因为这个健康的人有超脱周围环境的能力，他靠内在法则生活，寻求自我肯定，而不是依靠外界的压力，因此，可以认为内在自由似乎比外部自由更重要。

马斯洛在其《人性能达的境界》一书中，提出了达到自我实现的八条具体途径或方法：

（1）通过全身心地投入或献身于某一工作或事业，彻底忘记自己的伪装和角色，真正进入“无我”的境界，从而完完全全成为自己。

（2）每当面临前进和倒退、成长与安全的选择时，要尽量做出前进和成长的选择而不是安全和退却。

（3）要有高度的自发性，倾听自己内在冲动的呼唤，任其显露出来，而不是倾听父母、老师和领导等外部权威的声音。

（4）在怀疑时要诚实地说出来而不要隐瞒，因为你的顺从也要承担责任。在各种问题上都应该反躬自问，真正做出毫无疑问的自我决定，这样每次决定和每次的承担责任都是一次自我实现的机会。

（5）从小处做起，“千里之行，始于足下”。顺从自己的兴趣和爱好，要敢于与众不同，要有勇气做出自己的选择，一步一步地迈向自我实现的远大目标。

（6）自我实现不只是一种终极状态，而且是一个实现个人潜能的过程。因此，要不懈努力，在不断地追求的过程中完善自己、发展自己。

（7）高峰体验非常短暂，但对于自我实现的意义重大。在这一时刻就是自我实现，它使人获得高度的认同，最接近真实自我，最富于个人特色，把人带入“人性能达的境界”。因此，应该创造条件使自己更多地经历高峰体验。

（8）要识别自己的防御心理，并有勇气放弃这种防御。摆脱“约拿情结”，敢于接受自己的命运、职责，承认自己的内在潜能。要放弃去圣化（或低俗化），不要看破红尘，从而再圣化，即再次发现生命的意义，追求神圣的和永恒的价值。

马斯洛研究的是人格健全的人，而不是变态的人或动物。他提出了人性本善，人类生活中存在着对真理、善良、美好事物的追求，这无疑对心理学的健康发展有一定的积极意义，推动了积极心理学的形成。他的需要层次理论和自我实现理论也为心理、教育和企事业界所广泛使用。从人类现有的文化来看，大多数文化都有和高峰体验类似的特征。例如，中国儒家文化、道家文化的“天人合一”，基督教的“与上帝同在”，尼采哲学的“酒神的迷狂”等，这些终极描述落实在个体身上，都可以看成是一种高峰体验。这说明，马斯洛的自我实现的概念在经过修正和完善以后，将会得到更加广泛的认同。某些心理学家的一些实验初步获得了若干证据来支持这一理论，但是，该理论明显是一种带有特殊性的、不完整的理论，它只有与挫折理论、价值理论等其他理论结合，才能发挥效用。人生的终极追求即自我实现，乃是各种文化所必然遇到的根本问题。马斯洛向来主张不同的文化应互相学习，他多次指出，“我们面临的一个巨大挑战，就是如何把东西方文明中关于自我实现和内在和谐的观念结合起来”。因此，在某种意义上，马斯洛心理学是一座沟通东西方文化的桥梁。

第三节　罗杰斯的自我理论

自弗洛伊德以来，没有一个人比罗杰斯（Rogers）对精神治疗产生过更大的影响，他积极的、人本主义的精神咨询和治疗方法在卫生、教育、宗教和商业等领域中被广泛应用。罗杰斯是美国心理学家，当代人本主义心理学的主要代表，是美国应用心理学会的创始人之一，1964—1967 年担任美国心理学会主席，1956、1972 年先后获美国心理学会卓越科学奖和卓越专业贡献奖。

罗杰斯在 1927 年开始了他的职业，那时人格心理实际上是精神分析的领域。他于 1938 年提出“非指导性治疗”。在其第一部著作《问题儿童的临床治疗》(1939) 中，他对传统的指导性疗法提出了疑问。书中认为，人有积极改变的巨大潜能，因而心理治疗的任务在于启发和鼓励这种潜能的发挥。1942 年出版《咨询和心理治疗：新近的概念和实践》一书，罗杰斯主张在咨询和心理治疗中采用非指导疗法，后改称患者中心疗法。1957 年出版主要著作《患者中心治疗：它的实践、含义和理论》，他提出了“自我理论”，即人格及其变化理论，主张人格的现象学解释以及人的实现的倾向。1959 年出版《在患者中心框架中发展出来的治疗、人格和人际关系》一书，他更系统地阐述了自己的人格理论。1964 年以后，罗杰斯一直致力于把患者中心疗法的理论和实践推广到教育及其他领域。他还有《论人的成长》《一种存在的方式》等其他重要著作。

图 7－5　罗杰斯

罗杰斯和弗洛伊德的理论有着显著的差别，也有许多有趣的相似。像弗洛伊德一样，罗杰斯是从做治疗家开始的。他也把他自己的治疗经验既作为关于人格观点的一个源泉，又作为检验、提炼、修改这些观点的场地。罗杰斯建立了一个人格改变的新模式，认为我们每一个人都有朝着健康、积极的方向发展、成长、变化的潜能。从某种程度上说，罗杰斯理论是作为对精神分析的反应而发展的，它成为精神分析理论第一个重要的替代者。而且，同弗洛伊德一样，罗杰斯的理论是革新的，被认为是异端的。最后，像弗洛伊德理论那样，罗杰斯的理论也被广泛采纳，而且扩大到多个领域，包括人际关系、教育、文化等方面。

一、现象学与自我概念

罗杰斯深受现象学观点的影响。他认为，每个人都以独特的方式感知世界，个体能对感知过、经历过的事物赋予一定的意义，这些知觉和意义的整体便构成了个人的现象场，其中包括意识和无意识感知。行为的最重要的决定因素是有意识的或能够变成有意识的感知，对于健康的人来说更是如此。现象范畴对于个体的私人世界来说是十分必要的。既然是存在于人们主观世界中的现象在引导人们活动，那么，个体所体验到的现象世界就包含了我们了解个体行为和预测个体行为所必需的信息；对人格的研究，也就应该从努力了解人们心目中的现象世界开始，按照这一途径去探讨人格结构。虽然只有本人才能真正清楚自己的现象世界，但如果方法得当，心理学家能够达到大体了解个体现象世界这一目的。

在个体现象场中有一部分是关于自我的感知和认识，这就是自我概念。自我概念在罗杰斯人格学说中有举足轻重的地位。最初，罗杰斯认为它是一个模糊、没有科学意义的术语，然而在治疗过程中，他发现病人表达他们的问题和态度时，倾向于围绕着自我观念来谈话。此后，罗杰斯改变了看法，把自我概念当做自己人格学说的理论基础。

在罗杰斯看来，自我（self）的概念代表对自我感知的一种组织化和一致性的模式，它是指个体对自己心理现象的全部经验。自我是一个有组织的、为自己所意识的、与自己有关的知觉整体。自我概念不等于自我意识，而是自我知觉（或意识）与自我评价的统一体。它的内容主要包括：① 个体对自己的知觉及其与之相关的评价，如“我是一个好学生”，“学生”是知觉认识，而“好”是评价。② 个体对自己与他人关系的知觉与评价，如“同学们都不喜欢我”。③ 个体对环境各方面的知觉及自己与环境关系的评价，如“在社交聚会中最能显示我的能力”。可见，自我是个体对自己和环境关系的知觉与评价。从语言学的角度看，自我概念就是个人经验中由主格“我”、宾格“我”和所有格“我的”等词所区分出来的那部分现象场。

在罗杰斯那里，自我是描述性的，而不像精神分析学说那样是动力的和解释性的。因此，有人称罗杰斯的自我概念为“对象自我”(self-as-object)，即关于自己的看法、态度和感情，以区别于弗洛伊德、艾里克森等人所谓的“过程自我”(self-as-process)。尽管自我是变化的，但它总是保持着模式化、整合化、组织化的品质。很明显，自我作为一种感知的组织化模式，绝不是我们体内的一个“小人”。自我并不做任何事情，人的内心没有一个“小人”即自我在控制与支配个人行为。然而，作为感知的组织化模式，自我的确影响我们如何表现。自我既能反映经验，又能影响经验。自我概念是人格形成、发展和改变的基础，是人格能否正常发展的重要标志。

在自我概念中，罗杰斯区分出“现实自我”（real self）和“理想自我”（ideal self）的成分。现实自我或真实的我是指此时此刻真实存在的自我，我现在是什么样的人，我目前的真实状况等。有时，人们把当前表现出来的显在自我称为现实的或实际的自我，把自我拥有的一切潜能与显在的存在统称为真实自我。理想自我象征着个体最喜欢拥有的自我概念，包括与自我有潜在关联的、被个体赋予很高价值的感知和含义。真实自我与理想自我的和谐统一就是自我实现。只要人与人之间能无条件地、真诚地关怀，个体就能调节自己的经验，朝向自我实现，使自我更趋向于理想自我。理想自我和现实自我之间的差别能够作为一个人的心理是否健康的指标，这一差距常常是那些向罗杰斯寻求心理治疗的患者所具有的典型特征，伴随着治疗的发展，两个自我会逐渐趋向一致。按照罗杰斯的观点，如果一个人认识到了真实的自我与理想的自我是什么样子，并且设法使两者趋于统一，那么他在成长的过程中会调节得越来越好，并使潜能最终得到充分发挥。

自我一致（self-consistency）的概念与自我系统运行有关，它是指个体倾向于使自己的活动与自我系统协调一致，即有维持自我系统的需要。最初罗杰斯强调人们对自我一致的需要，但后来他的强调重点逐渐转为个体保持积极自我形象的需要。但是，应该看到，对罗杰斯来说，个体承认自己的经验并允许其成为自我系统的一部分，这种诚实对待自我的方式也是非常重要的。例如，即使某个人喜欢把自己看做永不愤怒的人，但是在一些时刻承认愤怒的感觉，允许自己在某些时候愤怒，这也是很重要的。

自我包含有意识的内容，因而它是可操作的。罗杰斯为研究个体的自我结构创造了一种 Q 技术或称 Q 分类法（Q-sort），Q 技术可以将他人对被试的评定和被试的自我评定进行比较。该技术的操作如下：准备多张写有形容词或句子的卡片，如“我很懒”“我不喜欢和他人交往”“我很自信”等，要求被试根据自己的特点或他人的特点把这些卡片进行分类，也就是按照它与自我概念的吻合程度分类。一般按照从最不适合自己的特质到最适合自己的特质分为九组，每组卡片的数目都是事先规定好的，如卡片的数目可以是 100 张，分类后的卡片数目序列为：1，4，11，21，26，21，11，4，1，使全部卡片从“绝对符合”到“完全不符合”分配成一正态形态。运用 Q 分类法也可将理想自我和现实自我进行比较。

二、人格的发展的基础——自我实现倾向与积极看待

罗杰斯认为，我们每一个人都有朝着健康、积极的方向发展、成长、变化的潜能，这种潜能是独一无二的，且会引导人的所有行为。这是罗杰斯自我实现理论的核心主题，它引导着罗杰斯进行了几十年的探讨、研究与治疗，为人格心理学带来了重大的影响。

罗杰斯的人格理论建立在两个重要理论假设基础上：

第一，人的行为由每个人独一无二的自我实现倾向引导着；

第二，所有人都需要积极的看待。

自我实现倾向与积极看待在个体的活动与人格发展中有充分的表现，并从中得到检验。从以下介绍中，我们将会了解这些概念，并知道它们如果被否定或歪曲就会导致不正常行为。

（一）自我实现倾向（actualizing tendency）

罗杰斯相信所有行为都受自我实现倾向的制约，“机体以保持和增强自身的方式发展其所有的潜能”（罗杰斯，1959，1960）。人类同其他生命有机体一样，都具有为了生存、成长和促进自身发展的一种需要，它是与生俱来的。在最基本层面上，这些天生的倾向通过满足基本需要（氧气、水、事物），控制生理成熟等方式，不断地成长、重建。他还认为自我实现是人格结构中唯一的动机，其他一切动机都可归属于这种自我实现倾向之下。正是自我实现倾向使人的自主性和自足感增多，增加一个人的经验总量，提高个人成长的动机。

自我实现的倾向引导一个人朝向普遍积极和健康的行为。罗杰斯指出，“机体并不倾向于把它的能力发展朝向厌恶与自我破坏……”，只有在反常与特殊的环境下这些不良倾向才会出现。很明显，自我实现倾向是选择性和非反应性的，是一种建设性倾向。

自我实现倾向如何引导我们以积极的方式行动呢？按照罗杰斯的说法，我们根据是否能够维持和提高我们自身来评价经验。他把这一过程称为机体评估过程（organismic valuing process）。个体接近和保留那些符合实现倾向的经验，避免和消除那些抵触实现倾向的经验。因此，机体估价过程是自我实现倾向的反馈系统，使个体能调节自己的经验，朝向自我实现。经验中凡是能维持或增强积极评价自我的需要的，就是积极的经验，它能导致满意感；与此相反的经验被理解为消极的、需要避免的东西。

可以从两个方面考虑自我实现倾向：一方面，它是由人与其他生物共有的倾向构成，引导机体产生维持生存与发展的行为（包括非人类的其他生物的行为）；另一方面，它包括指向增加自主、自足，指向个人成长的独特倾向。这方面的自我实现倾向与人的人格发展关系最密切，它起到维持和增强自我的作用，而自我是罗杰斯理论的核心概念。

（二）积极自我看待的需要

罗杰斯理论的第二个重要假设是，所有人都有一种希望获得积极看待的需要，这种需要包含了要求获得他人或自己的关注、赞赏、接受、尊敬、同情、温暖与爱。与积极看待相反，那些漠不关心、蔑视、讥讽、冷淡、憎恨、打骂等被称为消极看待。起初这些积极看待来自于其他人，特别是身边重要的人，如父母、老师与朋友等。随着自我的发展，积极看待的提供者更多从他人转向自己，也就是说个体能够自我珍重，接受自己，奖赏自己。积极的自我看待需要既有天生的，也有习得的，罗杰斯喜欢后一种解释。不过，他认为起源如何与他的理论无关。积极自我看待的一个重要特征是它具有交互作用的性质。当一个人使他人积极自我看待需要获得满足时，自己的这种需要也会得到满足。

最常见的是，我们因为具体的行为获得或给予他人积极看待。这好像因为某件事做得好而给某人报酬一样。给某个人积极的看待与我们对他某一具体行动的评价无关也是有可能的，这是因为我们把这个人作为一个整体来接受、尊敬，认为值得把他作为一个积极看待的对象。无条件积极看待意味着对一个人做的所有事情都一样积极看待，即使是客观上消极的行为也要接受，因为它是这个人的一部分。这种无条件积极看待在父母对儿童的态度上最常见，许多父母虽然不赞成孩子的错误，不满意孩子的不足，但仍给予孩子积极的看待，因为孩子永远是自己的。与无条件的积极看待不同，有条件的积极看待是积极看待提供者根据一定的评价标准来评判对象的品行或成就，如果达到了标准，才提供积极看待；否则，有可能提供消极看待。有条件的积极看待和无条件的积极看待都可能从他人或自己处得到。从自我实现倾向的角度说，无条件的积极自我看待最重要。总的价值感和自尊感依赖自己比依赖他人更多，但是不管来自他人还是自己，它都是我们十分渴望得到的。相反，构成有条件积极看待的具体价值判断可能干扰一个人自我实现倾向与他的健康发展。例如，有的父母把自己的要求与希望强加给孩子，并以此作为提供积极看待的条件。孩子为了获得父母的积极看待，可能会不顾自己的内在兴趣与潜能，顺从父母的外在要求与希望。可以想象，这个孩子的自我实现倾向肯定会受到干扰与压抑，他的人格的健康发展就会受到影响。

（三）价值的条件

积极看待的需要有极为强大的力量，它能逐渐取代机体评价过程。就是说，此时个体不管自己的经验是否能维持或加强自己，只要它能带来积极看待，都会把它评价为好的。他人或自己对具体行为的评价被称为价值条件，即给予积极或消极评价的条件。

价值条件发生在对自己有重要意义的他人有条件地给予自己积极看待的时候，在这个时候个体往往一方面感到被人称赞，另一方面又觉得与自己的“内心的呼声”——机体评估过程不协调。价值条件是生活中不可避免的部分，因为任何人都很难做到对另一个人的所有行为都同样看待，也不太可能对自己所有行为的评价都一样。

价值条件能广泛影响一个人的人格发展，它们会替代、干预机体的评价过程，从而阻止一个人自我实现倾向的自由发挥，阻碍他的健康成长。当价值条件比机体评价过程对人的行为所起的作用更大时，个体的人格会受到损害。

三、机能完善者的特征与形成

自我实现倾向是生命之驱动力量，使人更加成熟、更加独立，成为机能完善的人，而机能完善的人是依照机体内部估价过程而不是外在价值条件生活的人。罗杰斯认为机能完善的人具有以下几个特征：

（1）经验开放。机能完善者不需要防御机制，所有经验都是被准确地符号化而成为意识。

（2）自我协调。机能完善者的自我结构与经验协调一致，并且具有灵活性，以便同化新的经验。

（3）机体估价过程。机能完善者以自己的实现倾向作为估价经验的参考体系，不在乎世人的价值条件。

（4）无条件的积极自我看待。机能完善者时时刻刻对自己的经验和行为都给予积极肯定，他们不觉得有什么见不得人的内在冲动。

（5）与同事和睦相处。机能完善者乐于给他人以无条件的积极看待，同情他人，为他人所喜爱。

怎样才能成为一个机能完善的人呢？罗杰斯认为关键在于自我结构与经验的协调一致。这就要求有一个无条件积极看待的成长环境。这种环境不仅在心理治疗中可以实现，而且在日常的婚姻、家庭或者亲密的朋友间也能实现。因此，罗杰斯对人类的未来充满希望，他相信机能完善的人正在大量成长。

按照罗杰斯的观点，婴儿早期的现象场是一个混合的、没有分化的、简单的整体，早期自我在很大程度上是从通过感知父母对自己如何评价的基础上发展出来的。儿童的自我评价，或者是对个人价值的判断，从对这些评价的感知中发展出来后，如果伴随着父母的赞同和支持，儿童就能把它们结合到自己的自我意识中去。在这种情况下，自我和经验之间的状态是和谐的。但是，如果父母将条件强加到儿童已形成的基础自我价值上（即在一些条件下赞扬儿童，但在另一些条件下批评儿童），那么儿童会体验到威胁自我的感觉，这种威胁的感受使得儿童可能会拒绝这些体验。换句话说，经验和原来的自我结构不和谐，就可能被拒绝或歪曲，导致自我经验偏差。

在儿童社会化过程中，大多数家长都会对孩子的所谓“好行为”给予积极看待，孩子逐渐意识到，如果他做某些事情符合父母的愿望，他就有可能享受到积极看待的体验。通过这种有条件的积极看待，孩子渐渐懂得了什么事应该做，什么事不该做。多次经历价值条件后，儿童就会将它们内化为自我结构中的一部分，以后就会成为指导儿童行为的“良心”或“超我”，即使父母不在场时，它们也一样起作用。

儿童先是需要他人的积极看待，继而需要自己对自己的积极看待，需要对自己的行为持肯定态度。但是，前面说过，儿童用以评价自己行为的内部参照体系，是有重要意义的他人（如父母）对儿童积极看待的条件在儿童自我结构中的投射。所以，当儿童评价自己行为时，他的标准就包含了与别人的价值观相一致的因素，不再是他自身原有的自我概念。或者说，儿童对自身的评价受到与周围人积极看待的价值条件约束。如果日后儿童迫于这种价值条件的约束总是优先迎合他人的评价，追求他人的积极看待，拒绝真正的自我评价，人的经验和自我就开始疏远了，自我的不协调状态就产生了。

可以看出，儿童追求积极看待，但是这种追求又可能由于价值条件带来自我不协调的副作用。如何避免这种现象发生呢？罗杰斯认为关键在于父母对儿童错误行为采取的态度。如果孩子做了一件错事，父母采取诚恳的态度，一方面适当地指出孩子行为的错误，表明父母对此采取的批评态度；同时又让孩子感觉到父母并不会为此而贬低他，不再爱他。让孩子体会到是他的行为不可爱，而不是他自身。这样，价值条件作用就可能不再发生。儿童既克服了自己的不良行为，又保持了他的自我一致性和协调性。罗杰斯觉得父母与教师等如果想成为儿童人格发展的“促进者”，必须具备四种特质：信任儿童的潜能；诚实；尊重、重视儿童的经验、情感和意见；同情心——洞察儿童的内心世界，设身处地为儿童着想，给儿童以无条件的积极看待。罗杰斯相信，在这样的“促进者”指导下，儿童就会感到安全和自信，充分显露自己的潜能，朝向自我实现。

机体所采取的行为方式，大多数是能保持自我概念一致性的方式。个体把价值观念组织化、体系化，其目的是保存有关自我的价值观念。即使有的行为并不能给人带来好处，人们仍以能够维持自我概念的方式去行动。相关研究表明，一个人受他所接受的有关自我概念的反馈信息的影响。如果他接受了能使自尊感降低的外来信息，他就会更易于表现出不受欢迎的行为；反之，则表现得比从前更为出色。这暗示人们的行为方式和他们自我评价相一致。

个体充分发挥潜能的最高境界就是成为自我实现的人。他对自我实现者的描述是："个体感到自己在充分地发挥作用。"所以自我实现的人也就是充分发挥作用的人。他感到自己比其他任何时候更聪明、敏锐、机智、强健，正处于最佳状态，他们是具有创造性的人。此时，他表现得胸有成竹、明察秋毫、毫无怀疑和踌躇。那些伟大的运动员、艺术家、创造者、领袖人物、高级官员，当他们处于自身最佳状态之时，其行动也具有这样的特点。而且，这些人的生活比一般人更丰富，他们的生活特点是激动人心的、富有挑战性的。

罗杰斯认为在走向自我实现的过程中，人具有以下特征：

（1）对经验日益开放。过去有些经验因为被认为是有威胁性的而被扭曲或否认，现在个体体验着以前不能觉察到的、不肯承认是自己一部分的这些经验，对自己的恐惧感、痛苦感也就更为开放。

（2）越来越重视存在的经验。处于这一过程中的人会越来越强烈地想在每一分钟都充分体验生活。这是因为，一个人如果对他的新经验充分开放，那么生活中的每一分钟当然是新鲜的。

（3）对自己机体的信赖不断增强。

罗杰斯后来更多地研究政治文化问题，在机能完善者的基础上，又提出了正在出现的一种"政治上的新人"概念，这种人更接近具体的社会生活。其特点如下：①他们诚恳而具有开放性，反对政府、广告、教会等的欺骗和虚伪，反对高度结构化的、迂腐的官僚体制。②他们对物质享受和物质报酬很冷漠，对名利地位也不感兴趣，他们只愿意与人保持平等的关系。③他们关心他人，渴望帮助他人，为社会作贡献。他们虽强调科学、技术会促进人类的幸福，但是反对用技术去伤害自然和环境。④他们信任自己的体验，而不信任外界的权威，即使是对待法律也仅仅在感觉这样做是对的情况下才去服从。⑤他们充分认识到生活的本质就是变化。他们永远处在发展的状况中，期望改变不合理的政治状况和社会制度。

四、自我实现倾向的受阻与恢复正常

当自我处于机体评价过程的完全控制之下时，自我实现就会自动发生，从而维持与增强自我。当无条件积极看待存在时，一个人能准确感知所有经验。如果一个人不把任何经验排除在意识之外，这样，个体就保持了一致感和整体感。

当意识中的自我与实际经验产生分歧时，选择性知觉可能拒绝或歪曲某些对正常成长有指导作用的经验，从而引起自我与经验个体经历不协调状态，不协调的后果就是适应不良，个体变得焦虑和恐惧，自我实现就受到了阻碍。自我实现受阻碍到恢复正常的过程包括以下几个阶段：

（一）威胁的经验

在发展过程中，某些人由于过分要求积极看待，把外在的价值条件看得比内在的机体评估更重要。这时候，自我概念和经验之间不可避免地会发生冲突。例如，一次考试失利会冲击某学生的自我概念，即“我是有能力的学生”这一自我概念与考试失利的经验发生了冲突。这种冲突的发生是因为外部价值条件中强加的评价与机体内部评价过程的评价不同。这种冲突的意义在于它威胁到自我的一些部分。罗杰斯把威胁定义为一个人有意或无意地感受到他的经验与自我概念之间的不协调。

我们在情感上对威胁的体验是模糊的不安和紧张感，通常称为焦虑。焦虑是整合的自我概念正处于被分解的危险之中的一个信号。这将会在一个人完全意识到自我概念和有威胁经验之间的差距时体验到。焦虑引起防御过程试图减少非整合感，不断降低焦虑带来的不愉快感觉。

（二）防御过程

防御过程维持自我和经验之间的一致。罗杰斯于 1959 年阐述了达到这一目标的基本道路：感知歪曲和否认。通过感知歪曲，人们改变（歪曲）经验的感知方式来使它与自我概念相符。例如，认为自己受欢迎的少女在周末没有人邀请她的时候警觉起来，她可能歪曲事实，告诉自己：她的同伴因为想到她一定很忙才没邀请她。从现象学观点看，感知歪曲改变了经验本身，经验仅有主观现实性，一个经验是一个人对它的感知。感知歪曲改变了经验，因此，它与自我概念更相容了。否认是另一个基本的防御过程，当我们感觉到经验与自我概念不一致的时候，自己就应该相信经验不存在。

精神分析认为性和攻击冲动是焦虑和威胁的源泉，而罗杰斯则认为是由于经验与自我概念的不相容，但是人们的防御方式基本相似。

（三）心理调整

罗杰斯根据自我和经验之间的和谐来看待心理调整。心理调整良好的人把自己与别人以及他们环境中的物体的联系看做他们的“真实”存在。第一眼看他们，这可能看起来与现象学强调的主观经验不一致。主观经验在罗杰斯看来十分重要，但心理调整需要主观经验与外部现实的紧密符合。当这样的符合存在时，一个人不会感到经验是一种威胁，而对经验开放，从而使经验与自我概念一致。如某教授有“优秀教师”的名声，他的自我概念包括维持学生高水平的学业成绩，当他发现他的一个学生很难达到 A 级时，他会感到被威胁。他可以采用歪曲或否认的策略来防御，也可以通过调整自己不合理的自我概念来顺应现实经验。

（四）瓦解和崩溃

即使是心理调适最好的人也常常受到与自我概念不一致经验的威胁。人们采用防御过程来使自己的自我概念免受分裂的危险。自我概念与经验的不一致程度不高，则引起的焦虑程度也不太高，个体通过防御机制就足以应付它们。当经验与自我概念高度不一致时，人们感到一种十分不愉快的焦虑，以致干扰了正常的工作与生活，自己有没有办法通过防御或心理调整来减轻焦虑，这就可能需要一些专业性心理治疗方法来解决。然而，通常一个人的防御足以使不整合的经验排除在意识觉察之外，这使自我能继续保持一个整体。当自我与经验之间的不一致变得过大时，个体的防御过分地歪曲和否认经验，其结果是一致的和整体的自我解体了。在亲戚和朋友眼中，这个人的行为是紊乱的。事实上这些行为可能是由于个体的歪曲和否认，使他自己没有认识到自我与经验的不一致所导致的。这些行为看起来很奇怪，仅仅是因为这个人与别人眼中的他不一致。例如，一个妇女很精明地控制着她的攻击倾向，否认它们是自我的一部分。她开始对人们表现出敌意时，她的朋友可能把敌意看成是与她人格相异。实际上这是她人格的一部分，只不过大家都未意识到。罗杰斯说，如果我们与他人分享一些共同的经验，而那个人不接受或不理解，肯定会给我们带来心理上的伤害。

（五）重新整合

常常歪曲或否认某种经验的人会加强自我防御的堡垒，以妨碍自己准确感知现实经验。这些个体“一直在防御”自己的行为，说明了防御过程的潜在消极后果，他们无意间对其他人做出的评论的含义和态度的诚恳性都令人怀疑，使人极快地做出反应，似乎这些评价是消极的。但是从他们的内部参考模式看，无心的评价的确是消极的，因为它采用了歪曲的方式来理解经验。对经验不能准确地感知的人不能充分发挥自己的能力，他们会丢失或避免生活中潜在的某些方面。如果一个女人的自我概念只允许成功，她就会被任何可能令她失败的情境威胁着。

自我概念和经验的不一致能通过对人格的重新整合过程来减少。重新整合过程通过修改防御过程来修复一致性，换句话说，个体开始清楚意识到他歪曲和否认的经验。罗杰斯认为，重新整合仅仅在个体价值条件减少、无条件积极看待增加的情况下才有可能出现。如果一个人置身于无条件积极看待的情境中，我们的价值条件失去了它们的意义和指向行为的力量。我们会变得对经验持更多的开放性，因为没有价值条件干扰，所有经验都能与自我一致，即自我能准确感知，并能正视它们，把它们当做自我的一部分。如果一个男人不承认别人对自己的消极的评价，因为这种评价与他的自我概念不一致，这时他会感到受威胁，因而产生愤怒与攻击的倾向。但是，如果愤怒和攻击行为与他的自我概念不一致，那他又会将其抑制。只有这一价值条件瓦解了，对愤怒的抑制与攻击性才能和谐地存在于一个统一的自我之中。

由于他人无条件积极看待的缘故，我们体验到更多的无条件积极自我看待，这使我们对经验开放，并在其他人不在的时候也无防御。无条件积极自我看待的增加、价值条件的减少是人格重新整合的前提。

接受无条件积极看待不是人格重新整合产生的唯一条件。较少的人格整合发生在我们的日常生活中。如果没有对自我的威胁，人格的整合可能在没有无条件积极看待的时候发生。罗杰斯相信，当我们独处的时候，我们能面对较少的焦虑经验，重建我们的自我概念来同化它们。

罗杰斯理论是弗洛伊德理论的第一个重要的替代者，它建立在自我实现原则基础上，认为每个人都有以基本健康的方式发展、成长、改变的独特潜能。这说明，它对人的本质的看法是积极的、乐观的，而且还有一系列研究的证据为罗杰斯的理论提供了支持。人格是完整的实体，主观世界的经验对行为具有决定作用。个体现象场、自我和成长趋向都是个体自身经验所在。罗杰斯强调自我这一概念，无论是对自我的情感和动机方面、意识和无意识方面的重要性都予以承认。他把研究重点放在意识可以获取、能自我报告的这部分主观经验上。罗杰斯既强调自我与经验一致性需要的重要性，又强调积极看待自我的需要，并逐渐更强调后者。他最大的努力是帮助个体更有觉察能力，更能接受他们的经验。罗杰斯比其他心理治疗家更注重对心理治疗过程的科学化，如运用 Q 分类法把心理治疗过程中原来盛行的主观描述变为定量的评估，但是他的 Q 分类法太依赖于被试的自我报告，未必能反映人们的真实想法。罗杰斯的理论对许多心理现象都难以做出合理的回答，如什么是梦，什么是意识心理，为何有的人没有无条件积极看待的经历却能成为机能健全的人，等等。

第四节　罗洛·梅的存在分析论

罗洛·梅（1909—1994）是美国最为著名的存在分析心理学家，曾获艺术、神学学士学位，以及哥伦比亚大学在临床心理学方面授予的第一个博士学位。他担任过美国精神分析学会会长，以及多所大学教授、研究员等职务。罗洛·梅不仅有丰富的心理治疗经验，而且出版了大量专著，其著作《爱与意志》是美国最为畅销的名著之一；《存在：精神病学和心理学中的新角度》被公认为美国存在分析学方面的权威著作。此外，《自我的追寻》《心理学与人类的困境》等著作都有很大的影响。

顾名思义，存在分析就是存在主义与精神分析结合的产物。罗洛·梅的心理学观点深受这两方面的影响，主要得益于以下经历：罗洛·梅曾在欧洲参加过著名的精神分析学家、个体心理学创始人阿德勒的理论讲习班，在威廉·阿伦森学院系统学习过精神分析的理论与方法。罗洛·梅的人格理论中对未来因素的强调就可追溯至阿德勒以及威廉·阿伦森学院的两位著名新精神分析学家弗洛姆、沙利文。弗洛姆的看法影响到罗洛·梅的社会—人格观；在沙利文的人际关系学说影响下，罗洛·梅强调自我实现必须具有良好的人际关系。对罗洛·梅影响最大的要属当时美国著名存在主义神学家保罗。

罗洛·梅起初深受精神分析运动的影响，他也曾有过用精神分析的方法治疗精神病人的经历。那么，他为什么最终转向存在主义，把存在主义的哲学理论作为心理治疗的基础呢？这缘于他在治疗及生活中的经历。当时社会风俗已非常开放，应有助于缓解弗洛伊德所谓的本我和超我之间的矛盾冲突，精神病患者应该减少。然而接受心理治疗的人却越来越多，他们面临的是精神空虚、无聊、生活无意义等问题而不是性的压抑。包括罗洛·梅在内的许多精神分析学者发现，再以力比多、移情、本我等来解释精神疾患者的种种变态心理，他们就无法真正理解患者。罗洛·梅等学者开始寻求一种能取代精神分析理论的、更符合现代西方人的心理特征的理论和方法。

正当罗洛·梅在精神分析的道路上探索、犹豫之时，存在主义思潮从欧洲发起并传到了美国。以下几方面特点影响了罗洛·梅：

（1）存在主义强调哲学研究的对象是个人的情感、个人的自由选择和个体的内在经验，研究中心是“个人存在的意义”这一问题，这比弗洛伊德的理论对临床心理学家更有指导意义。

（2）在研究单独的个人时，存在主义哲学家们总是把个人放在社会联系中，强调个体面临的困境，以及个体面临困境时产生的焦虑、痛苦、空虚等情绪状态，这比弗洛伊德的理论更符合现代人的心理状态。

（3）存在主义哲学强调个人的自由选择，认为自我意识支配着行为，个人的价值完全取决于自己的自由选择。

20 世纪 30 年代末，罗洛·梅身患当时几乎被认为是绝症的肺结核。他认真研读了弗洛伊德的《焦虑的问题》和克尔凯郭尔的《恐怖的概念》。罗洛·梅深感克尔凯郭尔的理论更符合自己和其他病友的实际体验。这种认识更进一步促使罗洛·梅从精神分析转向存在分析。

一、存在论

（一）存在的概念

存在分析所有的理论均建立在“人的存在”这一概念基础之上。该理论认为“存在”不能等同于“物质”，存在是指人的具体存在，即作为意志或行动主体的个人存在。存在是个人的整体，跟爱、意识一样，无法将其分割或抽象化，也难以用语言进行描绘。个人存在彼此独立，谁也无法了解他人是怎样存在的。“存在”体验与所谓“自我的作用”不能混为一谈，也不能以自我或移情来解释。

（二）存在的特点

人的存在是个人在此时此地或一定的时间、空间中的存在，个人存在具有意识性、自由选择性、动态性，以及与非存在的统一性等特点。个人存在首先表现在对自己存在的意识，能够把自己与其他存在区别开来。罗洛·梅认为，我们每个人都有一种促使我们鼓起勇气，维护和肯定自我存在的本能需要。一个人只有在把握自我，肯定和维护自我存在的时候，才能获得“我的存在”这一体验。其次，罗洛·梅认为，人既不应服从任何权威的约束，也不应受任何必然性的约束，强调自由选择是人的本质。个人的存在是自己自由选择的结果，人必须承担选择的责任和后果，任何逃避选择的行为都有损于自我的存在。再次，存在并不是静止的，而是由潜能走向实现的动态存在。罗洛·梅认为，当“存在”一词被用成一般名词时，更应该被理解为“潜在”的意思，即“潜在性”的源泉。当把它作为特殊术语用于“人的存在”时，它总是有“发展中的人”“正在成为某种性质的人”的动态内涵。因此，对人类来说，“存在”一词不是一成不变的，而是动态的。最后，存在无时无刻不与非存在对立统一，非存在包括死亡、焦虑等，是存在的一部分。如果人没有对这种非存在的意识——意识不到死亡、焦虑对存在的威胁，存在就缺乏坚实的自我觉知。正是面对非存在的挑战，存在才获得了生机和现实性。

（三）存在的三个世界

在罗洛·梅看来，存在以下三个相互联系、相互依存的世界：

（1）组成生理和物理环境的内部和外部世界，包括自然环境、生理的内在环境（如生理需求、本能、驱力等）。这一世界是客观存在的世界，不以我们的意志为转移。对于它，我们只有适应和接受。

（2）由他人组成的人际关系世界。人际世界不能理解为群体对个体的影响，也不能理解为集体意识。对任何一个人来说，被他人接受并得到信赖，意味着他获得了去体验自己存在的自由，这是“我的存在”体验的必要条件。但不能把存在简单理解为对社会习俗、伦理规范的接受。在人际世界里，“适应”这一概念不适用。因为当我们要求某人适应我时，就意味着不把他当做一个人，而是把他看成一种工具，而人与人的关系是彼此的、双向的，而不是一方的、单向的。人只有在集体、朋友、亲人为其提供人道的、值得信赖的人际世界里，才可能挺身反抗自身的消极力量，形成健全完整的人格。

（3）自我、自我价值与潜能的自我内在世界。罗洛·梅认为，自我内在世界是主观的和内在的世界，它是我们真实觉察、理解事物意义，与外在世界进行联系的基础。这一概念已预先假定自我意识、自我关系的存在，但是“我的存在感”不是“自我”发展的一个方面，两者相去甚远。存在感产生于更基本的层面，是自我的发展的先决条件，它指的是一个人的包括有意识的和无意识的全部经过，扎根于个人存在的经验之中。

罗洛·梅认为，上述三个世界互为条件，它们不是毫无关系、完全独立的世界，而是人的三种存在方式，人同时存在于物、己、人三个世界中。因此，若仅仅强调其中之一，而忽视甚至放弃了其他两种存在方式，则会妨碍人们对自我真实面目的理解。虽然个人的存在与各种社会关系互相交织在一起，但它毕竟不是社会影响的产物，它总是取决于“个人的世界”。

二、人格论

（一）人格的概念

罗洛·梅认为：“人格是与社会整合且具有宗教紧张的自由、独特的个体生活过程的现实化。”[①] 在这个定义中，罗洛·梅应用了存在主义关于自由选择的观点，自由指人的自由选择能力，自由和人格的自主性都是整个自我（思维、情感、感情、行动的

① 罗洛·梅．咨询的艺术：英文版［M］．［出版地/出版社不详］，1964：45.

主体）的一种性质。罗洛·梅认为，个人的行为既不是盲目的，也不是被环境所决定的，而是在自由选择中进行着的，人有自由选择的能力。人格中的自由受特定的时空、特定社会、特定家庭和其他条件的限制，但是每个人或多或少都有选择的余地。

自由对于心理健康不可缺少。病态心理的产生在于个人放弃了自由选择的权利，把这一权利交给了社会或他人，从而进入人格丧失、个人的独特潜能得不到发挥的非真实的存在状态，逐渐产生空虚、自我疏远、生活毫无价值和无意义等痛苦的情绪体验。治疗专家应引导患者勇敢地承担自由选择的结果，帮助患者重新开始自由选择，这是使患者重获责任感、恢复健康、重新生活的唯一基础。

今天我们面临的困境是，现代科技文明的发展，使我们在面对强大的机器、飞机、原子能等非人格力量时，极容易感到软弱无力。越来越多的人每天只需工作 4～6 小时，闲暇的增加给我们带来了新的自由，也带来更大、更危险的选择责任。人如果不能选择有意义的活动填补空闲时间，就容易产生空虚、冷漠、自我毁灭、敌意等心态。利用自由这一概念，就可以解释为什么物质生活质量在提高，精神病患者却日益增多这种社会现象。

人格中的第二个基本因素为自我区别于他人的独特性，即个性。如果人要成为一个真正的自我的话，就必须认识自己，对自己负责。例如，认同每个人内在的性欲、爱欲和原始生命力，不是竭力摆脱它，而是将它纳入自我，因为它代表了内心一些被排斥的东西。罗洛·梅认为，接受自我的独特性是心理健康的首要条件之一，人格障碍的主要原因之一就是自己不能接受或容忍自我。因此，心理医生应该帮助患者发现他真实的自我，发掘自我与众不同的独特本质。

健康人格是在个人实现与社会的整合后形成的。整合表示相互作用，即社会既能影响和改变个人，个人也有能力影响甚至改变社会。人格同社会不可分割，离开了社会联系，就不能正确理解人格。这里，罗洛·梅强调的是人单纯地适应社会是不行的。他举例子说，如果你必须将自尊建立在社会认可的基础之上的话，你所有的就并非自尊，而是跟社会达成的妥协。

宗教紧张指的是存在于人格中的一种焦虑倾向，它植根于人类的本性之中，我们每时每刻都能体验到。这是上帝不断作用于我们人类心灵的一个证明。罗洛·梅认为，人格中存在宗教紧张的最明显证据是人不断地体验到内疚感，因为在理想与现实之间、在想做什么和实际做什么之间总是有一定的差距。还有人在恋爱中丧失其个人存在的危险感，面临从未有过经验的新领域时的冲击感和恐慌感等。罗洛·梅认为，宗教紧张状态是正常的，应列为健康人格的基本因素之一。在心理治疗中，应引导患者正确对待、接受由紧张与心理冲突带来的内疚、焦虑等，而不是把它们作为消灭、平衡的对象。

（二）人格的特征

依据人格的基本概念，罗洛·梅深入阐述了人格的六个特征，即中心性、自我肯定、参与、觉知、自我意识以及焦虑。

（1）中心性。中心性是指个体在本质上是一个与众不同的独特存在。“每个存在着的人都以自我为中心，攻击这个中心，就意味着攻击他的存在。”[①] 精神病是一种在环境威胁到自我的中心性时企图逃避的表现，目的还在于保存自我的中心性。

（2）自我肯定。人有一种保持自我中心性的需要，为了满足这一需要，必须不断地鼓励、督促自己。这种自我肯定的勇气分为四种：生理勇气、道德勇气、社会勇气和创造勇气。生理勇气指的是身体的力量；道德勇气源于同情心，使我们对他人有同情心，有为他人牺牲自己利益的勇气；社会勇气指的是与人交往、建立人际关系的勇气；创造勇气是四种自我肯定勇气中最难实行的勇气，正是由于这种勇气，才使得人格不断变化、不断发展。

（3）参与。虽然个体必须保持独立，以维护自我的中心性，但是同时又必须参与到人际世界中去。人不能脱离社会，缺乏正常的人际交往必然损害人格的正常发展。参与的程度要把握好，如果参与过多（如一味地顺从、依赖），就会失去自我中心性，感到空虚、无聊、生活无意义，同样会产生病态心理。

（4）觉知。觉知是人体与外界接触时发现外在威胁或危险的能力，是比自我意识更直接的经验，它可以转变为自我意识。

（5）自我意识。觉知为人和动物所分享，自我意识则是人类独有的特征，它是指个人能够使自己观察自己的能力。

（6）焦虑。焦虑是个体对威胁他的存在的反应，是人的存在面临威胁时产生的一种痛苦的情绪体验，最大的焦虑是对虚无或非存在的恐惧，包括对身体死亡、精神死亡或人生失去意义的恐惧。罗洛·梅等一些心理治疗家发现，许多病人的焦虑，并不仅仅是压抑或病症的结果，而是一种总的性格状态。因此，罗洛·梅相信，焦虑标志着我们内心存在冲突，但他并不主张焦虑与性本能的压抑有内在联系。

正常的建设性的焦虑，常常伴随着个人对潜能的知觉，如果一个人有发挥这种潜能的可能，就会大步前进。但是如果焦虑过于强大，人就会失去行动的力量。焦虑与恐惧不同，焦虑是一种主观的、对象模糊不清的经验。罗洛·梅认为，每个人都不可避免地会产生焦虑的体验。焦虑的作用是破坏自我与世界的关系，使个人在客观世界中丧失指向。一个人如果能重新建立外在指向，恢复与世界的直接联系，就能战胜焦虑。

（三）原始生命力的发展

精神分析学者出身的罗洛·梅，接受了弗洛伊德的无意识观念和荣格的集体潜意识理论，承认无意识对人格有一定的控制能力，传统文化等集体无意识在某种程度上左右着人的价值系统。罗洛·梅谈论无意识时用的是原始生命力这一概念。

原始生命力是能够使一个人完全置于其力量控制之下的自然功能，它来源于存在的根基而非自我的意志。它是一切生命肯定、确证、保持和发展自身的内在动力。原始生命力与自然的力量而不是与超我的力量相关联，它超越于善恶之外。原始生命力既可能激发我们善的一面，也可能转变为恶，整个生命力过程就在这两个方面之间流动。人们认识到这一自然驱力之后，能够在某种程度上引导它。当原始生命力占有了一个人的整

① 罗洛·梅. 存在主义心理学：英文版［M］.［出版地/出版者不详］，1969：74.

个自身及独特性与欲望及整合需要时，它就会变成一种恶，并因而表现为富于攻击性，充满敌意和残酷——在我们自身中令我们深深恐惧，使我们随时都在防御和压抑，并很可能投射他人的那些东西。

知识是原始生命力的另一种表现。罗洛·梅认为，它几乎涉及知识可以给人一种特殊魔力的原始信念。从古至今，人们都相信，知识的获得可以给人一种驾驭他人的原始生命力。人们对精神病医生、心理学家特别是精神分析学家的敌意，许多是来自这种根深蒂固的恐惧。因为在他们心目中，从事这种职业的人具有他人所不具备的有关生与死的知识。

从《爱与意志》一书中可以看出，罗洛·梅对原始生命力诸阶段的解释有以下几个要点：

(1) 非人格状态。原始生命力最初被体验为一种原始的盲目冲动，从出生不久，就逐渐开始了漫长的归化过程。即使在成人身上，原始生命力也往往停留在盲目冲动和单纯的自我确证阶段。

原始生命力最初是非人格状态，从精神分析的角度看，这种原始生命力只不过是本我的一种表现罢了。化装舞会和假面舞会之所以受人欢迎，就是因为人们的无名无姓状态，使我们暂时返回了自由的无人格的原始生命力状态。在我们这个工业化社会中，个人逃避原始生命力的最有效的办法，就是把自己消融在人群中。这正是人们置身于各种集体暴行中兴奋的原因。我们乐于与千百万人观看同一谋杀和暴力的电视、电影，就是因为消融在"群体心理"中，既满足了我们原始生命力的需要，一切落寞感、孤独感都烟消云散，还能由公众为我们承担我们对原始生命力应负的个人责任，这种状况，能够提供给人一种原始的安全感。

这种人格消融的随波逐流行为，往往有一种消融个体意识的兴奋感产生，缓解了人们的紧张，但是，同时也使原始生命力以非人格状态分散，不利于将它整合到人格之中，其代价是丧失了以自身独特的方式发展自己能力的机会，甚至会产生破坏性后果。单身隐居的无名之辈、街头浪荡的年轻人默默无闻的状态，会逐渐转变为孤独感和异化感，这些感觉可导致原始生命力主宰个人。而我们一旦屈服于原始的生命力，就会进入同样是非人格的无名状态。为确证他们自身的存在，这些人经常与暴力和吸毒事件牵连在一起也就不足为奇了。

(2) 原始生命力人格化阶段。作为一个人，意味着存在于非人格和人格化两者之间，所以，无论对于幼儿还是成人来说，非人格原始生命力发展的下一阶段是使原始生命力人格化。原始生命力人格化才能使我们的人格获得充分的展示，如果我们任随它散失，我们就会丧失人格。人的任务是通过意识的深化和拓展，把原始生命力整合到自我之中，因此，我们必须学会驾驭我们的意志，增强自身的能力。

原始生命力人格化问题的核心和复杂性在于，原始生命力不可能充分理性化。原始生命力的根本特征是，它固然具有潜在的创造性，但与此同时也具有潜在的破坏性。这正是现代心理治疗面临的最重要、最关键的矛盾。它揭示了原始生命力，迫使它走到光天化日之下，这样我们才能够直接面对它。如果我们能够正视受人憎恨的原始生命力，就不仅可以使它成为我们的监护对象，还可以成为我们幸福的赐予者。

（3）原始生命力的逻辑化阶段。在第二阶段，通过意识的深化和拓展，原始生命冲动已经人格化。我们会继续进入第三阶段。这一阶段要求我们对肉体、对爱在人类生活中的意义等作更加深刻的理解，以达到普遍规律性或逻辑化。这样，原始生命力就推动我们走向“逻各斯”（logos）。这是超人格、超理性的意识过程，通过整合的原始生命力会促使个人走向普遍的意义结构。

罗洛·梅认为，我们的一生，就是从一种非人格的意识维度，经由人格化的意识维度，最终走向超人格的意识维度的过程。从这里可以看出，罗洛·梅虽然重视无意识，但他更注重人的意识，特别是人的自我意识。他以为自我意识才真正表现人之所以为人的特征，没有这种意识，人们的活动只能是盲目的。

从以上罗洛·梅关于原始生命力观点的介绍可以看出，原始生命力是善恶统一的，这导致了罗洛·梅的人性善恶并存观。

三、人性善恶并存论

弗洛伊德对人性持性恶论观点，他认为人心底潜藏着邪恶和叵测之心，在潜意识中充满着各种不能为社会所接受的本能和冲动。死亡本能是人性构成中的一个基本因素，罗洛·梅从其存在主义立场出发，也反对性善论，他认为，人本主义运动中最严重的错误，就是不正视恶的问题。这一观点同其他人本主义心理学家迥然相异，导致了人本主义心理学家内部激烈的争论。

罗杰斯假定人的本性是善的、建设性的。他认为，人性中恶的一面是由文化和社会的因素造成的。在《关于恶的问题——给卡尔·罗杰斯的一封公开信》中，罗洛·梅写道：“我把人看做是一种具有一定结构的潜能，受到这种增强自身的欲望驱策的潜能，既是建设性也是破坏性冲动的源泉。假如这种增强自身的欲望结合在我们的人格中（我认为这正是心理治疗的目的），它将产生创造性，那就是说，它是建设性的。假如这种欲望摆脱了‘缰绳’，它控制了整个人格，就像它在狂怒中、在战争期间的集体偏执狂中或在强迫的性行为或压迫行为中的所作所为，这时，就产生破坏的活动。”

罗杰斯认为文化的影响是造成恶劣行为的主要因素，罗洛·梅对此加以批判。他说，正是人造就了文化，文化的善或恶是因为构成文化的这些人是善或恶的；人是和文化交互作用的，人本身要对文化的破坏性影响负责。“当我们把恶的倾向投射于文化时——如我们在压抑自己的欲望时的所为——恶就成为文化的过错而不是我们自己的过错了。于是，我们没有体验到自恋的打击，那本来是因为我们自身的恶而需要我们承担的。”因此，他赞成扬克洛维奇的说法——人本主义心理学是我们文化的自恋。

罗洛·梅认为，当我们看到并肯定人有善恶两种潜能时，人生旅程就表现为一种热情，一种挑战，一种吸引。正是这一两极化的、辩证的相互作用和积极与消极之间的摇摆，给人的生活以活力和深度。生活并不存在一种实现善的预定的模式，而是一种挑战。我们每一个人都要做出抉择，是向善还是向恶。他和罗杰斯一样，都肯定人有某种程度的自主能力，能够做出命运选择等决断，能坚持某种程度的选择自由。只有个人能正视这个世界的一切内在的和现实的残酷、失败和悲剧时，我们对人的信念才能起好的作用。

从以上罗洛·梅有关人格理论的论述，我们可以看出罗洛·梅的人格理论有其独到之处。他的人格理论处处都显露出明显的存在主义哲学的特征，如他关于人的存在、存在的三种方式（或世界）等许多概念直接源于存在主义哲学。罗洛·梅承认客观外在环境的存在，强调人际关系、社会关系、文化对人格发展的重要影响。他认为，我们所处的剧烈变迁时代中的分裂现象给个人带来消极的影响，导致了焦虑、空虚等病态心理现象。他和弗洛伊德一样强烈批评社会，认为社会造成了病态的心理，有一定的反社会特征。罗洛·梅把人的存在作为人格理论的基础概念，把宗教紧张列为人格的基本要素之一，认为人性天生具有破坏性的因素。弗洛伊德重视人的早期经验、内心冲突，强调个体的“过去”对当前人格的影响。而罗洛·梅的观点则有所不同，他虽然强调过去，不忽略内心的冲突这些因素，但是他认为，现在和未来对人格有更重要的影响。只要人还具有自我意识，只要他不完全受病态的焦虑所控制，人就自由，就有意志力，人就永远在改变自己，努力探索自我实现。这一点有着积极的现实意义。罗洛·梅等一大批学者重视被当时盛行的理性主义忽视的人的情感需要、意志等内心生活的领域，这可以说是一种进步，但有时显得有点矫枉过正了。从方法学上说，罗洛·梅反对近代心理学中割裂整体心理，把人格看成是机械的、零碎的、拼凑的不良倾向。他从整体的观点出发，研究和探讨人的心理现象，避免了对人格作机械的、零碎的分析，但他过分强调整体综合而缺乏深入分析，这就使得他的论述显得不够严谨和不具操作性。

第五节　人本主义心理学的研究与应用

人本主义心理学家从现象学的观点出发，在研究中采用开放性模式，要求直接面对现实问题，不求证明，而求发现；不排斥客观性，但强调主观性；不忽视外部因素，但重视人的内在体验，诸如感情、态度、信念、价值、抱负等。心理学的研究对象不再仅仅是实验室中的被试，而是现实生活中的人。人本主义心理学家反对学院派心理学的研究方法，他们认为，在一组人格测验上或实验得来的数据并不能充分描述一个人内心的力量、情感和特征。

具有讽刺意味的是，人本主义心理学的重视人的内在体验、强调人性本善的优点同时也是它的缺陷之一。批评者称这种方法为“软弱”的心理学，因为，当试着为这一理论寻求实证支持时却发现它们没有多大价值。临床研究和来自人本主义治疗者的直觉可能提供了对人格和治疗过程的认识和了解，但这并不能替代可信赖的评价过程。例如，马斯洛被人指责为使用非科学的方法，这种方法对研究变量不加控制，其研究结果带有主观性和不可靠性。马斯洛有关自我实现者的结论被指责是以很少样本为依据的，他以自己直观认定的标准来选择自我实现者。有人还指责马斯洛使用模棱两可的术语，如自我实现、成长需要和变态倾向等。有人还认为马斯洛把伦理观念和逻辑学相混淆。

当然，这并不是说人本主义心理学家就没有进行实证研究，相反，卡尔·罗杰斯一直高度赞扬以人为中心的治疗的积极效果。由于使用诸如 Q 分类法等技术，使他能对治疗患者的效果进行检测。但是，人本主义心理学的倡导者所进行的实证研究比大多数别的心理学流派心理学家所做的要少得多。罗杰斯、马斯洛和其他一些人本主义心理学家提出了大量颇具吸引力的有关人格的概念和假设。最初的一些有关这类主题的研究是由人本主义心理学家做的，但多数更好的实证研究却是由其他领域的研究者做的。例如，人本主义心理学家极力推崇自我暴露这一概念，罗杰斯等人认为，暴露个人信息的行为对于个人健康有着重要的意义，但大多数关于自我暴露及其对人格调整和人格健康的意义的研究是由那些非人本主义心理学家做的。人本主义心理学在应用方面被广泛赞誉的是个人中心疗法。

个人中心疗法又称为患者中心疗法，是由卡尔·罗杰斯于20世纪40年代首创的一种心理治疗与咨询方法，目前已成为心理治疗领域中的主要理论流派之一。它的基本假设就是：只要给患者提供适当的心理环境和气氛，他们自己就能产生自我理解，改变对自己和他人的看法，产生自我导向的行为，并最终达到心理健康的水平。

按照罗杰斯的观点，每一个人都是独特的，并且具有充分实现其潜力的能力。这种能力和潜力就存在于机体先天具有的智慧之中，这种先天具有的智慧被称为机体评价过程。根据这一过程，婴儿可以在任何时候对自己的感受进行评价，区分什么是好（即实现了自己的潜力），什么是不好（没有实现自己的潜力）。与生俱来的还有一种实现倾向，它的发展为个体提高了保持和促进其生活的能力。这种独特的人类潜力又被称为对自我实现的渴望。

随着儿童对自己存在的认知以及儿童机能的发展，他们会从自己的经验、价值、意义感以及信念中形成自我或自我概念，并从中产生了“我”和“我自己”的感觉。在这种自我感觉中还包括儿童对与其他人的关系的知觉以及赋予这种知觉的价值。自我概念一旦形成，个体就会随之产生另外两种需要，即得到别人积极关注的需要以及对自己的积极自尊的需要，它们是自我实现倾向的社会化表达。

只有当儿童和其他重要人物之间达到和谐时，儿童才会对自己产生积极的自尊和有价值感。当儿童认识到只有以某种方式去做事或感受才会被看重时，在他的自我结构中就会出现一种被看重的条件。一旦儿童把被看重的条件内化为自我概念的一部分，他就会否认或歪曲某种经验以保持积极的自尊和自我价值感。儿童为了免于出现自我概念间的不一致导致了自我概念与经验之间的不和谐，这种不和谐正是出现心理异常或适应不良的主要原因。

在任何情况下，如果个体对自己经验的知觉出现歪曲或否认，就会出现一种心理上适应不良的状态。在自我概念与经验之间的不和谐会导致知觉和行为的刻板性，并会引起防御反应，包括合理化、幻想、补偿、投射以及偏执观念等。

在个人中心治疗中，关系是最根本的，它是治疗过程的开始，是治疗中的主要事件，也是治疗的结束。治疗者与患者之间的关系应是安全和相互信任的，而且一旦建立了一种安全和相互信任的气氛，就能促进治疗关系的发展。

因为个人中心治疗法是一种以关系为导向的方法，因此，在罗杰斯的治疗策略中并不要求为患者做什么技术，也没有什么固定的步骤、技术或工具可以促进患者朝向某一治疗目标，取代它们的就是对关系体验的促进策略。治疗者不是理智地讲出患者所关心的问题，而是直接关注患者在某一时刻内心深处所关心的问题。个人中心治疗的技术中主要的就是促进心理成长的三个条件，它们都是通过治疗者的努力建立起来的。下面将分别介绍这三种技术。

1. 促进设身处地的理解的技术

设身处地的理解意味着从病人的角度去知觉他们的世界，并把这种知觉向患者交流出来。促进这种设身处地的理解的技术包括关注、设身处地的理解的言语和非言语交流，以及使用沉默的技术等。

（1）关注。治疗者要达到设身处地的理解，必须在一开始时就能让患者感觉到治疗者在关注自己。治疗者对患者的注意既需要某种态度，也需要某种技巧。有效的治疗者在不牺牲自己的认同感和独特性的前提下，在治疗过程中要抛开自己的问题，而全力以赴地关注患者的问题。

治疗者的面部表情和躯体姿势可以告诉患者他是否关注患者的话题和情感。一定数量的点头、目光接触、微笑、对患者心境的反应，表情的严肃性、对患者的实实在在的兴趣以及深层的关注等都可以表明治疗者的全力以赴。治疗者的姿势也可以表明对患者的问题他是否放松、尊重别人、认真、接受、焦虑、疑惑、困倦等。适当的面部表情和身体姿势能使患者感受到治疗者的介入、认真、承诺以及信任的程度。从另一个方面来看，过多的目光接触、微笑、点头等却往往会产生消极的影响。过分频繁的点头和持续的目光接触达到“紧盯”的程度，会使患者对治疗关系感到不自在，特别是当患者在开始感到威胁和不信任时。

治疗者与患者之间的身体距离也是一个很重要的因素。好多治疗者都坐在桌子的对面，容易让患者感到远不可及。患者可能把这张桌子解释为治疗者保护自己安全的方式，或者是一种屈尊的姿态。一般来说，当治疗者与患者很舒适地围坐在一起，之间没有东西相隔时，患者的感觉会好些。当治疗者与患者相对而坐，而且距离适当时，能促进患者对治疗者的全力以赴的感受。如果距离太近，有些患者可能会感到不自在或受威胁。

治疗者的声音特点也能在很大程度上反映出治疗者全力以赴的程度。选择使用一些代表患者的文化背景和价值系统的词语有助于表达对患者的理解和接受。

很多患者在前来治疗时都带有某种脆弱、痛苦、恐惧以及不确定的情感。治疗者表现出全力以赴的态度和技巧将有助于减轻患者的消极情感。治疗者如果能够全力关注患者，他就能较快、较容易地以感情移入的方式进入患者的世界，也就增加了释放患者的防御、坦诚地与患者建立关系的可能性。

（2）用言语交流促进设身处地的理解。设身处地的理解意味着理解患者的情感和认知信息，并且要让患者知道他们的情感和想法是被准确地理解了的，不论是表面水平的还是深层水平的。促进性的言语交流必须把重点放在患者目前的情感和认知内容上。因此，治疗者要直接地应付患者所关心的问题，而不是分析和谈论患者的处境。

用非言语交流促进设身处地的理解。设身处地的理解包括准确地解释治疗者和患者所表达出来的言语和非言语线索。非言语信息可以通过几种方式转达出来，包括姿态、身体活动和位置、面部表情、动作的频率、声音、态度、目光接触等。省略的、没有说出来的话以及观察到的机体活动水平等也传达非言语的信息，甚至家具的摆放也会影响到个人距离和社会距离以及相互理解。

（3）沉默。在心理治疗的很多情况下，“沉默是金”。治疗中会出现某一时刻，此时治疗者和患者都需要考虑所说过的话，而不需要任何语言，而且这时任何语言可能都会产生干扰作用。一个善于观察的治疗者能够感觉到患者什么时候在对情感或信息进行有意义的加工处理，因此，沉默也是治疗者表示设身处地的理解的一个有效策略。

2. 坦诚交流的技术

艾根（Egan，1975）的帮助技巧系统来源于罗杰斯的理论。按照艾根的观点，坦诚的交流包括：

（1）不固定角色（freedom from roles）。治疗者不固定自己的角色就意味着他在治疗中的表现如同他在现实生活中的表现一样坦率，即他们是职业的心理治疗者，但并不把自己隐藏在这个角色之内，而是继续保持与目前的情感和体验的和谐，并交流自己的情感。

（2）自发性（spontaneity）。一个自发的人会很自由地表达和交流，而不是总在掂量该说什么。自发的治疗者的表现很自由，不会出现冲动性或压制，并且不为某种角色或技术所羁绊。他的言语表达和行为都以自信心为基础。

（3）没有防御反应（nondefensiveness）。坦诚的人是没有防御反应的。一个没有防御反应的治疗者很了解自己的优势和不足，并且很了解该如何感受它们。因此，他们能够理解这种消极的反应并进一步探索自己的弱点，而不是对它们做出防御反应。

（4）一致性（consistency）。对坦诚的人来说，他的所思、所感以及所信奉的东西与他的实际表现之间只有很小的差异。例如，一个坦诚的治疗者不会在对患者有某种看法的时候反而告诉患者另外的内容，他们也不会信奉某一价值观时却表现出与这一价值观相冲突的行为。

（5）自我的交流（sharing of self）。坦诚的人在合适的时候能够袒露自我。因此，坦诚的治疗者会让患者及其他人通过他公开的言语和非言语线索了解他的真实情感。

3. 无条件积极关注的技术

治疗者的行为所提供的第三个基本条件是表达对患者无条件的积极关注。这一条件也有各种各样的叫法，如接受、尊重、关心以及珍视。艾根将无条件的积极关注称为尊重，并且指出它是一个高水平的治疗者的最高价值观。在艾根看来，治疗者可用不同的方式向患者表示对他们的尊重：从患者的人性和发展的潜力这一基础上对他的尊重；应承自己要与他们一起努力；把患者作为一个独特的个体予以支持并帮助他们发展这种独特性；相信患者有自我导向的潜力，而且相信患者是能够做出改变的。在治疗过程中如果治疗者能表现以下四种行为，那么上述五种态度就会起作用：①对患者的问题和情感表示关注；②把患者作为一个值得坦诚相待的人来对待，并且持有一种非评价性的态度；③对患者的反应要伴有准确的感情移入（即设身处地的理解）；④培养患者的潜力，并以此向患者表明他们本身的潜力以及行为的能力。

下面是一个采用个人中心疗法治疗的片段。

赵某，35 岁，女性。

患者：有时我会想，把我过去所经历的事情加在一起，我肯定会发疯的！我是从地狱中活过来的。我和他在一起生活了12年……我恨透了其中的每一分钟。我会告诉你一些故事，没有人相信的！如果有人相信的话，那他一定会觉得这是书上的故事！（笑了一下）我已经得到了报应——现在还在受着报应，甚至回过头来想想都会把我吓死。

治疗者：你有点奇怪，你竟然能挺过来，而现在你已准备把这一切都抛之脑后了。

患者：是。我能忍受这么长的时间一定有点不正常。（停顿了一下）你知道，我和这个男人生活了12年，而他从来都不了解我……尽管我很了解他。我像研究一本书一样地研究他，我了解他的一切。他是独一无二的，没有任何人和他相像。他绝顶聪明，但一点也不了解我。（停顿了一下）和我生活了这么长时间——甚至不了解也不关心我。我给他生的孩子都已经12岁了。他甚至不知道我是谁！你可曾听过这样的事情吗？（笑了一下）我不知道自己怎么能受得了。（停顿）是的，我忍了。为了我的母亲！为了家庭！我简直就像畜生一样地忍着。在很长时间里，我甚至宁愿去死也不愿意离婚。

治疗者：尽管事情已经过去了，但你仍然对他怀有很强的情绪——你很想知道为什么你过去会那么做。从你的语气中我感到你为自己有勇气去做你认为该做的事情而感到满意。

患者：那是因为迫不得已。在没到最后关头你不会知道该怎么做的。好啦，有些东西是不能放弃的。但事情却越来越糟，他越来越严重地酗酒。我知道我已尽最大的努力，但他却不能接受帮助，孩子也因此开始受到影响。我自己还得工作（笑了一下），但没有什么事情比我经历过的更可怕。这简直是一场噩梦！（笑了一下）你想想，我跟他结婚时才19岁，还是个孩子，什么事情都不懂（笑了一下）。

治疗者：你的话语里表达出了愤怒和遗憾，但我有点被你不时发出的笑声搞糊涂了。

患者：哈哈……我想这只是使我不至于哭出来。很久以前我就经常感到要哭，但我已经学会用笑来掩盖哭泣（流泪）。（停顿了很长时间）我只希望我能抛开这一切。离婚官司已经打完，我得到了抚养孩子的权利。事情已经过去了。这很不容易，天哪！我现在要做的就是看我自己该怎么做。我已经换了一份工作，自己有了房子，工作也很不错，而且也终于摆脱了那个畜生。我想我已经不会再为自己感到难过了。

治疗者：看来你已经认识到自己肩上所承担的责任，而且，尽管你并不快活，但你是在依靠自己并已经渡过难关了。

患者：啊……（长时间的停顿）我今天参加了升级考试。我快要吓死了。我知道自己花费了很多时间，但仍然很紧张。（停顿）当我知道自己的考试成绩后，领导对我说："赵某，你做得真不错。"我也长吁了一口气，我得了92分。

在这个片段中尽管无法看到语调、面部表情、姿势等非言语的东西，但它可以说明典型的个人中心治疗者所采用的技术以及治疗过程的风格。在这个例子中，赵某是一个离婚妇女，治疗者全力以赴地关注着她所表达的言语和非言语信息，包括在不该笑的时候发出的笑声。患者比较健谈，但也会出现沉默，而这种沉默也被治疗者看做是有意义的加工过程。因此，治疗者既不去打破这种沉默，也不去注意这种沉默。治疗者对患者的笑声的反应表明治疗者的确对此感到迷惑，而且也使患者可以探查自己，达到更高层次的理解。这是一种典型的个人中心式的反应。如果做出像“你为什么对这些不好笑的事情发笑呢”之类的反应，就往往容易被看做是对患者的评判，因而也容易伤害治疗关系。

个人中心疗法是一种不断发展和变化的理论体系。从 20 世纪 40 年代开始一直到 1987 年，它的创始人卡尔·罗杰斯一直站在这一理论发展的前沿。尽管这一理论在今天已逐渐吸收了很多新的理论概念和技术，但其理论基础并没有改变，其中包括促进患者的积极发展的三个充分必要条件：设身处地的理解、坦诚、无条件的积极关注。最近的发展开始强调治疗者在治疗过程中的积极作用。

个人中心理论对心理治疗与心理咨询的贡献是多方面的。它适用于广泛的帮助情境和场所。从个人中心理论的发展历史中可以看到，它的基本理论概念的提出都有临床观察和实证研究的基础，而且它受到了长期积累的研究结果的支持。

个人中心理论的主要缺点在于对它的误用。很多人自以为了解并同意个人中心理论的观点，却不能有效地运用。除此以外，有人认为在这种疗法中治疗者的个人认同感容易受到影响，治疗者容易被操纵。也有人认为这种疗法可能不适用于有严重心理异常及有智力缺陷的患者。尽管如此，个人中心疗法仍被广泛接受为一种有效的和独特的心理治疗与心理咨询技术。

复习与思考

一、概念

人本主义心理学、基本需要、自我实现、约拿情结、现象学、自我概念、自我一致性、Q 分类技术、积极看待、价值条件、机能完善者、存在、存在主义、宗教紧张、原始生命力、个人中心疗法

二、问题

1. 识别并分析行为主义、精神分析与人本主义心理学的差异。
2. 阐述马斯洛需要层次论。
3. 述评马斯洛的自我实现理论。
4. 自我实现者有何特征？
5. 分析自己的自我概念。
6. 阐述罗杰斯人格发展基础的观点。
7. 说明机能完善者的特征及其形成。
8. 阐述存在的概念及其特点。
9. 阐述罗洛·梅的人格论。
10. 理解个人中心疗法。

第八章　认知心理学

- 认知方式与心理分化
- 构念与 CPC 循环
- 人格建构的基本假设
- 行为预测论与控制点
- 个体的认知变量
- 原型与图式理论
- 理性—情绪疗法

我们设想一下，当你在一条僻静的小街道行走时，迎面走来一个人，他两眼盯着你，你会作何反应？也许你会认为对方对你有什么不良的企图，因而赶快躲开他；也许你认为对方在挑衅，因而你也用两眼瞪着对方；也许你会认为对方认错了人，因而不理对方，坦然走过。为什么在同样的情境中，会有如此不同的行为反应？按照人格的认知理论，这是因为不同的人在信息加工方面的差异造成的。由于我们每个人都有自己独特的信息加工模式，在相同的情境中，会输入或储存不同的信息，对于同样的信息也会有不同的解释，因而导致人们会有不同的行为反应。从认知差异的角度探讨人格的有关理论与研究，这些理论与研究即认知主义的人格心理学或认知论。

人格的认知理论最近才开始流行，但它们并非全是最新的观点和看法。较早时期有勒温的关于行为的场理论，他认为人们受各自认知的生活空间的影响，在表征时会有不同的组织方式。其后有威特金的认知方式论、凯利的个人建构理论、罗特的行为预测理论与控制点理论、米歇尔的认知—情感单元，以及认知原型和图式的研究。本章将一一介绍这些主要的理论与研究。

第一节　认知方式与心理分化论

认知方式（cognitive style），又称为认知风格，是个体对外部世界的某种认识活动的特征或方式。该研究兴起于 20 世纪 40 年代末知觉领域中的“新观点”运动。当时，一批具有新思想的心理学家对传统的知觉心理学的理论和方法提出挑战，认为传统的知觉理论忽视了知觉过程中个体因素的作用，只重视知觉活动的普遍性和共同性，忽视了其特殊性和差异性。与此同时，一部分人格心理学家也意识到，传统的人格研究忽视了知觉者的存在。以此为起点，这些研究者把传统心理学中一向分离的两个领域即知觉和人格统一起来，开创了“新观点”运动。

一、认知方式

在研究个别差异的思潮中，出现了被有些人包括威特金（Herman A. Witkin，1916—1979）本人在内称为认知方式的研究，而另有一些人称为认知控制的研究。这种研究目的不在于扩大研究个别差异的领域，而在于把知觉的个别差异作为探讨更广泛的人格机能模式的出发点，而知觉的个别差异只不过是这种模式的一种表现。这些个别差异的最初观察以及后来的进一步研究一般都是在实验室内进行的。这一特点对于研究认知方式产生的结果颇为重要，这使得它们与用典型的心理测量方法研究个别差异的成果有所区别。在“新观点”运动早期所确认和研究的认知方式中，门宁格等人提出了认知的灵活—不灵活、拉平—提高、等价范围以及对不现实经验的容忍度等认知方式，此后，有人提出了慎思—冲动、概念化以及强自动化—弱自动化等认知方式。

在已经确认的认知方式中，得到最多研究者注意的是场依存—场独立性。之所以在该领域投放大量的精力，原因是多方面的。在这些原因中，首先应提到的是这个维度业已证明的广阔性及其在日常生活中的明显表现。其表现形式是突出的、实在的，而且通常是直接看得到的。其次是对于它的评定的有效方法。这种方法是从早期关于表现场依存—场独立性个别差异的知觉机能的大量实验室研究中衍生出来的。最后，还有可利用的理论框架。这种理论框架可以把通常认为是彼此不相干的各种心理现象和机能组合在一起。

“场依存—场独立”的认知方式最初是为解释知觉过程中的个体差异而提出来的，主要是指人在知觉外物的空间位置时，以外在的视野还是以身体本身作为主要参照的对比倾向。这一对比倾向可以通过威特金等人设计的三个著名实验即棒框测验（RFT）、身体顺应测验（BAT）和转屋测验（RRT）来测定。这三个实验都要求被试判定视野中的有关项目是否与地面垂直。这样的判定可以依据视野的线索，也可以依据身体经验的线索，如动觉和平衡觉。主要依据视野线索来做出判定的倾向被称为场依存性，主要依据身体经验线索来做出判定的倾向被称为场独立性。例如，在棒框测验中，被试在暗室里面对一个发光的框和框中可移动的亮棒，主试要求被试把亮棒调垂直。场依存性的人往往把亮棒调来与亮框垂直，这表明他们主要以视野中亮框作为参照。当主试使亮框倾斜时，以亮框作为主要参照的被试总是出错，而场独立性的被试能把亮棒调来与地面垂直，因为他们主要依据身体经验线索，而不是依据视野线索来判断视棒的垂直程度。

进一步研究表明，垂直定位的知觉方式与镶嵌图形测验中的操作高度相关。在镶嵌图形测验中，要求被试从一个复杂的图案中分离出一个简单的图形。这与在 RFT、BAT 和 RRT 中从视觉场分离出亮棒或身体的要求类似。同时，这些测验的操作之间又高度相关，威特金等人又把场依存—场独立性概念重新定义为知觉的去隐蔽能力。此后的研究揭示了知觉的去隐蔽能力与思维、想象等理性认识活动中的去隐蔽能力相关，同时也发现知觉中的构造组织能力与理性领域中的构造组织能力相关，因而把场依存—场独立性看成是分析并组织场的构析式（articulation）和不加改造地接受场的整体式这两种对立的认知倾向。在这里，场依存—场独立概念的内涵得到深化，其适应的范围从知觉领域扩大到整个认知领域，成为一种名副其实的认知方式，而不仅仅是一种知觉方式。随着研究的深入和理论的发展，威特金最后把场依存—场独立性确定为人在认知活动中主要依靠外在参照还是依靠内在自我的两种对立的认知倾向（Witkin，1979）。

场依存—场独立性的认知方式有几个特征：①它们是过程变量，而不是内容变量。场依存性表示一个人在认知过程中倾向于以外在参照作为信息加工的依据，而场独立性则表示一个人倾向于利用内在参照作为信息加工的依据，可见，场依存—场独立性是指向认知过程，而不是指向认知的内容。②普遍性，亦即场依存—场独立性体现在广泛的认知操作中。一个人在 RFT 测验中表现出场依存性，那么，他在镶嵌图形测验中也会表现为场依存性，而不会表现出场独立性。这种现象可以在许多认知操作实验如完形测验、皮亚杰的三山问题和守衡测验以及概念形成等实验中重复出现。③稳定性，即人们在场依存—场独立性维度上的位置是稳定的，不因时间而发生显在的变化。威特金等人对 1 587 名学生进行了 10 年的追踪研究，结果表明，绝大多数被试的认知方式无明显变化（Witkin 等，1977）。④中性，亦即场依存—场独立性不像能力那样有好坏高低之分，因为独立于场的人的认知改组技能和人格自主性高，但社会敏感性和社会技能低，反之亦然。这种反相关使得场依存—场独立性维度在价值上成为中性的，也就是说，处于这一维度的任何一端都不表明是好还是坏，每端的特征都对环境的某些方面有适应的价值。

尽管认知方式的概念已经确定了多年，但仍有许多问题需要进一步探讨。例如，威特金片面地把场依存与场独立这两种认知方式完全对立起来，认为场独立性强则场依存性弱，反之亦然。其实验依据是棒框测验和镶嵌图形测验的成绩与人际交往技能呈负相关，即具有场独立认知方式的人倾向于表现出较差的人际交往技能，而具有场依存认知方式的人倾向于表现出较强的人际交往技能。这是因为，在人际交往场合，需要一个人更多地与他人联系，听取他人意见，察言观色以采取相应的态度和行动。也就是说，具有场依存认知方式的人更能左右逢源，有效地处理人际问题。新的研究表明，场独立的认知方式与人际交往技能的负相关并不是绝对的或唯一的模式，有的人虽然具有场独立的认知方式，但同时又具有很强的人际交往技能，似乎存在两种认知方式兼而有之的人，这样，威特金理论的矛盾便显露出来了。为了解决这个理论上的矛盾，威特金提出了认知方式的灵活性与固定性的假设，即有的人认知方式是多样的和变化的，而有的人认知方式是单一的和固定的。这个假设虽然具有一定的解释效用，但未能根本揭示两种认知方式的内在联系。我们认为，上述两种认知方式并非完全对立，它们之间存在一种对立统一的辩证关系，并在一定的条件下可以互相转化，因为任何问题的解决不仅要求个体参照外部信息源，也要求个体依靠内在自我。以外部情境为主要参照还是以内部经验为主要参照，不仅取决于个体的认知特点，而且取决于问题的性质和问题情境。说它们是对立的，因为它们是两种不同的认知倾向；说它们是统一的，因为它们属于同一个认知过程，都需要内外两种参照；说它们在一定条件下可以相互转化，因为问题性质和情境对认知过程有制约作用，可以迫使个体从主要参照内在自我转向外部情境，或者相反。

二、心理分化论

威特金提出认知方式的概念和研究方法之后，出现了大量的相关研究。这些研究结果的确表明了不同群体之间和同一群体内部的不同个体之间在认知方式上存在着不同程度的差异。为了说明认知方式上的差异并指导进一步的研究，威特金提出了心理分化的理论（Witkin，1962）。该理论的基本假设是分化，这是有机体系统发展的一个主要形态特征。分化较小的系统处于比较同质的状态，而分化大的系统处于比较异质的状态。分化大的系统表现出较大的自我与非我的分裂，即作为有机体属性、情感和需要核心的自我与外界之间出现一定的界限；而分化小的系统在自我与他人之间表现出较大的连接性。分化较大的系统也在心理机能上表现出较大的分裂，即认知、情感和意志等各机能活动是比较特殊化的和各行其是的。分化在各机能领域中表现为自相一致性，即如果有机体在某一机能领域中表现出较小的分化，那么在另一领域也会表现出较小的分化。

威特金最早的分化理论的模式由两个层次的概念组成。分化是高层次的概念，从它分出四个低一层次的概念。第一个是构析式的认知机能，即通过认知操作把整体的各个部分分离开来，并将分离的部分或事物组织起来。第二个是构析式的身体概念，指的是有机体具有一定界限的身体表象，其中各部分是可分离的，分离的各部分又可以相互联系，形成一定的结构。第三个是分离同一感，即形成自我的同一性，把自己与他人分离开来，从而使自己的行为更多受自我的引导，较少受他人制约。第四个是有组织的控制与特殊化的防卫，前者用来控制冲动，而后者则用以应付失调经验，这两者都是心理分化的表现。与此相反，心理分化程度低则表现为更强的冲动性和非特殊化的防卫。许多证据表明，低层次的概念之间是彼此相关的。

心理分化理论的提出大大推进了认知方式的研究，威特金等人做过一次总评，到1975年为止，涉及的资料已多达2 500余种。由于资料积累的数量已经如此庞大，就不可避免地要从理论上进一步总结和综合。威特金在晚年做了这项工作，提出了新的心理分化论模式（Witkin，1979）。新的分化模式由三个层次的概念所组成，最高层次的概念同样是分化。在分化概念之下是三个主要的分化指标或表现：自我—非我的分化、心理机能的分化以及神经生理机能的分化。在第二层次的概念下，又分若干次一级的概念（图8－1）。

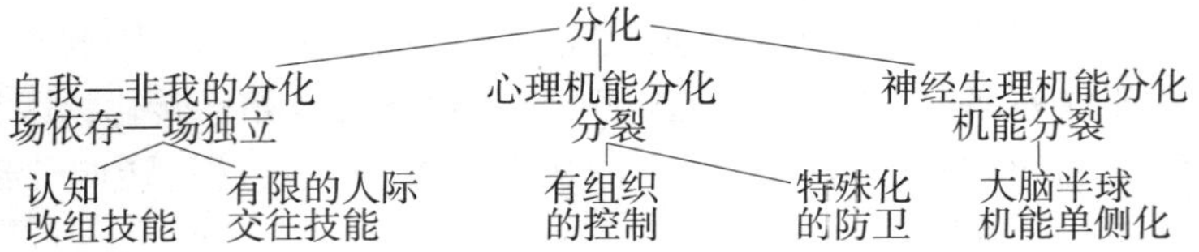

图 8－1　威特金晚期的分化理论模式

心理分化首先表现为自我与非我的分化，即作为个人意识、情感和需要核心的自我与外界环境及他人分离开来，我是我，你是你，自我有了一定的自主性，其行为活动较少受环境和他人的支配，较多由自我来指引。相反，心理未分化或分化程度低则表示自我在非我的界限不明确，自我与外部环境及他人有更多的连接，更易于受环境和他人的左右。在认知方面，自我与非我分化程度的高低体现为场依存—场独立性的认知方式。自我与非我分化程度高的人属于场独立性的认知方式，即个体在信息加工时，较多以内在自我为参照，较少以外在环境为参照，而自我与非我分化程度低的人更多以外在参照为信息加工的依据。自我—非我的分裂及场依存—场独立性的认知方式可以通过两种技能即认知改组技能和人际交往技能的测量来确定。认知改组技能曾被称为构析式认知机能，它是指个体在解决问题时，打破并改组问题情境以求得问题解决途径的技能。场独立性认知风格的人有较强的认知改组技能，善于改组刺激模式或问题情境以符合当前任务的要求，而场依存性认知方式的人缺乏这种技能，倾向于不加任何改造地接受现存的刺激模式或问题情境。因此，在要求打破刺激模式中问题情境的认知测验，如 RFT、BAT、RRT 以及皮亚杰守恒测验中，场依存性者的操作比场独立性者的操作要差得多。但是，自我与非我的分化程度低意味着个体与环境及他人有更大的连接性，这有利于培养和发展人际定向和交往技能。因此，一般说来，场依存者的人际定向和交往技能都强于场独立性者。

心理机能分化是分化的第二个主要标志。心理机能分裂的程度可以通过对冲动有组织的控制和特殊化的防卫这两个方面表现出来。在生命的早期，儿童的认知、情感和意志等心理机能是未分化的，缠绕在一起，互相干扰，难以各司其职。因此，儿童的行为易于冲动，缺乏控制，认知常常受到情绪的影响。随着儿童的成长，发展了有组织的控制系统，心理能量和信息有了特殊的“渠道”，减少了它们从一个心理领域“溢入”另一个领域的可能性，从而大大减少了观念、情感和动机之间相互混杂和干扰。个体对威胁性经验的防卫机制有许多种，如压抑、投射和合理化等。这些防卫机制可以分为两种类型：一种是泛化的或非特殊化的，另一种是特殊化的。否认和压抑属于非特殊化防卫机制，其特征是不正视引起焦虑的经验，要么全盘否认，要么整个压抑。与非特殊化的防卫机制相反，诸如孤立、理智化和投射等则是比较特殊化的，其特征是针对特殊的经验成分，使之消失或减弱，或者使经验中相关的成分分离开来，防止引起焦虑的情感。这种特殊化的防卫机制反映一个人心理机能的分离程度较高。

神经生理机能分化是分化的第三个主要指标。由于神经生理学的迅速发展，威特金等人找到了心理分化的客观生理基础。关于大脑两半球机能的不对称性和特殊化的研究材料揭示了神经生理分化和心理分化之间存在着某种因果联系。许多证据表明，习惯用右手者的大脑两半球各具有独特的信息加工方式，其左半球则以加工图形的整体性方式为特征。正如特殊化作为心理分化的指标一样，大脑半球机能的特殊化也可以作为神经生理特殊化的指标。根据分化的假说，可以预测心理机能的特殊化与脑机能的特殊化相联系。同时还可以预测，与场依存性者相比，场独立性者的脑半球会表现出较大的机能特殊化，这样的预测得到了大量实验证据的支持。

三、生态文化模式论

与心理分化论不同，加拿大心理学家贝利（J. W. Berry）试图通过人类的生态环境的差异来解释人们认知方式的差异。经过十几年的理论探索和实验研究，贝利提出了生态文化与行为的理论模式。该理论的基本假设是：生态压力是文化与行为的原推动力和模塑因素。生态变量限制、强迫和滋养文化形式，而文化形式转而模塑人的行为。其理论模式实际上分析了生态因素、文化和行为三者之间的关系。贝利指出，人类生态是指人类机体与其生存环境的相互联系、相互制约和相互作用的总和。其主要因素有气温、雨量、季节气候变化、地形、地貌、矿产、土壤以及动植物资源等等生存环境因素，由生存环境制约的生产方式和食物贮存等经济可能性（economic possibilities），以及由生存环境因素和经济可能性制约的居住模式和人口规模与分布。气候和资源等生存环境因素制约着经济可能性，进而制约人口密度和居住模式。例如，在动植物资源丰富的森林地带，常会出现以狩猎或采集为生的民族，其食物的贮存水平也较低；在气候较干旱的草原地区，以游牧为生的民族居多，其食物贮存水平也较高；在气候较温暖、土壤较肥沃的地区，农耕民族较多，其食物贮存水平较高。游牧民族是非定居的，其人口分布稀散，而农耕民族是定居的，其人口相对集中，如此等等。

文化部分包括家庭和社会组织结构、生产资料所有制和产品分配形式、劳动分工、政治制度、育儿方式和社会化模式、宗教、语言和文学艺术、生活方式和各种意识形态等等。在研究中，贝利主要探讨养育方式和社会化模式以及与社会化密切相关的文化因素，如家庭结构、角色分化、社会阶层等。行为部分包括一个民族的认知或智力特点、情感和意志等特征以及自我意识、价值观和各种态度等。在研究中，贝利着重分析认知方式和心理分化。

从生态学的观点来看，生态、文化和行为三个部分的关系是相互联系、相互制约和相互作用的关系。从控制论的观点来看，生态和文化变量是输入变量，行为是输出变量，而行为变量又可以通过反馈作用于生态和文化。用通俗语言来说，就是一定的生态环境导致一定的文化形态，而一定的生态和文化形态共同塑造人，使其产生一定的行为方式。这种行为方式进而使人更好地适应那种生态和文化，甚至影响和改变它们。这里生态、文化和行为三者的关系没有决定性和必然性的含义，而只有制约性和或然性的意义。也就是说，一定的生态和文化塑造一定的行为方式是很可能的，但不是必然的。从研究上，贝利把生态和文化变量看成自变量，行为变量为因变量。

在生态、文化和行为的理论模式的指导下，贝利开展了一项大型的国际性的跨文化心理学研究，即“人类生态与认知方式”。这项研究于1964年开始，持续了十余年，研究了美洲、大洋洲、非洲和欧洲等地21个不同文化群体的1 048名被试。研究结果支持了贝利的理论模式，说明场依存—场独立的认知方式的确有生态文化的根源。一般说来，要求低水平的食物贮存、狩猎和采集的生产方式的生态环境，以较低水平的角色分化和社会分层为特征的社会条件，强调自主独立的社会化和宽松的育儿方式促进场独立认知方式的形成。相比之下，要求高水平的食物贮存的农耕生产方式，以较大的角色分化和社会分层为特征的社会条件，强调服从和依赖的社会化和严厉的养育方式促进场依存认知方式的形成。

四、对认知方式理论的评价

从认知方式理论体系中我们可以看到，威特金将传统意义上一直分裂的两大领域——认知与人格有机地整合到其理论框架中，一改以往对个体心理的孤立的、单向的研究，开创了人格与认知研究的先河，其理论贡献是不言而喻的。但是也不难发现，威特金没有把问题性质和问题情境作为构造理论的重要组成部分。我们认为，认知者是认识的主体，而问题性质或问题情境是认识的对象或客体，两者不可分割地处于同一个认识过程中。要理解认识主体及其特点，就必须联系认识对象或客体。个体认识过程的复杂性和变化性不仅取决于人脑神经结构的复杂性和可塑性，而且取决于认识对象的复杂性和变化性。如果将认识主体和客体结合起来分析，就不难理解所谓两种认知方式兼而有之的人，以及认知方式的固定性和灵活性问题。威特金仅仅是从一个维度即认知主体的特征出发来划分认知方式的类型，这一点在考察个体差异时难免有其局限性，它只涵盖了个体认知——人格差异的一部分。如果不仅能够从认知主体，而且从认知客体或认知材料这两个维度来考察这种差异，那么理论体系将更为完善。

直到威特金逝世为止，场依存—场独立的认知方式概念的内涵几经变化。早期威特金把它看成是依赖外在视野或者依赖内部感觉经验的知觉倾向，后来又把它看成是分析的与整体的知觉或知觉的去隐蔽能力，以后进一步把它说成是对材料的认知改组技能或构析作用，最后威特金把它确定为主要依靠外部问题情境的参照与主要依靠内部自我经验的参照。认知方式概念内涵的变化情况一方面反映了威特金探索真理的科学精神，另一方面也反映了这个概念的复杂性。但是，从认知主体的活动来看，威特金所说的场依存—场独立性并非一个单纯的维度，该维度本身还建立在认知操作这一更基本的维度之上。要彻底弄清场依存—场独立这一概念，还须引入认知操作这一更基础性的概念。认知操作有多种，如分析、综合、比较、抽象、概括等，但是最基本的认知操作是分析和综合。然而，威特金没有明确地提出分析和综合这对认知操作的概念，并没有把它们作为确定认知方式的不可缺少的低一层次概念。

尽管威特金的心理分化理论还不是很完善，但确有其理论的特色和优势。例如，该理论具有结构严密，层次分明，各层次概念间上下相属、左右相关、相互印证以及可操作性、量化和符合科学的客观性等优点。此外，心理分化理论最大的理论优势在于它符合现代科学方法论发展的趋势，即从元素分析论向系统综合论的转变。在威特金看来，有机系统发展的一个主要特征就是分化，即系统的结构和机能不断地分裂和特殊化，从而提高系统的效能。心理本身是一个系统，分化自然是其重要特征。通过对心理分化的具体研究，威特金等人揭示了个体心理发展的一般规律和个别差异的形成。同时，通过心理分化与神经生理分化的相关分析，揭示了心理分化的生理基础。既然人的心理系统可以与生理系统联系起来分析，那么心理系统也可以与生态系统和社会文化系统联系起来分析，因为人本来就是生态和社会文化系统的一部分。这样的分析，有可能使我们发现心理分化的生态和社会文化根源。

不能否认，心理分化理论也存在一些缺陷，甚至是重大的理论缺陷。除上面所说的威特金片面强调了场依存—场独立认知方式的对立性而忽视了它们之间的统一性，以及对问题情境或问题性质对认知活动的制约性重视不够等缺陷外，心理分化理论还存在着过分强调心理系统变化发展的分化趋势，忽视了整合趋势，以及对心理活动和认知方式的社会文化性质认识不足等问题。

在讨论分化概念时，尽管威特金认为心理分化过程中自然包含着整合趋势，整合是任何系统的一个本质属性，但是他没有把整合作为理论的一个基本概念，并将其与分化概念对应起来，从分化和整合的内在联系中深刻揭示心理系统变化发展的规律性。从辩证的观点来看，心理的分化和整合趋势是心理系统变化发展的两个方面，两者既相互对立，又相互依存。随着心理分化趋势的增强，自我与非我之间、自我内部各心理机能之间的界限日益分明，相互间不必要的干扰减少，自我及其心理机能各司其职，其效率可能大大提高。然而在分化的同时，如果不增强整合的趋势，即加强自我与外界环境的联系，以及各心理机能之间的联系，就会导致更多的不协调或冲突，其高效率的可能性未必成为现实。因此，心理系统的变化发展不是在任何单一趋势的促使下实现的，而是在分化和整合两种趋势的交织联系和相互作用的过程中实现的。

在心理分化理论中，威特金把脑神经机能的分化作为其理论结构的一个部分，以说明心理分化的生理基础，这是心理分化论的优势之一。但是，由于威特金对心理现象的社会文化性质认识不足，在其理论结构中没有给社会文化的作用应有的位置，以充分说明心理分化的社会文化根源。在研究儿童的心理分化和认知方式时，威特金注意到了社会化对儿童认知方式形成的作用，他发现在教养和社会化措施严厉、强调服从权威的社会中，儿童易形成场依存性的认知方式；而在教养和社会化措施宽大、强调自主独立的社会中，儿童易形成场独立性的认知方式（Witkin，1975）。尽管有这样的发现和认识，但威特金始终未把社会文化因素作为自己理论结构的重要组成部分之一，这一缺陷被后来的道森和贝利等人所弥补（Dawson，1967；Berry，1976）。

第二节　个人建构理论

凯利（George A. Kelly，1905—1967）是美国著名的心理学家。他从临床心理学经验中得到启示：任何能使患者本人对自己和自己的问题的看法有所改变时，都会使他的病情有所好转。他发现，凡是到心理诊所来诉说学生问题的教师，所暴露的恰恰是教师本身的问题。基于此种发现，他认为，人对客观存在的认识及个人的经验、思想观念是影响人格形成、发展以致导致变态的主要因素，从而提出了人格建构理论。该理论强调认知在人格形成和发展中的作用，重视个体对世界独特的见解，受到许多杰出心理学家的赞扬。

一、人是科学家

凯利对人格的研究始于他对人格的独特理解。他认为人类并非为环境或无意识力量推动，他拒绝用动机的概念来解释人类的行为。尽管弗洛伊德把人看成是受无意识冲动所控制，斯金纳把人看成是对环境刺激的被动反应，凯利却用"人是科学家"（man-as-scientist）这样一个概念来表达自己的观点。他认为人本来就是运动的组合体，所以无须去探究人类的行为的本源。凯利最感兴趣的是人类行动的方式：像科学家一样产生和检验他们的假设，继而得出世界是什么的新观点。因为没有两个人会用完全相同的观点去认识世界，也就没有两个人的行为会完全一样或有着同样的人格。

图 8－2　凯利

根据凯利的理论，当个体受刺激时，会去了解所有作用于自身的刺激的意义。像科学家试图预测和控制事情的发生那样，个体寻找对世界的了解以帮助他预计和控制将要发生的事件。假如你根据过去的观察，对你的教练是怎样一个人形成假设，每当你看见这个教练就会收集更多关于他的信息，然后与你的假设比较。如果被证实，就继续使用它，反之则用一个新的假设来取代它，凯利把这描述为模板匹配。我们对世界的看法就像一个个透明的模板，在认识一种事物时就取出其中一个模板，匹配就保留，不匹配则修改，以便下一次做出更好的预测。

怎样用人格结构去了解人格的差异呢？凯利认为，行为的差异主要源自人们建构世界的方式的不同。例如，假设我和你都与某人交往，我用友好—不友好、活泼—呆板、外向—害羞等构念去了解他，而你也许用高雅—粗俗、敏感—麻木、聪明—愚笨等构念去了解他。以后我们谈论起此人时，我认为是与一个友好、活泼和外向的人相处，而你可能觉得他是一个粗俗、麻木和愚笨的家伙。同样的情境我们却有不同的解释，我们的反应自然也就大不相同。因此，在与其他人交往时，我们依然运用这些构念，这样就很可能形成不同的交往方式。因而我们在建构世界时，那些相对固定的方式成为我们行为上相对固定的反应模式。

凯利将我们用来解释和预测事物的认知结构称为人格结构。没有任何两个人会有相同的人格结构，也没有任何两个人会以相同的态度来组合他们的结构。在凯利看来，人格结构是双向的。我们区分相关事物是用一种要么—或者的方式，如用友好的—不友好的、高的—矮的、聪明的—愚笨的、男性化的—女性化的等人格的两极特征去形成对一个新结识的人的印象。但这并不意味着我们眼中的世界是非黑即白而没有中间色。在运用最初的黑或白的结构后，还会运用其他两极的结构去进一步确定黑白的程度。这样，在确定新结识的人是“聪明的”或“愚笨的”之后，还运用“理论上的聪明（愚笨）—实践上的聪明（愚笨）”的结构去进一步认识这个人。不过，每种结构也有一个适用的范围，如“聪明的—愚笨的”结构仅适用于人，若用来描述一张桌子就不恰当了。

二、构念的含义及 CPC 循环

构念是凯利人格理论的核心，是对个体的行为之所以如此的解释。一个构念就是一种思想、观点和看法，人们用它来解释个人自己的经验。一个构念就像一种微型的科学理论，人们利用这个理论来进行预测。假如由构念产生的预测与经验判断相符，那么这个构念是有用的；假如由构念所作的预测与经验不符，这个构念就需要修改或抛弃。

构念一般都用语言来表达。人们把构念用于环境和各种事件之中，亦即将这些事件以自己的主观经验来进行测试。例如，第一次遇见一个人，我们可能用“友好的”构念来建构这个人。若这个人后来的行为正好与“友好的”构念相符，那么此构念对预示此人的行为是有用的；反之，如果这个人所表现的行动并不友好，那么就需要试用其他构念来重新建构这个人，或者用“友好—不友好”构念的另一极端来进行建构。认知理论的主要观点在于建构是为了预测未来，构念必须适合客观现实。一个人为了获得与客观现实大致符合的构念，在大多数情况下需要应用尝试与错误的办法。为了处理好外界事物，每个人都在创造自己的构念。个体与外界的任何接触都在不断创造构念和验证构念。

虽然减少未来的不确定性是每个人都向往的目标，但他们可以按照他们的任何意愿来建构现实。因此，在处理外界事物时，人们的处境总包括许多可供他们选换的构念。没有谁会将自己陷入绝境以致难以解脱。构念系统一旦形成，个体就要受它们的制约。换言之，一个人的生活受他自己获得的经验的影响巨大。有些人对世界事物得出不可动摇的信念，并且其行动完全服从于这些信念。这种人的生活由信条和惯例来统率，他们只在范围较窄的、可以精确预报的事件中生活。另一些人则不同，他们生活的前景要广泛得多，他们根据灵活的原则生活，并不按照确定的规则办事。这种人的生活更丰富多彩，因为他们的经验是开放的，而不是禁闭的。一个人是按照开放式或创建性的生活行事，还是依循禁闭、制约性的生活行事，这完全是个人自己选择的。同样，有些人积极地看待一种情境，而另一些人对此则是消极地看待，这也是个人自己选择的结果。

凯利认为，当个体遇到新的情境时，他所产生的行动具有 CPC 循环的特征。CPC 是循环过程的三个周期，它由三个单词的第一个字母来代表，即周视（circumspection）、先取（preemption）、控制（control）。

周视期：就是在接触事物的一开始，人们首先总是小心谨慎地审察该事物，尝试多种构念，提出各种例题构念或陈述构念。这些构念只是对情境的可能的解释，而不能说明更多的东西。此周期包含“如果……那么……”这类思维过程，因此也可称为尝试错误认知性思维。

先取期：就是暂时先确定一种想法。在此阶段，个体从前一阶段所衡量过的所有构念中选择一种。先前的构念似乎是对于情境最适合的构念，但仍需要改变。这是由于个体不可能无止境地对情境予以考虑和深思，他必须决策如何行动。对情境和人物来说，个人的建构总是要先发制人的。

控制期：就是实现建构的阶段。在此阶段，选择已经决定，行动也已做出。我们发现并相信我们所选择的构念是确定的，由此伸展到另一些构念。我们进行的建构都预示了新情境的实际状况。若我们选定了正确的构念，我们的“理论”就得到证实，并可以坚持和加强这个“理论”；若我们选定了不正确的构念，或者选择了构念的不正确的一端，我们的“理论”就不能得到证实，因而必须重新修正。

按照凯利的观点，人们并不寻找强化或回避痛苦，人们寻找的是自己构念系统的有效性。假如一个人预料某些不愉快的事情将要发生，并且真的发生了，那么他的构念系统被证明是有效的。至于他得到的经验是消极的抑或是积极的，这对个体来说则是次要的问题。由此可见，人的主要目标是在自己生活中减少不确定性。通过 CPC 周期的循环，人们可以逐渐形成人格和获得良好的适应。

三、人格建构的基本假设和推论

凯利以社会科学研究中少有的组织性和精确性来表达自己的观点。他的全部理论根植于一个基本假设：“个体的信息加工过程被他对事件的预期所引导。”这一假设是凯利的理论基础，是人格和行为背后的基本力量，是与其他观点的根本差异之处。然后由此精心推导出 11 个推论，这 11 个推论如下：

（1）建构推论：一个人通过对事物的反复建构来预测未来事件。

（2）个体推论：人们在建构事件时的方式各不相同。

（3）组织推论：每个人在预测事件时都会自然形成一种包括结构顺序关系的建构体系。

（4）两分推论：一个人的建构体系包括各种两分结构的构念。

（5）选择推论：每个人在通过自己的建构体系对某事物做出预期时，他都会在两分结构中做出选择。

（6）范围推论：一个结构只能对有限范围的事件做出预测。

（7）经验推论：一个人对外界事物的建构与他个人的学习经验有关。

（8）调整推论：个人构念系统的变化调整要受到构念渗透度的制约。所谓渗透度，是指是否能容纳新的概念与事物。

（9）片段推论：个人构念系统中存在彼此分离、不一致的亚层次构念。这种一定程度的分离与不一致是不可避免的，小的不一致并不妨碍大的统一性。

（10）共同性推论：建构经验方式的共同性可以导致人们之间心理与行为的相似性。

（11）社会性推论：个体在建构自己的构念时，会在社会交往中扮演他人的角色，即从他人的立场或认识世界的方式去看待问题，以便更好地理解对方，更好地进行人际交往。

凯利否认过去的冲突或外部的刺激是我们行为的根本原因。他认为，我们与过去经验的联系仅仅意味着它们能帮助我们发展自己的建构和形成对将来的期望。凯利认为，“期望是人格结构中的推动和牵引的心理力量，是未来而不是过去在引导着人们”。由于我们面对的事件不可能都是独特的，因此我们必须利用过去的经验来组织和预测未来的情况。凯利在他的结构推论中解释说，我们通过建构来预期事件。我们通过这种途径确认哪些信息应当被注意，哪些又该被忽略。如你从经验中知道健谈—沉默这种结构在与人初识时是有用的，你就可以用它去了解一个初识的人，看他是健谈的还是沉默的，然后就可以预测他的行为。

如果你想知道自己结构系统的粗略情况，就想一想自己在与人初识时是什么东西引起你的注意，这些最初进入大脑的信息很可能就是你用来预期他人行为的最初结构。例如，你用爱运动—不爱运动、敏捷—不敏捷、风趣—呆板、独立—依赖等结构去描述你新结识的朋友，其他人也许是用勤劳—懒惰、可爱—讨厌、整洁—邋遢等结构。当然，即使两个使用同样结构的人也可能形成不同的看法。也许我看到某人的聪明，而你却看到他的愚笨。另外，两个人的结构也许会在某一方面相同，而另一方面又不一样。例如，我可能用活泼的—含蓄的结构，而你却用活泼的—伤感的结构。因而，同样的行为在我看来是含蓄，而你却认为是伤感。

根据凯利的组织推论，我们组织自己结构的方式是不同的。在解释事件的一些结构时，我们会认为其中一些比另外一些更重要。凯利把重要的结构称为超级个人结构，非重要的结构称为次级个人结构。次级个人结构附属在超级个人结构的一个层面，如：

友好的—不友好的

↓

活泼的—文静的

在这个结构中，人们首先判断是否友好。假如是友好的，再判断是活泼的还是文静的。假如这是你的结构组织，你就不会用活泼或文静的观点去评价一个不友好的人。但是也可能用下面的方式来组织你的结构：

友好的——不友好的

↙　　　　↘

活泼的——文静的　　活泼的——文静的

这种情况下，无论是不是友好的，你都会进一步去了解他们是活泼的还是文静的。当然，也可能用活泼的—文静的作为超级结构，而把友好的—不友好的作为次级结构。如下面所示：

活泼的—文静的

↙　　　　↘

友好的—不友好的　　友好的—不友好的

在这种结构中，你可能首先看一个人是活泼的还是文静的，然后再用次级结构进一步了解此人是友好的还是不友好的。对同一个人来说，我们也许会在不同的时间用不同的结构组织。凯利认为，结构组织比结构运用的差别更能体现“人格的特性”。可是，我们有时也可能错误地预计事情的发生，因此不能将结构系统视为静止的或完美的。对一个正常人来说，新的结构在不断形成以取代旧的不适宜的结构。凯利把结构看成是需要检验的假设而不是对事实的表征。他认为：“既然一个人的假设或期望是在不断地修订，结构系统也就会不断变化，这就是经验。”在凯利关于经验推论的描述中，期望的不断重建使我们对未来的事件做出更好的预测。例如，你原来以为与某人的谈话会令人厌烦，但事实上却非常愉快，这样你就会改变原来的预期，对那个人形成新的预期。

凯利的理论还能帮助我们理解为何两个表面差异很大的人却能友好相处。根据社会交往理论可知，一个人越能从他人的立场出发，就越易与人相处。这并不是说人们必须用同样的结构来调和相互的关系。从更深的意义来看，假如我与你和谐相处，我需要认识你如何建构周围的一切。事实上，研究者发现有相似结构系统的人常常能成为好朋友。凯利认为在心理治疗中，这是非常重要的。作为对行为主义的直接挑战，凯利宣称，没有相同经验的人也可能会有相似的人格。根据普遍推论，所有用相似的观点去认识世界的个体会形成相似的人格。凯利将“文化”描述为一群人用类似的方式去建构他们的经验。当不同社会的人相互交往时，“文化震惊”的体验往往是由于不同文化中人们建构世界的不同方式而引起的。

四、心理问题及固定角色疗法

与其他心理学家不同的是，凯利用的是另一种方法来解释心理失调者——人们产生心理障碍是因为他们结构系统的错乱，而不是过去创伤经验的残留，如冷酷无情的父母或一次悲惨的事故。过去的经历也许能解释为什么人会以他自己的方式来认识世界，但这并不是心理问题产生的原因。凯利在区分各种心理障碍者的诊断图式方面没有多少兴趣，他只是将所有的心理失调归结为结构系统上的紊乱。凯利同意弗洛伊德关于焦虑是所有症状中最普遍的情况的观点。在凯利看来，当人们不能预期未来的事件时，就会产生焦虑。在凯利的理论中，许多重要事情的发生都是在人们的预料之中。我们也许有过这种体验，如你去找工作，在面试前当你对主考官一点也不了解，也不知道他们将问些什么问题时，你很可能会产生焦虑。同样，在你不明白为何别人用这种方式对待你，或你不知道在某一特定的情况下该怎么办时，你也会变得恐慌不安和紧张焦虑。

那么，为什么人们在预测未来事件时组织结构会不起作用呢？凯利认为，这是由于人们形成了一个“不可渗透”的结构。一个“不可渗透”的结构很难接受新的元素。例如，你用一种可完成的—不可完成的结构去估计任务时，当它成为“不可渗透”的结构时，那些随之而来的新工作就不会归入能完成的系统。如果你的整个结构系统都变为“不可渗透”的结构的话，那就再也无法从新的经验中学到东西。没有学习和随后的结构改变，人们预测正确事件的能力不断降低，周围的世界会变得越来越难以预料。结构系统不完整是因为缺乏经验，多数人在找到一份新工作或到了一所新学校，都会产生一些需要调整的问题。在最初的几天里，有些困难是由于缺乏适宜的结构去处理新情况而引起的。多数人最终能够调整他们的结构，并能有效地应付新的环境。可是另有一些人却不能调整，最终需要寻求心理治疗者的帮助，以恢复他们正常的心态。

与传统的心理治疗不同的是，凯利的学说认为神经症患者就像蹩脚的科学家，他们保持着相同的预感，失掉了对经验运用的有效性。也就是说，神经症患者的个人构念不能有效地预料未来事件，因此焦虑的产生也就不可避免。对患者来说就是需要建立更为适用的构念系统，心理治疗就是帮助他们发展构念系统的手段和办法。凯利认为心理治疗给患者的帮助是：①考察并检查他的构念系统；②重新调整构念系统。

凯利不主张以传统的心理治疗方法给患者分类和诊断。他不只是单纯反对各种人格测验，而是认为这种做法是静止的，是把注意力集中在过去以及现在。凯利认为这样做会忽视一种实际情况：人是不断地变化的，所以治疗者不仅应该发现患者心理的实际情况，而且还应该指出他可能达到的目标。只有通过这种过程，患者才能重新成为一个正确对待自己的问题的好的“科学家”。为了区分传统的心理治疗，凯利将自己的治疗方法称为“固定角色疗法”（fixed-role therapy）。该方法体现了个人构念心理治疗的特色。凯利相信，为了使患者以不同方式来建构事物，办法之一是让患者进行乔装假设，自称是另一个人。在固定角色治疗时，治疗者交给患者一种性格素描，要求患者照此行动。正像演员在演戏时扮演一个角色一样，为了使患者加速发展新的构念，要求患者扮演的角色应该十分不同于其本人的性格特点。在这种情况下，治疗者就成为患者的配角或助演者。我们必须注意到治疗者的作用，他绝对不是在当导演。这是与精神分析治疗根本的不同之处。凯利说，治疗者“应该做患者的配角，因为患者正在不断地摸索自己的途径，并契合于自己的角色之中”。

固定角色一般扮演两个星期，治疗者也参与其中，并给予患者鼓励，肯定他的新构念。治疗者需要鼓励患者放弃他原来的中心构念，并发展新的构念。有效的心理治疗在这一过程中可以充分表现出来。

凯利将自己的认知理论同样用于心理治疗，认为情绪问题是知觉问题。为了解决知觉问题，应该使患者有不同的看法。心理治疗就是这样一种过程：患者有不同的看法时应当受到鼓励，治疗者设法减少在观念改变中所出现的焦虑。神经症患者没有信心，治疗者要帮助他们重新建立信心。按照凯利的意思，好的科学家、小说家都有信心。健康人、科学家、小说家在建构上的所做所想都是一样的，他们善于应用人类的策略，他们都在建构作品，都能看到自己及自己工作的未来。心理健康的人也同样处于这种心理状态。

五、对凯利个人建构理论的评价

凯利的人格理论与库恩的科学范式十分相似。凯利认为，个体建构现实的方式只不过是众多建构方式中的一种。对于特定的人而言，这一构念系统就是他的现实，并且对他来说，想象其他构念是十分困难的。库恩认为科学家遵循范式进行其科学研究，并自认为这是“常规科学”。凯利和库恩都强调认知的重要性，重视知觉机制。对于凯利来说，个人构念是每个人建构外部世界的方式的结果。同样，库恩的范式是一批科学家的知觉习惯，这就使大家以同样的观点来看待科学研究对象。

凯利及库恩都坚持说，对待现实有许多同等有效的解释，而不是只有一种解释。凯利把这个观点用于个人对外界的顺应上，而库恩则用于科学过程上。赫根汗认为，正如现实那样，人格也可以用同样有效的方式进行建构，他希望学生对人格问题的建构保持高度渗透，允许多种不同的观点进入其中。我们认为，应该对各种理论进行比较和加以探讨，简单地否定一种观点是不合理的。但是也必须看到，如果完全按照原样而不作分析，就不能发觉建构理论的唯心主义实质，当然更不用说能发现什么有用的东西。

由于凯利的个人构念理论与库恩的科学范式非常相似，对科学范式的评价也十分适合于人格构念理论。“范式”是库恩在其《科学革命的结构》（1962）一书中提出的概念，是指“在一定时期内，关于科学上的提问与解答的方法向专家们提供典型（模型）的东西”。库恩认为，在科学发展史中，某个时期发生范式的变更，就是科学革命。科学革命是指科学发展史上以一种新的理论法则代替旧的与之不相容的理论法则。科学家一般很愿意承认范式概念在这种意义上的存在，承认它有一定的有效性。这种范式是会改变的。凯利的个人结构也一样，人的一生是在不断发展和变化的，每次变更都会使人焕然一新。

根据这种科学观，范式的选择或真伪的确定，不是凭逻辑或观察、实验来确定的，而是由科学家个人因素和历史的偶然性所带来的各种随意成分决定的。凯利的构念系统同样是根据个体认知来确定其行为的。按照这种观点，采纳新的范式准则只不过是以下几项条件：①解决当前的问题；②预测新的现象；③单纯性与美好或清晰度与确定性；④使旧范式存在的问题得以解决。凯利对现实的判断标准也是以被试本人为出发点的。人格顺应同样是预测未来及解决当前问题的活动过程，因此，人格特点也是由被试的个人因素和历史偶然性所形成的。这种看法显然是片面的。

库恩反对逻辑经验主义，重视科学的历史环境及人格的心理要素。心理因素对科学十分重要，如直觉、想象以及对新观念的接受力。科学资料的客观性被否定了，科学仅仅是通过范式解开“疑谜”，科学成了主观世界里被玩弄的智力游戏。凯利对人格结构的看法，其本质与库恩的科学观十分相似，他们共同的缺点是都强调用经验做检验。这种提法显然是唯心主义的，它不仅否定了科学实验的客观性，否定了实践是认识的源泉，也否认了主观来自客观。不论范式或构念，其变更的临界线都十分模糊，科学与非科学、构念与非构念都无一条界线；范式的演变缺乏逻辑，变更的前后没有联系，也没有必然性。人格的发展同样也有这种缺点，即构念系统的发展缺乏一定的原因，性格变化的偶然机遇大于性格发展的必然因素。

总之，凯利的人格理论与心理治疗技术是独创性的，它革新了前人的思想。但是，凯利把人格看成是一种对事物的看法，过分强调认知而忽视现实，远离真理，陷入了不可知论的深渊。然而，凯利看到人有独立的见解则是可取的。他使个体从过去的法则中解放出来，并引导人们去不断验证自己的理论假设。

凯利的理论有现象主义倾向，原因是他强调完整无缺的主观经验；凯利的理论也有人本主义倾向，因为它强调人的创造性能力和对人类个体所持的乐观态度，并且它不强调遗传与环境对人格的决定性作用。凯利的理论还有存在主义的倾向，因为它强调未来而不强调过去，它假定人类对于自己的命运是自由选择的。此外，凯利的人格理论尚有某些弱点，为此也常受到心理学家们的质疑：他忽视人类情绪的作用，根据他的理论，人们的行为是难以确定的；他对个人构念的原因这一问题涉及不多，他没有解释为什么有的人选择安全，而另一些人则冒险于结构变换，为什么不同躯体状态、物理经验的两个人建构的构念不同。凯利的心理治疗技术也只能用于智力较高者及有轻微心理障碍的人。但正如凯利自己所说，任何理论就像任何结构一样，都有一个适合范围的中心。凯利自己的理论也是这样，它只有某一适合范围，而且也有不少值得批评的地方。

第三节　行为预测理论与控制点理论

朱利安·罗特（Julian B. Rotter），1916 年生于美国纽约，大学时主修化学，后来就读于爱荷华大学和印第安纳大学，1941 年获得临床心理学博士学位。1946 年任教于俄亥俄州立大学，自 1963 年起任教于康涅狄格大学。罗特在临床心理、学习理论和实验研究方面均有着丰富的经验和很高的造诣，他试图将这三个方面的研究结合起来，创建一个可以帮助我们预测和理解一个人在某种社会环境中会做出何种行为的学说。本节重点讲述他的行为预测理论和控制点理论，这两个理论都是把重点放在人的认知方面，通过人的认知差异来说明人的行为。

一、行为预测理论

相比于斯金纳、多拉德与米勒把理论研究的中心放在对行为是如何学习的问题上，罗特更加关注一个有着自己的行为经验的人在面临一种特殊的社会情境时，将会如何进行行为选择，即如何决定要这样做，而不是那样做。之所以会有选择，不仅仅是因为人们通过学习和经验已经积累了大量可供选择的行为方式，还因为人们建立了一套在面临特定社会情境时确定哪一行为是最合适的行为选择机制。可见，罗特的行为选择机制显然要考虑更为复杂的因素和更为现实的社会情境。

图 8-3　罗特

虽然许多行为主义的心理学家都一直在强调强化对于行为的发生起着决定性的作用，但是罗特认为，尽管某种行为可能带来丰厚的报酬，这种高强度的强化却并不必然导致个体实际做出这种行为。这样的例子在生活中随处可见。比如，一个参加数学竞赛的学生在选择选答题时，可能会面临一些不同难度和分值的题目：一道中等难度的题做对了可获10分，而一道高难度的题目做对了可获20分。那么他会选择哪一题呢？毫无疑问，同样是做一道题，高难度题的回报是中等难度题的两倍，因此，我们相信这位学生是更愿意选择高难度的题目的——只要他能够做对！很显然，这个学生最后是否选择高难度题目还要看他认为自己有没有把握把它做出来。如果这个学生对做出高难度的题目把握不大，他有可能宁愿去把那个更有把握的10分拿到手——少是少了点，可总比选了20分的题最终一分也拿不到强多了。这正是罗特的行为预测理论想要解释的现象。

罗特认为，一种行为被选择的可能性，取决于行为者认为它所能够带来的回报（强化）的多少，以及他认为他实施该行为能带来该回报的可能性（即有多大的成功率）。他用下面的行为预测公式来表达这个观点：

$$BPx,\ s1,\ Ra = f\ (Ex,\ Ra.s1\ \&\ Rva,\ s1)$$

其中，$BPx,\ s1,\ Ra$；$Ex,\ Ra.s1\ \&\ Rva,\ s1$ 分别表示行为 x 在情境 $s1$、可能带来强化 a 的条件下出现的潜势（即可能性、概率）、行为 x 在情境 $s1$ 能带来该强化 a 的可能性以及在情境 $s1$ 的条件下能带来的强化 a 的大小；f 表示函数关系。

上面公式处理的是与单一强化相联系的特殊行为的预测。在一些复杂的情境中，我们常常会面临与某种需要相联系的多种相关行为的预测。比如，学生对学业的成就需要可能同时要求多种行为来满足：认真上课，按时完成作业，多思考、多看书、不贪玩等。这些不同的行为可能各自带来不同的强化结果：高分、好名次、老师赞扬、同学钦佩、奖金等。那么对这一系列行为是否出现如何预测呢？罗特认为，可以相应的由这些行为所导致的若干强化的共同效价和对这些行为的总预期来决定。

为了更进一步理解上述思想，有必要对与之相关的一些概念作稍微详细的说明。

（一）行为潜势（Behavior Potential，BP）

罗特用“行为潜势”一词来表示对于某一个体而言，某种行为在一个特定的社会情境下发生的可能性的大小。在任何特定的情境下，个体为达到某一目标所采取的行为可能不止一个。比如，为了从母亲刚刚买回的一兜苹果中吃到一个，小孩可能会直接向母亲开口索要，可能会为母亲端来饮料以期母亲的奖赏，也可能会趁母亲不在旁边时自己偷偷拿走一个，还可能会请求父亲去向母亲讨个人情等。换句话说，对于一个特定情境下的特定目标而言，多种可行的行为中的每一个都有发生的可能性，都具有行为潜势，只不过有些行为的潜势相对较高，而另一些则相对较低。很明显，在某一特定的情形下潜势高的行为发生的可能性更大，反之则更小。

这里，罗特对行为的界定是十分广泛的，凡是一个人对某刺激的反应都包含在其中：行为可能是由“真正的动作行为、认知、语言行为、非语言的表达行为、情绪反应等所结合而成”①。可见，甚至病态的心理活动等均不例外。毫无疑问，同一种行为，在不同的情境下，对不同的人和不同的目标而言，其潜势是不一样的。我们常常被周围形形色色的人在变化多端的生活情境中发生的五花八门的行为弄得莫名其妙，罗特的行为预测公式的意义就在于，他希望借此公式来预测对于某一个特定的人，在某个特定的情境下，对于某一种目标而言，一种特定的行为出现的可能性有多大，而不在于仅仅说出一个抽象的、概括的原理，用一些界定含糊的心理学名词让人们对于自己想知道的问题作笼统的、不甚明确的臆测。

（二）预期（Expectancy，E）

罗特用“预期”这个概念表示一个人认为在某种特定情境下如果选择了某种行为，它就能够带来某种相应的强化的可能性，也即他对自己在该情境下做出该行为会得到该结果有多大信心、多大把握。可见，预期指的是一个人在主观上认为自己会成功的可能性，而不是他的真实的成功可能性。这种主观的成功率与客观的成功率之间既有联系，也是相互区别的。我们在生活中总能发现一些人对自己过分自信，任何时候都觉得自己是最好的，而也有一些人却总是低估自己。同时，一个人认为自己能否成功与别人认为他是否能成功也不一样。罗特认为，我们在预测个体的行为发生率时，应该以他本人认为自己能否成功为标准，因为每一个人选择他的行为时，都是基于他自己的想法来作最终决定的。

罗特还区分了特殊的预期和类化的预期。特殊的预期是指个体对于自己在某一特殊的情境中做出某种行为的成功率的预期，它是基于个体以往在这种特殊情境中的诸多经验形成的。比如一个学生对于与自己的同桌成为好朋友的可能性的预期，在很大程度上

---

① E. Jerry Phares. 人格心理学［M］. 林淑梨，王若兰，黄慧真，译. 台北：心理出版社，1995：426.

取决于他以往与自己的历任同桌相处得如何。类化的预期是指个体对于自己在一般性的、相关或相似的多种情境下做出某种行为的成功率的预期，它是由个体在若干相关情境中的经验累积而成。比如一个学生对于自己的人际关系和人际交往能力的预期，就要由自己以往的同桌关系、同学关系、亲友关系、师生关系等一系列相关的人际关系的总体情况来作一个概括性的预期。

个体对自己在某种情境下做出某种行为的预期是由特殊的预期和类化的预期共同决定的。当然，特殊的预期和类化的预期在一次特定的行为预期中所占的比重并不总是相同的。当个体首次面临某种情境时，由于没有在这种特殊情境中的任何经验，他只能凭自己在其他许多相似的情境中形成的类化的预期来预测自己成功的可能性。一个从来没有打过篮球的人初学篮球，对于自己是否能学好它的预期只能来自他以往学习羽毛球、足球、乒乓球等的总体经验所形成的类化的预期，而学习了两个月篮球之后，他对于自己能否学好它的预期则主要取决于这两个月的特殊经验所形成的特殊的预期。

类化的预期与特殊的预期的区分也有利于我们理解当事人的行为表现出乎旁观者预想的原因。旁观者对当事人的了解多数是只知道总体情况，对于当事人的行为细节和特殊经验则常常无从知晓，因而旁观者与当事人对当事人的行为的预期往往只在类化的预期上是相对一致的，而在特殊的预期上则可能有着相当的距离。例如，一个纺织女工参加单位举办的接线头的比赛，在小组竞赛和预赛中她的成绩都是遥遥领先。进入决赛前，大家都认为她是稳操胜券，连她的对手们都认为冠军非她莫属。可是她在决赛前却表现得十分紧张、烦躁和没有信心。尽管她认为自己凭实力是完全可以成功的，她的类化的预期也与大家一样好，关键是没人知道她的特殊预期十分糟糕：作为决赛总裁判的厂长这一阵子总是在找她的碴儿，不时地给她穿小鞋，这一次又栽到他手里，那还会有什么好结果呢？

（三）强化的效价（Reinforcement Value，RV）

强化的效价是指行为者认为某种行为所带来的强化结果或强化物的相对价值的大小。

强化的效价表示某一物品或结果对于某个特定的个体所具有的心理价值，而不是它的实际价值。一个三岁的小男孩可能更愿意选择一把玩具手枪，而不是一个装饰精美、价格昂贵的衣箱；一位孤独的老母亲可能会觉得与那些富有的儿女们寄来作为生日礼物的一张张支票相比，只有那一副普通的手织手套最暖心。相应的，同一样物品对于不同的人而言，其强化效价可能很不一样。这正如俗语所说的“萝卜白菜，各有所爱”。有的人一顿无肉就要罢吃，也有的人见到一粒肉丁儿都生烦。另外，一种物品的强化效价总是在同等情境条件下相对于其他物品而言的，没有什么东西具有绝对的效价。如果晚餐吃西红柿、小白菜、鸡蛋和红烧肉，我当然会多吃红烧肉和小白菜，少吃西红柿和鸡蛋；可是如果还有清蒸鱼，那么红烧肉不吃也罢。当然，这可能只是我没生病时的选择，如果我正在治疗我的肠胃炎，那么红烧肉和清蒸鱼统统端走，我现在最喜欢吃的是白水煮稀饭。

到底是什么决定了某种物品或活动的强化效价呢？罗特认为，物品或活动的强化效价可能由对它所能够带来的其他强化效价的预期来决定。Dunlap（1953）的实验说明了这一点。他在预备实验中让一些8至10岁的小男孩对一些玩具评定相对偏爱程度，由此决定对于一般的男孩而言，这些玩具的相对强化效价如何。在正式实验中，让另一组男孩对9种玩具作上述评价，其中决定性玩具是塑料积木。未将该积木排在第四到第七的男孩不作为正式被试。被试被分成四组：控制组被试玩完玩具后，主试不表示任何意见；第二组被试玩完玩具后受到主试轻微的批评；第三组被试受到强烈的赞许；第四组被试受到强烈的赞许，并直接暗示别人也会赞许。之后让这些被试对9种玩具再作喜好程度的评价。结果发现评价的改变正如主试预期的那样：第四组对塑料积木的评定等级提高的幅度最大，其次是第三组和控制组，第二组被试对它的评定等级则有少许降低。

（四）心理情境

罗特特别强调对某一行为发生率的预测一定要与特定的心理情境密切相联系。事实上，没有哪一种行为在任何情境下都可能带来同等的强化效价。比如，一个孩子可能很快地学会如下情形：在家里殷勤地为来家访的老师倒茶会获得父母和老师的赞许，而在学校殷勤地为老师倒茶则会引来同学们的挖苦、孤立和攻击。没有哪一种行为的成功预期会不随着条件的变化而发生变化，正如我们常常体验到的一样，到期末考试时，我们花在不同科目上的时间、努力和担忧很少是同等的，经验告诉我们：花三天能把自己擅长的科目复习得胸有成竹，而对于那些不擅长的科目而言则可能还毫无把握。因此，对于人格心理学而言，研究一个人的相对稳定和持久的人格特征固然是重要的，但这还只是有利于了解行为预期中的类化预期的一部分。如果要比较准确地预测一个人的行为，仅仅知道行为在一般情况下相对稳定的表现方式是不够的，还必须详细考察当事人所处的具体的心理情境中的各个因素。

二、控制点理论

罗特认为，在追求目标的过程中，基于人们各自面临许多问题情境时的独特的经验，个体会发展出如何对情境做出最佳的建构的类化预期或态度，这叫做问题解决的类化预期。显然，问题解决的类化预期是决定一个人在面临社会和物理环境问题时会选择不同行为的原因之一。每个人的问题解决的类化预期可能是不一样的。罗特认为，我们可能对许多类问题情境形成类化的预期，他所主要关注的人际信赖、利己倾向、内外控等方面的类化预期只是其中常见的类化预期中的一部分。

罗特对人际信赖、利己倾向和内外控等都做过相当多的研究，不过最为人们称道的是他对内外控这一问题解决的类化预期所作出的贡献。

前面讲到，个体对自己行为的预期是经由他以往的同类经验类化而来的。如果一个人以前在类同的情境下做出某行为后常常得到嘉奖，如每年都因为努力学习当上了“三好学生”，他就会对努力学习产生积极的预期：努力学习就能当“三好学生”；如果以往努力了但成绩不佳，没有当上“三好学生”，他就会认为再多努力也是白搭。但是，罗特后来发现有些人的情况并非如此。比如，罗特自己做了一个实验，想验证上述类化的预期是否对人有普遍的影响。他们让一些大学生被试完成猜图的任务，并欺骗他们说这是一个超感实验。把一张卡片背向学生，让他猜它上面是一个圆形还是一个正方形，然后主试告诉他们猜得是对还是错。10次尝试之后，让被试说说自己在后面10次中可能会猜中几次。罗特发现，一些人总是认为他们会猜得更差，因为他们说自己是凭运气猜对的；而另有一些人总是认为自己会越来越好，因为他们相信自己在超感方面的技巧会越练越熟。

另外，罗特的心理训练班上的心理治疗医生费里士遇到这样一位病人，他总是抱怨自己无法与人交往。费里士让他去参加一个舞会，他去了并和好几个女孩跳舞，可他回来对费里士说："这完全是碰运气——这样的事以后再也不会发生了。"这件事促使罗特想到：也许总有一些人在成功之后不能对自己的某种行为形成积极的预期，他们似乎总认为发生在他们身上的事情都是由一些外部的力量决定的，与他们自己的努力毫无关系；而另一些人则刚好相反，哪怕已经有好几次失败的记录，他们对自己的某种行为总是抱着成功的信念，认为发生在他们身上的事情都是由自己的努力和能力来决定的。

罗特把这个重要的发现叫做控制点，即内—外控制的类化预期，他在给它们下定义时这样写道："当受试者知觉到某项强化跟随他的某些行动之后而来，但又非全凭其行为而定时，在我们的文化中，会将它视为运气、机会或命运的结果，或在其他有力的控制之下，或无法预测——因为周遭有许多复杂的力量。当个人对事件作上述解释时，我们称为外控的想法；如果个人将事件看成全凭自己的行为或自己的特质而定时，则称为内控的想法。"①可见，内—外控制是一种对强化的本质进行解释时形成的一种类化的预期。内—外控制的预期说明，同等条件下同一种强化的出现对于不同的当事人可能有不同的效价，要视乎当事人对控制该强化的最终因素的预期而定。一般而言，内控的预期会赋予强化正常的功能，行为之后的积极强化增进强化的效价和对该行为的预期，而消极强化则降低强化的效价和对该行为的预期，而外控者则会很不相同。一个相信只要自己诚恳待人就能获得真正的友谊的人会在与人相处时更有可能表现得诚实、坦率、热情，而认为友谊的获得是靠运气的人采取上述行为的可能性就会大大降低。

当然，必须注意的是，在实际生活中，极端内控和极端外控的人是很少的，大多数人都处于内—外控制这个连续尺度的某一点上，有些人相对外控一些，有些人相对内控一些，有些人则比较均衡。罗特与他的同事共同制定了内—外控制的量表，用来测量一个人位于内—外控制尺度的哪个位置上。这个量表包含29个强迫选择项目，通过将你在每项中的选择相加，你可以很容易地确定自己是倾向于内控还是外控。②

---

① E. JERRY PHARES. 人格心理学［M］. 林淑梨，王若兰，黄慧真，译. 台北：心理出版社，1995：594.

② ROTTER，J B. External control and internal control psychology today［M］.［S. L.］：Psychology Publishers Inc.，1971：37 – 42，58 – 59.

内—外控制定位

我非常强烈地相信：		
升职是通过长期勤奋而持续的努力	或者	挣许多钱在很大程度上是由于好运气
在我的经历中，我发觉在我的努力学习和所获成绩之间有直接的关系	或者	看来很多次老师对我都只是偶尔反应
离婚的数量表明越来越多的人不想维持婚姻	或者	离婚很大程度上是命中注定的
当我正确时我能说服他人	或者	认为一个人可以真正地改变另一个人的基本态度是愚蠢的想法
在我们的社会里，一个人赢得他的未来是靠他自己的能力	或者	获得提升只不过因为比别人稍微幸运一些罢了
如果一个人知道如何处理人际关系，他很容易受到领导的重视	或者	我完全不能左右别人的行为
在多数情况下成绩都是我自己努力的结果，运气很少或者根本就没有起作用	或者	有时候我觉得我这个成绩与我的能力或努力无关
如果更好地倾听他人，我能改变事件的进程	或者	相信一个人真的能对社会事件产生影响，这只是一种个人幻想而已
我是自己命运的主宰	或者	大量发生在我身上的事情可能都是一种偶然
与人相处是一门需要经常练习的技巧	或者	几乎不可能取悦他人

说明：如果你更多地选择左栏，表明你更多地倾向于内控；若更多地选择右栏，表明你更多地倾向于外控。

罗特提出的控制点理论引起了许多心理学同仁的关注，他把个体内外控与行为表现、适应、防卫、性别差异等关联起来进行研究，以探讨内外控制点的成因与效果。他发现内控的人行为表现得更为主动、积极和独立。比如，他们更喜欢主动地寻求有关问题与情境的信息；内控的患者采取更多的自觉的健康行为和健康保健措施；内控的人更多地对自己和别人的行为结果作内部归因；内控的人和外控的人在适应压力事件上各有特征；男性与女性在内外控上的总体差异并不明显，但对某些特殊问题，比如政治影响力态度等，有显著差异；他们还认为，个体成年后是持内控的观点还是外控的观点，可能与父母的内外控立场有很大关系等。

三、适应不良与行为改变

罗特与许多临床心理学家一样，相信一些基本的心理需要的满足与否对人格的健康发展和适应性行为的学习是十分重要的。他也认为人的心理需求起源于生理需要的满足，因此儿童很小就形成了对爱、关注、保护和认可的心理需求。此外，罗特还认为，人类有六种广泛的心理需求：认可—地位、支配、独立、保护、爱与情感、身体舒适。

罗特认为，行为适应不良可能有一些典型的原因或类型，心理辅导者可以从中得到更有针对性和更为详细的意见。它们是：①低预期—高效价。患者对某种行为的心理需求十分强烈，可是对于成功的期望却又很低。比如单恋，明明知道对方是天上的月亮，没有得到的可能，可是又偏偏不能割舍。②冲突。对两个不能相容的需求同时赋予高效价。比如，又想勤奋学习、拥有好的学业，又离不开电子游戏机前的激动和兴奋。③缺乏能力。在某方面缺乏能力，于是不断地放弃参加相应的活动的机会，以致越来越丧失自信。④不适当的最低目标水平。把自己的最低目标水平定得过高或者过低。⑤无法分辨。某种需求的效价高到支配一切，以致对适宜的和不适宜的环境刺激都做出相应行为。比如，一个人急切地要求被认可，对认识不到一小时的人也重金相赠。

作为一名临床心理学家，罗特的理论为行为治疗提供了一个明确的概念框架，同时也促进了认知行为治疗的发展。罗特强调，消除行为适应不良要直接从行为入手，通过认真检查与不良的适应行为有关的情境因素和认知因素，设置合理的、有针对性的治疗目标，以求达到行为的改变。总的来说，改变行为无非就是从两个方面入手，即个体的强化效价和行为预期，当然，有时候两者都需要调整。

第四节　人格的认知因素

一、个体的认知变量

米歇尔（Walter Mischel，1930—　）长期研究延缓满足和自我控制现象以及青少年攻击行为。他受罗特和凯利的启发，反对特质论，重视人格的认知因素。他认为特质测验所测到的仅仅是行为变量中很少的一部分，并且也没有多少证据来说明特质具有跨情境的一致性。米歇尔从认知心理学和社会学习论中借鉴了很多观点，提出了一种新的人格理论构想。他认为，与其用特质来解释行为的一致性，不如去考察人们的认知和评价他们行动的计划。米歇尔将这些相关的稳定认知因素称为认知变量。

米歇尔列出五个变量来说明我们行为中稳定的个体差异，它们是能力、译码和分类策略、预期、主观价值和自我调节系统与计划。

（1）能力。个体的认知和行为的建构能力代表了其潜力。在整个一生中，我们的潜能发展为大量有组织的行为，从非常简单的行为（如骑车）到非常复杂的行为（如做一项实验）。这些能力来自包括条件反射和观察学习等许多因素，但米歇尔强调的是认知成分所起的作用。尽管过去经验并不能在记忆中准确地保存下来，然而，我们可以创造出自己关于何事将要发生的概念，当我们考虑事件发生和产生新经验时，记忆中常常会增加一些新的变化。在能力及稳定的外显个体差异方面，有时直接表现能力上的感知差异，如那些我们描述为聪明或有创造性的人，他们采取某种行为方式的部分原因是他们具备这些能力。

（2）译码和分类策略。个体的第二个认知变量是译码和分类策略。同凯利相似，米歇尔认为人们在注意、解释和分辨事件时存在差异。两个人从相同情境中学到的和产生的反应差异是由于他们有着不同的经验。

（3）预期。虽然了解人们有能力做什么及如何分辨事件很重要，但是米歇尔认为，要准确预见人们的行为还需要第三个变量，即对行为—结果和刺激—结果的预期。正如罗特在他的社会学习论中描述的那样，从经验中我们能够预见某一特定的反应会导致某一确定的结果。米歇尔称为行为—结果预期。假如提高我们的嗓音并不能使一个小孩停止哭泣，我们将会预见大喊并不能阻止哭泣，最后会停止大叫而转向可能更为有效的方式。米歇尔认为，那种不适当的行为是行为—结果预期与事实不一致的结果，如一些人用持续、激烈的方式去应付挫折。从认知的角度讲，这些人形成了一种不正确的预期，以为激烈的方式会改善受挫折的情形。

（4）主观价值。即使有相似的预期，但由于对主观刺激价值的估计不同，人们的反应也不相同，这就是米歇尔的第四个认知的个体变量——主观价值。比如，你和我都预见到对某人的恭维会产生拥抱或亲吻的反应，但是你喜欢这种社会接触方式，而我却不习惯，那么谁更有可能去恭维那个人呢？像罗特一样，米歇尔认为，个体对刺激价值的估计差异是相对稳定的，但对任何一个特定事件或结果的估计在很大程度上依赖于它发生时的条件，如有时我希望拥抱或亲吻，有时却不希望。

（5）自我调节系统与计划。自我调节系统与计划是最后一个个体认知变量。米歇尔认为，虽然我们对外部的奖励或惩罚有明显的反应，但我们会形成自己的“自律尺度”。通过自我表扬和自我强化，通过认知来激发自己的行为。

通过以上五个认知变量，米歇尔认为不需要传统的特质概念就能判断人们行为中的稳定模式。尽管面对的是同样的现象，然而米歇尔却用认知结构和加工的差异来解释这一切，例如，强化之后的行为变化是由于预期的变化而不是刺激—反应的变化引起的。近年来，米歇尔和他的同事又引入了其他的认知结构去判断个体行为的差异，以下是他们进一步的研究。

二、原型

如果让你想象一个商人、一个天才或一个运动员，你可能会在脑海中马上浮现出三种人的形象。如果问你最好的朋友是不是一个商人、天才或运动员，你可能将他与脑海中浮现的形象进行比较，越是与之相似，你认为你朋友是商人、天才或运动员的可能性就越大。

所谓原型，就是某类事物在个人心目中的典型形象。用原型考察人格基本框架的方法源自早期认知心理学家罗什（Rosch，1978）。他研究发现，在判断某一物体是否属于某个范畴时，人们通常使用原型来判定。若物体同个人心中的原型越相似，那么就越有可能被归为同一类。如对于水果这一范畴，你可能会把苹果或橘子作为原型，油桃或杏与该原型很相近，因此很容易被归为一类。但当有人说西红柿是水果时，你也许会十分惊讶。这些东西与苹果或橘子是如此不同，它们似乎并不能归属于同一类。

原型也可用以区别人。一个人的原型并非描述某一特定的人，而是一个有许多固定特征的混合体，是代表某一类人的缩影。例如，你用迈克尔·乔丹作为“篮球运动员”的原型，当你说某人不像一个篮球运动员时，你的意思是这人不像乔丹。坎托和米歇尔同时认为，这些人的分类如图 8－4 所示的那样，他们是按等级排列的。

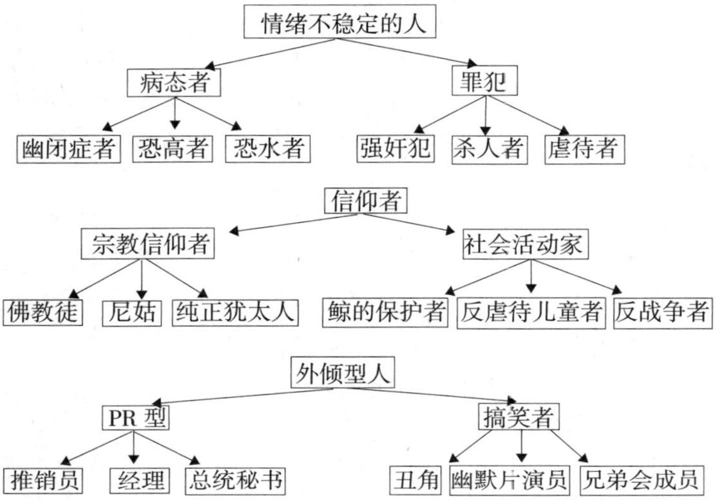

图 8－4　原型等级结构的实例

我们怎样用原型来理解人格呢？我们以自己感兴趣的类属构成独特的原型，而且这些感知方式的差异又导致我们行为上的差异。我们有不同的原型，用不同的类属关系去区分信息，因而我们对同一个人会有不同的看法，并以不同的方式和这些人交往。由于原型是一个相对稳定的认知结构，这些行为上的个体差异也是相对稳定的。

例如，一个叫张三的高中生，留着长长的、乱蓬蓬的头发，上课时总坐在后面，对老师的讲课毫无兴趣。英语老师认为他是一个挑拨是非的家伙，一个潜在的制造混乱的学生。这个老师在多年的教学生涯中形成了一个关于“惹是生非”的原型，而张三与这一原型刚好有相近之处。接下来就可想而知了，英语老师与张三之间越来越对立，张三的英语成绩也越来越糟糕。但是，张三的历史老师却发现张三与她的“孤僻学生”的原型相对应，这是个需要关心和鼓励的孩子。于是，她尽可能地与张三交谈，并对他任何试图学习的信号给予积极的反馈。她看到了张三隐藏在孤僻的天性下面的能力。对张三来说，他的两个老师行为上的差异可归于某种特质，英语老师被看成“卑劣”的而不被接受，历史老师则是一个可亲近的“好人”。从特质理论来看，这两个老师的行为符合这些特质的描述，但从认知角度讲，其行为差异是由于原型和认知分类不同。

原型的运用有利有弊。米歇尔认为，分类的好处在于允许思考和防止我们被信息的洪流所淹没，不利之处在于它以定型化或让我们以一种狭窄的类型去看待他人，而不是根据每个人的独特之处来对待。当原型运用得当时，我们会理智而有效地与人交往。但是，我们哪有时间用不带任何先入之见的眼光去考察每一个人及解释他们的行为呢？显然，我们有时是以某人的类别而不是他的实际行为做出反应的。某人被认为符合你的"愚笨的人"的原型，他就很难做出什么事来改变你的看法。一些心理学家用扩展原型的概念来描述精神病治疗专家诊断精神病患者的方式，他们认为，这些专家实际上是依靠患者在许多诊断中的情况与专家最初的原型相比较而诊断的。在多年的临床经验中，这些专家形成"妄想狂精神分裂""强迫症"等原型，患者与典型的原型越相似，就越有可能被诊断为那一类。

三、图式理论

图式是帮助我们感知、组织、加工和利用信息的一种假想的认知结构。在众多的刺激面前，我们需要从大量令人迷惑的信息中获得理性认识。对一个婴儿来说，这个世界看起来就像詹姆斯指出的那样，是一种"令人迷惑的、极端混乱的"情形。婴儿还没有发展出一定的能力知道在这种混乱中应注意什么或忽略什么。因而，图式的主要功能之一是帮助我们感知环境的特征。当然，当某些极为重要的事物或某些有引人注目的特征的人物出现时，每个人都会注意到，比如，一个两米高的人参加一次舞会，人人都可能注意到他的身高，但环境中并不突出的特征可能就不被注意，除非我们有着敏锐的加工信息能力。

除了感知环境的特征外，图式还给我们提供了一个加工和组织信息的结构。例如，我能把一个关于母亲的新信息纳入已有的和她有关的知识中，这是因为我有一个非常明确的"母亲"的图式。我能系统地描述母亲，因为有关的信息组织在一个结构良好的系统中，而不是大量杂乱的信息分布在许多无关的图式中。对一个我从没见过的女性而言，我对有关母亲的信息更为细致敏锐。当问到我的母亲是否喜欢与人交往时，我能比回答英国女王是否如此要详细得多。最后，由于"母亲"的图式提供给我一个框架去加工和组织有关的信息，对我而言此类信息自然也就容易利用。与记忆中那些散乱的信息相比，回忆起关于母亲的信息要容易和详细得多。

我们用图式去解释人格差异，正如用认知结构—人格结构和原型那样。图式是相对稳定的，因此，我们也以相对稳定的感知和利用信息的方式做出反应。对个体而言，它们都是不同的。我们都用相对稳定的态度加工信息，这就导致我们行为中相对稳定的个体差异。

自我图式是从过去经验中得到的，是对自我的认知发现，它组织和指导与自我有关信息的加工。个体的自我图式是由其行为中最重要的方面组成的，因为生活中并非每一部分都同等重要，因而并非你做的每件事都会成为自我图式的一部分。例如，你我都打篮球和写诗，但不能认为这两项活动在我们的自我图式中有同等地位，也许打篮球是我的自我图式中的重要部分，但写诗却不是，而你可能恰好相反。

假如能够看见自我图式，那么它看起来会是怎样的呢？图 8－5是一个可能的例子。最根本的信息构成个体的自我图式，包括姓名、性别、外部形象的特征，与生活中的重要人物如父母、配偶的关系的表征等。这些特征几乎存在于每一个人的自我图式中。自我图式中的特征是理解个体差异的重要因素。如运动员可能把篮球、100 米短跑速度等与体育有关的信息纳入自我图式中，而一般的人却不会这样。我们也有一些图式，它们没有较强的关联性成为自我图式的一部分。如某人也许有一个关于宗教的图式，但它并不是自我图式的组成部分，只是在参加了一次宗教活动以后，才可能成为其中的一部分。

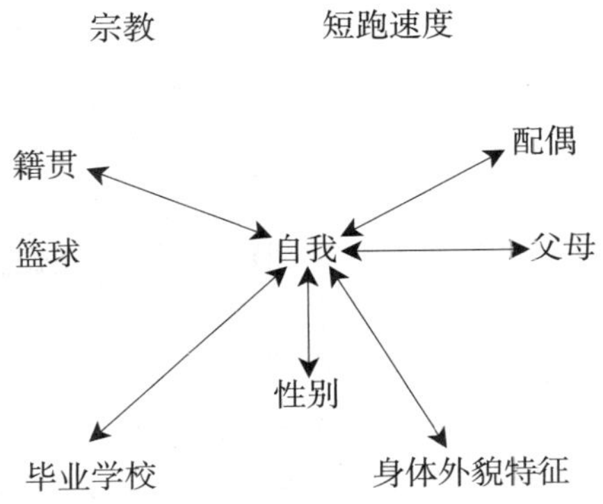

图 8－5　一个人的自我图式示意图

你是一个独立性很强的人吗？在回答此类问题时，有些人迅速而果断，有些人则犹豫不决。根据自我图式的分析，在那些容易回答的问题上，你有一个充分发展了的图式。那些在独立性方面有很强的图式的人，在问到他们是否具有独立性时，他们很快就能回答此类问题。这一图式能使人们明白问题所指，并且能迅速地做出反应。那些没有一个强有力的独立性图式的人，由于缺少相应的认知结构，他们就不能迅速和确定地加工此类信息。大多数关于自我图式的研究即以此为出发点。如最初的实验研究发现，个体感觉自己是独立的还是依赖的，这是许多人的自我图式的重要成分（Markus，1977）。根据初期的研究，被试分为独立性强的、依赖性强的和中间型的三种类型。三四周后，让这些被试参加一个试验，屏幕上每次显现一个形容词，被试的任务就是按键（有两个键，标着“是我”或“不是我”），以判断这些形容词是否是对自己的描述。15 个形容词与独立性关联，另 15 个与依赖性关联。研究者想要考察这三组被试对这 30 个形容词的反应速度。结果发现，独立性强的被试在与独立性相关的形容词上反应很快，在与依赖性相连的形容词上则需更多的时间才能做出反应。依赖性强的被试则相反，而中间型的人在这 30 个形容词上没有显著差异。

这一结果表明，人们在加工信息时，如果他们在与该信息有关的方面有一个强有力的认知结构，他们就能迅速做出反应。对那些自我图式中包含独立性的被试来说，他们能很快地加工与独立性有关的信息，但这些被试缺少足够的认知结构去加工与依赖性有关的信息，要回答这方面的问题当然困难一些。这并不是说没有明确图式的人智力低或他们的认知速度慢，只不过他们在信息加工中存在差异而已。

此外，自我图式还提供了一个组织和贮存有关信息的框架。根据这个观点，当人们在某方面有足够的图式时，他们更容易从记忆中提取出有关的信息。为了证明这一设想，研究者请来一些大学生，在屏幕上共呈现 40 个问题，要求这些被试回答每一个问题时尽快地做出“是”或“否”的按键反应。其中 30 个问题不涉及他们的自我图式，如回答某一单词是否大写，或是否与另一单词押韵，或是否与另一单词的含义相同。但对其余的 10 个单词则要求判断是否是对自己的描述，意即加工这些信息时要涉及自我图式。在回答完问题后，要求被试在 3 分钟内尽可能回忆这 40 个单词。结果表明，与自我有关的单词比其余三类单词回忆效果更好。研究者认为，这是因为被试通过自我图式去加工这些信息，因而更容易回忆起这些单词。

当要求被试判断这些单词是否描述主试或其他人时，被试的回忆成绩不如回忆描述自己的单词那样好。由于被试可能没有一个关于主试的明确的图式，回忆这些单词也就不那么容易。也许是因为这些与自我有关的单词能够唤起相应的情绪，因而回忆时更容易。当研究者比较与自我有关的单词和能唤起情绪但与自我无关的单词的回忆成绩时，与自我有关的单词回忆成绩更好（McCauL，Markus，1984）。

总的来看，研究者已发现大量证据支持自我图式的模型，当人们加工那些与自我图式有关的信息时，他们的反应更快，回忆成绩更好。这些研究有力地支持了自我图式的模型，从而支持了人格的图式理论，它说明人格的差异源于认知结构的差异。

第五节　认知心理学的研究与应用

一、认知心理学的研究

人格的认知理论是当代西方人格心理学中最受欢迎的人格理论之一，其理论和方法具有自己的明显的特点与优势。通过认知来理解人格是一种较新的研究方法，因而难免会有某些缺点和不足。人格心理学家们已逐渐习惯从认知的差异理解人格，随着研究的深入，它将进一步推动这方面的发展。然而，自从凯利开创人格的认知理论的先河以来，人格的认知研究已经有 40 多年的历史了，但有关的研究还不够系统深入，像原型和图式的研究还只是处于初步的探索阶段。

人格认知理论的优势之一是形成了许多新的思想和观念。这些思想和观念借助于实证的研究方法不断得以发展，特别是根据目前的研究发现，原型和图式的概念开始得到深化。研究者不仅展开了这些概念的应用，他们还通过实证调查来解释人格现象。人格认知理论家确信，他们能够比特质论更好地解释为什么特定的人会表现出特定的行为。除了证明特质和预期行为相关外，认知论者还用认知结构解释了行为中稳定的个体差异。其重要之处在于，特质也可以解释为信息加工中稳定的模式。例如，一项研究对A型和B型人格类型的被试进行了比较，发现那些与他们的人格类型有关的特质描述中，A型和B型被试都能更快地做出反应。该研究表明，A型和B型的差异至少在一定程度上是由于被试在认知结构上存在差异。

人格认知理论的另一个优势是，该流派与目前心理学发展的主流趋势一致。心理学其他领域的研究者，如发展和社会心理学家，常常将自己的工作与从人格观察中得到补充和发展的认知研究联系起来。正如早期描述的那样，认知理论的心理治疗最近变得特别流行。

对理论缺陷的承认是凯利人格理论中引人注目的特征之一。他承认自己的方法建立在一些假设的基础上，并且指出人格的某些方面不能用他的理论去解释。凯利进一步指出，他的理论仅仅在一个更好的理论取代它之前有其用途。与某些人格理论家的自夸和宣扬相比，凯利的态度给人格心理学界带来一阵清风。

人格认知理论最常受到的批评，即相对于实验研究来说，人格认知理论中的许多概念含混不清。准确地说，人格结构或原型究竟是什么？怎样才能知道图式是存在的？到底有多少种图式？这些图式是怎样联系起来的？更重要的是，如果我们仅有一些含混的概念，又如何证实它们在行为中的影响？某些问题可以通过进一步的研究来回答，但与人格理论家的某些结构相比，认知的不确定性可能使人更加费解。与此相关的另一个问题是，用这些含混的概念说明行为中的个体差异或属多余。例如，行为主义者声称他们可以用较少的结构去解释同一现象。图式或原型的引入也许是多余的，它们有如理解人格中给人造成迷惑的障碍物。根据简洁的原则，认知理论家有责任使用更简洁的方法阐述他们的理论。

或许是因为人格的认知理论尚处于发展初期，还没有形成一个清晰的模型来组织和指导其理论与研究。根本的问题在于，各种认知结构与其他结构以及信息加工过程之间的联系是怎样发生的？各种不同的结构之间的相互关系是以怎样的方式进行的？人格结构与图式有何不同？它们与原型又如何区别？一个科学、清晰的理论模型应该帮助研究者更精确地理解这些概念，理解这些概念之间是如何关联的。

二、认知心理学的应用——认知疗法

（一）认知疗法的理论基础

认知心理学的理论成果与研究方法在临床实践中的应用取得了广泛的成果，其突出成果就是认知疗法。认知疗法是根据人的认知过程影响其情绪和行为的理论假设，通过认知和行为技术来改变求治者的不良认知，从而矫正适应不良行为的心理治疗方法。认知心理学把人的高级心理过程作为研究对象，并认为只有这些高级的心理过程才最有意义。它认为人脑对外界刺激的加工是个复杂的过程，并认为应研究和力图了解这些过程。认知心理学涉及的领域极为广泛，但它特别强调的是人的思维发展和思维过程。

虽然不同的认知治疗家都有各自的理论体系，使用不同的技术，但还是有着一些共同的特点，比如，他们都认为认知过程决定行为的重要性，都认为行为和情绪的产生有赖于个体对情境所做出的评价，并认为这些评价受个体的信念、假设、思维方式等认知因素的影响。这些观点构成了一个为大多数认知治疗家所能接受的理论框架，把人的心理过程包括感觉、知觉、情绪、思维和动机等都看成是意识现象，这是认知理论与精神分析学说和行为主义理论的根本分歧。

根据认知理论，认知治疗家认为，当知觉由于某种原因得不到充分的信息，或对感觉做出错误的评价与解释时，就会对知觉的准确性或范围产生影响，使知觉受到限制或歪曲，从而导致适应不良的情绪和行为。因此，要改变不良的情绪和行为就必须首先对原来的认知过程，以及这一过程中产生的认知观念加以改变，这是认知治疗的核心。认知疗法中除了凯利的“固定角色疗法”外，影响最大的就是埃利斯的“理智—情绪疗法”。埃利斯把认知对情绪的调节原理应用于临床，创立了“理智—情绪疗法”。理智—情绪疗法只注意人的思维结构、价值观和决策。对于情绪问题，这种方法认为其是可以随认识的转变而转变的。

理智—情绪疗法对于人的本质有这样的假设：人生来有一种既理智又不理智的潜在性质。人生来就有欲望、要求和期待，如果这些东西在生活中可以得到满足，人就可以顺利发展，否则就会责备自己或责怪他人；人的思维、情绪和行为是同时的、互相伴随着的，因为情绪总是由某个具体的情境通过知觉激发出来；人并非完全由生物因素决定，也不是一切都受本能驱使的动物，人是能改变自己的，从童年开始形成的价值观念系统、信仰以及其他观点都可以改变；情绪是思维的产物，因此，情绪方面的障碍的一个直接原因，就是人的错误看法，即一种非逻辑的思维。

埃利斯对于经常造成人的痛苦的非逻辑思维总结了以下十点：

（1）一个人要有价值就必须很有能力，并且在可能的条件下很有成就。

（2）某某人绝对是很坏的，所以他必须受到严厉的责备和惩罚。

（3）逃避生活中的困难和推掉自己的责任可能要比正视它们容易。

（4）任何事情的发展都应当和自己的期待一样，任何问题都应该得到合理的解决。

（5）人的不幸绝对是由外界造成的，人无法控制自己的悲伤、忧愁和不安。

（6）一个人过去的历史对现在的行为起决定作用，一件事过去曾影响自己，所以现在也必然影响自己的行为。

（7）自己是无能的，必须找一个比自己强的靠山才能生活，自己是不能掌握情感的，必须有别人安慰自己。

（8）其他人的动荡不安也必然引起自己的不安。

（9）和自己接触的人必须都喜欢和赞成自己。

（10）生活中有大量的事对自己不利，必须终日花大量的时间来考虑对策。

如果一个人有上述观点中的几种，那么他的内心是很难安宁的。

认知疗法强调，一个人的非适应性或非功能性心理与行为，常常是受不正确的、扭曲的认知影响而产生的。如果更改或修正其扭曲的认知，便可以矫正其适应不良的行为。认知疗法的策略，在于帮助人们重新构建认知结构，重新评价自己，重建对自己的信心。

认知疗法常常采用认知重建、心理应付、问题解决等技术进行心理辅导和治疗，其中认知重建最为重要。这种治疗的关键是直接改变患者的人生哲学，在教会他们学会逻辑思维的同时去攻击他们的非理性观念。

认知疗法是针对心理分析的缺陷而发展起来的。因为在心理分析治疗里，常常只重视心理与行为的潜意识或情感症结，而认知疗法把着眼点放在认知上，放弃潜意识，易取得患者的理解和协作。

（二）认知疗法的技术

认知疗法常用的治疗技术如下：

1. 改变患者的现实评价

正常人能够区分主观与客观、假设与现实，但患者常常把两者混为一谈。要解决这一问题，首先要让患者充分认识到自己认知的局限性，施治者可以运用认识论的原理直接或间接地对患者解释以下问题：对现实的感知不同于现实本身，最多也只能接近现实，因为感觉器官的功能有限，不可能完全反映现实，在病态的情况下尤其如此；对感知的解释依赖于认知过程，如分析、综合、比较、抽象、概括以及概念、判断、推理等。这个过程容易出错，任何生理、心理问题都可能影响认知过程。

2. 改变信条的技术

人们主要是根据自己的价值观念来调节自己的生活方式、人际关系，解释、评论外界事物，解释、评价自我与他人。也有人把价值观念称为信条，如果信条定得太绝对或使用不当，就会产生适应不良，导致焦虑、抑郁、恐怖、强迫等现象。常见的信条有下列几种：

（1）危险—安全信条。人们常常用自己的信条来估计环境的危险性和自己应付危险环境的能力，两者之比称为“危险性”。如果过高地估计危险度，会产生不必要的焦虑，使生活受限（如恐惧症、强迫症）；如果过低地估计危险度，则易发生意外。在临床治疗中，所见到的问题主要是过高地估计危险度，主要表现为害怕某种环境、人际敏感等。对这类患者，要让他们改变对环境的敌意态度，并认识到在大多数的情况下环境是安全的，人也有一定的能力去克服危险，过分的害怕是不合理的。

（2）快乐—痛苦信条。它所引起的适应不良的主要问题是患者把快乐与痛苦绝对化，非此即彼，达到目标则快乐，达不到则痛苦。持有这种态度的人，多被别人或自己认为是很有才能的人，自尊心强，害怕失败，不满足自己，无休止地驱使自己去奋斗，所以神经一直处于紧张状态，当然不会有幸福可言。如果因为某一事件的影响或某次失败，患者就把这当做灾难，自尊瓦解，陷入自卑、沮丧、焦虑、抑郁中。对这类患者要使他们明确自己的认知，帮助他们判断是这些认知使自己痛苦。要让患者充分认识到人的能力的局限性，人不可能十全十美，事事成功；要正确认识失败，失败并不意味着以后永远不会成功；要给自己留条后路，不能事事都背水一战；同时要降低自己的目标，降低自己的期望，增加对失败的耐受性。

（3）“该”与“不该”信条。患者在自己内心中，有一套固定的信条，自己应该怎样、不该怎样。信奉这些信条的人对自己有很多要求，同样也以这些信条要求他人，容易造成人际关系紧张，加重患者的心理负担。施治者要帮助患者分析“应该”信条的非现实性和它所带来的压力，认识到它会妨碍重大目标的实现；了解人的局限性，人所做的一切不可能都成功；各人有各自不同的价值系统，没有统一的“应该”模式，不能把自我同他人的看法等同起来；改变“应该”信条，使之更现实、更有弹性。

一般来说，患者的主要问题若与非功能性的认知有关，或是根据异常的认知所形成，如对人的偏见、对自己的自卑、对事情抱有错误或消极的态度等，都适合运用认知疗法来进行治疗。在临床上，认知疗法适用于各种神经症，但主要是用来治疗抑郁症，尤其是内因性抑郁症。

心理学家贝克认为，认知治疗对心理障碍的治疗重点应该在于减轻或消除那些功能失调的活动，并帮助患者建立适应性的功能；鼓励患者对导致障碍的思维和认知过程以及情感、动机等内部因素进行自我监察。他（1985）进一步提出了五种具体的认知治疗技术：

（1）识别自动性思维。自动性思维是指患者的一些已成为固定的思维习惯的错误观念。由于这些思维已经构成患者思维习惯的一部分，多数患者不能意识到在不良情绪反应以前存在着这些思想。因此，在治疗过程中，治疗者首先要帮助患者学会发掘和识别这些自动化的思维过程。更为具体的技术包括提问、指导患者自我演示或模仿等。

（2）识别认知性错误。所谓认知性错误，即患者在概念和抽象上常犯的错误。典型的认知性错误有任意的推断、过分概括化、“全或无”的思维等。这些错误相对于自动性思维更难以识别。因此，治疗者应该听取并记录患者述说的自动性思维以及不同的情境和问题，然后要求患者归纳出一般规律，找出其共性。

（3）真实性验证。将患者的自动性思维和错误观念视为一种假设，然后鼓励患者在严格设计的行为模式或情境中对这一假设进行验证，通过这种方法，让患者认识到他原有的观念是不符合实际的，并能自觉加以改变。这是认知治疗的核心。

（4）去中心化。很多患者总感到自己是别人主义的中心，自己的一言一行、一举一动都会得到他人的品评。为此，他常常感到自己是无力的、脆弱的。如果某个患者认为自己的行为举止稍有改变，就会引起周围每个人的注意和非难，那么，治疗者可以让他不像以前那样去与人交往，即在行为举止上稍有变化，然后要求他记录别人不良反应的次数，结果他发现，很少有人注意他言行的变化。

（5）忧郁或焦虑水平的监控。多数抑郁和焦虑患者往往认为，他们的抑郁或焦虑情绪会一直不变地持续下去，而实际上，这些情绪往往有一个开始、高峰和消退的过程。如果患者能够对这一过程有所认识，那么，他们就能比较容易地控制自己的情绪。所以，鼓励患者对自己的忧郁或焦虑情绪加以自我监控，就可以使他们认识到这些情绪的波动特点，从而增强治疗信心。这也是认知治疗常用的方法。

此外，在实际治疗过程中，贝克还特别重视患者的潜能。他强调，治疗者应注意引导患者去充分调动和发挥自身内部的潜在能力，对自己的认知过程进行反省，发现自己的问题并主动加以改变。因为贝克相信，患者情绪和行为上的不适应是由于在某些特殊问题上错误地使用了共同感受这一工具，使其特定的认知方式与常人不协调，而不是其整个的认知系统都遭到破坏，在这些特定的问题之外他们仍可能有正常的认知功能。因此，如何帮助患者利用这些功能解决自己的问题，是治疗者的首要任务。贝克的这种观点对认知治疗也具有重要意义，已经成为治疗的重要原则之一。

认知疗法还可以用于治疗焦虑症、强迫症、恐惧症以及有妄想倾向的人。

（三）案例分析

A，男，25 岁，大学三年级研究生。他诉说一个月以来经常失眠，无食欲，常感到浑身无力，对任何事物都不感兴趣，活动水平明显下降，同时情绪低落，忧郁烦闷，提不起精神，总感到生活中面临着许多难以解决的问题，故认为自己活着很累，产生过自杀念头。结合 SCL－90 量表，其抑郁表的分数较高，因此被诊断为抑郁症。

一个多月以前，患者的女友因某种原因中断了与他两年的恋爱关系。患者本来准备毕业后就结婚，现在突遭打击，他为此而情绪低落，后来越陷越深，终于到了不能自拔的地步，以致影响了自己的学习及毕业论文，从而使得抑郁情绪进一步严重起来。

患者除上述表现外，对自己的问题有一定的自知力，也有一定的求助动机，而且无幻觉、妄想等精神病状。因此，他的抑郁状态主要是神经症性的，可以通过认知疗法加以改变。

治疗者：我很理解你目前的处境，每一个与你有类似经历的人都可能会有像你现在的感受。但是，你好像比别人陷得更深，你觉得是什么原因导致了这种情况呢？

患者：是的，我想我在这方面的确不同于别人，也许和我的幼年经历有关。我读过一些弗洛伊德的书，我想我的这种状态是我幼年恋母情结的结果。

治疗者：这是精神分析理论中的一些问题，也许我们会在其他时间里讨论这些问题，但是现在，我关心的是一些可能见到的事实，以及你的切身感受。比如，你很爱她，是吗？

患者：是的，两年来我一直很爱她，对她有很深的感情，否则我也不会像现在这样。

治疗者：她也很爱你吗？

患者：……怎么说呢？虽然我们保持了两年的恋爱关系，但这种关系并不像我理想中的那样好。

治疗者：你的意思是不是她并不像你爱她一样爱你？

患者：是的，实际上，我们经常吵架，这两年我们处得并不愉快，我一直担心会出现今天这样的事。

治疗者：那么这件事还有挽回的余地吗？

患者：不可能了，她与另外一个人好了，而我则远不如那个人……

治疗者：那么两年以前呢？我是说你认识她以前，你是否也是现在这个样子？

患者：（思考一会）我想不是的，那时候我很自信，生活也很充实，各个方面都很好，总之和现在完全不一样。

治疗者：既然你在认识她之前过得很好，而和她在一起却又不能愉快相处，那么为什么现在离开她你却认为没什么意思了呢?

患者:……

治疗者:在认识她以前,你还和其他女孩来往吗?

患者:是的,实际上那时有很多女孩都追过我。

治疗者:那么为什么现在离开她,就不能再和她们好好相处呢?

患者:我能力不如从前了,精力也不如以前旺盛,做任何事都没信心,怕做不好,索性就不去做,这样也很难再和别人像以前那样相处!

治疗者:你这样想是因为你目前还没从失恋的阴影中走出来,而你一旦能从中解脱,也许你就不会像现在这样看问题了。

治疗者:我的意思是,如果你结束了这段你并不十分满意的恋爱,这对你以后的生活未必就是一件坏事。

(患者沉默、思考)

治疗者:退一步说,如果你们继续相处下去,结婚成家,你是否认为那一定是个美满的婚姻和家庭呢?

患者:我不能肯定,但也许情况会更糟。

治疗者:那么,是否可以这样认为,现在她离开你,你实际上并没有损失比你的幸福更重要的东西?

患者:(沉默一会)我想是这样。

从上面的谈话过程可了解到认知疗法的典型风格,患者在治疗者的引导下开始重新考虑与女友分手对自己的意义。经过这次谈话,患者不再那么忧郁、沮丧了,并克服了自杀念头。在以后的谈话中,患者说施治者提出的一个关键性问题使他改变了看法,那就是在他认识女友之前,生活得很好,也很有吸引力。现在失去了她怎么会活不下去呢?患者最终摆脱了失恋的影响,过上了正常的生活。

人本主义心理学作为心理学的“第三思潮”已经得到许多心理学家的赞同,而且其影响也在不断地加深和扩大,而认知心理学由于成果斐然,也已经成为心理学研究中最重要的分支之一。因此,以这两种思想为理论基础的认知治疗也必将有光明的前景。但是,在认知疗法中,患者的理性思维能力或潜力是很重要的,心理医生应充分认识和估计到这一点,否则,在治疗过程中很容易产生事倍功半的结果,甚至几乎看不出有什么成效,因为重点是建立患者的人生哲学和正确的价值观,无论心理医生怎么努力,最终还是需要通过患者自己的观念来改变。

复习与思考

一、概念

认知方式、场依存—场独立的认知方式、构念、固定角色疗法、行为潜势、预期、控制点、原型、自我图式、认知疗法、理性—情绪疗法

二、问题

1. 阐述威特金的心理分化论。
2. 阐述凯利关于人格建构的基本假设与推论。
3. 根据罗特的行为预测理论分析日常生活中的行为决策过程。
4. 分析自己的控制点。
5. 考察男女生之间在生活中某些原型上的差异。
6. 分析个人的自我图式。
7. 尝试运用认知疗法解决自己或他人的心理问题。

第九章 积极心理学

- 积极心理学
- 自我决定理论
- 基本心理需要与自我决定动机
- 内在动机与外在动机
- 美德与人格优势
- 积极教育与积极治疗

在世纪之交出现的积极心理学是在批判传统的消极心理学基础上，继承与发扬人本主义心理学的思想与理念，采用主流心理学的研究方法，迅速成长起来的一个新的学术思潮。什么是积极心理学？积极心理学的英文为 Positive Psychology。Kennon M. Sheldon 和 Laura King 把积极心理学定义为致力于研究人的发展潜力和美德的科学。在过去的近一个世纪中，心理学家的主要注意力集中于消极心理学（pathology psychology）的研究，局限在对人类心理问题、心理疾病的诊断与治疗，消极取向的心理学成为主导，缺乏对人类积极品质的研究与探讨，由此造成心理学知识体系上的巨大空缺，限制了心理学的发展与应用。相对于消极心理学而言，积极心理学倡导心理学的积极取向，以研究人类的积极心理品质，关注人类的健康幸福与和谐发展为主要内容，试图以新的理念、开放的姿态对心理进行诠释与实践。本章将介绍积极心理学中与人格密切相关的理论与研究成果。

第一节 自我决定理论

美国心理学家 Deci Edward L. 和 Ryan Richard M. 等人提出的自我决定理论是关于人类的动机、人格、发展和幸福的大型理论。该理论强调人的行为由其自身先天内在的倾向为基础，同时，人所处的外在环境对其先天倾向也存在重要的影响作用。自我决定理论认为人是积极的有机体，具有心理成长和发展的潜能，倾向于以自我决定的方式与环境发生交互作用，从事他们感兴趣的、有益于其成长和发展的活动。自我决定既是一种潜能，也是一种积极的需要。这种对自我决定的追求构成了人类行为的内在动机。此外，该理论还认为，人虽然有心理成长和发展的先天倾向，但这种倾向的自然表现有赖于一定的环境因素，有赖于人们的基本心理需要的满足，这是积极动机形成的前提条件。

自我决定理论由五个小型理论构成（Deci & Ryan，2002）：①认知评价理论，涉及内在动机及其影响因素问题；②有机体整合理论，涉及外在动机的不同形式及对外部动机内化起促进和阻碍作用的外部因素；③基本心理需要理论，解释了基本心理需要的含义，以及心理需要和主观幸福感的关系；④因果定向理论，涉及不同动机的个体对自身行为的理解和对不同环境进行定向的差异；⑤目标内容理论，涉及人们追求什么样的目标。它与因果定向理论都属于自我决定的个体差异问题。为了叙述的方便，我们将自我决定理论的内容分为三个部分：一是基本心理需要，介绍自主需要、能力需要、归属需要以及这三种需要与幸福感的关系；二是自我决定动机，包括认知评价理论、有机整合理论两部分，内容涉及内在动机及其影响因素、外在动机及其内化过程以及内在动机与外在动机的关系；三是自我决定动机的个体差异，介绍因果定向与目标内容理论。

一、基本心理需要

自我决定理论认为，个体的健康成长及最佳机能的实现，都有赖于自主需要、能力需要和归属需要这三种基本心理需要的满足。这三种基本心理需要是人类先天固有的、普遍存在的发展需求，不因文化背景的不同而有差别。基本心理需要的满足促进个体成长和心理发展的潜能的表达，个体不仅会有健康的心理状态和整合的人格，能够有效地执行各项机能，而且会形成自我决定动机。下面我们分别对这三种基本心理需要以及它们所带来的影响进行介绍。

自主需要即自我决定的需要，是个体体验到的对行为的选择感和自主感。如在某项活动上的意志不受阻碍，可以自由地发表自己的看法，在某个活动上具有较高的自我决定程度。个体感受到的是一种内部归因，感到自己能主宰自己的行为，做自己的主人。能力需要与班杜拉的自我效能感（self-efficiency）同义，是指个体对自己的行为或行动能够达到某个水平的信念，相信自己能够胜任该活动，并且在完成之后有内在满足感。归属需要指个体与某人相联系或属于某个团体，从而获得来自周围环境或其他人的关爱、理解和支持的需要，它的满足让人们体会到归属感（刘丽虹 & 张积家，2010）。

如果我们的归属需要在婴幼儿和儿童时期能够得到满足，那么我们就会形成安全型的依恋，我们自发的探索环境的行为会更多，对于父母的引导和教育也更容易接受。能力需要得到满足的个体会表现出较高的自信心和自我效能感，他们更容易接受挑战而不是去逃避它们，并会在挑战性任务中找到乐趣。三种基本心理需要得到满足的个体会形成内在动机，以自我决定的方式，根据其自发兴趣进行探索，掌握新信息、新技能，尝试新体验。在内在动机的驱使下，个体在活动上的坚持度更久，任务表现更好，具有更强的环境适应能力。

自我决定理论认为，这三种需要本质上是先天的、心理性的，对于健康的机能来说，这三种需要的满足是必需的。人类有机体一直在争取能力感、自我决定感和他人归属感，并且努力尝试满足这三种基本心理需要，以使自我决定的潜能得以发挥（Deci，1985）。基本心理需要的满足程度不仅与人们的内在动机有关，而且与人们对幸福的体验有关。基本心理需要得到满足的个体会沿着健康和最佳选择的道路发展，并且能够体验到一种切实存在的完整感和“因理性或积极生活而带来的幸福感”（Ryan & Frederick，1997）。如果我们仅仅满足了其中一种或两种需要，那我们就无法维持心理的健康。如果一个人满足这三种心理需要的努力受阻，那他就会像生理需要没有满足时那样，以更大的决心去满足它们。但如果这种努力持续受阻，就可能导致这种努力的减少，引起心理失调如无助感、适应不良以及行为问题（Petri & Govern，2004）。

自我决定理论与人本主义理论有许多相似和重叠之处。在理念上，人本主义心理学强调人的尊严、价值、创造力和自我实现，认为自我实现是一种人的本性和潜能的发挥，正如同自我决定理论所认为的自我决定动机那样。而人本主义的需要层次理论又与自我决定理论中的基本心理需要理论不谋而合。前者将推动人们成长的需要分为基本需要和成长需要，基本需要包括生理、安全、归属和爱及尊重的需要，而成长需要包括认知、审美和自我实现的需要；在自我决定理论中，自主、能力和归属需要可以分别在需要层次理论当中的爱、安全与尊重需求上找到对应。当人们的基本心理需要得到满足时，他们会形成基于自身兴趣、爱好以及有益于自我发展的内在精神性的需求推动的内在动机，这个内在动机与马斯洛的基于成长需求的成长动机或存在动机非常相似。在心理治疗的应用中，我们也能看到它们的共通之处。

如果说，“二战”以来，人本主义作为心理学界的第三思潮开始将人们的视线从消极负面的人性观上转移开来，将积极的人作为心理学的主题，那么自我决定理论则作为积极心理学的一个分支，秉承了这一理念，并在科学的、实证研究的支持下提出了自己的理论，在方法论上克服了它们的先辈人本主义心理学家所采用的整体分析和经验描述的方法；在考虑人与生俱来的自然倾向之外，又强调了社会环境和后天教育的影响。自我决定理论顺应了主流心理学的实证主义倾向，将人们的视线重新聚焦在人的先天成长和发展潜能上，因此受到了广泛的关注与应用。

我们知道，自信心往往是建立在以往成功的基础之上的，根据班杜拉对自我效能感的研究，最初的成功经验对于人们而言非常重要，直接关系着是否能在今后取得更大的成就。因此，我们可以在个体即将面临一个难以完成的复杂任务时，帮助其将复杂的任务进行分解，使得他可以循序渐进、逐步完成，以增加成功的经验，提高他的能力感。如果我们找到与个体能力相匹配的任务难度的话，那么很有可能个体在完成之后获得能力感的同时也有一种投入感和满足感。

当我们处于低潮期的时候，我们看这个世界会带上灰色的眼镜，对自己的评价也会降低。此时别人的鼓励会给我们莫大的力量。因此，提高人们能力感的其他非直接的方法包括保持良好的心情、获得来自他人的表扬和称赞；当我们让个体观察那些与他们具有相似情况的人如何获得成功的，也会提高他们的自我效能感和能力感。

归属感与我们所处的群体有关，在一个关心、喜爱、尊重我们价值的群体中，我们会感到有归属感。如果你已为人父母，请尝试用民主型的方式与孩子沟通，增强情感交流度，对孩子的教育要重引导，让孩子知道你对他的期望、要求和理由；惩罚就事论事，并且在惩罚之前让孩子有解释自己的机会。在企业中，增强员工归属感有赖于对他们个人价值和未来的关注，让他们参与到企业的管理当中，同时增强企业自身的文化建设。

最后，如何帮助个体获得自主感呢？给人们提供与他们活动相关的信息，为他们的行动提供充分的选择，接受他们的“参考系”，理解他们对当前状况的想法、态度和需求；鼓励他们的自发性；在他们遇到困难时，理解他们感受到的消极情绪。这些做法看起来很复杂，但一言以蔽之，就是将人的重要性提高至其他一切外在价值之上，承认作为一个人本身所具有的价值，这种价值或重要性是无条件的，不以其他外在的奖励或评价而改变。这也是人本主义心理学家一直以来所秉承的原则。

二、自我决定动机

尽管基本心理需要的满足有赖于社会环境条件，但社会环境条件并不总是自动给每一个人提供全面保障，人的健康发展与幸福还有赖于人的自我决定行为。自我决定是每个人努力追求的目标，它代表着个人发展的理想状态。自我决定动机到底是什么？自我决定动机与其他动机有什么异同？它对我们的生活有着怎样的影响？想要这种动机在我们生活中发挥作用，我们又需要怎样的帮助？

（一）自我决定动机的连续体

自我决定理论认为，人的所有行为的动机类型都处在一个自主性程度的连续体上，由高到低分别为内部动机、外部动机与无动机。

内部动机是指为了活动过程本身所体验到的快乐和满足而从事某种活动，它是人类固有的一种追求新奇和挑战、发展和锻炼自身能力、勇于探索和学习的先天倾向（Deci & Ryan，1985），表达并代表了个体内部的“机体成长过程”（organismic growth process）。它与个体的内部因素如兴趣、满足感等密切相关，是高度自主的动机类型，代表了自我决定的原型。

外部动机是指人们不是出于对活动本身的兴趣，而是为了获得某种可分离的结果（separable outcome）而去从事活动的倾向，例如为了获得高分或避免受到惩罚等。早期自我决定理论只是简单地做出了内部动机和外部动机的区分。而事实证明这种划分过于简单，因为生活中占据我们精力的大部分活动仍然是工具性的，所以近年来的研究将外部动机下的行为调节方式又细分为外部调节、卷入调节、认同调节和整合调节四种自主程度不同的行为管理方式。外部调节、卷入调节的自我决定程度较低，被称为控制性调节（controlled regulation），而认同调节和整合调节的自我决定程度较高，也称为自主性调节（autonomous regulation）。它们与内在动机以及无动机的关系见表 9－1。

表 9－1　Deci 和 Ryan 提出的自我决定连续体

行为	非自我决定					自我决定
动机	无动机	外在动机				内在动机
调节类型	无调节	外部调节	卷入调节	认同调节	整合调节	内部调节
感知到的归因点	非个人的	外部的	有些外部	有些内部	内部的	内部的
有关的调节过程	无意向的、无价值的、无能力的、缺乏控制的	顺从的、外部的奖赏和惩罚	自我控制的、自我卷入、内部的奖赏和惩罚	个人的、重要性、有意识的、赋予价值	一致、觉知与自我整合	兴趣、享受、内在的、满足感

无动机是最缺少自我决定的动机类型。它的特点是个体认识不到他们的行为与行为结果之间的联系，对所从事的活动毫无兴趣，没有任何外在的或内在的调节行为以确保活动的进行。如无动机的学习者认为学习毫无意义，是在浪费时间，或者认为自己没有能力学好，没有获得成功的渴望。

（二）内在动机及其影响因素

Vallerand（1997）把内部动机分为三种类型：①了解刺激型（IM－Knowledge）。它是指个体为了获得新的知识，了解周围的事物，探索世界，满足个人好奇心或兴趣的动机类型。如喜欢了解说英语的国家的人们的生活方式。②取得成就型（IM－Achievement）。它是与个体试图达到某一目标或完成某项任务相关的动机类型，在这种动机的调节下，个体遵循内在需要，迎接挑战，超越自我。与了解刺激型动机比较，它具有更多的自我决定的成分。如：在英语课上表现良好会感到很高兴。③体验刺激型（IM－Stimulation）。它是最具有自主性的内部动机形式，个体把行为完全接纳为自我的一部分。在这种情况下，个体从事某种活动是为了行为本身内在的快乐。在这种动机驱动下的外语学习者通常认为英语是一种美丽的语言，因此在听或者说英语时感到很愉快。

根据内在动机的概念和分类，我们可以看到内在动机有以下一些特征：第一，内在指向性，即内在动机看重活动过程而非最终结果，个体主要对活动过程本身感兴趣而不是仅仅对最终结果有兴趣。活动过程本身就能满足他们的需要，而不是外在物质报酬。即便在没有外在奖励和物质刺激的情况下他们也会自愿学习、工作。第二，内在动机往往伴随着积极情绪体验。受内在动机驱使的个体，工作任务对他来说不再是负担而是爱好。具有强烈内在动机的员工，往往满足、陶醉于工作过程之中，甚至将其视为人生享受感觉而其乐无穷。第三，内在动机受到了个体内源性精神需要的引导，如兴趣、好奇心、自我实现的需要、成长的需要等，这也是内在动机出现所必要的内部条件。第四，内在动机往往具有较强的自主性，即自由选择性。员工出于自己意愿来工作，愿意自己决定如何工作，维持行为以实现最终目标，而非外力约束和监督（陈志霞 & 吴豪，2008）。

内在动机常常能预测一些积极的心理状态。如较高的创造力和认知灵活性、工作中更高的投入和坚持性以及由此带来的更高的成就水平、较高的幸福感和生活满意度、较高的生理和心理健康水平以及较低的焦虑感。内在动机的出现源于人本身所具有的各种精神性的需要，但这些需要的满足有赖于外部环境。自我决定理论认为，能够满足个体能力感、自主感和归属感的社会环境对个体的内部动机有促进作用，而破坏个体的能力感、自主感和归属感的社会环境则会对其有阻碍作用。这些因素具体说来包括个体所从事任务的特征、奖励与反馈和人际氛围。

1. 任务特征

对内在动机有促进作用的任务的特征有挑战性、自主性、完整性和重要性等。中等挑战性的任务既不太难，也不太简单，能够使个人的技能水平和挑战度相匹配（Waterman，Schwartz & Goldbacher，2003），把个人的积极性最大限度地调动起来，并且有利于个体能力需要的满足。儿童和成人都显示出了对最佳挑战性的任务的偏爱，儿童愿意选择稍微超过他们能力的任务，大学生往往根据成绩得到奖励的情况，选择很大挑战的难题。但只有最佳的挑战任务才能使学习者对活动感兴趣，能够产生积极反馈并增强任务的内在动机。

另外，具有完整性和重要性的任务能够增强个体对自身价值感的认知，增强个人的能力感，从而提高个体的积极性和自主性（Hackman & Oldham，1975）。最后，具有创造性和自主性的任务外部控制较少，具有开放性的结构，能提供更多的选择和自我决定的机会，满足个体的自主需要，从而促进个体的内部动机。

2. 奖励与反馈

行为主义心理学家认为奖励和积极的反馈是强化行为的重要因素，是所期望的行为出现的重要条件。从自我决定角度而言，它们本身也是个体能力的证明，能够满足个体的自我效能感和能力需求。但 Deci 和 Ryan 的经典研究发现（见本节后的经典回顾），强加的外在奖励会对个体随后的兴趣和内在动机产生削弱作用：虽然初始那些被给予金钱奖励的个体玩得更久，但是在随后撤掉奖励后的任务中，却是那些未被给予奖励的个体玩得时间更久。另外，现场研究发现，如能够帮助个体解决工作上的问题和困难，即便是消极的反馈，也不会降低个体的内在动机水平。这弱化了能力需求对于内在动机的重要性，在获得了自己如何做得更好的信息之后，即便是暂时的失败也不会损害个体的内在动机。

通过深入的研究，Deci 和 Ryan 发现，外部反馈对个体自主性作用的关键在于其信息性或控制性。他们认为，外部事件对个体主要有两方面的作用：信息性的和控制性的。信息性的反馈能够促进内在动机，因为它给个体提供了关于自己的优势、完成任务的过程以及改进方法的信息，事件相关的主体是个人，个人的潜力得到了充分的认可，因而它能充分满足个体的自主需求。信息性的积极反馈不但让个体知觉到能力感，而且能够促进个体的内部归因和自主感。控制性的反馈强调外部标准，看个体的活动成果达到了怎样一个水平，个体本身的重要性退居其次了，即便积极的反馈肯定了个体的效能，满足了其能力需求，却也因为其降低了个体的自主感从而削弱了他的内部动机。在

Deci 的经典研究中，中途被给予奖励的个体容易忽视那些活动的内在价值，将外部报酬作为自己行为的原因，产生外部归因，而外部归因更多的是控制性的反馈所带来的效应，会降低个体已有的内在动机。这也是为什么并非所有奖励都对内在动机有益（陈志霞 & 吴豪，2008）。

虽然控制型的奖励并不利于个体获得内在动机，但对于无动机的个体而言，控制性的奖励仍有助于个体的行为调节向更高的自我决定程度发展。例如，如果个体从事某项活动的初始兴趣水平不高，就谈不上内在动机被削弱，这时，奖励等外在因素倒可以引发个体的兴趣，提高其自我决定的水平。例如，对启发性、创造性的任务给予物质反馈可能会损害已有的内在动机，但是对较为枯燥的算法任务而言，外在奖励可以让活动保持更长的时间（张剑 & 郭德俊，2003）。而且研究者发现，当物质性的奖励被换成社会性的口头奖励时，如告诉个体他们表现得比同伴要好，那么在随后的字谜任务中他们相对于没有给予反馈的个体，具有更高的自我决定程度。这说明，社会比较性的奖励相对于实物性的奖励对自主性的促进作用更大，虽然他们都属于控制性的事件，个体形成的是外在动机下的控制性的调节方式。

3. 人际氛围

我们的生活无时无刻不需要与人交往沟通，人际氛围对于我们的心理感受和状态而言非常重要，即便是奖励，来自他人的社会性的奖励对于我们也更有激励作用。我们所感受到的对自己生活的自主感，从某种程度上而言也是我们所感受到的我们在群体中的重要性。如果与我们生活密切相关的群体或对我们较为重要的人能够理解并认可我们的观点，给予我们无条件的关心、支持性信息和选择、最小的压力和控制，对提供给我们的建议和要求给出有意义的理由，支持鼓励我们独立探索，当遇到困难时能从我们的角度出发理解我们，我们感受到的就是一种自主支持性的人际氛围。这种支持本身就包含了对个体情感的关心和接纳，能力的信任，因而能让我们体会到能力感、归属感和自主感，能够决定我们的自主性以及内在动机水平。

不同的环境因素对内在动机以及个人自主性的影响主要在于是否满足了个体基本的心理需要，三种需要的满足推动个体的行为向更高的自我决定程度发展，其中自主需要的满足对内在动机的产生最为重要。环境仅仅提供对自主性需要的支持，就足以让我们体验到能力、归属和自主感，特别是这种支持来自我们生活中的重要他人，如父母、导师、同伴、领导等（王艇 & 郑全全，2009）。当然，我们也无时无刻不充当着别人的重要“他人”，对于亲朋好友，我们给予的支持也很重要，会影响他们对自我的感受和生活的选择。在为自己的理想和未来努力的同时，请别忘了关心你身边的人。如果我们的生活目标建立在努力理解他人、建立友好关系以及贡献的基础上时，这种相互的支持一定会极大地提高我们的生活品质以及主观幸福感。

（三）外在动机及其内化过程

我们知道，社会环境的良好支持有利于个体形成高度的自主感和内在动机；但当这些条件难以满足的时候，个体会形成外在动机驱使下的行为。即便是外在动机调节的行为，处于自我决定的连续体上，也会因不同程度的自主性而形成四种不同的行为调节方式。决定它们在自我决定程度上的差别的主要因素是个体对外部价值的内化程度。以下就由低到高分别予以介绍：

（1）外在调节型（external regulation）：它是指个体的行为完全遵循外部规则，其目的是满足外在要求或是获得附带的报酬。外在调节是外部动机最具控制的形式，个体行为完全受到行为结果的影响。个体体验是冷漠或受控制的。它的自主程度最小，是行为主义心理学家集中研究的动机类型。当去掉控制性的条件时，行为就很难维持了。例如学习外语是为了找一份好工作等；学习的主要原因是取悦父母，获得奖励等。

（2）卷入调节型（introjected regulation）：它是指个体吸收了外在规则，但没有完全接纳为自我的一部分，是相对受到控制的动机类型。在这种情况下，人们从事一项活动是为了避免焦虑或责怪；或是增强自我，以使自己符合从别人那里领悟到的标准。在这种动机的支配下，人们去做某件事是为了展示自己的能力（或避免失败）以维持价值感，还没有体会到这件事情是自我的真正部分。例如，学习外语是因为如果不能用外语跟朋友交流会感到难堪；在踢球之前要先将学习完成，不然就会觉得内疚。

（3）认同调节型（identified regulation）：它是指个体对行为目标或规则赋予了价值，并接纳为自我的一部分。个体更多地体验到自己是行为的主人，感觉到更少的冲突。它含有更多的自主或自我决定的成分。比如，学习生理学和解剖学的原因是这些知识对医学领域的竞争力而言很重要。

（4）整合调节型（integrated regulation）：它是指个体产生了与自我价值观和需要相一致的行为。当认同性调节与自我充分同化时，就出现了整合调节。比如说学生学医的原因在于这个职业能够让他帮助那些有需要的人，而这与他一贯的价值兴趣相符合。虽然整合调节仍属外在动机下的行为调节方式，因为行为的目的是获得某种可分离的结果（separable outcome），而非单纯地在行动本身中获得愉悦，但它与内在动机支配的行为有许多共同的特征。这是最具有自主性的外在动机的形式。

不同的人会对处于自我决定连续体上他的动机和调节方式给出不同的解释，这种解释形成了一个因果感知轨迹（perceived locus of causality）。研究者通过因果感知轨迹量表对处于不同调节方式的个体进行了测量，发现相邻的调节方式的相关性大于中间有间隔的调节方式，这说明了自我决定连续体的存在，但并不意味着个体的内在动机的形成需要按照一定的顺序，他可以根据以往经验和当下情景因素形成在连续体上任何一点的行为调节方式（Pelletier，Fortier，Vallerand，& Briere，2001）。

根据定义，我们可以看到，四种调节类型的差别在于个体对其所从事行为的认同程度、对外在规则和价值的吸收和内化程度，即将社会赞许的道德态度和要求转化成为个体赞同的态度和要求。外在动机向自主性较高的动机的转化需要靠个体的主动内化。外在调节基本上没有任何程度的内化，行为动机主要受外部因素的控制；卷入调节表示个体虽然通过自我调节从事某种行为，但并没有把相关观念整合为自我的一部分，在这一水平的动机支配下的行为是一种自我控制的行为；认同性调节是指个体认可了某种行为对自身的重要性，在此基础上调节自己的行为，体现了一种较高的内化程度；整合性动机是指把个体认为重要的行为与自我的其他方面加以整合，体现了一种高度内化的动机。自我决定论认为，外在动机的内化水平越高，意味着动机行为与自我越和谐，其行为就越倾向于自我决定。

Harter认为动机的内化体现了个体的社会化过程，随着我们逐渐脱离幼儿期，我们的行为开始受到家长、老师、同伴、风俗习惯和社会制度的约束和规范。这种由外部奖赏所控制的行为由于受到重要他人的推崇，与之有关的态度或信念逐渐成为个体自我的组成部分。这是人们主动内化的过程，所形成的价值信念和调节方式有助于实现个体的自我决定需要，使自己的行为由他律走向自律（暴占光 & 张向葵，2005）。

外在动机的内化主要受个人的因果定向（causality orientation）和环境条件的满足两个方面的影响。个人的因果定向是指个人对自己行为归因的倾向，这种倾向具有人格特质性。它主要包括自主定向（autonomy orientation）和控制定向（control orientation）两个维度。自主定向是认为目标和行为是发自内心意愿的，在面对外在的控制因素如奖励时，也容易将其作为信息接收并形成自我决定的行为。而控制定向则倾向于认为目标和行为的产生是迫于环境或自身的压力，在面对外在奖励时，更容易受到这些因素的控制，形成控制性动机。有着自主定向的个体更容易内化外在规则和价值，有更高的自我整合和自我决定程度（王艇 & 郑全全，2009）。

影响外在动机内化的环境因素分别是能力支持、归属感支持和自主支持，它们与三种基本心理需要的满足相对应。环境对能力的支持使个体产生能力知觉，促进外在动机的内化。如果人们对某项活动产生效能感，更有可能接受并重视它。对那些还没有掌握或理解其基本原理就直接进行操作的孩子们来说，他们的行为动机最多只是有一部分进行了内化调节，很大程度上仍然保留着外在调节或卷入调节。团体或重要他人给予个体认可和接纳时，他们会产生归属感，并自愿地内化其价值观或行为的调节方式；反之，当个体与重要他人情感上出现隔阂，或在交往中受其忽视与冷淡时，他就会因为感受到较低的归属感而对其价值观和行为方式产生怀疑，进而出现情感上的疏离，内化就无从产生。研究表明，那些对学校规则内化较好的学生，大多数是那些和老师建立了安全的关系，同时也感受到了来自老师精心照顾的学生。

最后，促进外在动机内化的关键性因素在于环境的自主性支持。它是自主动机形成的必要条件。在一个具有实际报酬或惩罚的环境里，虽然人们感到可以胜任某项任务，但此时产生的是外在调节；如果相关的参照群体认可某项活动并且人们具有成就感或归属感，则产生卷入调节；如果人们感到自己是优秀的，有归属感和自主感，才能产生自主性调节。人们只有处在一个可以自由选择、遵循自己的意愿、在思维方式和行为上都不受外界束缚的环境时，才能对外在规则进行有效的整合（刘海燕，闫荣双 & 郭德俊，2003）。

至此，我们可以看到，促进外在动机内化和维持内在动机的社会因素都需要满足个人的基本心理需要。它们的区别可能是，外在动机的内化需要更多的结构化和指导，以便需要内化的价值和规范得以显现，而且这种结构化和指导要以一种自主支持的方式呈现。

（四）内在动机与外在动机的关系——共存还是排斥

自我决定理论的提出者Deci和Ryan的经典实验说明了内在动机与外在动机是一种此消彼长的关系，外在激励会损害个体已有的内在动机，将个体的注意力引向外在价值，而忽略了过程本身的体验与感受。有机整合理论认为当个体处于无动机或初始兴趣水平不高的状态下，外在的激励对引发人们的行为起主要作用，为人们内化外在价值和规范提供前提条件，而当个体一旦形成兴趣和内在动机时，这种先天的倾向性就主导个体的行为，行为的结果对个体而言就不再重要。

而在现实生活中，我们的活动往往既有内部兴趣原因，又有外在的价值。如选择攻读硕士学位，除了该领域让我们有兴趣外，也是因为就业时在高门槛的工作面前更有优势。即便是我们的业余爱好，也往往混杂了很多工具性的成分，如参加体育运动除了享受运动之外，也是因为可以保持好身材，或是可以认识一些在工作上有帮助的伙伴。这就是说我们的行为既受到了内在动机的驱使，也受到了外在动机的激励。在现实生活中，这两者可以共存。

我们一般意义上的内部动机和外部动机亦有很多概念重叠的方面。如研究者用相关统计的方法检验了内部动机和外部动机的关系，发现内部动机与外部动机之间的负相关较弱，表明两者间并不是完全互相排斥的，而且内部动机的部分内容（如好奇、兴趣、获得与老师的良好关系）与外部动机的部分内容（如讨好老师、得到好分数）之间存在较高的正相关；内部动机的部分内容（如挑战性任务的偏好）与外部动机的部分内容（如容易任务的偏好）之间存在强的负相关；内部动机的部分内容（如独立掌握）与外部动机的部分内容（与依赖老师）之间存在很小的负相关。这些结果似乎也证明了内部动机与外部动机的共存性（张剑 & 郭德俊，2003）。

从自我决定连续体的角度来说，行为调节的自我决定程度处于连续体上的某一个确定的点，无论行为的原因或激励有哪些、是什么，最终自我决定程度都取决于这些原因与自我的整合程度。内在激励的因素多一些，与自我的和谐度就高一些，反之亦然。因而内在动机这种代表行为与自我高度整合的动机必然不能与整合较差的外在动机共存。

这两种观点矛盾的原因，在于我们对动机的理解不同。可以共存的观点将动机看做驱动我们行为的原因，原因可以有很多种，所以内在原因和外在原因自然能够共存。而自我决定理论从动机的最终的表现形式，即行为的自我决定程度这个角度来看动机，一个人的行为的自我决定程度不可能既高又低，因而内在动机与外在动机的矛盾在这里找到了支持。

三、自我决定动机的个体差异

环境的支持有助于外在动机的内化和自我决定的行为的产生，有利于最大限度地发挥潜能，维持生命功能的最佳运作。但是，为什么在同一环境下，有些人并不在乎报酬、名声等外在价值，能够完全沉浸在他的工作当中，而有些人却不是这样呢？在社会条件一定的情况下，我们怎样才能发挥主观能动性，了解并满足我们的基本心理需求呢？这就涉及自我决定动机的个体差异问题。

（一）因果定向的个体差异

因果定向是自我决定论的一个核心概念，是指个体对其行为原因的性质的理解（Deci & Ryan，1985）。这种定向具有动力性，能够描述人们在体验和行动中的一般组织过程。因果定向理论（causality orientation theory）认为存在着三种水平的因果定向，分别是自主定向、控制定向和非个人定向（暴占光 & 张向葵，2005）。

自主定向指个体认为行为和目标是发自内心意愿的，内心的想法是自己行为的原因。拥有自主定向的个体在发起和调控自己的行为时体验到高度的选择感，他们将外部事件认为是信息的来源，而非控制的来源，他们会按照自己的目标、兴趣和自我认可的价值来组织自己的行为。他们做出能带给他们更多自主性的选择和决定，并寻找机会达到自我决定、自我控制。例如在奖励面前，自主定向的个体会将其解释为对自己能力和成效的肯定，而较少受到它们的控制。自主定向的个体的动机往往是内在的，或内化程度较高的外在动机，他们行为的调节方式是自主调节。

控制定向指个体认为行为和目标是迫于环境或自身的压力，他们会寻找控制性的事件来作为自己行为的原因。控制定向的个体认为自己的行为是被外在的如时间期限、社会期望、他人要求及物质奖励，或内在的压力如"应该怎样做"所影响，他们对报酬或别人的控制易形成依赖性，更容易与别人的要求而不是自身的要求取得一致。因而自我是被动地做事的。控制定向的个体的动机往往是外在的，他们的行为调节方式是受控调节。

非个人定向指一个人相信对满意结果的获得是源于某些不确定外部因素，是个人无法控制的，这些成绩在很大程度上是运气的产物。因此处于非个人定向的个体是漫无目的的，他们希望事情都一成不变，或遵循惯例或寻求权威。他们关注那些无效的指示，采取行动时没有明确目的，处于这种定向的个体通常是自贬的，常会有无助感。当个体认为任务过于困难或者事情的结果和自己的行为无关时，倾向于采取非个人的动机定向。

自我决定理论认为，每个人身上或多或少都存在这三种倾向，只是程度侧重有所不同，这三种定向分别与自主性动机、控制性动机以及无动机三种动机形式相对应，是不同动机驱使下的个人特征性的差异。不同因果定向会导致相应的人格差异和目标选择：高水平自主定向的人富有创新精神、勇于承担责任、善于寻求有趣的和有挑战性的活动；高控制定向的人会把财富、荣誉和其他一些外界的因素看做极端重要的事情；非个人定向的人从来不进行规划，并且墨守成规、随波逐流。

（二）目标内容的个体差异

人们对自己行为的理解会影响他们的行为目标，如认为行为是由自己掌握的人更可能追求自己感兴趣的、认为有利于自身发展的目标，因为他们对自身有着足够的了解，有信心将决定自己未来幸福的选择交托到自己手中。而认为自己是由外部因素控制的人则倾向于追求外在的目标，他们将自己的幸福假借于外物。个体所持有的人生观和价值观会影响他们的长期目标，对这些目标的理解和解释与个体的情感、需要相联系，也会作为人们的动机对行为进行调节。

Kasser 和 Ryan 认为，人们的长期目标可以分为两类，一类包括了积聚财富、成为知名人士、有迷人的形象、能够获得外部奖赏或社会赞许等，这类目标通过外部的价值给别人留下深刻的印象，焦点是自我价值的外部表现，因此被称为外部目标。另一类目标包括了自我接受、个人成长、关系的建立等（Ryan，1996），是反应个体内在成长趋向的目标，所追求的目标内容与基本心理需求的满足有关，因此被称为内部目标。

人们所追求的目标内容不仅会影响他们在学习、工作上的投入和表现，而且与他们的心理健康密切相关，其重要意义在于对不同目标的追求会直接影响个体基本心理需求的满足，因此也会影响其自主性动机的实现。追逐外在目标的人倾向于被他所追求的目标所控制，倾向于人际比较，他们对外在信息的关注阻碍了个体对自身的需求和情绪的觉察，以忽视或错误的方式回应自己的基本心理需求。因而具有较低的生活满意度、自尊水平和自我实现水平，并且容易受到抑郁和焦虑的困扰；他们可能在人际关系和人际合作方面表现欠佳，并且有较多的偏见和社会支配性态度。而当个体追求内在目标时，这些目标本身与满足自主、能力和归属等基本的心理需要密切相关，因而有利于人们形成自主性动机，并体验到较高的幸福感，有更好的适应。

目标内容受到个人价值倾向和动机的影响，反过来又具有一定的独立性，能独立于动机因素预测幸福感和适应性。目标内容指个体是追求个人成长还是外在价值，而目标动机则指人们追求特定目标内容的原因（Deci & Ryan，2000）。它们具有一定程度的相关性，内在目标与自主性动机相关较高，而外在目标与控制性动机相关较高，但这并不绝对，而且这两者对个体幸福感和适应性有着各自独立的影响，也就是说目标内容对心理的影响并不能完全归因于个体的动机类型（Sheldon et al.，2004）。

例如，一个人成长在较好的环境中，拥有较高的自我决定程度和较高的心理健康水平，他具有在任何他感兴趣的领域取得成就的潜力，但是他并没有选择一个具有内在价值的人生目标，而是期望在商业领域取得成功。这种外在目标的追求对他最终心理的影响就可能与他初始的内在动机的影响相反。这也向我们提出了一个悖论：在自主性动机趋势下的活动可能并不能满足人们基本的心理需要，而能满足我们基本心理需要的活动并非是由自主性动机发起的。了解到这一点，有助于我们更深入地认识内在动机与基本心理需要之间的关系。

最后，人们的短期目标往往与长期目标的性质不一致，人们会为了增加自我决定而追求外在的目标，或是为了提高自我外在的价值而去追求内在的目标（参加慈善活动或认识名人）。例如，学生做课外兼职来赚钱（外在目标）可能因为他们感受到父母的压力（控制性动机），也可能是他们对上大学很看重，因而需要钱（自主性动机）。这也说明了我们行为的复杂性，通过短暂的外在目标和行为判断一个人，乃至其内在的价值取向和动机往往不具有可靠性。

对社会环境条件我们或许难以改变，对成长环境我们也无力回天，但是自我决定理论告诉我们，谨慎选择你的人生目标，也能提高对人生的幸福感受，决定自我的健康发展。自我决定理论的创始人 Ryan（1996）说，只有一种方法可以促进人们的健康发展，那就是不断努力追求内源性目标，重视个人成长、个人自主，注重培养良好的友谊以及为社会服务。对自己负责、为他人奉献，这也是为我们提供终极关怀的各种宗教和古老智慧一直以来所宣扬和教诲的。

第二节　积极人格理论

Peterson 和 Seligman（2004）基于文献综述与分析，总结出世界上广泛推崇的六种美德，并具体提出了每种美德所包含的积极人格品质，从而构成完整的积极人格理论。他们认为传统的消极心理学虽然有很大的局限性，但长期的研究还是成果颇丰，特别是对变态心理的诊断与治疗方面。美国心理学会编制《精神障碍诊断与统计手册》（*Diagnostic and Statistics Manual of Mental Disorder*）就是其突出的成果。参照该手册关于心理疾病的分类方式，Peterson 和 Seligman 对美德与积极人格品质进行分类和界定，并将其命名为《人格优势和美德手册及分类》（*Character Strengths and Virtues: A Handbook and Classification*）。这是积极心理学反思传统人格研究过于关注消极人格因素而带来的一种新的尝试。

在研究中，Peterson 和 Seligman 首先对有关文献进行综述与分析，着重寻找世界上主要文化中普遍推崇的价值与美德。这些文化包括中国的儒家和道家文化、南亚（印度）的佛教及印度教文化、古埃及文化、基督教文化、伊斯兰教文化等。在这些传统文化中寻找最早的、最具影响的关于美德的论述，特别关注那些提到美德，尤其是明确地提出美德数目的文献。然后，收集关于这些美德的词汇，根据语意相似性进行归类与精简，提炼出核心美德。最后，他们将很多积极心理学家集中到一起，使用头脑风暴法归纳出六种被各种文化共同接受的美德，它们是智慧、勇气、仁慈、正义、节制和卓越。

在提出美德后，他们又规定了各种美德所包含的特定的人格优势，人格优势的遴选标准是：

（1）普遍性，被各种文化广泛认同；

（2）可实现性，有助于个体的自我实现，以及满意度和幸福感的提升；

（3）价值判断，特质本身具有价值；

（4）不贬低别人，令人羡慕而不是忌妒；

（5）反义词不是积极词，反义词是消极的；

（6）个体性/特性，特质性，具有一般性和稳定性个体差异；

（7）可测量，已有研究者成功测量过；

（8）独立性，不和其他特质意义重复；

（9）典型性，明显地出现在一些人身上；

（10）神童，一些早熟儿童和青少年也会表现出来；

（11）选择性缺失，在一些个体身上不存在；

（12）制度化，可创设的，是社会实践和宗教想培养的。

根据这些标准，遴选出了 24 种人格优势或积极人格品质：智慧包括创造力、好奇心、思维开阔、好学和洞察力；勇气包括勇敢、恒心、正直和活力；仁慈包括爱、友善和社会智力；正义包括公德心、公正和领导力；节制包括宽恕、谦虚、审慎、自我节制；卓越包括审美能力、感激、希望、幽默和灵性。下面是对美德与人格优势的具体介绍（表9－2）。

表9－2　美德和人格优势

序号	美德	特征	人格优势
1	智慧	知识的获得和运用	对世界的好奇和兴趣；好学；创造性、独立性、完整性；判断力、批判性思维、开放性的观念；个人、社会和情商；独特视角、统揽全局、智慧
2	勇气	面对内部、外部两种不同立场誓达目标的意志	英勇、勇敢、勇气；坚持性、努力、勤奋；正直、诚实、真实
3	仁慈	人际交往的品质	善良、慷慨；爱与被爱的能力
4	正义	文明的品质	公民之间的关系、公民的权利和义务、团队精神、忠诚；公平、平等、正义；领导关系
5	节制	谨慎处世的品质	自我控制、自我管理；谨慎小心；适度、谦逊
6	卓越	个体与整个人类相联系的品质	对美、超越的敬畏、欣赏及领会；感激；希望、乐观、对未来的规划；精神追求、信念、信仰；宽恕、怜悯；风趣、幽默；热心、激情、热情、精力充沛

资料来源：Peterson & Seligman（2001）.

智慧、勇气、仁慈、正义、节制和卓越之所以被认为是美德，是因为在伟大的哲学家苏格拉底、柏拉图、亚里士多德、奥古斯都、阿奎那等人的著作中，这些词都常常用来描述美德。智慧是通过好奇心、好学、创造性、好的判断力、情商、统揽全局的能力和对生活有广泛深刻的理解来获取、运用知识的一种美德；勇气涉及在面对内外两种不同的立场而誓达目标的意志，它可以通过英勇、坚持不懈和正直来获得；仁慈是能够拥有良好的人际关系的能力，它可以通过善良的品质、爱与被爱的能力来获得；正义可以使人们在广泛的团体范围里很好地联系起来，它可以通过团队的品质、公平和领导关系获得；节制涉及适度地表达欲望，它可以通过自我控制、谨慎和谦虚获得。卓越把人们和整个人类联系起来，它可以通过对美、优秀、喜悦、乐观、灵性、宽容、开心、幽默、热情的理解、欣赏和领会而获得。这6种广义上的美德和历史上通过研究得出的、普遍存在的美德是一致的。它们可以在生物学中通过物种进化过程的研究找出证据，它们是幸存下来的物种在完成重要任务时必然使用的处理方式。对任何个体来说，要塑造良好的人格，上述的6种美德都必须在自己的价值观中表现出来。

人格优势是个体获得美德的途径。在价值—行为分类体系中，积极人格品质必须符合以下标准：是特质的；有助于实现优质生活的；符合道德价值的；不贬低他人的；能够得到公众社会肯定的；社会角色榜样所体现的、具有高度价值意义的；杰出成就者所具有的、之所以能够出类拔萃的特征。除了上面的标准，还有其他的标准来衡量积极的人格品质，即不能用具有积极的价值意义的标准来表示其对立面。比如，“灵活性”的对立面可以是“坚定性”，而坚定性在社会生活中也具有积极的价值意义，所以灵活性不能是个人品质。天分和能力（比如智力）及不具有文化普遍性（比如整洁、宽容、节俭）的一些积极个人品质，由于并非所有的文化都赋予它们同等的价值和意义，所以它们不属于此系统。每一个美德集合中的品质都是相似的，因为它们都和核心美德有关，但又各不相同。

一、智慧和知识优势

智慧和知识的优势（strengths of wisdom and knowledge）包含获得和应用知识从而获得美好生活的积极特质，属于认知的力量。有很多人格优势具有认知成分，如社会智力、公正、希望、幽默和灵性等，这也是很多哲学家认为智慧是主要的美德、是其他美德的基础的缘由。心理学家通过研究发现，有5种人格优势具有显著的认知特征，他们分别是创造力、好奇心、思维开阔、好学和洞察力。

（一）创造力

创造力指的是新奇的思维方式和行为方式，做事方式具有建设性，且不限于艺术领域。作为一种个体差异，创造性必须具备两个本质属性，即原创性和适应性。一个具有创造性的人必须能产生原创性的思想或行为，生成新奇的、惊奇的、不寻常的思想或行为。然而，仅仅是原创性，并不能说明个体具有创造性。患有精神分裂症的心理紊乱的患者也常常会表现出高度原创性的行为和思想。因此有必要提出第二个标准，行为和思想不仅需要具有原创性，还要具有可适应性；原创性的行为或思想必须对个体的生活或对其他人的生活有积极作用。精神分裂症患者的奇异的幻想和错觉不具有这种特征，这些症状非但不能解决问题，反而使他们的生活更有问题。反之，一个行为或思想具有适应性但不具有原创性也不是创造。我们大部分的日常活动都是出于习惯，他们具有适应性但是不具有原创性。

原创性和适应性不能分开，是缺一不可的标准，两者都有水平的差异，也就是说创造性有个体差异。一个极端是，有些人很少能够产生原创性的思想，即使产生了也很难产生作用；另一个极端是，诸如大科学家、诗人、作家和画家，他们的创造性被高度认可，这些人也被认为具有大的创造性，可以称他们为天才。在这两个极端之间的是一些小的创造性和日常创造性，这些人能够对工作或生活中出现的各种问题想出创造性的解决办法，但他们的创造性难以对家庭、朋友、同事圈子之外的人产生影响。

鉴于创造性的个体差异，心理学家尝试了很多方法来评估创造性。在考虑用单一的测验或者组合测验来测量之前，要先解决四个问题：一是目标人群的年龄，有些测量工具是专门针对学生，有些是针对儿童和青少年，有些是针对成人；二是评估创造性的哪个方面，艺术家和科学家的创造性成分不仅有差别，而且有时是相反的；三是创造性评估的量级，是日常问题解决能力，还是获得奖金和尊敬的创造；四是创造性的形式是什么，测量者先要确定测量对象是创造的产品、过程还是人，这个问题是最关键的。

最终，创造性思想都要以某种形式展现，如诗歌、故事、绘画或设计，因此可以直接评定作品的数量和质量。例如，Amabile设计了一种评估方式，让实验参与者完成一些作品，拼贴画或者诗歌，然后由一组专家对作品进行评定。这种评估方法对创造性的实验室研究很有帮助，但它也有两个缺点：①创造性仅由单一的任务决定；②实验评估的创造性方面可能无法代表个体最有创造力的方面，就好比是一个具有创造性的作家，无须在艺术领域如拼贴画制作中取得好成绩。

为了弥补这些缺点，可以让参与者自发生成评估作品。例如生命全程创造性评估量表，它通过让参与者自己决定评估他们的创造性的作品来评估创造性行为。

对于创造性和其他人格因素的关系的研究发现，高创造性的个体有两个特点：一是他们不需要智力突出，至少在智力测验上的表现并不突出，即创造性不需要天才水平的IQ；二是区分创造性个体的不是他们的智力而是性格，有创造性的人通常是：独立的，无宗教信仰，非传统的，甚至是波西米亚的，他们兴趣广泛，善于接受新经验。

（二）好奇心

好奇心、兴趣、追求新奇和经验开放性都表示一个人对于经验和知识的内在渴求，对所有的经验都有兴趣，具有探索和发现精神。好奇心包括活动认知、追求以及个体对于挑战机会的反应经验的控制。好奇心是普遍存在的，在平凡的活动中展现，使我们的日常生活更加充实，例如，沉浸到电影情节当中；玩词语补充游戏而忘记了时间；阅读急盼收到的信件；看海鸥飞翔；和非常有趣的陌生人交谈；认真地听一首新歌。

好奇心、寻求新奇和经验开放性都和需求的心理社会输出结果相关，包括积极情感，挑战刻板印象的愿望，创造性，在工作和游戏中偏爱挑战，控制认知度；好奇心还与压力和厌烦感知成负相关。好奇心的情绪动机状态能够激起积极情绪，诸如兴奋、喜爱、注意，有助于复杂决定的做出和目标的坚持。在一项追踪研究中，7至11年级的学生中，对他们主修的课程感兴趣的学生，在学校的学习中更满意（积极情绪），认为学习对未来很重要（机会），和老师的关系更好，认为自己会成功（成就）。当学校环境被知觉为无威胁时，好奇特质高的大学生的问题数是好奇特质低的大学生的5倍。元分析结果显示，好奇心能够解释10%的学习成绩变异，能够解释36%的自主择业变异，与更高的课程学习、成绩、工作表现相关。

（三）思维开阔

思维开阔指的是全面、透彻地思考问题，不急于下结论，寻找和现有的信念、计划、目标相反的证据，面对证据能够改变观点，尊重事实，有将新的证据和原有的信息一视同仁的意愿。它的反义词是固执己见。

思维开阔的人有以下特征：

（1）摈弃原有观念是强者的表现。

（2）经常思考和自己的信念相违背的证据。

(3) 在面对新的证据时，信念能够转变。

思维开阔的个体可能不会像这样：

(1) 认为改变信念是弱者的表现。

(2) 喜欢根据知觉做决定。

(3) 维护自己的信念很重要，特别是当有证据反驳他们时。

(4) 忽视和自己的信念相反的证据。

(四) 好学

好学指学习新技能、新知识，包括正式学习和自学。好学与好奇心有关，但除此之外还描述了一种系统地扩充自己的知识的倾向。老师希望学生好学，家长鼓励孩子好学，老板希望员工好学。然而，好学在研究者和大众眼里都意味着别的东西，并且不是一个特定的概念，而是和一系列相关的概念相关，如动机性目标、能力、价值观，得到开发的兴趣。

好学既是一般性的个体差异，也是普遍性的，在个体之间又指的是不同的内容得到开发的兴趣。好学指的是人们学习新知识、新技能和从事得到开发的兴趣活动时的表现。当人们具有好学优势时，他们就会有认知投入。他们在获得新技能，满足好奇心，增加新知识，甚至是学习全新的知识时都会体验到积极情绪。这一人格优势有重要的动机性成果，它能够在人们遇到挫折、挑战和失败时，帮助人们坚持下来——可能是因为积极情绪暂时地影响了由挫折导致的消极情绪，直到找到问题的答案。

好学指的是一种被新信息和技能吸引，并且生成能够对抗挫折和挑战等消极反馈的积极情绪的过程。一方面，这种人格优势在动机定位和学习目标上具有个体差异。另一方面，大多数个体多少都会有一些这种人格优势，他们至少在某些方面有一些发展良好的兴趣。

好学描述的是从事的活动内容无法立即得到结果或者是在学习上取得好成绩不会立即带来利益。好学的人会有以下表现：

(1) 虽然我现在无法完成这项任务，但是我以后会完成。

(2) 我喜欢学习新知识。

(3) 为了正确完成任务，我可以做任何事情。

(4) 学习是一种积极体验。

(5) 和取得好的成绩相比，我更在乎彻底完成一项工作。

个人兴趣得到开发或者是好学的人，对特定的事情持以下态度：

(1) 和其他我所知道的事情相比，我对这件事了解得更多。

(2) 和其他我喜欢做的事情相比，我更喜欢这件事。

(3) 我用尽量多的时间来做这件事。

(4) 做这件事很辛苦，但是我不会觉得无法完成。

(5) 我相信，只要我认真对待，我就能做好这件事。

因为好学被描述为一系列的成分而不是单一的人格优势，因此对好学的测量也只能测量好学的组成成分，如动机性目标、能力、价值观和发展良好的兴趣。

动机性目标的测量：动机分为内在动机和外在动机，促使人们好学的是内在动机导向的目标。测量内在动机的很多条目都是直接测量好学优势，他们是为了学习而学习，而外在动机则是为了其他目的而学习。工作爱好问卷（WPI）就是一种动机性目标测验，分别测量内在动机和外在动机。内在动机测验条目：我喜欢解决难题，因为他们对我而言是全新的挑战。外在动机测验条目：我很在意我给别人留下怎样的印象。内在动机量表有两个维度：喜爱和挑战；外在动机有两个维度：外在和补偿。内在动机得分高表明更具有好学优势。另一种动机性目标测验是学术动机量表，这是基于 Deci 和 Ryan 的自我决定理论设计的，共有 7 个维度，测量 3 种内在动机：去认识，去完成，体验刺激。3 种外在动机：外在的，融合的（内化的），规则认同。外在动机得分越高，自我决定水平越低。量表的所有问题都是关于个人上大学的原因。完成整个量表之后，可以算出一个总体指数。

能力的测量：对于能力的获得或确认的测量也包含反映好学的维度。这些测量反映出几种相互关联的能力，包括对人的能力的认知，成就动机，一个人在一般或特殊领域获得能力的重要性，获取能力对于个人价值的意义，以及在特定学习领域的成就目标类型等。为了体验好学，研究者们研究了能力，他们认为人们必须在学习过程中体验到（或者期望体验）能力和效率感，也就是说他们一定要感到，他们掌握了技能、填补了知识的差距等。

好学能够预测心理和生理幸福感。好学者更倾向于欣赏他们所学的内容。好学的人比不好学的人更可能有以下表现：①对于学习新事物有积极情绪。②能够自觉地努力坚持，对抗挑战和挫折。③发现相关的学习内容，想办法找到这些内容，然后花时间重新思考他们的理解和策略选择。④感到自主。⑤感到挑战性。⑥有信心。

（五）洞察力

洞察力指的是有远见，能够给他人提供明智的忠告，能够看清世界对于自己和他人的意义。因为存在多种理论和方法，目前心理学还缺乏对明智和洞察力的明确定义。大多数心理学家对于明智的定义不外乎以下三种：明智的过程，明智的成果，明智的人。作为一种人格优势，洞察力的定义和明智的人有重叠。洞察力有以下特点：

（1）与智力有区别。

（2）代表一种更高水准的知识、判断和建议能力。

（3）对个体和他人的幸福感有用。

有洞察力的人很可能有以下表现：

（1）我有自知之明。

（2）我做决定时会兼顾情感和理性。

（3）我对意义和关系有宏观的考虑。

（4）我具有广泛的洞察力。

（5）我对为他人和社会作贡献有强烈的愿望。

（6）我很能为别人的需要着想。

（7）我知道我的知识和能力的有限性。

（8）我能够看到重要问题的关键。

（9）我对自己的优势和弱点有清晰的认识。

（10）我善于给别人建议。

（11）我坚持自己的标准。

在对明智产品的测量中，有一种途径可以提供明确的任务让不同洞察力的人来操作。例如，呈现给被试大量的错误定义的关于生活维度的假设特征，问他们在这种情形下会怎么做。依据明确标准对他们的反应进行专业的评估。

社会维度的问题如：有人接到他好朋友的电话说他不想这样过下去了决定自杀。要求被试大声说出：这个人接到电话会如何考虑，如何做。然后使用以下 5 项标准对被试的回答进行 7 点评分：①丰富的事实信息；②丰富的过程信息；③生命全程关联，有意义的生活信息，关于家庭/朋友/工作以及他们在生命不同阶段的角色；④价值的相对论和生活的优先权，不是“什么都”相对论，而是接受并欣赏个人和团体拥有不同的根据他们的优先权划分的不同结构的价值；⑤对于不确定性的认识和掌握。

训练评分者按照统一的标准从维度和时间两个方面进行评分。在不同的维度上得分最高的就是最明智的产品，当然评估的明智水平是一个大概的范围。

测量明智的人的研究者将明智看成一种人格特征或人格结构。这些操作性定义有些是基于外显理论，有些是基于内隐理论，有些则是两者兼顾。测量中，要求被试先从自己熟识的人当中提名明智者，然后分析他的人格特征。或者先叫被试描述自己的明智程度，然后再通过标记好的人格量表来测量他们的明智程度的差异。Hartman 使用了后一种测量方法，心理学家使用 Q 分类程序制定明智的人格原型，依此来判断被试与人格原型的相符程度。研究者针对明智的概念特征，选择了最接近的 Block 的加利福尼亚 Q 分类法。最具有原型特征的项目具有以下特征：①能够深入重要问题的核心；②能够洞悉自我动机和行为；③为人坦诚，直率，对他人坦白；④善于给人建议和使人消除恐惧，恢复信心；⑤行为坚持道德。

评估方法的下一步是使用全 Q 分类法去估计被试的其他信息（如面试、人格测验分数、生活事件），然后根据得分更高的明智项目类别打出明智得分。

明智的三种测量方法是可以汇聚到一起的，Hartman 的研究就指出，明智的产品是明智的人通过明智的方法生成的。

虽然对于智慧和洞察力的实证研究开展得很晚，但是已经搞清楚了智慧和洞察力的个体差异与很多健康老龄化的指标相关，其中包括心理和生理幸福感、多维生活满意度、社会心理发展，以及心理资本。

智慧和洞察力与成熟个体的满意度有更高的相关，例如身体健康、社会经济地位、收入状况，以及生理和社会环境等。智慧和洞察力也有别于和 IQ 测验测量的智力，虽然它们之间有一些重叠。智慧和洞察力和以下人格特征有关：成熟度、思维开放性、沉着、社会能力、社会智力、无神经症。

二、勇气优势

勇气优势（strengths of courage）：不畏内在或外在压力，决心达成目标的积极特质，属于情绪优势。一些哲学家认为美德具有矫正性功能，因为它们能够消除人类处境中所固有的一些困难，一些需要抵御的诱惑，或者一些需要重新思考、需要改变的动机。是否全部的性格优势都具有矫正性还不明确，但有四种人格优势明显具有这种特性，分别是：勇敢、恒心、正直、活力。

（一）勇敢

勇敢是指在危险随时可能出现的环境里，努力去获取或坚持自己认为是好的东西或他人认为是好的但是却没能实现或获得的东西，在这个过程中个体可能有惧怕，但不因此而退缩，并且这种行为是自愿的。该定义强调以下几点：

（1）勇敢的行为必须是自愿的，受到强迫的行为是不算的。

（2）勇敢必须有判断——对风险的理解和对行为结果的接受，因此勇敢的人必须有接受风险的准备，并且准备好接受无法预计的风险。

（3）勇敢需要有危险、损失、风险和潜在的伤害，没有危险、风险或者致命性，行为就没有了勇敢性。勇敢的价值在于使得人们抑制对于危险的即时反应并且评估行为的可接受性。勇敢指的是控制恐惧而不是毫不畏惧。

对于勇敢的理论研究很多，实证研究却比较少。因为难以创造一种能够体现出真正意义上的勇敢的心理实验环境。目前多数的研究都是个案研究、访谈、对于假设场景的反应等。没有心理量表能够测量出勇敢的个体差异，因为如果通过自我报告测量的勇敢，被试就会考虑到很多其他因素，测量出来的结果就不是勇敢了。

表 9－3　测量勇敢的方法

方法	操作途径
访谈	研究关于勇敢问题的描述或要求对于描述勇敢的回顾
叙述反应	展示一个简单的情节，提一系列关于主人公勇敢的问题
视频反应	展示包含恐惧刺激的视频，提一些关于自我反应和剧情特征的问题
个案研究	深入的生活研究，回顾勇敢的情景

人们对于勇敢的概念会随着成熟度的改变而改变。小孩子理解的是生理上的行为而不是心理上的勇敢。青少年的心理复杂性得到了发展，因此，他们能够理解勇敢的社会风险性。成年人则更能体会恐惧是勇敢经验的一部分，因为他们能够掌握并讨论多种情绪对抗的经验。

（二）恒心

恒心就是不畏前途渺茫、困难和沮丧，一直朝着自己的目标努力，一旦开始，必然完成；坚持不懈，迎难而上，为完成任务而高兴。简单根据一个人在一项工作上的持续时间不足以反映恒心的本质，因为这种持续可能是由于有趣或者报酬而不是因为忍受和克服困难。

对于恒心的个体差异的研究还很少。有很多人格因素和个体差异与恒心相关，如自尊、能力和动机，特别是成就动机。直接测量恒心的人格量表比较少，值得一提的是Lufi 和 Cohen 的儿童恒心量表，该量表中有些题目如下：

我做很多事情都是出于一时冲动。
完成很多事情时，我都需要大量的鼓励。
如果我做一件事失败了，我会不断重新尝试。
当我第一次无法解决某个问题时，我不会重新尝试。
当我不能成功时我通常就会放弃。
……

有很多量表包含恒心维度或因素，例如三维人格问卷包含恒心维度。三维人格问卷恒心维度得分高者有特定的神经模式，这表明高恒心和低恒心与特定的神经模式相关。恒心也是自我控制量表的一个组成部分，自我控制量表里测量恒心的题目如下：

我很懒。
我希望我能够更加自律。
我很善于抵挡诱惑。
别人说我严于自律。
我不容易受打击。
我能够为达成长期目标而有效率地工作。
别人认为我是冲动的。
我容易情绪化。
我做很多事情都是出于一时冲动。

状态自我控制量表是对自我控制状态的一种测量，其目的在于测量个体目前自我控制的能力，包括恒心。拖延量表也是测量和恒心相关的概念。包含的题目有“我不能很好地在期限之前完成工作”等。

恒心的好处是众所周知的。第一个好处是，恒心能够使个体更有机会达成困难的目标。很少任务是能够有稳定的进展和积极的反馈的，更常见的反馈是阻碍和问题这些打击人的信息，如果个体在这时放弃的话，他就无法达成目标了。因此恒心在个体达成目标过程中很重要。

恒心的第二个好处是增强人们获得成功时的喜悦。费斯廷格的认知失调理论强调个体的态度有时能够反映他们的需求，即证明他们付出了努力的需求。Aronson 和 Mills 证实了个体更加喜欢他通过克服困难而做成的事。虽然已有的研究还不能完全证明对于结果的喜爱会因为达成结果的过程中受到的挫折或付出的恒心而增强，但至少能够充分证明这种增强有时会发生。

恒心的第三个好处是提高个体的技能和机智。个体克服了模糊性达成目标，必然有时会发展新的方法和技术或者解决问题的新方法，这个新的收获会在下次工作中发挥作用。

恒心的第四个好处是，如果最终获得成功，将增强个体的自我效能感。Bandura 的自我效能理论强调由恒心带来的控制经验在人们面对模糊性时给人们一种不断增强能够完成任务的信念。

尽管恒心在大多数时候都是有利的，但也有起负面影响的时候。有些任务是不可能的，注定失败的，这时坚持只能增加努力、时间和其他资源的消耗，而得不到任何结果。

毋庸置疑，恒心会随着年龄的增长而变得容易和更加成功，至少在中年之前是这样的。稳定注意时间和对挫折的忍受需要时间来发展。婴儿和刚会走路的幼儿更喜欢简单的任务，并且相比困难任务其坚持时间更长。尽管认知能力是预测婴儿恒心的一个重要因素，但是恒心和认知能力之间的相关程度会随着儿童年龄的增长而增加。

研究者发现当儿童在马达任务中被标注为有趣会比标注为无趣时坚持得更久，被标记为简单的会比标记为难的持续更久；感到自豪的比自我批评的持续得更久。恒心会受到自我提醒的不相关的愉快事件的促进。

对于延迟满足的研究也和恒心有一定关系。延迟满足的能力能够使个体抵抗一时的冲动而在以后获得更好的反馈。对于 4 岁的儿童的研究发现，能够延迟满足的个体，10 年后将会获得更好的社会技能、学习成绩和适应能力。

（三）正直

正直、可靠、诚实都用于描述一种人格特质，个体真实面对自己，在私人和公共场合准确表达自己内心的状态、意愿和承诺。正直的人能够坚持事实，敢于说出真相，不找借口，愿意对自己的情感和行为负责任，并因此获得利益。具有正直这种人格优势的人具有以下特征：

（1）做自己比随大流更重要。

（2）如果人们能够说实话，事情就好办。

（3）我不会通过撒谎来从某人那里获得什么东西。

（4）我的人生由我的价值观指导，并赋予其意义。

（5）对于我来说，对自己的情感开放并诚实很重要。

（6）我会坚守承诺，哪怕它会让我付出很多。

（7）你对自己诚实，就不会对别人撒谎。

（8）我不喜欢那些假冒者，他们假装成不是原本的自己的样子。

正直一词源于拉丁语，意思是完整、坚固、原原本本的、全部的。Peterson 和 Saligman 认为，正直必须符合以下行为标准：

（1）具有一种稳定的行为模式，能够坚持自己的价值观，说到做到。

（2）符合公众标准的道德观，即使这种道德观不流行。

（3）耐心对待他人，帮助需要帮助的人，对别人的需求敏感。

正直、真实和诚实虽然有相同的意思，但也有不同的内涵。对于正直的个体差异的测量需要分两部分来说：真实性的测量和正直诚实的测量。对于真实性的测量，方法不多。由于真实性概念的特点，通过自我报告来测量真实性是有问题的。首先印象管理机制会限制个体承认不真实的行为；其次，习得的知识有可能会使人们意识不到自己行为的非真实性；最后，智力、教育和人格发展可能会让人分不清真实和非真实。总之，简单地问"你在日常生活中表现得真实吗"是无法达到目的的。

Ryan 和 Connell 认识到因果关系概念是测量真实性的一种非直接但更有效的途径。让被试评估为什么他们会做一种特定的动机性行为，从四种由内部到外部因素中选取答案。例如，"我真的对此很感兴趣" 和 "因为它体现出了我的价值"，体现了两种类型的原因，这两种原因都能够反映真实性。相反，如果行为的原因是"是当时的环境让我这么做的" 或 "避免感到内疚"，这两种答案则反映了被外部因素控制，是非真实的。

Sheldon 使用了另一种测评方法，分别在个体的五种社会角色中问被试以下五个关于行为真实性的问题，这一测量方法的好处是能够克服印象管理机制的影响。

（1）我在这方面的表现是真实自我的一部分。

（2）我的这一面对我来说是有意义有价值的。

（3）我可以自由选择成为怎样的。

（4）我只能这样，因为我必须这样。

（5）这种社会角色让我感到紧张、有压力。

对于诚实性的测量相对直接，因为诚实的意思是说实话，能够使用具有表面效度的方法测量。例如 Cassey 和 Burton 使用拼写测验评估儿童诚实性。他们提供一系列字母让儿童被试将他们组成单词，到两分钟时，要求被试将作答的纸盖在答案纸上面，用闹钟计时。被试分别有五分钟时间去学习和纠正自己的答案。通过被试的表现来判断他是否诚实，不诚实的表现有：在两分钟的限制时间过后继续作答，提早看答案，在作答时间截止后继续修改和增加答案等。

Austin 等人测量儿童诚实性的方法是：让儿童听一个故事，故事的主人公是两个小孩，他们的父母是做饼干的。父母对孩子在什么时间内吃多少块饼干有严格的规定，但是两个小孩总想吃更多的饼干。当父母走出房间时，孩子们多拿了几块饼干。要求被试在 5 个不同的时间对故事中的两个小孩的表现进行反馈，接下来他们应该怎么做，他们是否应该告诉他们的妈妈他们做了什么。

对于工作场所诚实性和正直性的测量在人力资源管理领域很常见。这些测验用于预测在职偷窃、严重渎职和其他类型的抵制生产工作的行为。诚实性量表分为两类：明显测验和人格特质导向的测验。典型的明显测验评估针对偷窃的态度以及坦白偷窃和其他不良行为。人格特质导向的测验关注的面更广，尝试去评估可靠性、责任心、社会承诺、危险寻求、真实性问题和敌对。

正直性的发展会随着儿童诚实性概念、对真实的客观性理解而改变。对于儿童诚实性的研究都是基于皮亚杰的研究成果。皮亚杰的研究焦点是儿童在他们定义和评估的错误环境中表现出的意向性。皮亚杰在研究中，向将近 100 名 6 至 12 岁的儿童问道德推理问题，包括说谎。对反应结果的所有维度进行分析，最终发现了两种道德推理风格：第一种是客观道德推理，第二种是主观风格的道德推理。这意味着对于非真实性的评估和定义具有年龄差异。

Bussey 和 Grimbeek 让儿童被试定义说谎和说真话的概念。他们给儿童呈现描述在犯错误之后是说谎还是讲真话的小插图。4 岁儿童有 80% 能够正确判断，7 岁和 10 岁大的儿童 100% 正确判断。

儿童阶段的诚实性和正直性的增长在青春期就不一定持续了。也有研究者发现青少年和成人在道德整合测验的得分无差异，他们在道德正直性上有相同的情感、行为和思想。

（四）活力

活力描述能够很好地表达充满精力和活力的主观经验的动态方面。活力反映身体器官功能良好，与心理和身体因素有直接和间接的联系。在身体层面，活力指的是身体健康，身体功能良好，远离疲劳和疾病。在心理层面，活力反映的是意志、效率和个人及人际整合经验，心理紧张、冲突和压力会减损活力经验。一个有活力的人不但在个人的产品和活动中表现出有活力、有精力，同时还能感染他周围的人。具有活力的人很可能有以下表现：

（1）我感到充满活力。

（2）我感到精力充沛。

（3）我总是很清醒、很警觉。

（4）我感到有能量。

（5）我充满精力。

（6）我不会感到疲乏。

有活力的人是精力充沛的和功能完善的。活力是一种动态的现象，包含生理和心理两个方面的功能。活力一词源于生命，指的是人们感到有生命的、热情的和有精神的。一个人只有在生理状况良好，心理整合而不是分裂，感到有意义、有目的性而不是感到失落、被隔离和无目标时才能感受到活力。

因为活力是一个复杂的概念，反映的是积极的生理和心理健康，测量也要针对各个成分进行。对于活力的心理成分的测量工具有情绪状态轮廓问卷和积极—消极形容词检查表。情绪状态轮廓问卷是由 65 个形容词组成的自评问卷，其中 8 道题评估活力表现、活力心境和高能量。对形容词进行四点评分，被试可以针对在过去几周包括这些天的感受来作答，但不能根据目前的感受来作答。积极—消极形容词检查表由 20 个项目组成，其中 10 题评估精力充沛到疲劳的连续状态，另外 10 题评估紧张到镇定的连续状态。被试根据现在的感受对这些形容词进行四点评分。在能量和镇定维度都得到高分的人被描述为镇定、精力充沛，这就是有活力。对于活力的生理成分进行测量的工具有简版健康问卷和主观活力问卷。

目前没有关于活力的生命全程研究，纵向研究也很少，因此对于活力发展的情况还是未知的。Thayer 推测到目前为止，年龄可能会影响精力、活动水平和新陈代谢速度，从经验上来看，这些都和年龄有关。

三、人道优势（仁慈优势）

关心与他人的关系、乐于助人的积极特质等属于人道优势（strengths of humanity）。其包括三种人格优势：爱、友善和社会智力。

（一）爱

爱指的是珍视与他人的亲密关系，特别是彼此分享，相互照顾。爱是对他人的认知、行为和情感态度，具有三种典型的形式。第一种爱是对那些给我们最主要的爱、保护和照顾的人的爱。我们依靠他们让我们优先享受福利并且是在我们需要的时候就马上能够得到。他们让我们感到安全，长时间和他们分离会让我们感到哀伤。这种爱是子女对父母的爱。第二种爱是对那些依赖我们让他们感到安全和被照顾的人的。我们让他们生活得舒适、保护他们、帮助他们、支持他们，为他们的利益做出牺牲，把他们的需要放在自己的需求之前，当他们高兴的时候我们也感到高兴。这种爱是父母对子女的爱。第三种形式的爱是与个体认为很特别或者让他感到自己很特别的人产生性、生理和情感接近等激情渴望的爱。这种爱是浪漫的爱。

不同形式的爱可能同时存在。例如好朋友之间的爱可能就同时有子女对父母的爱和父母对子女的爱，他们都希望从对方那里获得照顾的同时照顾对方。不同形式的爱可能在不同的时间出现。例如，人们长大以后会和他们年老的父母调换子女对父母的爱和父母对子女的爱。一种形式的爱出现后，随之会出现其他形式的爱。例如刚开始约会的情侣可能仅仅具有浪漫的爱，然后会出现子女对父母的爱和父母对子女的爱。同事关系一开始只是社会联系，后来这三种形式的爱都可能出现。拥有爱这种人格优势的人很可能会赞同以下观点：

（1）有这样一个人，当我和他相处时会觉得很自在。

（2）有这样一个人，我相信他提供的帮助和支持。

（3）有这样一个人，我不想长时间离开他。

（4）有这样一个人，我可以为他做任何事情。

（5）有这样一个人，他幸福和我自己的幸福一样重要。

（6）有这样一个人，我想让他生活得幸福。

（7）有这样一个人，我和他有肌肤之亲。

（8）有这样一个人，有他的陪伴，我感到心满意足。

（9）有这样一个人，让我为之动情。

为了体会到这种能力的普遍性，我们必须从进化的根源入手。我们的物种能够延续取决于我们是否能够成功克服三种适应性的挑战。首先，我们必须度过动物王国中最长的不成熟的和需要依靠的时期。其次，我们需要找到伴侣并在一起足够长的时间以便于繁衍下一代。最后，我们必须给我们的孩子提供足够的照顾，使得他们能够成熟并繁衍下一代。结果是我们天生就拥有克服这些挑战的情感、认知和行为。每种挑战都对应一种爱的形式。虽然对于爱的理论探讨很多，但是实证研究却直到最近40年才出现。而且这些研究被分成了两个部分，发展心理学家研究父母和子女之间的爱，社会心理学家研究浪漫的爱，最近两者才融合到一起，并且获得了很大的进展。最近的研究发现，爱的能力与人们从婴儿期到老年期的心理和身体健康有关。早年的爱的经验对个体的爱的能力有深入和持续的影响。

对于爱的测量即是对于依恋的测量，方法有很多种，分别针对婴儿期、儿童期、青春期和成人期，具体方法有行为观察、自我报告、问卷和访谈。

针对婴儿和刚会走路的幼儿依恋的标准评估工具是陌生情境测试，由8个主要的片段组成：

（1）陌生人陪同妈妈和宝宝进入实验室。

（2）妈妈和宝宝在实验室里熟悉环境。

（3）陌生人进入。

（4）妈妈离开，让宝宝和陌生人一起。

（5）妈妈回来，陌生人离开。

（6）妈妈离开，让宝宝一个人。

（7）陌生人回来。

（8）妈妈回来，陌生人离开。

对婴儿在两次分离阶段的表现进行7点评估，结果得到四种类型的依恋模式：接近寻求型、接触型、抵抗型和回避型。

针对成人依恋的测量工具主要有成人依恋调查、成人依恋原型测验和关系风格问卷三种。成人依恋调查是一种半结构化的、长度约一个小时的测量方法，由18个问题组成，这些问题都是关于儿童时期和父母的关系、依恋相关的经历（例如分离和丧失）以及这些感情和经验的意义。叙述的结果首先转换成文字记录，然后进行编码，最后根据编码结果将测量结果归为四类：自主型、占有型、拒绝型和未解决型。

成人依恋原型测验是一种自我报告式的测量方法，由三段分别对安全、矛盾、回避这三种浪漫依恋风格的描述组成。被试选择一种和他们感受到的自己的浪漫模式最像的一种描述。

关系风格问卷是由30道题目组成的自我报告问卷，采用里克特式评分对个体在两个维度（自我模型和他人模型）的四种依恋风格（安全型、占有型、恐惧型和拒绝型）进行评分。

依恋有四个显著区别于其他社会关系的特征：希望接近或者是有联系（维持接近），舒适安心（拥有安全），会因为预期之外的长时间分离而哀伤（分离哀伤），以安全的依恋模式为基础探索和对待世界（安全基础）。

在依恋与探索之间寻找动态的平衡是人一生的行为中的主要任务，但是依恋功能发展的变化是存在的。首先，能够忍受分离的时间和距离在变化，12 个月的婴儿比 36 个月大的婴儿感受到的悲伤更多。到了青春期，这种分离的感受就很容易被忽视，在预期内的长时间分离也不会带来悲伤。

另一个重要的发展变化是依恋和其他行为系统整合。婴儿和照顾者的关系是一个完整的系统。这种依恋系统使得婴儿能够感受并向照顾者表现爱以加强存活的可能性。成人浪漫的关系是相互的，双方既有依恋也有互相照顾。这种关系增加了性系统，使得双方感受到爱并表达爱的行为，加强繁衍后代的功能。因此，三种形式的爱都与特定的行为系统相连，从而变得更加完整。

（二）友善

友善的意思是乐于助人、关心他人，是与唯我论相对的一种取向。友善和无私的爱是一种人道主义的主张，不出于任何功利主义的目的而认为别人本来就是有价值被关注和爱的。这种爱和情感也有不是因为责任或基于对别人的尊敬原则。这种情感会产生无私帮助别人的行为。具有友善这项人格优势的人通常有以下观点：

（1）别人和我一样重要。

（2）所有的人类具有同样的价值。

（3）拥有温暖和慷慨的情感会给别人带来安全和欢乐。

（4）给予比获得更重要。

（5）充满爱心和友爱地帮助别人是最好的生活方式。

（6）不管他会不会感激，我都会帮助他。

（7）我不是宇宙的中心，而只是人类的一分子。

（8）人们希望在他们有需要的时候能够得到帮助。

（9）帮助任何一个人都很重要，而不只是家人和朋友。

关于友善和无私最常见的研究方法是领域分离行为和实验室研究。大部分将友善、无私和亲社会行为看成是特质的研究都是自我报告式的，这可能导致不真实，需要其他方法来验证。大五人格量表具有利他维度。另一种测量工具叫做利他自我报告问卷，共 20 个项目，问被试 20 种利他行为出现的概率，使用五点评分。

儿童和青春期的行为表现能够预测成人时期友善和亲社会行为的多个方面。成年早期自我报告的亲社会倾向和他们几年前表现出的同情、移情和亲社会行为水平相关。学前期的亲社会水平能够预测成年早期的亲社会道德。

（三）社会智力

社会智力指的是能体察自己和他人的动机与情绪，能觉察自己和别人的动机与情感，知道在什么场合做什么事，知道怎么激发他人。高社会智力的人表现出对于情绪特殊的体验和处理能力。他们能从人际关系中觉察到情绪，敏锐地理解与他人的情绪性的人际关系，以及情绪在人际关系中的意义。

智力是一种抽象思维能力，理解事物的相似性和差异性，模式认知以及其他的联系等。我们在这里讨论的智力是一种热门的智力，因为这些智力加工的是一些热门信息，关于动机、情感以及其他和个体幸福及生存直接相关的信息。这些智力可分成三类：个人、社会和情绪智力。总的来说，这些智力都是对于热门信息的抽象推理能力。

智力和自我概念是相互独立的，是一种问题解决能力。高社会智力的人在以下的任务中可能会表现得很好：

（1）通过面部表情、声音识别情绪状态。

（2）使用情绪信息来促进认知活动。

（3）理解情绪在人际关系中的作用，情绪是如何发展的，如何相互联系的。

（4）理解和控制情绪。

（5）准确评估自己的不同任务的完成情况。

（6）准确评估自己的动机。

（7）使用社会信息以获得他人的帮助。

（8）识别个体和群体的社会支配性和社会政治关系。

（9）在人际关系中表现出智慧。

情绪智力指的是使用情绪信息进行推理的能力。这些情绪信息可能是内源的，也可能是外源的。个人智力指的是对自己准确的理解和自我评估，包含对内在动机、情绪和动态过程的推理能力。社会智力指的是个人和他人的人际关系，包括亲密和信任、说服力、团队关系以及政治权力。这三种智力是有重叠的，但具体的重叠水平还未知。

自我报告法没有效度，需要测量实际表现。最早的测量社会智力的方法是 Jones、Day 以及他们的同事发明的。在测量任务中，要求参与者解释录像中人们的表现和社会用语。因素分析表明存在两种分数：社会知识和社会推论，这分别代表了晶体智力和流体智力。

四、正义优势

正义优势（strengths of justice）具有广泛的社会性，与个人和群体或社区之间的最优互动有关，是健康社会的文明优势。

（一）公德心

公民性、社会责任、忠诚和团队合作指的是一种责任意识。具有这种人格优势的人拥有很强的责任感，为了团队利益而不是自己的利益而工作，对朋友忠诚，努力做好分内的事，是一个很好的团队成员；具有很强的公共意识，为下一代把世界变得更好。他们可能会有这样的观点：

（1）我有责任把世界变得更加适合居住。

（2）每个人都应该为自己的居住地和国家投入一些时间。

（3）去纠正社会和经济的不公平对我自己来说很重要。

(4) 去帮助有困难的人对我自己来说很重要。

(5) 净化环境的工程对我个人来说很重要。

(二) 公正

公正是指公正、平等地看待所有人，一视同仁，不受个人感情影响。公正是道德判断的产物，道德判断让个体知道什么在道德上是对的，什么是错的，什么是道德禁止的。虽然对于道德来说，除了判断之外还有道德发展和道德理解，但是我们更加认同心理学家所认为的，将道德推理看成是道德发展和建立道德行为的准则。道德推理可以分为两类：正义推理和关心推理。具有公正这一人格优势的人很可能会有以下的表现：

(1) 每个人都应该得到公平的分配。

(2) 利用别人是不对的。

(3) 我宁愿被欺骗，也不愿意欺骗别人。

(4) 我想友好地对待所有人。

(5) 每个人都应该受到尊重。

(6) 我们都参与其中。

(7) 人是目的本身。

(8) 没人愿意因为他的肤色而遭受歧视。

(9) 我们对自己的行为负责。

(10) 就算是人们说可以做的事，如果我认为不对，我就不会做。

对于公正的测量最开始的方法是测量个体的正义推理发展阶段。这是科尔伯格在皮亚杰的方法的基础上发展出来的。科尔伯格设计了一系列道德两难故事呈现给被试。受过训练的主试通过一系列问题去引导被试作道德判断和道德推理。这种测量方法发展成了后来的标准道德判断调查。这种半临床式的调查方法有一个详细的临床评分手册。测量时使用三个两难故事中的一个，每个故事都有标准探针，例如在海因茨的两难故事中，问被试是偷还是不偷，这就是探针。

James R. Rest 发明了一种新的测量方法——形容词评估法，叫做论点定义测验，这是应用最广泛的测量方法。它也是基于两难选择的，使用形容词问题去测量被试的表现，然后把测验分数对应到科尔伯格理论中的道德类型。

正义推理的发展被看成是自然认知发展过程。道德推理发展是生物学成熟和实践经验共同作用的结果。在特定的发展阶段，可以管理个体的经验。有些经验能够被管理，有些却不能，在这种情况下，个体就会体验到失衡和不适应。这种体验是适应自然发展的一部分，个体要么改变自己目前的能力去更好地适应环境，要么变得包容。这两种反应的平衡决定了个体是否发展到更高的道德水平。

(三) 领导力

领导力指的是一个人认知能力和情绪能力的整合，能够去影响和帮助他人，指导和激发他们获得集体成功。有这种能力的人渴望成为团体或社会的领导。他们习惯于管理自己和他人的活动。领导力是一种固有的社会现象。具有领导力的个体很可能会这样看自己：

（1）我喜欢在团体中担任领导角色。

（2）我经常能够为我的团队做一些活动计划。

（3）我经常能够激发别人按照特定的方式做事。

（4）我经常能够帮助别人更好地完成工作。

（5）我喜欢组织大家，让他们干活更有效率。

（6）大家经常找我给他们解决难题。

（7）我经常是我们团队的发言人。

（8）我在社交中是主动的一方。

（9）我经常担任紧急事件的负责人。

我们测量领导力的时候要分清是测量领导特质、领导过程还是领导产物。对于领导特质的测量是测量一系列能够预测领导效能的心理特质，包括认知能力、社会智力、支配需求、权力需求和自信，这并不是测量领导力本身，而是那些能够产生领导力的属性。对于领导产物的测量是测量对象个体领导的下属、团队和组织，测量内容包括态度和动机，如满意度、团队氛围、凝聚力和组织承诺，也包括绩效，如产量、质量和利润等。这些测量不能准确反映领导力，而是领导力的产物。

对于领导力的测量应该聚焦在对管理和社交有用的行为和表现上。Fleishman 把这些行为分成了 4 大类 13 小类。领导过程评估的项目有以下这些：

（1）信息的搜索和组织：获取信息，组织信息，反馈和控制。

（2）用于问题解决的信息：需求识别，计划与执行，交流信息。

（3）人力资源管理：人力资源的获取和分配，人力资源发展，人力资源激励，人力资源的使用和管理。

（4）物质资源管理：物质资源的获得和分配，物质资源的保持，物质资源的使用和管理。

测量领导过程的方法有很多，多数都是由下属进行评价，目前 360 度评价也应用得比较广泛。

五、节制优势

节制优势（strengths of temperance）是抵制过度的积极特质。宽容和怜悯可以抵制过度的仇恨，谦虚可以抵制过度的自大，审慎可以抵制带来长期负面效果的短期愉悦，自我节制能够抵制各种使人动摇的极端情绪。

（一）宽恕

宽恕是一个人在受到其他成员的冒犯和损害的时候产生的一种亲社会转变行为表现。当人们宽恕时，他们对待冒犯者的动机和行为都会变得更加积极，更少消极，能够宽恕别人犯的错误，给人第二次机会，不报复。宽恕的人可能具有以下特征：

（1）当有人伤害我的情感时，我能很快恢复。
（2）我不会长时间记着怨恨。
（3）当别人让我生气时，我通常能够控制自己对他的坏情绪。
（4）寻求报复不能解决问题。
（5）我认为尽我所能去和那些曾经伤害和背叛自己的人重新建立关系很重要。
（6）我不是那种别人伤害了我，我就伤害他的人。
（7）我不是那种人，会花几个小时去想如何报复那些伤害我的人。

对于宽恕的测量可以通过故事形式，例如宽恕可能性量表，测评基于10个触犯故事脚本，被试阅读这些故事，并且把自己看成是受害者，然后让他们用5点量表评价他们的宽恕触犯的可能性。也可以通过自我报告的方法测量宽恕，如宽恕倾向量表，由15个项目组成的自我报告式量表，用于评估被试对自己的宽恕性的认知。被试对项目进行正确和错误评价，高分者更可能表现出宽恕，低分者可能表现报复。

（二）谦虚

谦虚意思是不以自我为中心，能够倾听别人。包括对自己的优点和成就有适当的估计，同时也包括其他一些如适当的着装和社会行为等。Tangney 定义了具有谦虚人格优势的人的一系列关键特征：

（1）对于个人能力和成就的准确认知。
（2）意识到自己的错误、不完美、知识缺口和局限性的能力。
（3）对于新思想、矛盾的信息以及建议的开放性。
（4）保持对个人能力和成就的洞察力。
（5）相对较少地关注自我或者说是具有忘了自我的能力（不以个人为中心）。
（6）欣赏所有事物的价值，欣赏人们和事物用各种不同的方式对我们的世界作出的贡献。

（三）审慎

审慎是一种认知导向的个人特征，一种实践推理和自我管理形式，能够帮助个体有效达成短期目标。审慎的个体会有远见和慎重地考虑他们的行为和决定的后果，有效地避免冲动。在日常生活中，审慎的例子有：储蓄，为能够预见和无法预见的意外做计划，避免做出冲动的选择等。具有审慎人格优势的人通常有以下特征：

（1）对于未来采取预见性的立场，思考并重视未来，为未来做计划，能够达成长期的目标和愿望。
（2）能够有效应对一时冲动，能够坚持做那些有益的但是没有即时反馈的事情。
（3）他能够将多个目标进行统一，把它们变成稳定的、统一和互不冲突的生活形式。

（四）自我节制

自我节制指的是一个人控制自己的反应以达成目标和符合标准。这些反应包括思想、情绪、冲动、表现和其他行为。而标准则包括思想、道德禁令、常模、表现目标和其他人的期望。自我节制有时也称自我控制，但是自我控制的内涵较小，特指对于冲动的控制。

推翻和改变个人的反应对于自我节制来说特别重要。生存在复杂的人类社会组织中，需要不断对内部和外部的刺激做出反应，但这些反应不是最优的最适合的，因此，人们发现要经常推翻这些原始反应。他们可能会改变自己的想法，改变情绪，控制冲动和愿望。他们可能尝试达到更好的表现，在困难的任务上坚持不懈。自我节制的人可能会控制自己不吃那些诱人的容易导致肥胖的食品。

六、卓越优势

卓越优势（strengths of transcendence）是使自己与全宇宙相联系，从而为生命提供意义的积极特质，包含五个方面：审美能力、感激、希望、幽默和灵性。

（一）审美能力

审美能力是指对美与卓越的欣赏。关注并欣赏所有生命领域的美、卓越和技巧表现，从自然到艺术，从数学到科学以及所有日常生活领域。审美能力是发现、识别存在于生理和社会上的美好的事物，体验到由此带来的快乐。具有审美人格优势的人能够经常在一些日常的活动中感到敬畏和相关的情绪（如钦佩、向往和高尚），例如在城市的树林里散步，阅读小说和报纸，了解人们的生活或者是看体育比赛和电影。低审美的人，在他们的日常生活中好像是戴着一副墨镜，他们看不到美丽和活动的事物，感受不到人格优势、天赋、美德和成功带来的快乐。只有向美和卓越敞开心扉才能在日常生活中感受到更多的快乐，发现更多的生活的意义，更有可能和别人建立深入的联系。

有三种美好的事物能够给发现者带来益处，第一种是生理上的美（视觉感受到的美或者听觉感受到的美妙音乐），第二种是技能和天赋，第三种是美德或者说美好的道德（如友善、热情、宽容等）。这三种形式的美都能够给观察者带来有关敬畏的情绪。

（二）感激

感激是收到礼物时的感谢和快乐之情，不管这个礼物是某个人送你的确实有好处还是自然之美激起你平静的幸福。Gratitude 一词源于拉丁语，包含友善、慷慨、恩赐、给予和接受美好的事物等。感激是对自己的收益是源于别人的付出的感知，是收到礼物并且对礼物的价值的欣赏与认知而表现出来的感谢。感激是指向别人的，很少人说感激自己。具有感激人格优势的人很可能会有以下表现：

（1）感激我们生活的每一天很重要。

（2）我经常能够感受到我的生活因为别人的努力而变得更好了。

（3）对于我来说，生活是一种恩赐而不是负担。

（4）一年之中，我很喜欢感恩节。

（5）我很感激父母对我的养育。

（6）我甚至能够从坏事中发现我应该感谢的因素。

（7）我被一些事物的美和惊奇打动，并且觉得应该感激它们。

个人的和超个人的感激是有区别的，个人的感激指向特定的人，因为他们的帮助而感激；超个人的感激指向上帝、更高的权力或宇宙。

（三）希望

希望指的是一种指向未来的认知、情绪和动机。想着未来，盼望着期待的事情发生，为此进行努力，感到自信，向着目标前进。具有这种人格优势的个体很可能具有以下特征：

（1）尽管有挑战，但我还是觉得未来很有希望。

（2）我总是能够看到光明的一面。

（3）我相信我做事的方法是最好的。

（4）我相信美好会战胜罪恶。

（5）我期望最好的。

（6）我对未来有清晰的描述。

（7）我对于未来 5 年有一个计划。

（8）我知道我能够实现自己定下的目标。

（9）如果我获得了一个差的分数或者评价，我下次一定会争取做得更好。

（四）幽默

幽默包含三种意思：第一，一种戏谑的认知、快乐、创造的不协调；第二，展示逆境的积极面给人看，让人们有个好情绪；第三，让别人欢笑的能力。具有幽默人格优势的人可能具有以下特征：

（1）每当我的朋友沮丧时，我都会尽力帮他们摆脱这种不良情绪。

（2）我喜欢用笑话给人们带来欢乐。

（3）大多数人都说和我在一起很快乐。

（4）无论做什么我都喜欢增加点幽默因素。

（5）我从不会让沮丧的局面带走我的幽默感。

（6）即使是在令人难堪的场合下，我仍然会发现一些欢笑或笑话。

目前对于幽默的含义有两种不同的观点。第一种来自于美学理论，给人们带来欢笑、让人们感到愉快的喜剧，区别于其他的美学内容，如美与和谐。在这种理论下，幽默是喜剧的一个部分，和机智、有趣、无厘头、讽刺、嘲笑、反语等一样，通常指一种在困境中发现快乐的认知情绪风格。第二种认为幽默是所有有趣的现象的统称，包括觉察、理解、喜爱、创造和依赖不协调的交流等能力。

（五）灵性

灵性和宗教性指的是一种信念和实践，源于超越生命的信仰。灵性是对宇宙更高的目的和生命的意义的核心认识。这种信念是有说服力的、普遍的、稳定的。通过以下一些问题能够分辨出具有灵性的个体：

（1）你目前的宗教表现如何？

（2）你是教堂或宗教组织的成员吗？

（3）你多久做一次礼拜？

（4）宗教活动在你的日常生活中的重要性如何？

（5）你多久祈祷一次？

（6）你认为自己有多少灵性？

（7）你多久深入思考一次？

（8）你多久读一次宗教材料或收听收看宗教节目？

（9）我相信所有有生命的物体都有宗教性，这种力量把我们紧密联系在一起。

（10）我相信死后还会有生命。

（11）我相信所有的生命都有存在的意义。

（12）我能感受到上帝的存在。

（13）我会寻求上帝或更高的权力给予我支持、指导和帮助。

（14）我对上帝或更高权力的信仰帮助我理解生命的意义。

（15）我对上帝或更高权力的信仰帮助我理解我的经历的意义。

关于以上美德与人格优势形成发展问题，Peterson & Seligman 指出，个体的生物遗传素质是基础，环境与教育是其重要的条件。美德和积极人格品质的形成有其适当的环境，这就是所谓的促成条件。这些条件让人们在特定的情境下能够展现相应的个人品质，并有助于培养美德。促成条件包括有受教育和就业的机会、可以获得支持、有统一意见的家庭、使人有安全感的邻居和学校、稳定且具有民主精神的政策。在核心家庭中或其外有可以信赖的人、角色榜样和可以得到支持的同伴。有些环境的特性也可以培养品质和美德，比如物理环境的特性（大自然、美）、社会环境的特性（社区心理学家所研究的社会品质）、物理和社会环境都具有的特性（学习心理学家研究的预测性和可控性或组织心理学家研究的新颖性和多样性）等。

第三节　积极心理学的研究与应用

一、积极心理学的理论研究

积极心理学在理论取向上继承与发扬了人本主义心理学的传统，但是，在研究方法上却采用主流心理学通常的研究方法，其具体研究方法主要有实验法、相关研究法，并广泛使用心理测量量表、问卷和访谈法等。目前有关积极情绪、主观幸福感、积极人格特质的研究大都采用的是访谈、调查、心理测验等研究方法；而在有关积极情绪及其与身心健康的关系，以及有关创造性思维的脑机制研究等则经常采用实验法或实验法与访谈、量表相结合的研究方法。这一特点不仅使得积极心理学的理论有实证研究成果的支持，更加可靠和科学，同时也使得积极心理学靠近主流心理学，得到更多的心理学研究者参与其中，大大推进了积极心理学的发展与影响。这里我们拿 Deci（1970）等所做的一个积极心理学的经典研究为例子，说明其研究的特点。

经典回顾：奖赏的削弱效应

索玛立方体

20 世纪 70 年代之前的动机行为研究倾向于将外部报酬奖赏视为一种促进动机的强化因素。但是，Deci 和 Ryan 等研究者在 20 世纪 70 年代初期发现，强加的外在奖励会对个体随后的兴趣产生削弱作用。Deci 1970 年从诺贝尔奖得主西蒙所在卡内基·梅隆大学获得心理学博士学位。他相信人类好奇心、兴趣重要性超乎人们想象。他是在心理学史上第一个通过设计实验来观察奖赏如何伤害人们的积极倾向。在其博士论文里的实验中，Deci 让实验参与者玩一个趣味智力游戏——索玛立方体（SOMA CUBE）。这是一个类似于俄罗斯方块的嵌套游戏，玩家需要将七个索玛方块拼成图纸上指定形状。

Deci 将玩家分成 A、B 两组，他们都使用同样图纸，分别让两组玩家玩三次。每次他都骗实验对象，你需要玩三次。结果，在玩到第二次时，他就放玩家鸽子，说现在不得不暂时离开实验室十分钟左右，去录一下数据。实验室中还摆放了《时代周刊》《纽约客》和《花花公子》等杂志，你们可以继续玩也可以看看杂志。

当然，他没有离开实验室，只是躲在实验室镜子后面观察。镜子是单面镜，Deci 能看到玩家，玩家看不到他。Deci 偷偷观察玩家们在等待期间，会继续玩索玛游戏多久，还是立即去看杂志。A、B 两组都这么处理，唯一区别是 Deci 会在第二天奖励 A 组一美元（等于今天的五美元）。如表 9 - 4 所示。

表 9 - 4　被试分组与奖励情况

	第一天	第二天	第三天
A 组	不奖励	奖励	不奖励
B 组	不奖励	不奖励	不奖励

Deci 溜走之后，第一天 A 组与 B 组差异不大，两组玩家都继续玩了三五分钟；第二天，与大家猜想的一样，拿到奖励的 A 组玩得更久，他们都超过五分钟！然而，第三天发生大逆转！与第二天相比较，之前拿到钱的 A 组只玩较少时间，相反，一直没拿钱的 B 组反而玩了更长时间！在心理学历史上，Deci 第一次成功通过实验证明金钱等外部奖励对人们动机的伤害！

积极心理学产生只有短短十来年时间，要全面和客观地评价这一新兴的学科，还为时尚早。积极心理学已经取得了长足的发展，它为我们描绘了一幅个人成功幸福的生活画卷，一幅人类健康繁荣的社会图画，其前途似乎与这幅图画一样光明远大。但正如任何新兴事物在其产生初期都存在着不完善乃至错误一样，积极心理学也存在着自身的问题。理论与方法的创新不足，使用概念和术语不够精确，或相互重叠，过高估计积极心理的作用而忽视消极心理的积极作用等。不少问题如积极人格的实质与结构，积极人格形成发展的心理与生理机制问题，积极人格与遗传实质和文化环境的关系问题等都有待进一步的研究。在不同社会里，文化价值观念是不同的，而积极人格是与价值观念错综复杂地联系在一起的。尽管人类所追求的美德与价值有共同的方面，但其社会文化意义与价值体现存在一定的差异。因此，在不同的社会文化中，积极人格的含义与结构、积极人格发展与社会环境教育都有所不同，需要不同国家或不同文化里的心理学家做具体深入的本土研究。

二、积极心理学的应用

积极心理学不仅在理论研究上硕果累累，而且在教育、健康与人力资源管理等社会实践领域中也有广泛的应用。下面我们将简要介绍有关积极心理学在教育与临床实践方面的应用。

1. 积极教育

积极教育是积极心理学的理论与研究成果在教育中的应用。所谓积极教育就是指以学生外显和潜在的积极力量、积极品质为出发点，以增强学生的积极体验为主要途径，最终达到培养学生个体层面和集体层面的积极人格的教育。积极教育强调教育并不仅仅是纠正学生的错误和不足，更主要的是寻找并研究学生的各种积极力量，并在实践中对这些积极力量进行扩大和培养。这是一种对教育进行重新定位并适应现代社会的新观念。积极教育目前还处于探索阶段，一些积极心理学研究者先后在美国、英国、澳大利亚等地开展了积极教育研究，其主要方法就是通过对中学教师进行培训，提高这些教师识别、发展学生的积极品质及积极力量的技能。从 2008 年开始，塞利格曼等人就一直在澳大利亚墨尔本南部的一所一流中学（聚隆文法学校）开展积极教育活动。2009 年元月，塞利格曼亲自对 200 位来自澳大利亚各地的公立中学教师进行了旨在推动普及积极教育的培训。在 2009 年第一届国际积极心理学大会上，他提出了两个“51”的积极心理学纲领，即力求 2051 年让全世界 51% 的人口达到精神充实、有意义和幸福体验的人生积极境界，让大多数人不仅享有富裕的生活，而且享有丰富的情感和友善的人际关系，使人们不仅追求成功，而且掌握追求幸福生活的手段和方法。

积极教育既是对过去教育问题反思的结果，更是在新的时代背景下对教育的一种深刻理解。积极教育不是传统意义上的所谓发扬优点克服缺点，更不是一种充满希望的良好祝愿、一种整天拍手叫好的喝彩，甚或是一种光说好话的自我欺骗。传统意义上的发扬优点克服缺点，只是教育实践中的一种具体方法，其最终目标还是以纠正学生存在的问题或缺点为核心。积极教育则是一种内涵更加丰富的教育理念，它把立足点放在学生固有的积极能力和积极潜力上，致力于通过增加学生的积极体验来培养学生的积极品质，这既是对人性的一种尊重和颂扬，更是对人性的理智理解。

首先，从一定意义上说，积极教育充分体现了以人为本的思想，是积极人性论提倡者，它消解了传统教育的不足，真正恢复了教育的本来功能和使命——使所有人的潜力得到充分的发挥并生活得幸福，体现了教育意义上的博爱。人类现在的生存环境已大不同于人类祖先生活的环境，人类的生活目的不再是生存而是享受。今天的社会已达成一个共识，即全社会都要以人的良好生活为追求目标，让所有人都过上幸福的生活。教育更要体现这一社会主题，使一切生命过得更有积极意义。就目前我国来说，随着现代化建设的进展，我们的社会已经能够为每一个人提供良好的生活和教育条件，如何在良好的条件下使正常人生活得更幸福就自然成了教育最迫切的任务。

其次，积极教育不是把人的优点仅当做是克服其缺点的工具，而是把培育学生的优点作为教育本身的根本目标。随着人们对当今教育重新审视，发现传统的教育恰恰与传统的心理学存在着相同的弊端。传统教育过分致力于克服缺点的功能，克服缺点本身并没有错，但教育把自身的工作重心完全放在克服缺点上则有失偏颇了。而且克服缺点也有一个适当性的问题，一个事物总是具有两个方面，并不是所有的缺点都可以被克服的，有些缺点被克服了，与其相关的优点也就消失了。其实，人类的一些消极品质的发展总是有其特定的功能，如嫉妒可以削弱个体自身的快乐（休谟，2000），但它却是人进取的原动力之一，教育有时候在保存学生的某些缺点方面的重要性要远远大于克服这些缺点。积极教育是对教育功能的补充，因为教育不因问题存在而存在，教育还有另一种功能，就是促进个人自身积极品质的发展。

再次，积极教育一方面注重对普通人的关注，另一方面也转向于对天才的关注，使我们社会的一部分天才生活得更幸福也是积极教育的一大任务。教育是按照社会良性发展的需要培养和完善人的活动，尽可能地使人得到全面的发展，最大限度地为每一个人创设最佳的成长空间。据统计显示，有1%的人是属于要特别照顾的人，这一部分人与众不同，有些人的智商高达200。从整个社会来说，这一部分超常学生的潜力没有得到充分的发展也是整个人类的损失（任俊，2006）。

自我决定理论应用于学校教育的研究主要集中在个体和环境因素两个方面，包括了学生学习动机、目标内容与学习效果的关系，促进或阻碍学生自主性动机的环境条件和目标设置。简要说来，学生的内在动机越高，倾向于学得更好，更加有创造力，在概念理解上表现更好；自主支持性的教师与学习任务对学生的内在动机有助益，而控制性的教育环境会损害学生的内在动机；不管学生本身的调节方式是倾向于自主还是控制，内在目标的形成都有助于他们获得内在动机的学习效果，如深度学习、概念理解和坚持性。

自我决定理论对教育领域中管理者和实践者而言非常重要。以往的教育政策和做法侧重于处罚、奖赏、评价和其他外部调控手段，并不利于内化的发生和内在动机的维持。该理论认为，满足学生对自主、能力和归属这三种基本心理需要，他们才会更容易内化学习动机，更加自发地投入学习。为了提供学生的自主支持，教师可以在以下几个方面进行尝试：①将压力性评价和任何形式的强制降低至最小；②最大化学生对学业活动的参与感和选择感；③提供有关学习对自我成长等内在价值有意义的根据和解释；④选择具有最佳挑战性的学习活动；⑤提供合适的工具和信息性的反馈，它有利于成功，并提高效能感；⑥喜爱、尊重、重视学生的价值。

通过提供既非太难也非太容易的任务，学生能够考察和拓展自己的学业技能，满足他们的能力需求。由于学生只会投入和重视那些他们真正理解并掌握的活动，因而反馈内容有必要减少评价，强调学生的成效，并提供相关信息，以便增强学生的掌控感和自主感。最后，如果教师能够真正喜爱、尊重、重视学生的价值，那么学生就会体验到归属感，愿意内化并接受那些他们感到或想要感到有情感联系的人的价值观和做法，表现出认同或整合的行为调节方式。(Niemiec& Ryan，2009)

教学实践并非在真空中发生的，教师本身也是在一定的评价体制中进行教学实践。他们采用的控制性或自主支持性策略也受到他们所感受到的外在压力的影响（Ryan & Brown，2005)。研究者在加拿大和以色列的学校都发现了这样的情况，对于教师而言，外在的压力来源于教学必须符合一定的课程大纲，或是必须达到一定的成绩标准。承受外在压力的教师不太容易对学生采取自主支持性的教学方式。如果教师的自主性受到了损害，那么他们在教学努力中所带来的热情和创造性的能量就会降低。而这些指向特定结果的压力增长了教师对外在策略的依赖，摒弃了本可以采用的更加有效、有趣并且带来灵感的教学实践。这对教学管理者而言也深具启迪。

2. 积极治疗

首先提出积极治疗的德国学者 Nossrat Peseschkian 博士把积极治疗的基本内涵概括为：每一个患者同时具备了生病的能力与保持健康的能力，而治疗者应把注意力集中在增进和培养患者自身的积极力量，通过挖掘或发展这些积极力量以帮助患者摆脱心理问题，或者抑制心理问题的产生。在此，所谓“积极力量”包括了勇气、人际交往技能、理性思维能力、洞察力、乐观、诚实正直、坚持、能多角度思考问题、对未来充满希望等。

与精神分析疗法、认知行为疗法、人本主义疗法相类似，积极心理治疗的基础在于对“人”的认识，对冲突的认识，对症状的认识，以及对“治疗”本身的认识和研究。基于对上述问题的思考，积极治疗提出了需要遵循的“三大原则”。

第一个原则是“希望”。Nossrat Peseschkian 博士认为，无论种族、民族、区域，人类都具有两种基本能力：①“爱”的能力，包括“去爱”和“被爱”。从“爱”的能力发展出“原发能力”，包括爱、榜样、耐心、时间、交往、性、信任、自信、希望、信仰、怀疑、坚定、整合等特性。②“认知”的能力，指“学习”和“表达”能力。从“认知”的能力发展 的“继发能力”，包括准时、清洁、条理、顺从、礼貌、坦白、忠诚、公正、成就、节俭、信赖、谨慎、精确等特性。

第二个原则是“平衡”。在我们每个人的心灵深处都存在着一种实现自我和寻找人生意义的内在需要。但是，由于事件是多方面的，人们往往习惯了从某一个角度看问题，并坚信这就是“事实”，看不见“别的可能”。比如，当遇到挫折或压力时，许多女性因其成长中形成的习惯，而积极寻找诉说的对象。因此，在情侣关系或夫妻关系中，女性会把自己遇到的困扰主动地向对方倾诉。然而，男性在遭遇困扰或挫折时，向另一半倾诉大多不是他们的首选方式。因为在男性的内心中，或多或少存在着英雄主义的情结，所以，当他们体验到挫败感时，他们往往不愿意将自己“弱小”“不足”的一面向他人展示。因此，许多男性对待压力的方式是选择一个人独立承担。在两性相处时，男性往往变得少言寡语、心事重重。而女性会把这种现象误解为疏远与忽视。由此可见，我们每一个人由于自己的成长历程与习惯，而形成了自己独特的思维与行为方式，导致与他人的差异和误解，进而形成在“认识”问题和“应对”问题时的冲突。因此，学会多元视角，懂得运用“平衡”的视角处理问题，显得尤为重要。

第三个原则是“磋商”。这是要求对心理治疗的整体研究、理解和把握。患者是对自己的生活和状态了解最全面的人，我们的分析和解释起到的是补充和启发的作用。治疗要致力于帮助患者抛弃对自己古怪行为的传统认识，取而代之使患者建立起一种积极认识，并使患者在日常生活中对这种积极的解释抱有始终的坚定性。

积极心理治疗与罗杰斯的患者中心疗法一样，都注重患者在治疗过程中的主体地位，均注重良好的治疗气氛。但患者中心疗法更注重“共情”的发生，而积极心理治疗更侧重让患者来感受治疗者的积极认识和积极情感。

Nossrat Peseschkian 博士认为，人的心灵深处都有着一种实现自我和寻找人生意义的内在需要。但人常常因现实的困扰而把这些需要潜压到无意识层面。因此，治疗的基本方向是促使无意识过程向意识转化。其中，转化中的难点是“两级获益”的存在。所谓“两级获益”，是指患者借助生病从两方面获得了好处。第一级获益又叫内部获益，指的是症状满足了患者的无意识欲望，使无意识冲突得到变相的虚幻的解决这一事实。第二级获益是指患者借助生病，从家人、朋友和其他人那里获得支持、同情、安慰，从而减低应激压力，所以也叫外部获益。

积极心理治疗侧重用积极文化来对患者的问题做出解释，通过跨文化分析的方法来使患者对问题产生一种新的认识（积极认知为主）。基于这样的理念，积极心理治疗形成了自身的特色：借助东方寓言、神话等讲故事的形式提供跨文化的观点。因此，治疗中最常用的策略，就是与患者一起分享故事，从而开拓患者的思维的多元性，使其能从不同的角度看待问题，并获得不同的体验。“积极认知”对于个体而言是引发积极情感的重要前提。在治疗中，治疗者“选择”了何种“观点”或“情感”反馈给患者，那么该“观点”或“情感”将会被强化。而积极治疗的重要理念就在于，在对话中及时捕捉患者的这些“积极”而“正面”的内容，通过反馈、认可、赞赏等手段“一点一滴地”累积，最终因“量变”而促使患者“质变”。

除了积极认知的策略外，积极治疗还采用促发积极情感的策略。具体做法包括唤起对好的事件和不好的事件的回忆，鼓励患者表达愤怒和痛苦；引导患者宽恕、感恩和祝福；学会对好事满足，设计对个人的满意计划；引导患者从不幸中学习乐观和希望；学会爱和处理关系，了解家庭成员中的优点；做愉快的事、享受愉快等。

复习与思考

一、概念

积极心理学、基本心理需要、内部动机、外部动机、自主需要、能力需要、归属需要、自主调节、受控调节、外部调节、内在目标、因果定向、美德、智慧、勇气、仁慈、正义、节制、卓越、人格优势、积极教育、积极治疗

二、问题

1. 如何理解自我决定?

2. 如何理解内在动机与外在动机的关系?

3. 试为自己制订一个人生发展的五年计划（包含内在目标、外在目标，实现方法与途径等）。

4. 分析内部动机的影响因素。

5. 如何促使外部动机内化?

6. 分析自我，找出自己的人格优势。

7. 分析比较中国儒家与道家所推崇的美德。

8. 目前中国教育中哪些东西不符合积极教育的理念?

参考文献

1. 陈仲庚，张雨新．人格心理学［M］．沈阳：辽宁人民出版社，1986.
2. L. A. 珀文．人格科学［M］．上海：华东师范大学出版社，2001.
3. 高觉敷．中国心理学史［M］．北京：人民教育出版社，1985.
4. 郑希付．现代西方人格学史［M］．广州：广东教育出版社，2007.
5. 高觉敷．西方心理学史论［M］．合肥：安徽教育出版社，1995.
6. 全增嘏．西方哲学史［M］．上海：上海人民出版社，1994.
7. 郑雪．积极心理学［M］．北京：北京师范大学出版社，2014.
8. 叶奕乾，孔克勤，杨秀君．个性心理学［M］．上海：华东师范大学出版社，1991.
9. 弗洛伊德．梦的释义［M］．张燕云，译．沈阳：辽宁人民出版社，1987.
10. 弗洛伊德．弗洛伊德后期著作选［M］．林尘，张唤民，陈伟奇，译．上海：上海译文出版社，1986.
11. 荣格．探索心灵奥秘的现代人［M］．黄奇铭，译．北京：社会科学文献出版社，1987.
12. 阿德勒．超越自卑［M］．刘泗，编译．北京：经济日报出版社，1997.
13. 王甦，汪安圣．认知心理学［M］．北京：北京大学出版社，1992.
14. 谢斯骏，张厚粲．认知方式——一个人格维度的实验研究［M］．北京：北京师范大学出版社，1988.
15. 郭永玉，贺金波．人格心理学［M］．北京：高等教育出版社，2011.
16. 郑雪．人格心理学［M］．广州：暨南大学出版社，2007.
17. 郑雪．人格心理学［M］．广州：广东高等教育出版社，2004.
18. 郑雪．健康人格的理论探索［J］．华南师范大学学报（社会科学版），2006（5）．
19. 黄希庭．人格心理学［M］．杭州：浙江教育出版社，2002.
20. 车文博．人本主义心理学［M］．杭州：浙江教育出版社，2003.
21. 郑敦淳，郑雪，杨效斯，等．经典人格论［M］．广州：广东人民出版社，1988.
22. 马斯洛，等．人的潜能和价值——人本主义心理学译文集［C］．北京：华夏出版社，1987.
23. 罗洛·梅．爱与意志［M］．冯川，译．北京：国际文化出版公司，1998.
24. 秦龙．马斯洛与健康心理学［M］．呼和浩特：内蒙古人民出版社，1998.
25. 爱德华·霍夫曼．洞察未来——马斯洛未发表过的文章［M］．许金声，译．北京：改革出版社，1998.
26. 王登峰，谢东．心理治疗的理论与技术［M］．北京：时代文化出版公司，1993.
27. 张小乔．心理咨询治疗与测验［M］．北京：中国人民大学出版社，1993.
28. 李百珍．青少年心理卫生与心理咨询［M］．北京：北京师范大学出版社，1997.
29. 邓明昱，郭念峰．咨询心理学［M］．北京：中国科学技术出版社，1992.
30. 杨博一．心理咨询［M］．兰州：甘肃文化出版社，1997.
31. 易法建．心理医生［M］．重庆：重庆大学出版社，1998.
32. 车文博．心理治疗指南［M］．长春：吉林人民出版社，1990.

33. 彭凯平．心理测验——原理与实践［M］．北京：华夏出版社，1989.
34. 戴海崎．心理与教育测量［M］．广州：暨南大学出版社，1999.
35. 宋维真，张瑶．心理测验［M］．北京：科学出版社，1987.
36. 殷明．智力个性职业测验［M］．北京：中国青年出版社，1991.
37. 赫根汉．人格心理学［M］．冯增俊，何瑾，译．北京：作家出版社；海口：海南人民出版社，1988.
38. 伯格．人格心理学［M］．陈会昌，等译．北京：中国轻工业出版社，2000.
39. 叶浩生．西方心理学的历史与体系［M］．北京：人民教育出版社，1998.
40. 刘翔平．当代积极心理学［M］．北京：中国轻工业出版社，2010.
41. 朱新秤．进化心理学［M］．上海：上海教育出版社，2006.
42. 波林．实验心理学史［M］．高觉敷，译．北京：商务印书馆，1981.
43. 卡尔．积极心理学——关于人类幸福和力量的科学［M］．郑雪，等译．北京：中国轻工业出版社，2008.
44. DECI E L & RYAN R M (Eds.). Handbook of self-determination research [M]. Rochester: University Rochester Press, 2002.
45. DECI E L & RYAN R M. Self-determination theory: a macro theory of hunam motivation, development, and health [J]. Canadian psychology, 2008, 49 (3): 182 – 189.
46. LAWRENCE A PERVIN. Personality: theory and research: 6th ed. [M]. New York: John Wiley & Sons, Inc., 1993.
47. LAWRENCE A PERVIN. The science of personality [M]. New York: John Wiley & Sons, Inc., 1996.
48. CATTELL R B. The scientific analysis of personality [M]. Baltimore: Penguin Books, 1965.
49. HANS J. Eysenck. Structure of human personality [M]. London: Methuen, 1970.
50. MISCHEL W. Introduction to personality: 3rd ed. [M]. New York: Holy, Rinehart and Winston, 1980.
51. WITKIN H A. Cognitive styles—essence and origins: field dependence and field independence [M]. New York: International University Press, 1981.
52. MASLOW. A theory of metamotivation: the biological rooting of the value-life [J]. Journal of humanistic psychology, 1967.
53. MASLOW. Motivation and personality: rev. ed. [M]. New York: Harper & Row, 1970.
54. ROGERS. A theory of therapy, personality and interpersonal relationships, as developed in the client-centered framework [C] //S. Koch (ed.). psychology: a study of a science: vol. 3. New York: McGraw-Hill, 1959.
55. ROGERS. Client-centered therapy [M]. Boston: Houghton Mifflin, 1965.
56. ROBERT M LIEBERT & MICHAEL D SPIEGLER. Personality strategies and issues [M]. Chicago, Illinois: The Dorsey Press, 1987.
57. PETERSON C & SELIGMAN M. Character strengths and virtues: a handbook and classification [M]. New York: Oxford University Press, 2004.

58. ALAN CARR. Positive psychology: the science of happiness and human strengths [M]. Hove, East Sussex: Brunner-Routledge, 2004.
59. SELIGMAN & CSIKSZENTMIHALYI. Positive psychology: an introduction [J]. American psychologist, 2000.
60. BUSS D M. Human nature and individual differences: evolution of human personality [C] // JOHN O P, ROBINS R W & PERVIN L A (Eds.). Handbook of personality: theory and research. New York: Guilford, 2008.